AF396939

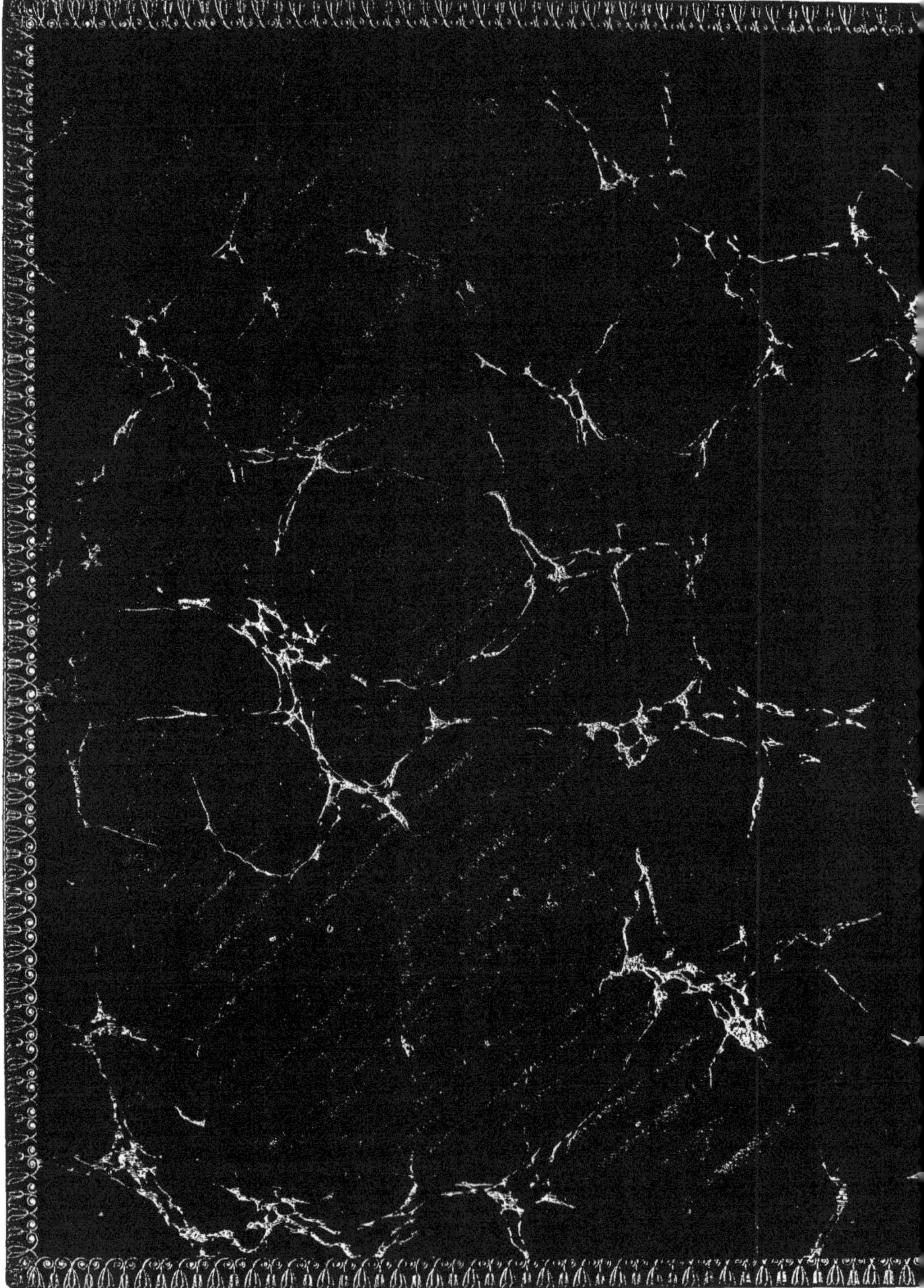

(l'atlas est in-f°  S 2121 )

8513

# ÉTUDES

## SUR L'ART D'EXTRAIRE

IMMÉDIATEMENT

## LE FER DE SES MINERAIS.

## SE VEND AUSSI :

| A Bordeaux, | chez | Lawalle ; |
| Bourges, | — | Vermeil ; |
| Dijon, | — | Lamarche ; |
| Lille, | — | Vanackère fils, Émile Durieux ; |
| Lyon, | — | Savy ; |
| Marseille, | — | M<sup>me</sup> V<sup>e</sup> Camoin ; |
| Metz, | — | M<sup>me</sup> Thiel ; |
| Mulhouse, | — | Risler ; |
| Nantes, | — | Forest ; |
| Strasbourg, | — | Treuttel et Wurtz ; Levrault ; Desrivaux ; |
| Troyes, | — | Laloy ; |

*Pour toute la Belgique :*

| A Mons, Bruxelles, Gand, Liége, | chez | Leroux ; |
| Berlin, | — | Al. Dunker ; |
| Francfort, | — | Jugel ; |
| La Haye, | — | Vancleef frères ; |
| Leipzig, | — | Michelsen ; |
| Londres, Pétersbourg, | — | Bellizard et C<sup>ie</sup> ; |
| Turin, | — | Bocca ; |
| | — | Fr. Pic. |


PARIS. — IMPRIMERIE DE H. FOURNIER ET C<sup>e</sup>,

RUE DE SEINE, N<sup>o</sup> 14.

# ÉTUDES

## SUR L'ART D'EXTRAIRE

IMMÉDIATEMENT

# LE FER DE SES MINERAIS

## SANS CONVERTIR LE MÉTAL EN FONTE

**PAR T. RICHARD**

INGÉNIEUR DE FORGES ET HAUTS-FOURNEAUX

SPÉCIALEMENT CHARGÉ, PENDANT LES ANNÉES 1832 A 1836, DES ESSAIS TENDANT AU PERFECTIONNEMENT DES FORGES DU DÉPARTEMENT DE L'ARIÉGE

## PARIS

LIBRAIRIE SCIENTIFIQUE ET INDUSTRIELLE

### DE L. MATHIAS (AUGUSTIN)

15, QUAI MALAQUAIS

**1838**

# INTRODUCTION.

On emploie aujourd'hui deux méthodes distinctes pour extraire
le fer des minerais qui le contiennent: l'une indirecte, qui consiste
à transformer d'abord le métal en *fonte* pour le ramener ensuite
à l'état de *fer* par une seconde opération qu'on appelle *affinage;*
l'autre directe, par laquelle, en moins de six heures, et à l'aide du
charbon de bois seulement, on obtient d'un seul coup du *fer* de
qualité supérieure et quelquefois de l'acier.

La première exige l'emploi de ces immenses appareils connus
sous le nom de *hauts-fourneaux;* ceux-ci nécessitent à leur tour
de puissantes machines, des constructions principales et accessoires
fort dispendieuses, des approvisionnements, et par suite un fonds
de roulement très considérable.

La seconde, plus modeste, et par cela même presque inconnue,
bien que son origine date de la plus haute antiquité, est cependant encore celle qui, dans l'état actuel, produit le fer avec le
plus d'économie. Simple et rapide, pouvant à la rigueur se contenter des appareils les plus grossiers, n'exigeant que de faibles
capitaux, donnant en moyenne, lorsqu'elle est applicable, et là où
elle est universellement appliquée, une partie de fer marchand
pour moins de trois parties et demie de charbon , cette méthode
m'a paru de nature à devoir être préférée à la méthode indirecte
dans un assez grand nombre de localités; j'ai cru également que la
faible importance qu'on lui accordait aujourd'hui ne tenait qu'à
ce qu'elle était peu ou mal connue, et j'ai publié ces *Études*, fruit

de cinq années de recherches et d'observations faites dans les forges de l'Ariége, pays classique de la méthode directe.

Spécialement chargé par le préfet et le conseil-général de ce département de tous les essais qui pouvaient tendre au perfectionnement de ses cinquante usines, j'ai dù à cette honorable mission la connaissance des procédés assez délicats qui constituent la méthode directe, et j'ai pu les décrire avec de grands détails, après les avoir mis moi-même en pratique.

Choisi de prime-abord, par l'administration départementale, pour réaliser ses vues de perfectionnement, puis définitivement préféré par elle aux ingénieurs des mines, en dépit des manœuvres et malgré les espèces d'adjudications au rabais de la direction générale de ce corps, on comprendra sans peine quels efforts j'ai dû faire pour justifier cette préférence dont j'étais devenu l'objet, et pour accomplir dignement une mission dont, pour la première fois peut-être, un ingénieur civil était chargé. Ce sont encore les résultats de ces tentatives de perfectionnement que je publie ici.

Puissent ces *Études,* fruit des plus onéreux sacrifices personnels, contribuer du moins aux progrès de la métallurgie du fer.

Le titre que j'ai choisi indique que je n'ai point eu la prétention d'écrire un traité sur la matière, je demanderai au lecteur de ne point l'oublier en parcourant ce volume. Il s'en faut de beaucoup qu'il soit aussi complet qu'il aurait dû l'être ; j'ai cherché cependant à ne rien omettre de ce qui pourrait être utile dans la construction et la conduite des forges établies sur le principe de la méthode directe. Ainsi, après avoir exposé, d'après les meilleurs traités scientifiques, les connaissances nécessaires au maître de forges, j'ai décrit avec quelque soin les procédés de la méthode, j'en ai donné la théorie d'après mes vues particulières ; j'ai fait connaître les perfectionnements que j'ai tentés d'y apporter, et ceux qu'elle pouvait encore recevoir, tant dans ses rapports avec la chimie que dans ce qui tient à la mécanique. Enfin, j'ai examiné et discuté les travaux de ceux qui m'avaient précédé dans la carrière, et je me suis toujours fait un devoir, non seulement de dire tout ce que je croyais savoir, mais encore d'avouer ce que j'ignorais, afin d'indiquer un but de recherches à ceux qui viendront après moi.

Si, malgré des défauts que je ne me dissimule point, ces études pouvaient contribuer pour une faible part au progrès de l'art des forges, je tiendrais à consigner ici qu'elles ont été entreprises sous les auspices de M. Gauja, préfet de l'Ariége, appelé depuis dans le département de Maine-et-Loire. Quelle que soit, du reste, la destinée de cet ouvrage, c'est encore pour moi un devoir d'offrir ici un témoignage public de ma gratitude aux quarante maîtres de forges de l'Ariége qui se sont associés à mes travaux, et en particulier à MM. Sabardu, de Tersac, Faure, Espy *frères*, Ruffié et Saint-André, qui n'ont point hésité à mettre leurs usines à ma disposition, toutes les fois que j'ai eu besoin de faire des essais de quelque importance. Je dois aussi à mon ami Bergis, ingénieur des ponts-et-chaussées, un bien utile concours dans une foule de recherches qui exigeaient la présence de deux observateurs.

Quant à l'administration des mines, qui se prétend aussi, à ce qu'il paraîtrait, chargée de la direction des forges, je lui rendrai cette justice qu'elle a fait ce qui dépendait d'elle pour entraver ma marche. Que cet aveu me serve d'excuse pour la manière un peu vive avec laquelle j'ai quelquefois montré la non-infaillibilité de *certains* ingénieurs placés sous ses ordres.

T. RICHARD, *Ingénieur civil.*

Paris, ce 24 mars 1838.

# TABLE DES MATIÈRES.

# ÉTUDES



SUR L'ART

## D'EXTRAIRE IMMÉDIATEMENT LE FER DE SES MINERAIS

### SANS CONVERTIR LE MÉTAL EN FONTE.

## PRÉLIMINAIRE.

*Unités adoptées dans tout le cours de cet ouvrage. Poids et mesures.*

1. Dans tout le cours de cet ouvrage nous avons employé *(Unités.)*
Pour seule et unique *unité de longueur* le *mètre* ; il est désigné par $^m$. *(de longueur.)*
34$^m$ signifie 34 mètres.
Pour *unité de surface* le *mètre carré* désigné par $^{mm}$. *(de surface.)*
Pour *unité de volume* le *mètre cube* désigné par $^{mmm}$. *(de volume.)*

2. C'est toujours un point ( . ) et non une virgule ( , ) qui sépare les entiers des dé- *(Séparation des entiers et des décimales.)*
cimales. Ainsi :
34.$^m$21 signifie 34 mètres 21 centimètres.
2.$^{mmm}$170 signifie deux mètres cubes, cent soixante-dix millièmes de mètre cube,
et comme un millième de mètre cube équivaut à un litre, ce nombre peut encore
être lu 2170 litres.

Notre seule et unique unité de poids sera le kilogramme toujours désigné *(Unité de poids.)*
par $k$.

Notre unité de temps sera la seconde sexagésimale désignée par $''$ et quel- *(Unité de temps.)*
quefois la minute désignée par $'$.

Nous avons conservé l'ancienne division du cercle en 360 degrés désignés *(Angles.)*
par $°$.

3. L'observation et le calcul ont également démontré que l'intensité de la pesanteur augmentait à la surface de la terre avec la latitude $\lambda$ et que sur une même
verticale elle diminuait avec l'élévation $e$ au-dessus de cette surface considérée
comme le prolongement de la surface de la mer.

$g'$ étant la gravité en un lieu quelconque, $e$ l'élévation de ce lieu au-dessus du niveau des mers, $r$ le rayon du sphéroïde terrestre, à ce même niveau et dans ce lieu, la loi de ces doubles variations est exprimée par

$$g' = \overset{m}{9}.8051\,(1 - 0.00284\cos 2\lambda)\left(1 - \frac{2e}{r}\right)$$

$$r = \overset{m}{6366407}\,(1 + 0.00164\cos 2\lambda)$$

ainsi à Foix, centre des forges, ville dont la latitude

$$\lambda = 42°.57'.45''$$

et l'élévation au-dessus du niveau des mers

$$\text{ou } e = 189 \text{ toises} = \overset{m}{368}.36792$$

$$r = \overset{m}{6367144}.44 \text{ et } g' = 9.801962,$$

<table><tr><td>Valeur de la<br>gravité à Foix,<br>centre des<br>forges.</td><td>

vitesse sensiblement inférieure à celle que l'expérience a donnée pour Paris, puisqu'elle en diffère de près de $0.^m007$, mais dont nous convenons que nous ne tiendrons cependant aucun compte, parce que l'erreur légère que nous commettrons ne peut avoir aucune influence importante sur des résultats purement pratiques.

</td></tr></table>

$g$ représentera donc toujours dans le cours de cet ouvrage le nombre 9.808.

### Rapport des mesures en usage dans les forges avec les mesures métriques.

4. Il est à peu près impossible d'établir exactement le rapport des mesures de l'Ariège avec les mesures métriques, tant les premières sont variables même à de très petites distances. Nous nous bornerons donc en général à donner ces rapports pour les trois chefs-lieux d'arrondissement.

<table><tr><td>Unité<br>de longueur.</td><td>

*L'unité de longueur* est partout la *canne ;* partout aussi la canne se divise en 8 *pans,* le *pan* en 8 *pouces,* et le *pouce* en 8 *lignes,* mais je n'ai pas compté moins de 13 cannes différentes dans le tableau officiel des mesures de ce seul département.

</td></tr></table>

$$
\begin{array}{lll}
 & & \text{moyenne.}\\
\text{La canne, à Foix} & = & \overset{m}{1}.753 \;\Big\rbrace \\
\quad\text{—}\quad\text{à Pamiers} & = & 1.760 \;\Big\} \quad 1.^m771 \\
\quad\text{—}\quad\text{à St-Girons} & = & 1.800 \;\Big\rbrace
\end{array}
$$

Elle est à Vicdessos ( pays de forges ) de $1.^m820$.

<table><tr><td>Unité<br>de surface.</td><td>

Les résultats ci-dessus donnent pour les valeurs de la *canne carrée*

</td></tr></table>

$$
\begin{array}{lll}
 & & \text{canne carrée moyenne.}\\
 & & \overset{m\,m}{}\\
\text{Canne carrée à Foix} & = & \overset{m\;m}{3}.0730 \;\Big\rbrace \\
\quad\text{—}\quad\text{à Pamiers} & = & 3.0976 \;\Big\} \quad 3.1368 \\
\quad\text{—}\quad\text{à St-Girons} & = & 3.2400 \;\Big\rbrace
\end{array}
$$

et pour celles de la canne cube

|  |  |  | mmm |  | canne cube moyenne. |
|---|---|---|---|---|---|
| Canne cube à Foix | = | | 5.387 | ⎫ | mmm |
| — à Pamiers | = | | 5.452 | ⎬ | 5.557 |
| — à St-Girons | = | | 5·832 | ⎭ | |

Toutefois l'usage s'est établi dans le pays d'appeler *canne carrée* l'unité de me- Mesure de
sure pour le bois, unité qui a essentiellement trois dimensions , qui par consé- capacité pour
quent n'est point une *canne carrée* proprement dite , mais qui , comme on le voit le bois.
ci-dessous, n'est pas non plus la *canne cube.*

Sa valeur

|  |  | mmm |  | moyenne. |
|---|---|---|---|---|
| à Foix | = | 3,703 | ⎫ | mmm |
| à Pamiers | = | 3.748 | ⎬ | 3.820 |
| à St-Girons | = | 4.010 | ⎭ | |

5. *Mesures des combustibles.* — Le charbon de bois se vend dans les forges à la
*charge ;* la charge se compose de trois *sacs* dont chacun a six *pans* de long, sur
trois de large quand il est vide et étendu à terre. Mais ces pans variant comme
la canne, il arrive qu'il y a un assez grand nombre de *charges* un peu différentes,
et par suite qu'un *sac* de charbon n'a pas partout la même contenance.

On peut prendre les rapports suivants pour la valeur moyenne de la charge
et du sac.

|  |  | mmm |
|---|---|---|
| Charge moyenne | = | 0.556 |
| Sac moyen. | = | 0.185 |

Cette moyenne est sensiblement dépassée dans beaucoup de forges où l'on a
imaginé de faire vider les sacs dans des caisses dont la capacité est de 0.$^{mmm}$209
et où l'on exige trois fois cette contenance pour la charge, ce qui la porte à 0.$^{mmm}$628
J'ajouterai même qu'il existe encore d'autres forges qui ont adopté cet usage en
le perfectionnant. Ainsi j'ai trouvé une caisse servant à mesurer le charbon et
dont la contenance évaluée à un sac était réellement de 0.$^{m}$34 × 0.$^{m}$56 × 1.$^{m}$16 =
0.$^{umm}$221, de sorte que la charge mesurée avec cette caisse s'élevait à 0.$^{mmm}$663;
c'est un cinquième en sus de la charge moyenne.

6. Le *parson* passe généralement pour le volume de charbon strictement néces- Du parson.
saire à un *feu.* Le parson est une grande caisse en bois dont la contenance est
d'environ deux mètres cubes. Toutefois j'ai trouvé autant de parsons différents
que de forges, et dans une même forge les parsons sont loin d'être égaux. Il arrive aussi que dans certaines forges un même parson varie avec le temps et la bonne
foi du propriétaire. Ainsi plusieurs parsons, que j'avais très exactement cubés, se
sont trouvés , un an plus tard, sensiblement augmentés , par suite d'une petite
fraude qui consiste à creuser le sol sur lequel ils reposent.

Je joins ici les valeurs de quelques parsons.

Un parson à Montgaillard. 1.945<sup></sup>

$\begin{array}{ll}
\text{Un parson à Montgaillard.} & \overset{\text{mmm}}{1}.945 \\
\text{Un parson à Niaux.} & 2.014 \\
\text{Le parson mobile à la même forge.} & 1.890 \\
\text{Moyenne des parsons à Saurat.} & 1.843 \\
\text{Un parson à la forge vieille de Niaux.} & 1.972 \\
\hline
\text{Moyenne en nombres ronds.} & 1.900
\end{array}$

*Capacité du parson moyen.*

*Rapport du parson au sac.* On admet généralement que le parson contient neuf sacs ; mais cela dépend de la grandeur des sacs et de celle des parsons.

Si l'on prend pour le sac réellement en usage celui qui a (5) six pans de long sur trois pans de large ; la canne moyenne étant $= 1.^{m}771$, la hauteur du sac lorsqu'il sera plein sera $1.^{m}328$, sa circonférence aura la même valeur, $1.^{m}328$ ; sa ca-

*Capacité du sac de six pans de long et trois de large.* pacité sera donc au plus $0.^{mmm}1856$.

Il en résulte qu'un parson qui ne contiendrait que neuf sacs aurait une capacité de $1.^{mmm}660$. Je n'ai retrouvé quelques-uns de ces parsons normaux qu'aux forges de Saurat, à la forge vieille de Niaux et à la forge de la Barguillère ; le tableau donné ci-dessus montre que :

*Le parson contient réellement plus de dix sacs.* Le parson moyen contient toujours plus de dix sacs ; sa contenance dans quelques forges s'élève même à près de onze.

Il résulte aussi de cet examen que l'évaluation de la consommation du combustible en parson, en charges ou en sacs, est une évaluation très vague et qu'on doit absolument abandonner.

*Poids de la charge du sac, et du mètre cube de charbon de forge.* 7. La qualité du charbon offre assez peu de variations. Dans presque toutes les forges, si l'on en excepte le tout petit nombre de celles qui, par leur position, brûlent presque exclusivement du charbon de sapin, on emploie des mélanges dans lesquels dominent les charbons de chêne et de hêtre, et où se trouve en général une proportion comparativement faible de charbon d'orme, de sapin, d'aulne, de racine de buis ou même de châtaignier. J'ai à diverses époques et dans différentes forges, pris le poids de ces mélanges en cubant et pesant plusieurs sacs afin d'avoir des moyennes dans chacune. J'ai trouvé d'une forge à l'autre et d'un temps à l'autre des différences très peu sensibles, lorsque le charbon était dans un état de siccité ordinaire.

La moyenne des moyennes est, d'après mes observations,

$\begin{array}{ll}
\text{Charge y compris le poids des sacs et des bâtons qui les ferment.} & \overset{k.}{127}.\ 11 \\
\text{Poids moyen de trois sacs et de leurs bâtons.} & 4.^{k}\ 56 \\
\hline
\text{Poids du charbon d'une charge.} & 122.^{k}\ 55 \\
\text{Poids du charbon d'un sac.} & 40.^{k}\ 66 \\
\end{array}$

Et comme la capacité du sac normal est $0.^{mmm}185$,

le mètre cube de charbon de forge pèse $\qquad 225.^{k}$

On conçoit très bien du reste que ce poids d'une capacité donnée dépende en grande partie de la manière de remplir cette capacité. Ainsi j'ai très facilement pu faire entrer 21.$^k$25 des mêmes charbons dans une caisse dont la capacité n'était que 0.$^{mmm}$071; si j'avais déduit le poids du mètre cube de cette observation, je l'aurais trouvé $= 299$ $^k$. Cependant je prendrai toujours 225$^k$ pour le poids du mètre cube, parce que ce poids se rapporte à la manière dont les charbonniers remplissent les sacs.

Au surplus cette évaluation diffère très peu de celle de M. Mercadier ( tableau des anciennes mesures du département comparées aux mesures républicaines ). Cet ingénieur porte le poids moyen de la charge à 120$^k$ ; ce qui mettrait le sac à 40$^k$ au lieu de 40. $^k$66 que j'ai trouvé.

Je présente ici le résumé de ces valeurs prises dans les Mémoires publiés sur les forges catalanes; il est digne de remarque qu'elles croissent en se rapprochant de l'époque actuelle.

| | | $^k$ | |
|---|---|---|---|
| Poids du mètre cube de charbon | | 204 | Dietrich. |
| *Id.* | *Id,* | 214 | Dietrich. |
| *Id.* | *Id.* | 216 | Mercadier. |
| *Id.* | *Id.* | 226 | D'Aubuisson. |
| *Id.* | *Id.* | 235 | Marrot. |
| | | 219 | Moyenne. |
| Ajoutant celui que j'ai donné ci-dessus | | 225 | T. Richard. |
| On a moyenne générale | | 222 $^k$ | |

8 L'unité de poids dans les forges est le quintal, il se divise en 4 quarterons. *Unité de poids.*

Le *quintal* de forge (ou 100 livres ) $= 40$ kil., ou 25 livres à très peu près, et par conséquent le *quarteron* $= 10$ kil.

On y reconnaît bien aussi ce qu'on appelait le quintal de mine ou la *pesée* et qui est de 60 kil., mais presque toujours le poids du minerai est évalué , dans le discours, en quintaux ordinaires de 40 kil.; ainsi l'on dit qu'il entre 12 quintaux de mine à chaque feu.

Le rapport ci-dessus montre que pour convertir en livres du pays un poids *Conversion des kilog. en livres de forge.* donné en kilogrammes, il faudra ajouter un zéro au nombre de kil., puis prendre le quart. Ainsi 143 kil. par exemple $= \frac{1430}{4}$ livres $= 357.^{livres}5$.

S'il y a des décimales on recule le point d'un rang et l'on divise par 4 : ainsi, 143.$^k$6 $= \frac{1436}{4} = 359$ livres.

9. Cette diversité de mesures, ces inégalités surtout dans celles qui portent le même nom, devraient, ce nous semble, appeler l'attention des administrations locales. Voilà bientôt 40 ans que le système métrique décimal est établi ; pourquoi n'est-il pas en usage dans ces contrées? Comment se fait-il que dans toutes les forges on laisse de côté les poids métriques , que la loi oblige les maîtres de forge à employer, et qu'on y substitue les anciens poids de table? Pourquoi aussi un règlement administratif ne détermine-t-il pas la capacité du parson, puisque le charbon se vend au parson? Ce serait un moyen, ce me semble, de rétablir la bonne foi

dans les marchés de charbon, où l'on ne voit aujourd'hui que fraude de part et d'autre. J'en dirai autant du commerce de la mine; on se plaint souvent que ceux qui vont en vendre dans les diverses forges mêlent pendant le transport d'assez fortes proportions de sable à la mine en poussière. Les propriétaires de forge appellent avec raison toute la sévérité des lois sur de pareils méfaits ; mais on pourrait leur demander si les balances qu'ils emploient pour peser cette mine sont aussi exactes qu'elles le pourraient être. Je puis affirmer pour ma part avoir vérifié un de ces instruments, qui m'avait été indiqué ; eh bien ! il m'a fallu placer 15 kil. dans l'un des plateaux, pour rétablir l'équilibre entre eux, et comme il n'y a guère place que pour y peser un quintal de mine à la fois, ou 60 kil., l'on trouve que le maître de forges exige 5 au lieu de 4 de pauvres charretiers qui, soupçonnant la fraude, se croient très excusables de lui vendre un peu de sable par voie de compensation.

Ces préliminaires posés, il convient de jeter un coup d'œil général sur tous les agents qui concourent à la production du fer, dans le mode de traitement qui fait l'objet de cet ouvrage. Tel est le but unique des chapitres suivants dans lesquels nous nous proposons de résumer ce que l'expérience et l'observation ont pu apprendre sur les qualités physiques ou chimiques *de l'air*, *de l'eau*, de *leurs principes constituants*, sur la *chaleur* et le rôle important qu'elle joue dans les forges, sur les *charbons* et enfin sur les *minerais* qu'on y emploie et qu'on y traite. Cette étude générale des agents, mis en présence dans nos fourneaux, des réactions réciproques qu'ils éprouvent ou peuvent éprouver, forme l'ensemble des connaissances indispensables aux maîtres de forges. Nous essaierons, s'il se peut, d'en déduire une théorie propre à les diriger dans la conduite de leurs usines, nous leur donnerons dans tous les cas les moyens de s'éclairer sur la qualité des matières qu'ils emploient en exposant succinctement les méthodes d'*analyse chimique* ou d'essai qui leur deviendront en peu de temps familières, et en décrivant les *instruments* dont l'usage doit se répandre dans les forges.

# DE L'AIR ET DE SES COMPOSANTS.

## *Air atmosphérique.*

10. L'air atmosphérique est transparent, invisible, pesant, compressible Pesanteur de l'air.
et élastique. C'est en vertu de la pression que l'atmosphère exerce à la surface
de la terre que le mercure reste suspendu dans le baromètre à des hauteurs qui ne varient guère que de o.$^m$70 à o.$^m$79. La hauteur du baromètre est en général d'autant plus petite que le lieu où l'on place l'instrument est plus élevé au-dessus du niveau des mers; cela résulte surtout de
ce que le mercure de l'instrument n'a plus à supporter le poids des couches d'air placées au-dessous de lui. On prend o.$^m$76 pour la pression
moyenne à ce niveau; c'est-à-dire que le poids de l'atmosphère y fait
équilibre à une colonne de mercure qui a o.$^m$76 de hauteur.

La densité du mercure étant à celle de l'eau comme 13.586 : 1 il suffira en général de multiplier par 13.586 une hauteur donnée de mercure
pour obtenir la hauteur de la colonne d'eau qui, à base égale, produirait
la même pression. On trouverait ainsi que la pression atmosphérique au
niveau des mers équivaut au poids d'une colonne d'eau de 10.$^m$325 de hauteur. Tous les corps plongés dans l'air sont soumis à cette pression : il en
résulte que le corps d'un homme de moyenne taille dont la surface est
d'environ 1.$^{mm}$75 supporte des pressions dont la somme totale s'élève à
17500 kilogrammes.

L'air étant compressible, son volume diminue à mesure que les pres- Compressibilité de l'air.
sions qu'il supporte augmentent. L'expérience a démontré que les *vo-*
*lumes occupés par une même masse d'air sont en raison inverse des pres-*
*sions qu'elle supporte,* pourvu que la température du gaz reste la même Loi de Mariotte.
pendant les variations de pression. Ce fait d'expérience est connu sous le
nom de loi de Mariotte : il a lieu pour les pressions inférieures ou supérieures à celle de l'atmosphère et s'exprime commodément pour les calculs par la relation suivante. $V$ étant le volume de l'air sous la pression
$P$, $V'$ celui qu'il occupe sous la pression $P'$, on a toujours

$$V P = V' P' \ldots\ldots (a),$$

et comme les densités $D$, $D'$ de l'air, sous les pressions $P$ et $P'$ sont aussi en
raison inverse des volumes $V, V'$, on a encore

$$V D = V' D' \ldots\ldots (b) \quad \text{et} \quad D P' = D' P \ldots\ldots (c).$$

Cherchons, pour appliquer ces formules, quel volume $V'$ l'air occupera dans la Application.
caisse de la trompe, lorsque le pèse-vent marquera 18 degrés, c'est-à-dire lorsque
l'excès de pression sur la pression atmosphérique sera mesuré par une colonne de mercure $= 0.^m 0812$. On prend pour unité de volume celui qu'il occupe sous la pression
atmosphérique o.$^m$76 ; on a donc

$$V = 1 \quad P = 0.76 \ , \quad P' = 0.76 + 0.0812 = 0.8412,$$

et par conséquent

$$1 \times 0.76 = V' \times 0.8412 \ \text{d'où} \ V' = \frac{0.76}{0.8412} = 0.9;$$

donc la plus forte tension de nos trompes ne réduit l'air qu'aux $\frac{9}{10}$ de son volume primitif. Cette loi, ainsi que nous l'avons déjà dit, suppose que la température est invariable.

Si la température variait en même temps que la pression, comme l'air, ainsi que tous les gaz, se dilate de $\frac{1}{267} = 0.00375$ de son volume à la température $0$, on aurait entre les volumes $V$ et $V'$ aux températures $t$ et $t'$ et sous les pressions $P$ et $P'$, la relation suivante qui permettra toujours de déterminer l'une de ces six quantités lorsqu'on connaîtra les cinq autres:

$$-\frac{V'}{V} = \frac{P\,(267 + t')}{P'\,(267 + t)} = \frac{P\,(1 + 0.00375\ t')}{P'\,(1 + 0.00375\ t)} = \frac{D}{D'}$$

Si l'on suppose que le volume reste le même on a

$$\frac{P'}{P} = \frac{1 + 0.00375\ t'}{1 + 0.00375\ t}$$

Si au contraire la pression reste constante, la température variant on a

$$\frac{D}{D'} = \frac{V'}{V} = \frac{1 + 0.00375\ t'}{1 + 0.00375\ t}.$$

Ces formules sont d'ailleurs applicables à tous les gaz, seuls ou mélangés, lorsqu'ils sont parfaitement secs ou dépourvus de vapeurs. Mais elles ne sont exactes qu'entre les limites — 36° et + 100°, lorsque les températures sont indiquées par un thermomètre à mercure;

A la température $0$ et sous la pression $0.76$ le poids d'un mètre cube d'air est $= 1.^{k}299$, qu'on fait souvent $= 1.^{k}3$ dans les calculs, afin de les simplifier. Ce poids n'est que $\frac{1}{770} = 0.013$ de celui de l'eau pure à la même température, et sous la même pression.

11. Considéré sous le point de vue chimique, l'air est un pur mélange, et non une combinaison proprement dite, d'azote, d'oxigène, d'acide carbonique et de vapeur d'eau. Nous verrons plus loin que la quantité de vapeur qu'il retient varie en général avec sa température; elle est toujours comprise entre $\frac{1}{60}$ et $\frac{1}{200}$ de son poids. La proportion d'acide carbonique qu'il renferme paraît variable, mais comme les expériences les plus précises n'ont signalé que $0.07$ au plus de cet acide sur $100$ parties d'air, ou, en d'autres termes, 7 parties sur 10000 en volume ou environ sur 1000

en poids, nous négligerons la faible influence de cet agent et nous admettrons pour la composition de l'air les proportions suivantes

$$1 \text{ mètre cube d'air} = \begin{cases} \overset{\text{mmm}}{0}.210 \text{ oxigène.} \\ 0.790 \text{ azote.} \end{cases}$$

$$1 \text{ kilogramme d'air} = \begin{cases} \overset{\text{k.}}{0}.232 \text{ oxigène.} \\ 0.768 \text{ azote.} \end{cases}$$

L'air agit sur les corps de la même manière que l'oxigène dont nous allons parler, mais avec beaucoup moins d'énergie.

12. L'oxigène est un gaz simple, sans couleur ni odeur, pesant à la température de la glace fondante 1 fois et $\frac{1}{10}$ autant que son volume d'air ( exactement 1.1026 ). C'est l'oxigène de l'air seul qui détermine et entretient la *combustion*, et le mot combustion n'exprime même rien autre chose que l'acte dans lequel il y a chaleur et lumière produites par la combinaison de l'oxigène.

*Oxigène.*

*Combustion.*

La combustion du charbon dans le creuset n'est donc qu'une combinaison du charbon avec de l'oxigène de l'air ; en général la combustion d'un corps sera d'autant plus vive que l'air contiendra plus d'oxigène ; de sorte que si, au lieu d'alimenter cette combustion avec de l'air atmosphérique, on employait de l'oxigène pur, elle acquerrait le plus haut degré d'intensité.

On peut en prendre une idée par l'expérience suivante que nous choisissons entre plusieurs autres, parce qu'elle peut avoir quelque rapport avec le travail de nos forges.

13. Que l'on prenne un fil de fer assez court et extrêmement fin , qu'on en batte un peu les extrémités, et qu'on recoupe celles-ci avec des ciseaux de manière à les terminer en pointe ; qu'on roule alors le fil en spirale, qu'on attache un peu d'amadou à son extrémité effilée et qu'on le suspende par l'autre à un bouchon de grosseur convenable ; alors en allumant l'amadou et plongeant le ressort dans un grand flacon plein de gaz oxigène, l'amadou brûle, le fer se combine avec l'oxigène, il s'enflamme, et la couleur de la flamme qu'il produit se rapproche beaucoup de celle qu'on observe lorsque, dans nos forges, on laisse *rimer* le feu. Mais une combustion bien plus vive a lieu ici et il se dégage tant de lumière que l'œil en est ébloui : des globules fondus de fer combiné avec l'oxigène tombent et sont si chauds qu'ils pénètrent dans la substance même du flacon dont ils opèrent quelquefois la fracture. S'il y a assez d'oxigène, le fil de fer est consumé en moins d'une minute.

*Combustion du fer dans le gaz oxigène.*

Azote.

14. L'azote, bien différent de l'oxigène auquel il est associé dans l'air, ne semble jouir que de propriétés négatives. Toujours gazeux lorsqu'il est pur, ce corps éteint les corps en combustion. Son poids spécifique est 0.976, celui de l'air étant pris pour unité. L'azote est donc plus léger et l'oxigène plus lourd que l'air atmosphérique.

## DE L'EAU ET DE SES COMPOSANTS.

### *De l'eau.*

15. L'eau existe sous trois formes, à l'état solide, à l'état liquide et à l'état de vapeur.

Glace.

A l'état solide ou de glace, sa densité est moindre qu'à l'état liquide, ce qui fait qu'elle nage à la surface de l'eau quand elle est libre. Son poids spécifique est alors de 0.93 environ, celui de l'eau à la température de 4 degrés étant pris pour unité; en d'autres termes, le mètre cube de glace

Sa densité.

pèse 930 kilog. environ. Puisque cette densité est moindre que celle de l'eau, ce liquide se dilate au moment où il passe à l'état solide, et l'expérience a appris que ses molécules, en prenant un nouvel arrangement, exerçaient alors un effort assez considérable pour briser les enveloppes les plus résistantes. On doit donc apporter les plus grandes précautions à ne

Ses funestes effets dans les forges.

point laisser la glace se former d'un bord à l'autre à la surface des bassins en bois de nos forges; leur solidité en serait très certainement compromise. On connaît d'ailleurs les funestes effets de la glace sur nos trompes, lorsque, bouchant les aspirateurs, elle intercepte l'entrée de l'air dans les arbres. L'eau remplit alors et en un instant la caisse à vent, se précipite par la buse dans le creuset où sa transformation en vapeur projette de tous côtés le charbon, les scories liquides et des fragments de minerais rouges de feu; trop heureux si la caisse n'éclate pas sous l'énorme pression intérieure qu'elle subit, et si les scories lancées quelquefois jusqu'aux poutres du toit ne déterminent pas l'incendie.

Eau à l'état liquide.

A l'état liquide et lorsqu'elle est parfaitement pure, la densité de l'eau est celle à laquelle on rapporte celle des autres corps solides ou liquides. Comme cette densité diminue à mesure que sa température augmente, on a pris pour terme de comparaison la densité dont elle jouit à $4°\frac{1}{10}$, parce qu'elle est alors la plus grande possible. Un litre d'eau pure à cette température pèse exactement 1 kilog. ou un mètre cube pèse 1000 kilog.; ce rapport permet de passer d'un volume d'eau donné à son poids et réciproquement : ainsi $2.^{\text{mmm}}545$ pèsent 2545 kilog.; et 75 kilog. d'eau pourront être exactement contenus dans une capacité de $0.^{\text{mmm}}075$.

On pourra toujours employer ces rapports dans les applications, même lorsque la température sera différente de 4°; car les erreurs qu'on commettra ne pourront jamais dépasser les $\frac{3}{1000}$ des poids ou des volumes ainsi estimés, et même n'iront-elles jamais jusque-là; les eaux qui alimentent les usines étant toujours de quelques dix millièmes plus pesantes que l'eau pure.

Au surplus si, pour quelques recherches délicates, l'on désirait obtenir la densité $d$ de l'eau avec plus d'exactitude à la température $t$, pourvu que cette température soit comprise entre o et 32°, elle serait donnée par la relation suivante :

$$d = 1 + 0.00005293\, t - 0.0000065322\, t^2 + 0.0000001445\, t^3$$

16. La composition chimique de l'eau, déduite des dernières expériences, est

$$100 \ \text{eau} = \left\{ \begin{array}{l} 88.90 \ \text{oxigène.} \\ \underline{11.10 \ \text{hydrogène.}} \\ 100.00 \ \text{kil.} \end{array} \right.$$

c'est-à-dire que 100 kil. d'eau contiennent $88^k.90$ d'oxigène (12) et $11.^k 10$ d'hydrogène.

17. L'hydrogène est un gaz sans couleur ni odeur lorsqu'il est parfaitement pur. C'est le plus léger de tous les corps connus. En effet le poids spécifique de l'air étant 1, celui de ce gaz est au plus 0.0688. L'air est donc 14 fois plus lourd que lui. Cette extrême légèreté le rend très propre à remplir les ballons ou aérostats, aussi est-il employé à cet usage.

Bien qu'il éteigne les corps en combustion, il est lui-même éminemment combustible; ce qui lui valut de la part des anciens chimistes le nom d'*air inflammable*. Sa combustion (12) reproduirait de l'eau; elle n'est guère déterminée qu'à la chaleur rouge; l'hydrogène brûle presque sans flamme et produit une température extrêmement élevée. Suivant M. Despretz la quantité de chaleur dégagée pour chaque gramme d'oxigène absorbé par l'hydrogène, lorsqu'il brûle, est capable d'élever 2578 grammes d'eau de 1 degré du thermomètre centigrade.

18. L'eau à l'état liquide a la propriété de dissoudre d'autant plus d'oxigène que la température est plus basse et la pression plus grande. A 10° et 0.76 de pression, elle en dissout plus de la $25^{\text{me}}$ partie de son propre volume. L'eau agit sur l'air comme sur le gaz oxigène, si ce n'est qu'elle en dissout un peu moins, $\frac{1}{26}$ ou environ, mais ce qu'il y a de très remarquable c'est que l'air de l'eau contient toujours plus d'oxigène que l'air

de l'atmosphère. Ainsi tandis que celui-ci en contient environ $\frac{1}{5}$ (11), celui de l'eau en contient près de $\frac{1}{3}$. Toutefois lorsqu'on retire cet air de l'eau par l'ébullition et peut-être aussi par le choc, il arrive que les premières portions qui s'échappent ne contiennent guère que o.22 ou o.23 d'oxigène, les secondes o.25 ou o.26 et les dernières o.33 ou o.34; cet effet est dû à l'affinité plus grande de l'eau pour l'oxigène.

Toutes les eaux de pluie, toutes les eaux courantes et même les eaux stagnantes, qui ont le contact de l'air libre, contiennent donc au niveau des mers environ o.035 de leur volume d'air plus ou moins oxigéné, ou o.$^{\text{mmm}}$035 = 35 litres par mètre cube d'eau ; soit o.045 de leur poids = o.$^{\text{k}}$00045 d'air par kilogramme d'eau.

Questions sur les trompes.

19. Or il se présente ici une question qui mériterait un examen sérieux.

Cette faculté que possède l'eau de dissoudre de notables quantités d'air et surtout plus d'oxigène que d'azote, sous l'influence d'une forte pression, aurait-elle quelque influence sur les effets de nos trompes ? En d'autres termes, l'eau qui en sort est-elle plus ou moins oxigénée que l'eau qui y entre ? C'est ce que l'expérience seule pourrait complètement décider, or cette expérience est encore à faire, et le raisonnement seul ne peut ici venir en aide.

En effet, si d'une part il est assez probable que le choc de l'eau sur la banquette dans la trompe suffise pour en dégager l'air qu'elle peut tenir en dissolution, n'est-il pas également probable que, parvenue au fond de la caisse à vent où elle est soumise à une pression sensiblement plus forte que celle qu'elle supportait extérieurement, elle aura pu absorber plus d'oxigène qu'elle n'en contenait avant de se précipiter par les arbres. S'il en était ainsi, et cela n'est pas impossible, quoique l'eau et l'air restent en contact pendant un temps fort court, cette machine soufflante désoxigènerait l'air destiné au creuset; et cette désoxigénation serait sans doute d'autant plus grande que la tension de l'air dans la caisse serait plus forte, plus grande par conséquent à la fin du massé qu'au commencement, c'est-à-dire précisément au moment où l'on cherche à obtenir une combustion plus active.

Cherchons, dans le seul but de montrer l'importance d'une expérience directe, quelle peut être, dans les deux cas, l'influence du mélange sur l'effet de la trompe.

Supposons d'abord que par le choc l'air abandonne en entier l'eau qui le retient, et que, lorsque celle-ci est arrivée au fond de la caisse à vent, la durée du contact est trop courte pour que le liquide redissolve le fluide.

On peut admettre sans erreur sensible que si l'eau au niveau des mers retient les o.035 de son volume d'air, elle n'en retiendra guère que moitié ou les 0.017 dans les contrées montagneuses où sont situées nos forges ; ce fait s'explique par la diminution de pression barométrique (1). Chaque mètre cube d'eau qui entrera dans la trompe abandonnera donc 0.$^k$0225 d'air, de sorte que, s'il entre par exemple 12 mètres cubes d'eau par minute dans la trompe, l'eau dégagera dans le même temps 0.$^k$270 d'air ou plus de $\frac{1}{4}$ kil. d'air, et d'air plus oxigéné.

Supposons au contraire que le choc de l'eau sur la banquette ne dégage point l'air dont elle est chargée, ou bien, si l'on veut, qu'elle le dégage, mais que la durée du contact, quelque courte qu'elle soit, suffise cependant pour que le liquide réagisse sur le fluide, et le redissolve.

Comme la pression de l'air sur l'eau dans la caisse à vent est toujours plus grande que la pression atmosphérique au niveau des mers, il n'y a point d'exagération à admettre que l'eau se chargera des 0.035 de son volume d'air, et comme il sort précisément autant d'eau de la trompe qu'il y en entre, s'il entre 12 mètres cubes d'eau par minute, il sortira 0.$^k$540 ou plus de $\frac{1}{2}$ kil. d'air pendant le même temps et d'air plus oxigéné ; mais l'eau, indépendamment de l'air qui entre par les aspirateurs, aura apporté la moitié de cette quantité, l'effet sera le même que, si n'apportant rien, elle emportait un peu plus de $\frac{1}{4}$ de kilogramme d'air par minute.

Or $\frac{1}{4}$ de kil. par minute forme à peu près le $\frac{1}{30}$ du poids d'air qui s'écoule moyennement en 1 minute par le canon de bourcc ; cette quantité n'est point négligeable, et si jamais la théorie de la trompe devient possible, il ne sera permis de n'en tenir aucun compte qu'autant que des expériences directes auront démontré que l'eau qui sort n'est, dans aucune circonstance, ni plus ni moins chargée d'air, ni plus ni moins oxigénée, que celle qui entre. J'aurais dû tenter ces expériences, je ne l'ai point fait.

Dans un travail inédit de M. Mercadier, ex-ingénieur en chef des Ponts-et-Chaussées dans le département de l'Ariége, travail que sa famille a bien voulu me communiquer, je trouve à la vérité que *le poids spécifique de l'eau ne varie point en passant par la trompe*, mais je ne suis pas bien certain que ce résultat n'ait pas été déduit d'expériences faites sur un petit modèle de trompe, où le choc et la tension étaient évidemment trop faibles pour décider la question qui nous occupe.

Je dirai toutefois que tout me porte à croire que l'eau sort de la trompe *beaucoup* plus chargée d'air qu'elle n'y est entrée, de sorte qu'il faudrait bien se garder, dans une théorie de la trompe, d'admettre que la masse d'air qui entre par les aspirateurs est précisément égale à celle qui sort par la buse. (*Voy. trompes* au chapitre qui leur est consacré. )

---

(1) Ceci n'est point une pure hypothèse, mais un résultat d'observations faites par M. Boussingault sur l'eau des torrens qui descendent des Cordillières. Voyez *Recherches sur la cause qui produit le goëtre*. Annales de chimie, septembre 1831.

Nous étudierons lorsqu'il en sera temps l'eau à l'état de vapeur et mélangée avec l'air.

## DE LA CHALEUR.

20. Nous ne connaissons point la nature propre de la chaleur ou du calorique, nous n'en connaissons que les effets.

C'est en mesurant et comparant les effets de la chaleur que nous prenons une idée de sa grandeur ou de sa quantité.

L'expérience a montré qu'en s'accumulant dans les corps, elle augmentait, en général, leur volume sans rien changer à leur poids absolu, et qu'au contraire le volume de ces corps diminuait lorsque, par une cause quelconque, elle venait à les abandonner. On dit dans le premier cas qu'ils se *dilatent*, ils se *contractent* dans le second.

Cette augmentation du volume ou cette *dilatation* des corps par l'effet de la chaleur pouvant être évaluée avec assez de facilité, elle a été prise pour mesure de la chaleur : de là la construction des *thermomètres*.

21. Le thermomètre le plus généralement employé est le *thermomètre à mercure*. Il se compose essentiellemement d'un réservoir inférieur auquel est soudé un tube d'un fort petit diamètre ; ce système contient une quantité de mercure qui dépend de la grandeur de l'instrument. Pour le graduer, on entoure toutes les parties du thermomètre occupées par le mercure de glace pilée commençant à fondre. Lorsque l'instrument a séjourné quelque temps dans cette enveloppe, le niveau du mercure reste stationnaire en un point qu'on marque o. Ce point fixe déterminé, on place l'instrument au milieu de vapeur d'eau parfaitement pure, portée à l'ébullition sous une pression barométrique de o.$^m$76, le mercure de l'instrument se dilate et son niveau s'élève dans le tube à une hauteur qui ne tarde point à rester invariable ; on marque 100 au point où la surface du mercure est restée stationnaire. On divise alors en cent parties égales l'espace compris entre ces deux points de repère ; et chaque division s'appelle un *degré centigrade*. On prolonge cette graduation par parties égales sur toute la longueur du tube. Les degrés inférieurs au point fixe de la glace fondante sont comptés en descendant à partir du même zéro ; dans le discours écrit, ainsi que dans les calculs, on fait précéder ces degrés du signe —. Les degrés supérieurs au point fixe d'ébullition de l'eau sont désignés par des nombres plus grands que 100.

Les indications d'un thermomètre sont d'autant plus précises que la boule de l'instrument est plus grosse et le diamètre du tube plus petit. En effet l'étendue de chaque division sur le tube étant plus grande, l'œil apprécie mieux les petites fractions de degré. Cependant en donnant une grande capacité à la boule on rend le thermomètre moins sensible c'est-à-dire moins promptement obéissant aux variations de température ; il est évident en effet que plus la masse du mercure sera grande, plus il faudra de temps pour que la chaleur le pénètre. Du reste, le thermomètre construit avec le plus de soin cesse d'être exact au bout de quelque temps. Quand on le plonge dans la glace fondante, le point où le niveau du liquide s'arrête se trouve plus élevé que le zéro. Cette variation peut atteindre deux degrés.

22. On comprendra maintenant avec plus de netteté ce que nous avons jusqu'ici appelé et ce que nous appellerons encore la *température* d'un corps. Ce n'est autre chose que le nombre de degrés centigrades qui serait indiqué par un thermomètre à mercure placé dans les mêmes circonstances.

Il ne faut donc rien voir d'*absolu* dans cette expression de *température*. Si l'on approche l'un de l'autre un thermomètre et une masse de fer échauffée, le thermomètre enverra de la chaleur au fer, le fer en enverra au thermomètre ; le mercure de celui-ci recevant plus de chaleur qu'il n'en émet, éprouvera une dilatation ; mais en même temps la masse de fer émettant plus de chaleur qu'elle n'en reçoit se contractera ; au bout d'un certain temps ce double effet cessera, les volumes respectifs du mercure et du fer cesseront, l'un de s'accroître, l'autre de diminuer, ils seront constants ; c'est alors que la température de la masse de fer se trouve exprimée par l'accroissement de volume du mercure. Si le thermomètre marque 11 degrés, la température du fer est 11 degrés : c'est-à-dire que le fer a reçu un accroissement de chaleur sensible, tel que, si l'on eût placé le mercure dans les mêmes circonstances, son volume à la température de la glace fondante aurait subi un accroissement égal aux $\frac{11}{100}$ de l'augmentation de volume qu'il acquiert en passant de la température de la glace fondante à celle de l'ébullition de l'eau. Cela, comme on le voit, ne fait nullement connaître la quantité de chaleur *totale* contenue dans la masse de fer, car nous ne savons pas quelle quantité de chaleur possède le mercure lorsque la glace est fondante. Les points de fusion de la glace, et d'ébullition de l'eau ne sont en effet dans la série immense des températures possibles, que deux points pris quelque part sur une ligne. Quand bien même cette ligne ne serait pas infinie, la connaissance de la distance mutuelle de ces points serait insuffisante pour déterminer la distance de l'un d'eux à l'origine ou à l'extrémité.

23. Revenons à la dilatation des corps. Tous les corps ne se dilatent point de la même quantité, lorsqu'ils sont placés dans les mêmes circonstances. Un très grand nombre d'expériences ont été faites dans le

but de déterminer leur *coëfficient de dilatation linéaire,* c'est-à-dire la quantité dont l'unité de leur longueur s'accroît moyennement pour une augmentation de 1 degré du thermomètre à mercure, à partir de o; les résultats de ces expériences ne sont point parfaitement concordants ; on trouvera dans la table ci-jointe *les coëfficients de dilatation linéaire* et quelques valeurs de dilatation qu'il nous est utile de connaître pour la suite.

| DÉSIGNATION DES SUBSTANCES. | TEMPÉRATURES entre lesquelles les coëfficients suivants sont applicables. | ALLONGEMENT MOYEN POUR UN DEGRÉ ou coëfficient de dilatation linéaire en fractions | |
|---|---|---|---|
| | | VULGAIRES. | DÉCIMALES. |
| Acier poule. . . . . . . . . . . . . . . | o à 100 | $\frac{1}{87000}$ | 0.0000115 |
| Acier trempé. . . . . . . . . . . . . . | o à 100 | $\frac{1}{81600}$ | 0.00001225 |
| Entre certaines limites de température , l'acier trempé se contracte au lieu de se dilater , il semble que dans ces limites la chaleur, en détruisant l'effet de la trempe, permet aux molécules de l'acier de se rapprocher pour prendre la place qu'elles auraient prise sans le refroidissement subit auquel elles ont été soumises par l'immersion dans l'eau. | | | |
| Acier non trempé. . . . . . . . . . . . | o à 100 | $\frac{1}{92600}$ | 0.000010796 |
| L'acier, en passant de la température de l'été jusqu'à la chaleur rouge, subit un allongement total de $\frac{1}{93}$ environ, ou plus exactement de 0.01071. | | | |
| Fer doux forgé. . . . . . . . . . . . . | o à 100 | $\frac{1}{81900}$ | 0.0000122 |
| Fer. . . . . . . . . . . . . . . . . . | o à 100 | $\frac{1}{84600}$ | 0.00001182 |
| Fer. . . . . . . . . . . . . . . . . . | o à 300 | $\frac{1}{68100}$ | 0.00001468 |
| Le fer, en passant de la température de l'été jusqu'à la chaleur rouge, subit un allongement total de $\frac{1}{140} = 0.00714$; on voit qu'il se dilate un peu plus que la fonte dans les basses températures, et beaucoup moins que celle-ci dans les températures élevées. | | | |
| Verre de France dans la composition duquel il entre du plomb. . . . . . . . . . . . . . | o à 100 | $\frac{1}{114700}$ | 0.0000087199 |
| Tube de verre sans plomb. . . . . . . . . | o à 100 | $\frac{1}{114200}$ | 0.0000087572 |
| —  —  — . . . . . . . . | o à 100 | $\frac{1}{109000}$ | 0.000009175 |
| Verre. . . . . . . . . . . . . . . . . | o à 200 | $\frac{1}{108800}$ | 0.0000092251 |
| Verre. . . . . . . . . . . . . . . . . | o à 300 | $\frac{1}{98700}$ | 0.0000101084 |
| Cuivre. . . . . . . . . . . . . . . . . | o à 100 | $\frac{1}{58200}$ | 0.000017182 |
| —  . . . . . . . . . . . . . . . | o à 300 | $\frac{1}{53100}$ | 0.0000188324 |
| Plomb. . . . . . . . . . . . . . . . . | o à 100 | $\frac{1}{35600}$ | 0.000028484 |
| Fonte de fer. . . . . . . . . . . . . . | o à 100 | $\frac{1}{90100}$ | 0.0000111 |
| La fonte, en passant de la température de l'été jusqu'à la chaleur rouge, subit un allongement total de $\frac{1}{80} = 0.0125$; il faut compter sur une dilatation un peu plus grande dans la construction des appareils à chauffer l'air. | | | |
| Briques de la meilleure espèce . . . . . . . | o à 100 | | 0.0000055 |

La dilatation des corps solides, lorsque leur température s'élève beaucoup au-dessus des valeurs données dans la table, n'est plus la même ; elle devient dans les températures élevées toujours irrégulière et toujours croissante.

24. Les tables ci-dessus ne font connaître que l'allongement dans un sens, mais on en déduit facilement la dilatation superficielle et la dilatation cubique, car on peut admettre sans erreur nuisible que la dilatation superficielle est double de la dilatation linéaire, et que la dilatation cubique est triple de celle-ci. Soit donc $d$ le coefficient de dilatation linéaire d'un corps quelconque, $L$ la longueur de ce corps, $S$ sa superficie, $V$ son volume, à la température o, on obtiendra sa longueur $L'$, sa superficie $S'$ et son volume $V'$ à la température $t$ par les relations suivantes, avec assez d'approximation pour la pratique.

Formules de dilatation.

$$L' = L(1 + dt)$$
$$S' = S(1 + 2dt)$$
$$V' = V(1 + 3dt)$$

Ces formules exigent qu'on connaisse les dimensions à la température o.

Si l'on voulait obtenir immédiatement les volume, superficie ou longueur $V''$, $S''$, $L''$ d'un corps dont la température devient $t''$, connaissant les volume, superficie ou longueur $V'$, $S'$, $L'$ qu'il possédait à la température $t'$, on emploierait les relations suivantes.

$$L'' = \frac{L'(1 + dt'')}{1 + dt'}$$
$$S'' = \frac{S'(1 + 2dt'')}{1 + 2dt'}$$
$$V'' = \frac{V'(1 + 3dt)}{1 + 3dt'}$$

25. On éprouve quelquefois de la difficulté à appliquer ces règles aux corps qui présentent des parties vides. Ainsi, par exemple, on ne prévoit pas immédiatement si, en chauffant un canon de fusil, le vide intérieur augmentera ou diminuera par l'effet de la dilatation. Or il paraît résulter de toutes les expériences faites jusqu'ici qu'*un espace quelconque terminé par des parois d'une substance homogène se dilate comme le ferait une masse solide de même substance et de même forme.* Le vide intérieur d'un canon de fusil augmentera donc par l'effet de la chaleur, de tout l'accroissement de volume que prendrait un tube cylindrique du même fer qui en remplirait parfaitement la capacité avant que le canon fût échauffé.

Dilatation des enveloppes.

26. On voit que s'il s'agissait de placer une de ces fortes bagues en fer qui enveloppent les extrémités de l'arbre tournant dans nos forges, et qui y consolident les tourillons

le diamètre du bout de l'arbre étant d'environ o.$_m$54, on pourrait en forgeant cette bague à la température rouge lui donner un diamètre à très peu près $= $ o.54 ; car en repassant de la température rouge à celle de l'été, ce diamètre o.54 de la bague deviendrait en arrosant celle-ci après l'avoir placée sur l'arbre $= $ o.54 $\times \frac{1}{1007} = $ o.536; c'est-à-dire qu'il perdrait près d'un demi-centimètre, ce qui serait plus que suffisant pour le serrer avec une force irrésistible.

27. En général on ne tient pas assez de compte dans nos forges de la dilatation des métaux. Je suis convaincu par exemple que l'ignorance de ses effets est un des plus grands obstacles à l'adoption générale des marteaux connus sous le nom de *marteaux à coulisse,* qui présentent cependant de très grands avantages sur les marteaux entièrement en fonte. On sait que les premiers reçoivent comme les martinets une panne à queue en fer forgé, et qu'on ne parvient que difficilement à ajuster solidement cette panne entre les joues de fonte. Cela tient à ce que l'ouvrier ajusteur néglige les dilatations relatives du fer et de la fonte ; l'entaille en fonte est pratiquée juste pour recevoir la queue de la panne ; celle-ci y est introduite et paraît suffisamment serrée lorsque le marteau est froid ; mais bientôt, par l'effet du cinglage la panne, la queue et les joues en fonte s'élèvent à une assez haute température, la fonte se dilatant plus que le fer, la queue de la panne n'est plus serrée par les joues ; elle ballotte un peu d'abord; puis le frottement qui résulte use l'intérieur des joues, et l'espace entre la queue et les joues déjà trop grand, tendant à s'accroître encore, au bout de quelque temps le marteau est hors de service, ou il exige une nouvelle panne. Il conviendrait, pour bien assembler ces marteaux, de pratiquer dans la fonte une entaille quelque peu plus petite que la queue de la panne qui doit y entrer ; on chaufferait ensuite l'entaille seule, jusqu'à ce que, par l'effet de la dilatation , son vide intérieur ait assez augmenté pour que la queue de la panne pût y être introduite avec quelque effort. L'entaille en se contractant ensuite par le refroidissement resserrerait la queue entre ses joues de manière à ne plus laisser aucun jeu possible même lorsque le marteau s'échaufferait par le travail, parce que la fonte n'acquerrait jamais la température à laquelle on l'aurait soumise pour opérer cet ajustage.

Dilatation<br>des liquides. 28. Quant aux fluides, il nous importe de considérer leur dilatation cubique ou en volume plutôt que leur dilatation linéaire.

Le coëfficient de dilatation cubique de chaque liquide varie en général et augmente sensiblement avec la température indiquée par le thermomètre à mercure entre o et 100°. La loi que suit cette variation change d'un liquide à un autre ; *elle n'est réellement connue pour aucun.*

Eau. Cependant on peut dans la pratique admettre que l'eau, qui est à peu près le seul liquide que nous ayons à étudier, augmente de $\frac{1}{23}$ de son volume primitif ou de o.o433 en passant de la température o à celle de l'ébullition ou 100°; en répartissant cet accroissement de volume proportionnellement aux degrés, on aurait donc o.ooo433 pour l'augmentation par degré du volume de l'eau ; mais ce coëfficient de dilatation cubique conduirait à des résultats contraires à l'expérience, si l'on en déduisait la densité de l'eau. Cette densité sera donnée beaucoup plus exactemeut par la relation du numéro 15.

29. Le mercure de nos pèse-vent se dilate entré o et 100 degrés de $\frac{1}{5550} = $ o.ooo18 par degré, mais ce coëfficient moyen et cubique augmente d'une manière sensible pour les températures plus élevées que 100 degrés.

Toutefois lorsque le mercure est contenu dans un tube de verre comme dans les pèse-vent, dans les thermomètres et les baromètres, la dilatation qu'il subit se complique de sa dilatation propre et de celle du tube de verre dans lequel il est placé, et qui est différente. Lorsque le mercure sera dans ces conditions on ne devra plus employer le coëfficient $\frac{1}{5550}$ ci-dessus donné, mais le coëfficient cubique plus petit $\frac{1}{6480} = $ o.ooo154, qui est la valeur apparente de l'accroissement par degré du volume primitif du mercure supposé à o.

30. Nous avons déjà vu (10) que l'air soumis à une pression constante se dilatait par degrés de $\frac{1}{267}$ ou des o.oo375 de son volume à o, ou de $\frac{1}{267+t}$ de son volume à $t$ degrés ; il en est de même de tous les autres gaz.

31. Si la dilatation du mercure dans le verre peut servir à mesurer les températures ordinaires, on conçoit qu'elle ne pourra plus être employée lorsqu'il s'agira d'évaluer même approximativement la température des fourneaux. Car, à ce degré de chaleur, non seulement la vapeur de mercure briserait, par son élasticité, son enveloppe de verre, mais le verre entrerait certainement en fusion. Il a donc fallu chercher pour ces hautes températures d'autres instruments de mesure, ce sont les pyromètres. On a imaginé plusieurs genres de pyromètres, mais leurs indications ne sont pas comparables ; de plus il n'en existe véritablement aucun qui puisse être appliqué à nos fourneaux. La connaissance au moins approchée de la température qui s'y développe à divers instants de l'opération et dans différents points étant d'une très haute importance, j'ai long-temps dirigé mes vues sur la construction d'un instrument assez commode, peu dispendieux, assez comparable à lui-même et qui pût donner la température moyenne du creuset ; voici le principe de celui que j'ai préféré et qui m'a paru remplir ces conditions.

32. Il se compose essentiellement d'un tube non fusible, un canon de

pyromètre propre à donner avec assez d'appro-ximation la température du creuset catalan.

fusil par exemple ; ce tube est fermé par un bout et ouvert par l'autre.

On en connaît ou l'on en détermine facilement le volume intérieur $V$ ; pour mesurer la température du fourneau on le plonge dans le creuset, l'extrémité ouverte placée et protégée de manière à ce qu'il n'entre point de poussière de charbon à l'intérieur. On l'abandonne jusqu'à ce que l'air renfermé dans le tube ait acquis la température du fourneau ; cet air se dilatant, il en sort du tube un certain volume que nous appelons $v$.

On bouche alors le tube hermétiquement à l'aide d'un bouchon métallique bien exécuté qui se visse à l'orifice et dans la tête duquel on engage une tige de fer qui fait tourner le bouchon, absolument comme lorsque, à l'aide d'une baguette de fusil engagée dans la vis du chien, on rapproche les mâchoires qui doivent maintenir la pierre. On retire le tube du creuset lorsqu'il est hermétiquement bouché, et on le laisse revenir à sa température primitive.

Puisqu'il est sorti du tube qui contenait $V$ d'air un volume $v$, il n'y reste à la plus haute température qu'un volume qui, s'il était ramené à la température initiale serait $(V-v)$, mais ce volume $(V-v)$, par l'effet de sa dilatation, occupait alors toute la capacité du tube ou $V$; on a donc l'équation

$$(V-v)\,(1+0.00375\,t) = V,$$

d'où l'on tire pour la température approchée

$$t = \frac{v}{0.00375\,(V-v)}$$

On aurait donc $t$, si l'on connaissait $v$ ; pour déterminer cette dernière valeur, on débouchera le tube sous l'eau lorsqu'il sera refroidi, en le tenant verticalement l'ouverture en bas ; l'eau y montera et remplira précisément l'espace $v$ ; on recueillera cette eau introduite, on la jaugera très exactement et l'on en en conclura $t$ avec une approximation suffisante.

Supposons, pour exemple, que la capacité intérieure du tube ou $V = 0.^{\text{mmm}}0002286$ ; c'est la capacité intérieure d'un bout de canon de fusil qui aurait $0.^{\text{m}}90$ de hauteur ; admettons que le volume $v$ d'eau qui se sera introduit lorsqu'on aura débouché sous l'eau le tube refroidi $= 0.^{\text{mmm}}00015$ on aura

$$t = \frac{0.0001586}{0.00375\,(0.0002286 - 0.0001586)} = \frac{0.0001586}{0.00375 \times 0.00007} = \frac{1586}{2.625} = 604 \text{ degrés environ.}$$

On voit qu'on ne tient point compte ici de la température de l'atmosphère au commencement et à la fin de l'expérience, ou plutôt qu'on la suppose toujours $= 0$ ; il serait facile de faire entrer ces variations dans la formule ci-dessus si l'on désirait une exactitude que l'emploi et l'objet de cet instrument ne comportent guère. On peut cependant, pour plus de rigueur, admettre qu'au lieu d'être o , la température de l'air est, par exemple , $t'$ tant avant l'échauffement du tube qu'après son refroidissement , $t$ représentant toujours la température qu'on cherche sera donné par

$$t = \frac{t' V + 267\, v}{V - v}$$

J'ai employé cet outil pour mesurer la température de ma forge d'essai; mais dans l'Ariége il m'a été impossible de faire exécuter le bouchon métallique qui devait fermer le canon de fusil ; je me suis contenté d'effiler, autant que possible sous le marteau , le tube de fer en le chauffant fortement du côté de sa bouche ; il a été alors jaugé : pour le fermer lorsqu'il avait acquis la température de la forge , j'approchais de son extrémité ouverte quelques charbons incandescents sur lesquels je faisais souffler; puis la banquette de la forge me servant d'appui je rabattais un peu à coups de marteau la partie effilée et j'en soudais définitivement les parois rougies en les écrasant au marteau l'une contre l'autre, le tube restant toujours et dans toute sa longueur dans la forge pendant cette opération assez incommode. Je laissais alors refroidir le tube , et je l'ouvrais ensuite à la lime et sous l'eau. J'entre dans ces détails pour donner une idée du degré de confiance qu'on peut accorder aux températures que j'ai obtenues. Je pense toutefois que cet instrument bien établi rendrait de notables services, et je ne doute point que des ouvriers adroits n'exécutent parfaitement le bouchon qui est la partie la plus délicate de ce grossier appareil. J'ai su depuis mes essais que M. Pouillet avait imaginé un pyromètre également fondé sur la dilatation de l'air, c'est un instrument bien plus parfait, mais aussi beaucoup plus cher que celui que je propose. J'aurais décrit le pyromètre de M. Pouillet, si j'avais pu m'en procurer le dessin, qui n'est pas encore publié.

On trouvera plus loin d'autres méthodes pour obtenir les hautes températures.

33. Nous n'avons considéré jusqu'ici la chaleur qu'à l'état d'équilibre dans les corps; il convient de l'étudier maintenant à l'état de mouvement, c'est-à-dire de montrer comment les corps ou les différentes parties d'un même corps changent de température, ou de quelle manière y varie l'intensité de la chaleur.



La chaleur se transmet continuellement de masse à masse , non seulement lorsque ces masses sont en communication directe, mais encore quand elles sont à distance. On dit dans le second cas que la transmission s'opère par *rayonnement*, et dans le premier qu'elle s'opère par contact.



Nous allons successivement passer en revue les lois connues de ces deux modes de transmission.

Rayonnement. Lorsqu'un corps, et un corps solide particulièrement, a été échauffé, même sans être devenu lumineux, le calorique dont il est pénétré tend sans cesse à en sortir; le corps lance de tous côtés des rayons de chaleur qui traversent l'espace avec une vitesse excessivement grande. Ce rayonnement s'opère à travers le vide un peu plus facilement qu'à travers l'air; mais les substances solides et liquides s'opposent plus ou moins à cette transmission, et elles absorbent alors une partie de la chaleur émise. Le corps qui absorbe s'échauffe de plus en plus, celui qui émet se refroidit, et ces effets continuent d'avoir lieu jusqu'à ce que l'équilibre de température soit établi entre eux. Or, même à cet instant, c'est-à-dire lorsqu'il n'y a plus ni échauffement ni refroidissement de l'un ou de l'autre, le rayonnement persiste encore, de sorte que le calorique rayonnant est dans un état de tension perpétuel.

Ce que nous venons de dire sur le rayonnement mutuel de deux corps doit s'appliquer aux molécules d'un même corps. Le rayonnement s'opère dans l'intérieur des corps solides et liquides, il ne diffère de celui qu'on observe à travers l'air que par une absorption beaucoup plus rapide; il s'opère aussi de molécules à molécules dans les gaz; mais par la nature même de ces corps l'absorption de chaleur rayonnante y est extrêmement faible. *On peut donc considérer les molécules de tous les corps comme des foyers de chaleur rayonnante.* Cette chaleur émise en tous sens par chaque molécule se propage à travers les pores ou espaces vides de matière pondérable qui existent même dans les corps les plus denses, jusqu'à ce qu'elle ait été absorbée en entier par d'autres molécules qu'elle vient à rencontrer; ce qui a lieu à des distances généralement très petites dans les corps solides et dans les liquides, et au contraire à des distances très grandes dans les différents gaz. ( Poisson , *Théorie de la chaleur* , 1835. )

Considérons d'abord la chaleur rayonnante par rapport aux corps qui la reçoivent.

Chaleur<br>rayonnante<br>considérée par<br>rapport aux<br>corps qui la<br>reçoivent. 34. En général , lorsque la chaleur rayonnante émise par une source de chaleur arrive à la surface d'un corps opaque ou *athermane*, c'est-à-dire qui ne se laisse point traverser par cette chaleur rayonnante , une partie est *réfléchie*, une autre est absorbée et échauffe le corps qu'elle pénètre.

Réflexion de<br>la chaleur. Cette réflexion de la chaleur est soumise aux mêmes lois que celle de la lumière, et ce n'est point la seule analogie qui existe entre ces deux agents.

Par conséquent ,

Lois. 35. Lorsqu'un *rayon* de chaleur ( fig. α ), (et l'on appelle ainsi toute ligne droite menée d'un corps qui émet au corps qui reçoit); lorsqu'un rayon de chaleur OM , disons-nous , rencontre un corps poli M , il se réfléchit en faisant avec la normale NN' à la surface atteinte un angle de réflexion $r$ égal à l'angle d'incidence $i$, et de telle manière que le plan passant par les rayons incident et réfléchi, OM, OQ, est lui-même normal au corps.

Donc aussi,

36. Lorsqu'un faisceau de rayons de chaleur parallèles AA' (fig. β), tombe sur une portion de surface sphérique concave, S, polie et peu étendue relativement à la sphère dont elle fait partie, ces rayons viennent tous se croiser après la réflexion en un même point F, situé au milieu de celui des rayons CS de la sphère qui est parallèle aux rayons incidents.

Le point F se nomme le foyer du réflecteur. Réciproquement si un corps chaud est placé au foyer F d'un réflecteur sphérique concave et de peu d'étendue, les rayons émis par ce corps sont réfléchis à la surface du réflecteur parallèlement à la ligne qui joindrait le centre du corps chaud au centre de la surface du réflecteur.

37. Si au lieu d'être parallèles à l'axe du réflecteur les rayons incidents, (fig. γ) divergent vers la petite portion de surface sphérique, à partir d'un point P situé au-delà du centre C de la sphère, ils concourront après leur réflexion à très peu près en un même point P' situé entre le centre C' et le milieu F de C S. Le lieu de P' peut être déterminé par la relation suivante : Rayons<br>divergens.

$$\frac{1}{p} + \frac{1}{p'} = \frac{1}{f}$$

dans laquelle $p$ exprime la distance du point rayonnant P au réflecteur, $p'$ celle du point de concours P' des rayons réfléchis à la même surface, et $f$ la distance S F, moitié du rayon C S.

Cette relation montre que si le point rayonnant P était au centre C de la sphère, les rayons reviendraient à ce centre même, après la réflexion.

Quant à la quantité de chaleur rayonnante partie *d'un point* matériel échauffé et qui peut être reçue sur une même surface successivement placée à différentes distances, elle varierait dans le vide en raison inverse du carré de ces distances ; on peut admettre (33) dans la pratique que cette variation sera la même dans l'air. Quantité de<br>chaleur reçue<br>par une même<br>surface.

Il n'en serait plus de même si l'on considérait isolément un faisceau de rayons parallèles, car alors la quantité de chaleur qui peut être reçue sur une même surface successivement placée à différentes distances n'éprouve dans le vide aucune diminution à raison de ces distances ; nous admettrons qu'il en est de même dans l'air.

38. Considérée relativement aux corps dont elle émane, la quantité de Chaleur<br>considérée

par rapport aux corps dont elle émane. chaleur rayonnante qui émane d'un corps est, toutes choses égales d'ailleurs, proportionnelle à l'étendue de sa surface.

Influence de l'obliquité du rayonnement. Mais les quantités de chaleur émises dans des directions données M O, M O', M O'', par un même élément de surface M, diminuent à mesure que ces directions s'écartent de la normale M N ; on les regarde comme proportionnelles aux cosinus M C, M c, M c', M c'' des angles N M N, N M i', N M i'', formés par ces directions avec la normale M N à l'élément de surface.

39. Si nous considérons enfin la chaleur rayonnante dans ses propriétés communes et aux corps qui émettent et à ceux qui absorbent, nous dirons que :

Le nombre et l'intensité des rayons de chaleur qui tendent à sortir d'un corps qui se refroidit ou qui tendent à pénétrer un corps qui s'échauffe par rayonnement dépendent de l'état des surfaces de ces corps.

En général, plus ces surfaces sont polies, plus l'émission ou l'absorption sont difficiles, ou plus le *pouvoir émissif* et le pouvoir *absorbant* sont faibles.

Pouvoirs émissif, absorbant et réfléchissant. 40. Les corps qui peuvent émettre le plus de chaleur sont donc aussi ceux qui peuvent absorber la plus grande partie de celle qui tombe sur leur surface, et ces pouvoirs absorbants et émissifs sont même tels qu'ils peuvent être représentés spécifiquement par les mêmes nombres ; quant au pouvoir réfléchissant il est le *complément* du pouvoir émissif.

On voit donc que, $q$ représentant par exemple la quantité de chaleur qu'un faisceau rayonnant, parti d'une source à la température $t$, apporterait à un corps dans l'unité de temps, $\frac{q}{m}$ représentera la quantité de chaleur absorbée par ce corps en donnant à $m$ la valeur qui dépend de la nature du corps et de la température $t$, $q - \frac{q}{m}$ complément de $q$ et $= \left(1 - \frac{1}{m}\right)q$ représentera la quantité de chaleur réfléchie.

Et lorsque ce corps sera parvenu à la température $t$ de la source de chaleur, il émettra identiquement la quantité de chaleur $\frac{q}{m}$.

La fraction $\frac{1}{m}$ exprime donc le pouvoir émissif ou le pouvoir absorbant du corps, et $1 - \frac{1}{m}$ ou $\frac{m-1}{m}$ exprime son pouvoir réfléchissant.

Il s'en faut de beaucoup qu'on connaisse le rapport des pouvoirs émissifs de toutes les substances ; voici ceux de quelques corps. En représentant par 100 le pouvoir émissif du noir de fumée, on a :

| | |
|---|---:|
| Noir de fumée. | 100 |
| Eau. | 100 |
| Verre. | 98 |
| Mercure. | 20 |

Plomb brillant.          19
Fer poli.          15
Etain, argent, cuivre, or.          12

En d'autres termes, sur 100 rayons qui se présentent pour sortir d'un corps recouvert de noir de fumée, sa surface n'en arrête aucun.

Une surface en fer poli en arrêterait $100 - 15 = 85$ au passage, le cuivre $100 - 12 = 88$.

Les rayons de chaleur qui ne peuvent sortir sont forcés de rentrer dans l'intérieur par une sorte de réflexion interne, de sorte que ces derniers nombres 0, 85, 88 peuvent représenter les pouvoirs réfléchissants internes du noir de fumée, du fer poli et du cuivre poli. Pouvoir réfléchissant interne.

41. En combinant la loi du décroissement d'intensité en raison inverse du carré des distances ( 37 ) avec l'influence de l'obliquité , M. Poisson a démontré les théorèmes suivants ( *Bulletin de la Société philomatique* ) :

Si l'on a une enceinte de forme quelconque , fermée de toutes parts, dont les parois intérieures soient partout à la même température et émettent par tous leurs points des quantités égales de chaleur, la somme des rayons calorifiques qui viendront se croiser en un même point intérieur à l'enceinte sera toujours la même, quelque part que ce point soit placé ; de sorte qu'un thermomètre qu'on ferait mouvoir dans l'intérieur de l'enceinte recevrait constamment la même quantité de chaleur et marquerait partout la même température; ce qu'on peut regarder comme conforme à l'expérience. Cette égalité de température dans toute l'étendue de l'enceinte ne dépend ni de sa forme ni de ses dimensions; et elle aurait encore lieu si l'enceinte était remplie d'air ou d'un gaz quelconque, pourvu que ce gaz eût pris la température de l'espace. Théorèmes de chaleur.

Si $a$ représente l'intensité de la chaleur émanée suivant la normale à un élément de la surface de l'enceinte, $a$ ayant la même valeur pour tous les éléments de cette surface, la quantité totale de chaleur reçue par le point intérieur, en quelque lieu qu'il soit situé, sera $4\pi a = a \times 12.5663\ldots$, $\pi$ étant le rapport du diamètre à la circonférence.

Si le point intérieur qu'on a considéré était pris sur la surface même de l'intérieur de l'enceinte, la quantité de chaleur qu'il recevrait de tous les autres points ne serait plus que $2\pi a$, ou moitié de celle qu'il recevrait s'il était dans l'intérieur.

Et chaque point des parois intérieures de l'enceinte émet à chaque instant une quantité de chaleur de $2\pi a$ égale à celle qui reçoit de tous les autres points.

Généralement, si l'on veut connaître la quantité de chaleur envoyée à un

4

point quelconque par une portion déterminée des parois de l'enceinte, il faudra concevoir un cône ayant son sommet à ce point et pour circonférence de sa base le contour de la paroi donnée ; puis décrire de ce point comme centre et d'un rayon $= 1$ une surface sphérique ; la quantité de chaleur cherchée sera égale au facteur $a$ multiplié par l'aire de la portion de surface sphérique interceptée par le cône.

Propagation de la chaleur dans l'intérieur des corps. 42. Maintenant que nous connaissons les lois de la transmission du calorique à distance, il convient de jeter un coup d'œil sur celles qui régissent son mouvement dans l'intérieur des corps, ou de montrer comment il se communique, par contact, et de molécule à molécule, dans l'intérieur des corps solides, des liquides, et enfin des gaz.

Propagation dans les solides. 43. On admet généralement (33) que la propagation de la chaleur dans l'intérieur des corps solides est encore due à un rayonnement intérieur de molécule à molécule, et l'on suppose que si une particule $m$, ayant la température $t$, est assez voisine d'une autre particule $m'$ à la température $t'$ pour que les rayons qui iront de $m$ à $m'$ ne soient pas totalement éteints dans le trajet, la particule $m'$ recevra de $m$ une certaine quantité de chaleur qui, toutes choses égales d'ailleurs, sera proportionnelle à $t-t'$ ou à la différence des deux températures.

On a déduit de cette hypothèse, qui n'est vraie qu'autant que $t-t'$ n'excède pas 20°, les résultats suivants qui reçoivent leur application dans la pratique.

44. Soit X Y, X'Y' (fig. 5) un mur solide d'une longueur X Y indéfinie, soit $e$ son épaisseur ; supposons qu'une de ses faces soit exposée à l'action de la chaleur et qu'elle ait acquis une température permanente $a$ ; soit $b$ la température de la base opposée ;

1° Les températures permanentes des sections intérieures de ce mur décroîtront en progression arithmétique, depuis $a$ jusqu'à $b$, l'épaisseur $e$ étant divisée en parties égales.

2° Si $Q$ est la quantité de chaleur qui, dans ce mur, traverse pendant l'unité de temps, l'unité de surface appartenant à une section quelconque, on aura :

$$Q = \frac{k(a-b)}{e}$$

$k$ étant un coëfficient constant pour chaque substance, mais différent de l'une à l'autre. On le désigne sous le nom de *coëfficient de la conductibilité intérieure du corps* pour la chaleur. Il exprime la quantité de chaleur qui traverserait dans l'unité de temps, l'unité de surface d'une des sections du mur ayant pour épaisseur l'unité de longueur , lorsque les deux faces parallèles de ce mur sont entretenues à des températures constantes, différentes entre elles de l'unité.

45. Ce coëfficient n'a été déterminé rigoureusement pour aucune substance ; mais on connaît à peu près les *rapports* des valeurs de $k$ pour quelques substances ; si par exemple l'on prend 1000 pour le coëfficient qui conviendrait à l'or, on a, d'après Desprets,

| | |
|---|---|
| Or. | 1000 |
| Platine. | 981 |
| Argent. | 973 |
| Cuivre. | 898 |
| Fer. | 374 |
| Porcelaine. | 12 |
| Terre à fourneaux ou briques. | 11 |
| Charbon calciné. | Encore plus faible. |
| Air immobile. | Presque nul. |

Ainsi le cuivre conduit la chaleur près de deux fois et demie mieux que le fer, et la terre ou les briques qui entrent dans nos *feux* catalans construits avec soin laisseraient passer, à épaisseur égale, 33 fois moins de chaleur que le fer.

On soupçonne que dans certains corps la conductibilité n'est pas la même suivant toutes les directions autour de chaque point. Cela peut avoir lieu dans le charbon et dans le bois, par exemple, composés de fibres juxta-posées et où la propagation de la chaleur est peut-être plus facile dans le sens de ces fibres que dans le sens perpendiculaire à leurs directions.

46. Il serait souvent fort utile de déterminer la température permanente $b$ de la surface XY du système ci-dessus en admettant que cette surface rayonne vers la paroi d'une enceinte dont la température constante est $c$; cette température $b$ est bien donnée par la relation

$$b = \frac{k\,a + h\,e\,c}{k + h\,e} = a - \frac{h\,e(a-c)}{h\,e + k}$$

$a$ étant toujours la température de la surface $X'Y'$, mais cette expression contient non seulement $k$ ou le *coëfficient de conductibilité intérieure* qu'on ne connaît pas, mais elle renferme encore un autre coëfficient $h$ qu'on appelle *coëfficient de conductibilité extérieure* et qui n'a pas non plus été déterminé.

Ce coëfficient $h$ est la quantité de chaleur que perdrait dans l'unité de temps, l'unité de surface, si $b-c$ était égal à l'unité de température. Ce coëfficient, qui dépend à la fois de la surface du corps rayonnant (39) et du milieu ambiant ne peut être confondu avec le pouvoir émissif qui ne dépend que de la surface, qu'autant que X Y rayonnerait dans le vide.

**Propagation de la chaleur dans les liquides** 47. Le pouvoir conducteur des liquides, sans être nul, est extrêmement faible ; c'est ce que prouve la difficulté qu'on éprouve à les échauffer par la partie supérieure des vases qui les renferment. La communication de la chaleur dans ces corps s'opère donc presque entièrement par le déplacement des couches les plus échauffées, et par leur mélange avec celles qui le sont moins. Lorsqu'on chauffe par la partie inférieure un vase qui contient de l'eau, les molécules les plus rapprochées du foyer s'échauffent d'abord ; le premier effet de la chaleur est de les dilater (20) (28), c'est-à-dire de faire occuper un plus grand volume à la quantité de matière qui les constitue ; leur densité diminuant, elles doivent, suivant les lois de l'hydrostatique, être poussées de bas en haut par les molécules supérieures qui, plus froides et par conséquent plus denses, tendent continuellement à se substituer aux premières au fond du vase. Il s'établit ainsi un mouvement ascensionnel continu des parties les plus échauffées aux plus froides, et un mouvement inverse de la surface vers le fond. Ces deux courants peuvent être rendus sensibles, en plaçant de l'eau par exemple dans un vase de verre et en y mêlant de la sciure de bois de chêne dont la densité est à peu près égale à celle du liquide. Ces parcelles de bois en prenant les mouvements du fluide indiquent à l'œil leurs directions et leurs vitesses.

**et dans les gaz.** 48. Les fluides élastiques (l'air, par exemple) s'échauffent comme les liquides par des courants intérieurs, et il est impossible de constater leur conductibilité propre, à cause de la grande mobilité de leurs particules et du faible obstacle qu'ils opposent au passage de la chaleur rayonnante. L'échauffement de l'air et des gaz ne s'obtiendra donc facilement qu'en mettant ceux-ci en contact avec des corps solides échauffés, placés inférieurement ; comme pour les liquides, les couches de fluide en contact avec le corps solide échauffé, perdent de leur densité, s'élèvent et sont remplacées par les couches plus froides de la partie supérieure qui s'élèvent à leur tour. Si, au contraire, le corps solide échauffé était placé à la partie supérieure, la première couche d'air échauffée par contact immédiat resterait à la place qu'elle occupait d'abord, et jamais les couches inférieures ne pourraient arriver au corps solide destiné à transmettre la chaleur.

**Chauffage de l'air.** Dans la pratique des forges le meilleur moyen d'obtenir de l'air à une très haute température, lorsqu'on veut souffler les fourneaux à l'air chaud, est celui qu'a employé M. Cabrol pour obtenir ses gaz carbonés ; ce moyen consiste à faire en sorte que l'air traverse directement le combustible enflammé, au lieu d'échauffer , comme on le faisait d'abord, des appareils en fonte dans lesquels l'air est contenu.

Nous terminerons ce chapitre par le résumé des lois sur l'échauffement et le refroidissement des corps, qui, avec les sections des *chaleurs spécifiques* et des *chaleurs latentes*, complèteront les connaissances sur les propriétés de la chaleur les plus nécessaires aux propriétaires des forges.

49. Lorsqu'un corps est soumis à une température extérieure plus basse que la sienne d'un certain nombre de degrés et ensuite à une température plus élevée que la sienne d'un même nombre de degrés, l'expérience montre qu'il emploie le même temps soit à s'abaisser, soit à s'élever à cette température extérieure , de sorte que la loi de son refroidissement dans le premier cas est la même que celle de son réchauffement dans le second. *Lois du réchauffement et du refroidissement des corps.*

Lorsque la température *t* d'un corps n'excède que d'un petit nombre de degrés *t—t'* 10° à 20 au plus ( 43 ) la température constante *t'* de l'enceinte où il se refroidit, la fraction de degré V qu'il perd dans un instant très court est proportionnelle à l'excès de sa température $(t—t') = d$ sur celle des corps environnants , et comme la loi du refroidissement est la même que celle de l'échauffement , on peut dire réciproquement que la fraction de degré acquise pendant un temps très court par un corps qui s'échauffe est proportionnelle à l'excès de la température de l'enceinte sur celle de ce corps, tant que l'excès primitif ne dépasse pas 10 à 20 degrés. *Loi de Newton.*

En admettant ces principes démontrés d'ailleurs par l'expérience *lorsque les excès de température* d *ne dépassent pas* 20°, on voit que si l'on augmentait d'une quantité commune la température initiale du corps et celle du milieu où il est placé, les changements successifs de température seraient exactement les mêmes que si l'on ne faisait point cette addition.

Dès lors, si V représente la chaleur gagnée ou perdue dans un temps très court par un corps qui s'échauffe ou se refroidit, *d* étant une quantité variable d'instant en instant, mais supposée constante pour chacun d'eux, et qui représente les différences de température du corps et de l'enceinte, les lois précédentes seront comprises dans la forme

$$V = \pm A d.$$

Le signe supérieur + devant être pris lorsque le corps s'échauffe, et le signe inférieur — lorsqu'il se refroidit.

Le coëfficient A est constant pour un même corps, mais il varie d'un corps à l'autre ; il dépend en général de l'état de la surface.

V est ce qu'on appelle *la vitesse du refroidissement* ( ou du réchauffe-ment (49) , c'est le nombre de degrés perdus ( ou acquis ) pendant un temps choisi pour unité. V ou la vitesse de refroidissement d'un corps se détermine , dans la pratique , en observant la diminution de température du corps pendant un instant très court , et en divisant cette perte de cha-leur par cette très courte durée ; si par exemple la température d'un corps était de 3oo° au commencement de l'observation, et que la tempé-rature du corps fût réduite à 286.25 , après 5″ on obtiendrait pour la vi-tesse de son refroidissement $\frac{13.75}{5''} = 2°. 75 = V$.

Si nous supposons maintenant que sa température soit telle qu'elle dé-passe de 20° $= d$, celle de l'enceinte dans laquelle il est placé et qu'il ait perdu en une seconde 2°.75, nous pourrons, si la loi de Newton est tou-jours applicable , conclure que si l'excès de la température de ce même corps sur celle de l'enceinte devenait successivement

| $d = 20°$ | $2 \times 20 = 40°$ | $3 \times 20 = 60°$ | $4 \times 20 = 80°$ | $5 \times 20 = 100°$ |

Sa vitesse de refroidissement serait successivement

| $V$  2°75 | $2 \times 2.75 = 5°50$ | $3 \times 2.75 = 8°25$ | $4 \times 2.75 = 11°00$ | $5 \times 2.75 = 13°75$ |

Or l'expérience a donné

| 2.75 | 5°93 | 9°58 | 14° | 18°92 |

Résultats qui ne s'accordent point avec la formule.

50. C'est que , ainsi que nous l'avons déjà dit, la loi de Newton, suffi-samment exacte pour des excès de température $d$ qui ne dépassent point 20 degrés , devient d'autant plus fausse que ces excès augmentent, c'est donc strictement dans ces limites que la formule $V = A\,d$ pourra être employée.

Dans tous les autres cas, il faudra avoir recours à la formule générale qui résulte des nombreuses et belles expériences de MM. Dulong et Petit, savoir :

Loi<br>du refroidisse-<br>ment ou du ré-<br>chauffement de<br>MM. Dulong<br>et Petit.

$$V = m\,a^{\theta}(a^{t}-1) + n\,p^{t} \qquad {\scriptstyle c\;1.233}$$

$V$ est toujours la vitesse du refroidissement ou du réchauffement.

$m$ est un coëfficient variable non seulement pour les différents corps, mais pour le même corps suivant sa masse, sa forme et l'état de sa surface.

$a$ est un nombre constant et $= 1.0077$ pour tous les corps.

$\theta =$ la température de l'enceinte.

$t =$ l'excès de la température du corps sur celle de l'enceinte, de sorte que la température du corps est $t + \theta$ (1).

(1) Lorsque nous supposerons que le corps se réchauffe, nous prendrons θ pour la température du corps, et θ + *t* pour la température de l'enceinte, de sorte que *t* exprimera alors l'excès de température de l'en-ceinte sur celle du corps.

$n$ est un coëfficient qui varie avec l'étendue de la surface du corps et avec la nature du milieu élastique dans lequel le corps est plongé.

$p$ est l'élasticité du fluide qui entoure le corps.

$c$ est un exposant $= 0.45$ lorsque ce fluide est l'air atmosphérique o.38, si ce fluide est de l'hydrogène, o.517 pour l'acide carbonique.

Cette formule n'est rigoureusement applicable qu'aux corps dont toutes les parties sont à la même température.

Des deux termes du second membre, le premier $m\, a^\theta (\, a^t - 1)$ est relatif à la seule chaleur rayonnée, et le second $n p^c t^{1.133}$ à la seule chaleur enlevée par le contact du gaz dans lequel le corps se refroidit. Dès lors la vitesse de refroidissement dans le vide est uniquement

$$v = m\, a^\theta (a^t - 1) = m\, a^{\theta + t} - m\, a^\theta$$

et la vitesse de refroidissement uniquement due au contact du gaz est

$$v' = n p^c\, t^{1.133}$$

Évidemment $v + v' = V =$ vitesse totale de refroidissement.

On voit que dans le vide, la vitesse de refroidissement d'un même corps ne dépend pas seulement de l'excès de la température de ce corps sur celle de l'enceinte, ou de $t$, mais qu'elle dépend aussi de la température de cette enceinte, de sorte que $t$ restant le même, la vitesse de refroidissement dans le vide augmentera en même temps que $\theta$.

Ainsi l'on a trouvé qu'un certain corps dont la température excédait constamment celle de l'enceinte de $240° = t$, perdait :

Dans un temps très court, $v$    $10°69$    $12°40$    $14°35$

Lorsque la température de l'enceinte $\theta$ était successivement    $0$    $20°$    $40°$

*Le rayonnement augmente donc, pour un même excès, avec la température de l'enceinte.*

Le tableau suivant montrera plusieurs exemples de l'influence de $\theta$ sur les valeurs de $v$; en donnant en quelque sorte un corps à la formule, ce tableau en facilitera l'intelligence.

| Excès de température du corps rayonnant ou $t$ sur celle de l'enceinte. | VITESSE DE REFROIDISSEMENT OU $v$. La température $\theta$ de l'enceinte étant : | | |
|---|---|---|---|
| | $\theta = 0$ | $= 20°$ | $= 40°$ |
| | $v$ | $v$ | $v$ |
| 240° | 10°69 | 12°40 | 14°35 |
| 220 | 8 81 | 10 41 | 11 98 |
| 200 | 7 40 | 8 58 | 10 01 |
| 180 | 6 10 | 7 04 | 8 20 |
| 160 | 4 89 | 5 67 | 6 61 |
| 140 | 3 88 | 4 57 | 5 32 |
| 120 | 3 02 | 3 56 | 4 15 |
| 100 | 2 30 | 2 74 | 3 16 |
| 80 | 1 74 | 1 99 | 2 30 |

On voit non seulement que $t$ restant constant, $v$ augmente avec $\theta$, mais encore que $\theta$ restant constant $v$ augmente avec $t$.

On peut remarquer encore que les vitesses de refroidissement dans le vide, pour un excès constant de température, croissent en progression par quotient quand la température de l'enceinte croît en progression par différence.

En effet, prenons par exemple l'excès constant $t = 200$, on voit que l'enceinte étant successivement $\theta = 0$, 20, 40 progression, arithmétique dont la différence constante est 20 ; les vitesses de refroidissement sont successivement   7.40       8.58          10.01
qui reviennent à    7.40       1.16 × 7.40     1.16 × 8.58
progression par quotient dont le rapport est          1.165

Ce rapport est toujours le même, quel que soit l'excès de température que l'on considère.

Refroidisse-<br>ment dans l'air<br>seul. Quant à la vitesse du refroidissement due au seul contact du gaz et exprimé par

$$v' = n p^{c}\, t^{1.255} \quad \text{ou dans l'air en particulier}$$

$$\text{par } v' = n p^{0.45}\, t^{1.255}$$

On voit d'abord qu'elle est complètement indépendante de l'*état* de la surface et de la matière du corps qui se refroidit, car $n$ ne varie qu'avec l'*étendue* de cette surface et la nature du gaz refroidissant.

Cette vitesse de refroidissement augmentera avec l'élasticité $p$ du gaz ; mais comme pour l'air en particulier l'exposant 0.45 de cette élasticité est assez voisin de $0.5 = \frac{1}{2}$, $p^{0.45}$ est à peu près égal à $p^{\frac{1}{2}} = \sqrt{p}$, et l'on peut dire par approximation que le pouvoir refroidissant de l'air est à peu près proportionnel à la racine carrée de son élasticité.

Enfin, toutes choses égales d'ailleurs, la vitesse du refroidissement due au seul contact de l'air augmente plus rapidement que l'excès de la température du corps sur celle de l'enceinte, ou plus rapidement que $t$, puisque cette valeur est élevée à une puissance 1.233, plus grande que l'unité.

Le rayonnement contribuant peu à la perte de chaleur quand le corps est exposé à un vent très rapide, on peut, dans des calculs approximatifs, négliger quelquefois la première partie de la valeur de $V$ et prendre $V = n\, p^{0.45}\, t^{1.233}$ pour la vitesse de refroidissement.

51. Depuis que l'emploi de l'air porté à une haute température a remplacé dans les usines métallurgiques les souffleries à l'air froid, on a beaucoup discuté sur le mode d'action probable de ce nouvel agent. Je m'étonne encore qu'entre toutes les explications qu'on en a données, personne n'ait remarqué que les améliorations non douteuses qu'il a apportées dans la fabrication du fer pouvaient être prévues et presque exactement mesurées à l'aide des importantes lois que nous venons de passer en revue.



Je ne sais si je m'abuse; peut-être même donné-je à ces lois plus d'extension qu'elles n'en comportent; mais les effets calorifiques de l'air chaud (je laisse de côté les effets chimiques) me *paraissent* compris dans les formules de MM. Dulong et Petit.

En effet on admet généralement, et les récentes expériences de M. Pouillet sur la fusion des métaux permettent effectivement d'admettre que la température des fourneaux à fer est d'environ 1500 degrés; je pense qu'on ne s'éloignera que fort peu de la réalité, en supposant que l'enveloppe intérieure du fourneau, sa chemise, jouit de la même température; de sorte que la masse en fusion rayonnera vers l'enceinte autant de chaleur qu'elle en reçoit de celle-ci; puisque l'excès de température est $t = 0$, le seul refroidissement que cette masse en fusion éprouve est donc dû seulement au contact de l'air. S'il est froid, elle perdra une quantité de chaleur inconnue, mais qui, d'après les lois précédentes, peut être représentée par $P \times t^{1.233}$, $t$ étant l'excès de température de la masse des matières sur celle de l'air qui entre, et comme $t$ par hypothèse $= 1500$ degrés, la perte de chaleur due au contact de l'air froid sera proportionnelle à

$$P \times 1500^{1.233}$$

Si, au lieu d'air à 0, on introduit dans le fourneau de l'air élevé à 320 degrés environ, comme cela a lieu en effet, la perte de chaleur deviendra proportionnelle à

$$P \times (t - 320)^{1.233} \text{ ou}$$
$$P \times 1180^{1.233}$$

5

Les pertes de chaleur dues au contact de l'air seront donc dans le rapport suivant, en supposant les masses d'air injectées égales dans les deux cas,

$$\frac{\text{à l'air froid}}{\text{à l'air chaud}} = \frac{1500^{1.233}}{1180^{1.233}} = \text{à peu de chose près } \frac{8241}{6132}$$

et comme il paraît très naturel que pour produire un même effet calorifique, les quantités de combustible brûlées soient dans le même rapport que les pertes de chaleur; on aura aussi le rapport ci-dessous

$$\frac{\text{charbon brûlé à l'air froid}}{\text{charbon brûlé avec air à } 320°} = \frac{8241}{6132} = \frac{1}{0.744}$$

Ce qui produirait environ 0.25 ou deux dixièmes et demi d'économie sur le combustible. N'est-ce point là en effet l'économie qui a été généralement réalisée à la température de 320 degrés?

Il ne faut pas attacher à ce calcul plus d'importance que je n'en mets moi-même; toutefois, je l'avoue, je ne vois dans cette explication rien que de probable, et je ne désespère pas de la voir figurer sans trop de désavantage à côté de toutes celles qu'on a données jusqu'ici de l'action de l'air chaud.

52. La quantité de chaleur nécessaire pour augmenter l'état thermométrique d'un même corps est proportionnelle au produit de la masse de ce corps par le nombre de degrés qu'on veut lui faire acquérir. On conçoit sans difficulté que s'il faut dépenser une certaine quantité de chaleur, ou ce qui revient au même un certain poids de combustible, pour élever un kilogramme d'eau de 1 degré, il faudra 2 fois plus de chaleur ou 2 fois plus de combustible, toutes choses égales d'ailleurs, pour augmenter de 1 degré la température de 2 kilogrammes d'eau, ou pour élever de 2 degrés la température de 1 seul kilogramme.

Cette loi, qui peut être regardée comme vraie quand il s'agit de poids différents d'une même substance, conduirait à des résultats très faux si on l'appliquait à des corps différents. Ainsi il faut une quantité de chaleur bien plus faible pour élever d'un certain nombre de degrés la température d'un kilogramme de fer que pour élever du même nombre de degrés celle d'un kilogramme d'eau.

L'expérience a appris que, en prenant pour unité la quantité de chaleur nécessaire pour élever un kilog. d'eau d'un degré, celle qui produirait le même effet sur un kilogramme de fer serait environ $\frac{1}{10}$ de la première; mais ce qui a lieu pour le fer a lieu pour tous les autres corps. Il faut donc admettre comme un fait que des poids égaux de substances différentes acquièrent ou perdent des quantités de chaleur inégales lorsqu'ils éprouvent, sans changer d'ailleurs leur état solide, liquide ou gazeux, des variations égales de température.

Ces quantités de chaleur, ou mieux les rapports des quantités de chaleur nécessaires pour élever d'un même nombre de degrés l'unité de poids de différents corps, ont reçu le nom de *calorique spécifique,* de chaleur spécifique ou de *capacité pour la chaleur.* Calorique spécifique.

Ces rapports sont donnés dans la table suivante pour tous les corps que nous pourrons avoir à considérer; on y prend pour unité la quantité de chaleur nécessaire pour élever 1 kilog. d'eau de 1°; c'est ce qu'on appelle une *calorie.*

*Table du calorique spécifique des différents corps, à masses égales; celui de l'eau étant supposé = 1.*

| CORPS. | ENTRE 0 ET 100. | ENTRE 0 ET 500. | ENTRE 0 ET 550. |
|---|---|---|---|
| Eau. | 1.0000 | » | » |
| Fer. | 0.1098 | 0.1218 | 0.1255 |
| Cuivre. | 0.0940 | 0.1013 | |
| Mercure. | 0.0330 | | |
| Charbon de bois. | 0.2600 | | |
| Carbone. | 0.256 | | |
| Air atmosphérique (1). | 0.2669 | | |
| Oxigène. | 0.2361 | | |
| Azote. | 0.2754 | | |
| Acide carbonique. | 0.2210 | | |
| Vapeur d'eau. | 0.847 | | |
| Oxide de carbone. | 0.2884 | | |
| Hydrogène. | 3.2936 | | |
| Magnésie. | 0.276 | | |
| Fer oligiste. | 0.1692 | | |
| Oxide de fer magnétique. | 0.1641 | | |
| Silice. | 0.1804 | | |
| Carbonate de chaux. | 0.2011 | | |
| Carbonate de fer. | 0.1819 | | |
| Carbonate de magnésie et de fer. | 0.2270 | | |
| Chaux anhydre. | 0.179 | | |
| Peroxide de fer anhydre. | 0.213 | | |
| Alumine anhydre. | 0.200 | | |
| Peroxide de manganèse. | 0.191 | | |
| Silice. | 0.179 | | |
| Hydrate de peroxide de fer. | 0.188 | | |
| Hydrate d'alumine. | 0.420 | | |
| Sous-carbonate de chaux. | 0.203 | | |
| Sulfure de fer. | 0.135 | | |
| Fonte. | 0.140 | | |

(1) La capacité de l'air décroît quand la pression augmente, $p$ étant la pression sous laquelle on veut connaître la capacité $X$ de l'air, on a

$$X = 0.2669 \left( \frac{760}{p} \right)^{1 - \frac{1}{1.375}}$$

on déduit de cette relation que la capacité de l'air pour la chaleur, sous la plus forte tension de nos trompes, est réduite à 0.2596.

Puisqu'il faut des quantités de chaleur inégales pour élever des poids égaux de deux substances différentes d'un même nombre de degrés, il doit paraître évident qu'en mettant en contact deux masses égales de nature différente, le système ne prendra point une température moyenne arithmétique entre les températures de ces masses mélangées; c'est en effet ce que de nombreuses expériences ont démontré.

Ainsi, plongez un kilogramme de fer à la température de 11 degrés dans un kilogramme d'eau à 0 ; le mélange acquerra une température non de $\frac{11+0}{2} = 5^{\mathrm{d}}\frac{1}{2}$, mais celle de 1 degré seulement.

De même, agitez ensemble 1 kilog. de mercure à 100° avec un kilog. d'eau à 14 ; au lieu d'une température moyenne de $\frac{14+100}{2} = 57°$, on ne trouvera pour la température du mélange que 17°.

On voit que, dans le premier cas, le kilog. de fer, en perdant 10 degrés de sa température primitive, n'a pu élever le kilogramme d'eau que d'un seul degré. On en conclut qu'il faut 10 fois plus de chaleur pour élever une masse d'eau à une certaine température que pour élever une même masse de fer à la même température, ou en d'autres termes que la capacité du fer pour la chaleur ou son calorique spécifique est $\frac{1}{10}$ seulement de celui de l'eau ; c'est par cette méthode de mélanges qu'on a pu déterminer les nombres de la table ci-dessus.

53. Si l'on connaissait très exactement les capacités du fer et de l'eau pour la chaleur, on pourrait espérer obtenir avec quelque approximation la température à laquelle le fer se trouve élevé dans nos creusets catalans. Malheureusement la capacité des corps pour la chaleur paraît augmenter avec leur température ; la table ci-dessus, par exemple, montrera que celle du fer étant représentée par 0.1098 entre 0 et 100, elle devient 0.1218 entre 0 et 300, et enfin 0.1255 entre 0 et 350°, mais au-delà de 350 elle n'est point connue.

Mesure approchée des hautes températures. Toutefois l'on a souvent appliqué cette connaissance imparfaite de la capacité pour la chaleur à la mesure des hautes températures, et j'en ai fait usage moi-même pour déterminer par approximation quelques températures sur lesquelles je reviendrai plus tard.

Calcul. Voici la méthode de calcul et d'observation.

On place dans la partie du creuset dont on veut connaître la température une masse de fer pesée d'avance avec beaucoup de soin et de 2 kilogrammes au plus.

Soit le poids de cette masse de fer — $= F$
Et sa température après avoir été chauffé — $= t$.

On laisse cette masse dans le feu pendant environ 20 minutes, en la maintenant avec une petite pince absolument comme si l'on avait à chauffer une très petite massoquette.

Le fer, après 20 minutes, ayant acquis la température $t$ de l'espace où il était situé, on le retire promptement et on le laisse tomber immédiatement dans un vase plein d'un poids d'eau qu'on aura déterminé d'avance en le jaugeant avec exactitude (15). Ce vase devra être aussi étroit et aussi profond que possible.

Soit ce poids d'eau $\qquad E$
et soit $\qquad t'$

la température également observée d'avance, à l'aide d'un bon thermomètre, que ce poids d'eau possédait avant l'immersion du fer.

Soit enfin $\qquad C$ la capacité du fer pour la chaleur,
celle de l'eau étant $\qquad C'$

On observera, toujours avec le thermomètre, la température de l'eau après l'immersion, cette température ira d'abord en croissant; puis elle redescendra; on prendra la plus haute qu'on ait observée; nous l'appellerons $T$.

A cet instant le fer sera revenu à la température T du mélange; il aura donc perdu $( t - T )$ degrés de chaleur dans le liquide; celui-ci de son côté aura acquis par l'immersion, non point $( t - T )$ degrés que le fer a perdus, mais seulement $( t - T ) \frac{C}{C'} \cdot \frac{F}{E}$, c'est-à-dire un nombre de degrés d'autant plus petit que son calorique spécifique et son poids sont plus grands par rapport à ceux du fer. L'eau aura donc gagné $\frac{(t-T)CF}{C'E}$ degrés de chaleur; mais comme elle possédait déjà $t'$ degrés, sa température est $t' + \frac{(t-T)CF}{C'E}$; or l'observation du thermomètre nous a aussi donné T pour sa température; on a donc

$$T = t' + \frac{(t-T)\,CF}{C'E}$$
$$\text{ou}\ (T-t')\,C'E = (t-T)\,CF$$

d'où l'on tire pour la température $t$ du fer, lorsqu'il était dans le creuset,
$= T + \frac{(T-t')\,C'E}{CF}$; et comme la capacité $C'$ de l'eau est prise pour unité, on a définitivement

$$t = T + \frac{(T-t')\,E}{CF}$$



Faisons pour application $F = 1.^k 5$; $C = 0.1255$, $E = 40^k$, $t' = 10°$ et $T = 15°$, on aura :

$$t = 15 + \frac{(15-10)\,40}{0.1255 \times 1.5} = 15 + \frac{200}{0.18825} = 15 + 1062 = 1077°$$

Cette température est quelque peu inférieure à celle que j'ai trouvée pour la partie du creuset située au-dessous de la tuyère, un peu en arrière de son extrémité, lors de mes essais à la forge de Saint-Pierre.

54. Cette méthode est assez commode pour évaluer la haute température de nos creusets, mais elle n'est pas très exacte; car, d'une part, il y a toujours une quantité d'eau assez notable qui est réduite en vapeur au

moment de l'immersion ; d'un autre côté, le fer en décompose une partie, il s'oxide à la surface, et cette oxidation dégage une assez grande quantité de chaleur (1).

Enfin il est aussi très probable que la capacité du fer pour la chaleur dépasse o.1255 dans les températures très élevées. Ces trois causes d'erreur, agissant toutes dans le même sens, donneraient pour $t$ des valeurs trop fortes; mais il faut remarquer qu'elles sont quelque peu compensées par les pertes de chaleur qui ont lieu dans le transport du fer au vase, et par le rayonnement de ce vase lui-même après l'immersion du fer.

Il convient dans ces expériences de donner à la masse de fer qu'on veut échauffer la forme la plus propre à augmenter la surface, celle d'une rondelle, par exemple, afin de multiplier les points de contact.

Méthode<br>indépendante<br>de la connais-<br>sance des<br>chaleurs spéci-<br>fiques.

55. La méthode suivante pour mesurer les hautes températures est indépendante de la connaissance des chaleurs spécifiques ; mais elle exige les mêmes précautions pour se mettre à l'abri des erreurs ou au moins pour compenser celles qui pourraient résulter de la volatilisation de l'eau, du refroidissement pendant l'expérience, etc., etc.

On prend deux rondelles en fer comme celles dont nous avons parlé ci-dessus, mais de poids *inégaux*, soient $M$, $M'$ leurs poids respectifs ; après les avoir placées dans le foyer au point dont on veut connaître la température $x$, on les plongera successivement dans des masses $m$, $m'$ d'eau dont la température est $t$; soient $\theta$, $\theta'$ les températures définitives des mélanges; on aura comme ci-dessus, en nommant $c$ la chaleur spécifique du fer

$$M c (x - \theta) = m (\theta - t)$$
$$M' c (x - \theta') = m' (\theta' - t)$$

divisant ces équations l'une par l'autre, et réduisant, on a, pour déterminer $x$ ou la température cherchée, la relation indépendante de la chaleur spécifique $c$,

$$x = \frac{M' m \theta' (\theta - t) - M m' \theta (\theta' - t)}{M' m (\theta - t) - M m' (\theta' - t)}$$

Chaleur latente<br>et chaleur<br>sensible.

56. Lorsqu'un corps change d'état, lorsqu'il passe par exemple de l'état solide à l'état liquide, ou de l'état liquide à l'état gazeux, il y a une certaine quantité de chaleur absorbée qui n'est point indiquée par le ther-

(1) Il faudrait, lorsqu'on emploie cette méthode, peser le fer refroidi ; en déduisant son poids primitif de celui qu'on trouverait, on obtiendrait le poids de l'oxigène qu'il aurait absorbé en décomposant l'eau. D'après M. Despretz, chaque gramme d'oxigène absorbé par la combustion du fer dégage 5325° ou une quantité de chaleur suffisante pour élever 1 $^k$ d'eau de 5°.325. Le poids de l'eau $E$ se sera donc élevé pendant l'expérience d'autant de fois $\frac{5°.325}{E}$ qu'il y a de grammes absorbés, de sorte que si $n$ est ce nombre de grammes, on devrait introduire dans la formule ci-dessus non la valeur de $T$ observée, mais bien $T - 5°.325 \times \frac{n}{E}$. C'est ce que j'ai toujours fait.

momètre. Cette portion de chaleur ainsi absorbée pour constituer le corps dans son nouvel état et pour l'y maintenir, est ce qu'on appelle *chaleur latente*.

Cette chaleur insensible au thermomètre n'est point détruite; elle réside dans les molécules du corps, et l'on peut admettre qu'elle est totalement employée à maintenir ces molécules aux distances mutuelles où elles doivent être dans le nouvel état. En effet elle reparaît intégralement lorsque le corps revient de l'état de vapeur à l'état liquide ou de l'état liquide à l'état solide.

Lorsqu'on met de la fonte en fusion, par exemple, en exposant ce corps à une très haute température, si l'on agite la masse jusqu'à ce que toutes les parties solides soient fondues, on observe que la température du bain reste constante pendant toute la durée de l'opération. La chaleur que fournit alors le foyer et qui est employée à produire et à maintenir le changement d'état, est ce qu'on appelle la chaleur latente de fusion.

De même lorsque de l'eau pure et liquide est placée dans un vase ouvert sur un foyer et soumise seulement à la pression atmosphérique, on remarque que le thermomètre qu'on y plonge ne dépasse jamais 100 degrés (20) ; une fois arrivée au point d'ébullition, la chaleur qui passe du foyer au liquide est absorbée par le changement d'état du liquide qui se transformera en vapeurs : elle est entièrement employée à le gazéifier. Si le thermomètre est placé dans la vapeur qui se dégage, il ne marque encore que 100 degrés.

Cette quantité de chaleur ainsi accumulée dans la vapeur d'eau formée sous la pression barométrique 0.76 et qui est insensible au thermomètre, est la *chaleur latente* de la vapeur d'eau.

Mais si le thermomètre n'indique point cette chaleur additionnelle, il n'est pas pour cela impossible de la rendre sensible et par conséquent de la mesurer. En effet si l'on fait passer un kilogramme de vapeur à 100° à travers 5.ᵏ 50 d'eau liquide à 0, on obtient 6.ᵏ 50 d'eau à 100°. Le kilogramme de vapeur, en se liquéfiant, a donc dégagé assez de chaleur pour élever 5.ᵏ 50 d'eau à 100° ; il aurait élevé de même en abandonnant sa seule chaleur latente 550ᵏ d'eau de 1°, ou enfin développé 550 *calories*.

Nous avons déjà dit en effet ( 52 ) qu'on était convenu d'appeler *ca- Calories.lorie* la quantité de chaleur nécessaire pour élever 1 kilogramme d'eau de 1 degré. Nous n'emploierons pas dans la suite d'autre unité pour exprimer les quantités de chaleur.

Le nombre 550 ne représentant sans doute pas très exactement la cha- Chaleur latenteleur latente de la vapeur d'eau, nous ne l'adoptons que comme une moyenne, de la vapeur d'eau.

en attendant qu'il ait été déterminé par des expériences précises depuis long-temps attendues.

On ne connaît même par approximation la chaleur latente que d'un assez petit nombre de corps.

*Chaleur latente de l'eau liquide à o.* Celle de l'eau, qui passe de l'état de glace à l'état liquide, est 75, c'est-à-dire qu'un kilogramme de glace en se liquéfiant absorbe une quantité de chaleur suffisante pour élever 1 kilog. d'eau de 75 degrés, ou absorbe 75 calories.

*Points de fusion.* 57. On ne connaît pas beaucoup mieux le point de fusion des différents corps. Toutefois l'on admet que

| | | |
|---|---|---|
| L'or fond à | 1200° | ( Pouillet. ) |
| L'argent à | 1000 | (Pouillet.) |
| Le zinc à | 360 | |
| Le plomb à | 334 | ( Kupfer. ) |
| L'étain à 212 ( Newton. ) | 228 | ( Chrichton. ) |
| Le soufre à | 109 | |
| La cire blanchie à | 68 | |
| La cire non blanchie à | 61 | |
| Le suif à | 33 | |

Nous reviendrons plus tard sur quelques autres substances.

*Causes de production de chaleur.* 58. La principale source de chaleur que nous ayons à étudier est la *combustion*. Son extrême importance nous oblige d'y consacrer un chapitre spécial ; nous nous bornerons en terminant celui-ci à indiquer comme sources de chaleur fort mal connues jusqu'ici la percussion et le frottement.

Personne n'ignore dans nos forges que la percussion seule dégage une assez grande quantité de chaleur. Le marteau s'échauffe lorsqu'on casse le minerai. Quand on essaie de briser à froid des plates supposées de fer fort et qu'elles résistent sans se rompre à deux ou trois chocs consécutifs, elles s'échauffent très sensiblement ainsi que la masse sur laquelle on a essayé de les rompre. Les palmes ou cames de l'arbre tournant s'échaufferaient par percussion encore plus que par frottement, si l'on n'avait le soin de les rafraîchir. Les tourillons ( curroux ) de l'arbre tournant, ceux du marteau, les oubliets dans lesquels tournent ces derniers s'échauffent par frottement et ils acquerraient une haute température s'ils n'étaient continuellement arrosés. Rumford, en faisant jouer très vivement et sous une grande pression un foret dans un canon de bronze rempli d'eau, a réduit environ 0.ᵏ268 de bronze en poudre dans l'espace de 2 heures et la chaleur dégagée a été capable d'élever 11.$^k$7 de o à 100° ou a produit 1170 calories; on verra plus loin que c'est à peu près ce qu'on aurait obtenu par la combustion de $\frac{1}{6}$ $^{kilog:}$ de charbon.

59. La compression subite des gaz produit aussi de la chaleur; il semble que réciproquement leur expansion devrait occasioner une perte de chaleur; ce dernier effet est produit dans les expériences de laboratoire, mais il n'a pas lieu dans toutes les circonstances. *Chaleur produite par la compression.*

Ainsi j'ai eu quelquefois l'occasion de vérifier sur nos trompes un fait qui n'avait point échappé à l'observation des physiciens; c'est que l'air qui s'échappe d'un vase en soufflant par un orifice ne change pas de température.

J'introduisais d'abord un thermomètre dans le trou destiné à recevoir le pèse-vent; ce thermomètre traversait un gros bouchon de liége qui fermait ce trou; sa boule et une grande partie de la tige étaient donc placées dans l'air comprimé de la trompe. Le niveau du mercure de la tige s'élevant un peu au-dessus du bouchon, je pouvais observer sa marche. Lorsque le tout était bien consolidé, je donnais le vent sous la plus forte tension, c'est-à-dire que l'air de la trompe se trouvait alors soumis à une pression totale d'environ o.$^m$o8 de mercure. Je laissais jouer la trompe pendant environ dix minutes; lorsque j'étais bien certain que le niveau du mercure restait constant, je notais le degré et j'arrêtais le vent. Cela fait, je fermais le trou du pèse-vent; je faisais jouer de nouveau la trompe en tirant la même longueur de chaîne, c'est-à-dire en faisant en sorte que la tension totale de l'air fût la même que tout à l'heure. Alors je présentais mon thermomètre à la buse (canon de bourec) et je le maintenais non sans efforts dans la veine de vent qui en sortait, tantôt près, tantôt à 1 pied de cet orifice; or, sur plus de vingt observations que j'ai faites aux forges de Saurat, je n'ai jamais pu remarquer la plus légère différence entre les températures du thermomètre à mercure successivement placé soit dans l'air comprimé, soit dans l'air dilaté à des distances de la buse qui ont varié de o.$^m$o5 à environ o.$^m$3o. Nous admettrons donc que la température de l'air des trompes est sensiblement la même à l'intérieur de la machine et à la sortie, et nous ne tiendrons aucun compte de la chaleur dégagée par la compression de l'air ou de celle absorbée par sa dilatation.

60. Il arrive souvent qu'au lieu d'exprimer une température par un nombre de degrés, on la désigne dans la pratique par la couleur que prend un solide en s'échauffant; ainsi on dit la *chaleur rouge*, la *chaleur sombre*; bien qu'il y ait beaucoup de vague dans ces expressions, il résulte d'expériences récentes de M. Pouillet que l'on peut établir la correspondance *Chaleur rouge, blanche, etc.*

suivante entre les diverses nuances et les températures du thermomètre à air, sans trop s'éloigner des acceptions reçues. Suivant ce physicien

| | |
|---|---|
| Le rouge naissant corresponrait à | $525°$ |
| Rouge sombre | $700$ |
| Cerise naissant | $800$ |
| Cerise | $900$ |
| Cerise clair | $1000$ |
| Orange foncé | $1100$ |
| Orange clair | $1200$ |
| Blanc | $1300$ |
| Blanc éclatant | $1400$ |
| Blanc éblouissant | $1500$ à $1600$ |

**Données pratiques sur le chauffage de l'air.**

61. *Données pratiques sur la chaleur, et relatives au chauffage de l'air pour les souffleries.* Lorsqu'on chauffera l'air dans des tuyaux de fonte horizontaux de o.$^m$ o4 d'épaisseur constamment léchés par la flamme et par la fumée, on pourra obtenir 74.$^k$ 4 d'air par minute à 322° de température en brûlant dans le même temps 2.$^k$ 5 de houille et donnant à l'appareil 76$^{mm}$ de surface de chauffe ( usines de la Clyde ). Je pense du reste que dans ce résultat, ainsi que dans ceux qui suivent, on a évalué le poids d'air trop haut.

Il résulte encore de cette donnée que, pour chaque kilogramme d'air par minute qu'on voudra élever de 1° dans les appareils à tuyaux de fonte horizontaux et de o. o4 d'épaisseur, il faudra brûler o.$^k$ ooo1 ou un dix-millième de son poids de houille et donner environ o.$^{mm}$ oo32 de surface de chauffe.

Ces appareils n'utilisent pas tout-à-fait les o. 4 de la chaleur totale.

62. *Appareil de Calder.* L'appareil de Calder se compose d'une série de tuyaux verticaux formant chacun un angle assez aigu, mais arrondi au sommet. Ces tuyaux, repliés ainsi en forme de syphon, s'insèrent par leurs extrémités dans de gros tuyaux horizontaux protégés par de la maçonnerie contre l'ardeur du feu ; le tout est renfermé dans un fourneau. En employant ce système et donnant à ces tuyaux verticaux 3 centimètres $\frac{3}{4}$ d'épaisseur, on obtiendra 92$^k$ d'air par minute à 322° en brûlant dans le même temps 2.$^k$ 3r3 de houille, la surface réelle de chauffe étant de 7r$^{mm}$. Donc lorsqu'on emploiera ce système, la fonte ayant 3 cent. $\frac{3}{4}$ d'épaisseur, il faudra pour chaque kil. d'air à élever de 1° par minute brûler o.$^k$ ooo078 de houille dans le même temps et donner un peu moins de o.$^{mm}$ oo24 de surface de chauffe réelle. On a négligé ici les tuyaux hori-

zontaux parce qu'ils sont recouverts par de la maçonnerie. Le poids d'air est sans doute aussi évalué trop haut.

Cet appareil n'utilise pas tout-à-fait les o. 54 de la chaleur totale.

63. De tous les appareils qu'on a pu employer pour le chauffage de l'air, celui que M. Cabrol a appliqué à la production de ses gaz réducteurs est sans contredit l'appareil le plus parfait. Il se compose essentiellement d'une chambre en fonte intérieurement revêtue en briques et qui est hermétiquement fermée à l'exception des points d'insertion du tuyau qui amène le vent et de celui par lequel il sort. Cette chambre porte dans ses flancs le foyer même qui sert à la production des gaz carbonés et à leur échauffement. Une disposition particulière permet d'entrer à volonté dans cette chambre et d'en sortir sans que le vent s'échappe. Lorsqu'il a fonctionné à Alais, il a élevé la température des gaz à plus de 400 degrés, et pour $77^{mmm}$ d'air par minute il a consommé 2400 kil. de houille en vingt-deux heures, ce qui revient à dire que $110^k$ d'air par minute exigent qu'on brûle au maximum $1.^k 82$ de houille dans le même temps pour être portés à la température de 400, ou enfin que pour élever $1^k$ d'air de $1°$ avec cet appareil la consommation de houille est réduite à $\frac{0.0182}{400} = 0.^k 000045$.

En évaluant la puissance calorifique de la houille à 6000 calories, cet appareil utiliserait plus des $\frac{9}{10}$ de la chaleur totale.

Il est considéré ici sous le rapport calorifique seulement ; il offre bien d'autres avantages indépendamment de celui-ci, et les résultats qu'il a donnés depuis à l'usine de Decazeville ne permettent aucun doute à cet égard (1).

---

## CHARBON DE BOIS.

64. Le charbon conserve la forme et la structure du bois dont il dérive, mais le volume de celui-ci est fortement diminué par la carbonisation. On estime qu'une bûche de $0.^m 97$ de longueur et de $0.^m 325$ de circonférence se réduit, en se carbonisant, si le bois n'est pas résineux, de $0.^m 08$ sur sa longueur et de $0.^m 11$ sur sa circonférence ; ce qui équivaut à une réduction de $\frac{1}{12}$ environ pour la longueur et de $\frac{1}{5}$ à peu près pour le diamètre, de sorte que le volume d'une bûche isolée est à celui du charbon qu'elle produit à peu près comme 27 : 11. Leur poids relatif dépend en général de la qualité du bois, et pour une même espèce il dépend même du terrain sur lequel ce bois a végété. On sait en effet que le charbon fait avec un

Propriétés<br>physiques.

(1) Voyez Notice sur l'application de l'appareil à gaz carbonés à l'un des hauts-fourneaux des usines de la compagnie de l'Aveyron, par M. Cabrol ; Paris, *Mathias*, libraire. Voyez aussi les articles que j'ai donnés sur cet appareil et sur ses résultats, dans le *National*, le 23 mai et les 9 et 30 octobre 1836.

bois qui a poussé sur un terrain calcaire pèse moins, toutes choses égales d'ailleurs, que celui qui provient de bois pris sur des terrains siliceux ou argileux. Ces poids peuvent varier comme 2 : 3.



65. Le volume et les qualités du charbon que peut fournir un volume de bois donné varient également avec les méthodes de carbonisation qu'on emploie.

Toutefois, quelle que soit cette méthode, il existe un certain produit en charbon que nul perfectionnement ultérieur ne pourra faire dépasser. Ce produit maximum en poids est à très peu près de 38 pour 100 du bois employé.

En effet le bois ayant un an de coupe, contient sur 100 $^k$

| | | |
|---|---|---|
| Charbon parfaitement pur ou carbone | | 38.$^k$48 |
| Hydrogène — 3.94 } dans la proportion rigoureusement | | |
| Oxigène — 31.58 } nécessaire pour former eau combinée. | | 35. 52 |
| Eau mélangée | | 25 |
| Cendres | | 1 |
| | | 100. 00 |

Ce nombre de 38 pour 100 ne pourra même jamais être atteint si la carbonisation s'opère aux dépens du bois lui-même, car toujours une certaine quantité de ce bois sera consommée pour l'opération.



66. On admet généralement que la combustion de 1 kilog. de bois d'un an de coupe peut élever 2600 kil. d'eau de 1° ( la valeur calorifique de 1 kil. de bois parfaitement desséché est de 3600 calories ).

Pour dégager les 60.$^k$ 52 d'eau mélangée et combinée que renferment 100$^k$ de bois, il faudra les élever à 100 + 550 degrés ( 56 ), ce qui exigera 60.$^k$ 52 × 650 = 39338 calories correspondant à 15.$^k$ 13 de bois; il ne restera donc plus que la quantité de carbone pur contenu dans 100$^k$ — 15.$^k$ 13 = 84.$^k$ 87 de bois. Or, cette quantité d'après la composition ci-dessus = 84.87 × 0.3848 = 32.$^k$ 66; ajoutant à ce nombre 0.$^k$ 8487 pour le poids des cendres contenues dans 84.$^k$ 87 de bois et qui restent en entier dans le charbon, on aura au maximum 33.$^k$ 5 de charbon impur pour 100$^k$ de bois; mais encore faudra-t-il qu'une certaine partie $x$ de ce charbon soit brûlée pour porter l'autre à la température rouge. Nous ne connaissons point cette température, évaluons-la au minimum à 500°.

La capacité du charbon pour le calorique étant ( 52 ) 0.26 et 1$^k$ de charbon ordinaire étant capable de 7000 calories environ, on voit qu'il faudra, pour obtenir l'effet qu'on désire, dépenser :

( 33.$^k$ 5 — $x$ ) × 500° × 0.26 calories et par conséquent brûler un poids $x$ de charbon donné par la proportion

$$1^{k} : 7000 :: x : ( 33.5 - x )\, 500 \times 0.26,$$
$$\text{d'où l'on déduit } x = \tfrac{4355}{7130} = 0.^{k}61 ;$$

retranchant ces 0.61 de 33.5, il reste comme produit possible 32.$^{k}$89 ; encore cela suppose-t-il qu'il n'y a d'ailleurs aucune chaleur perdue, c'est-à-dire que la température du sol ou celle des enveloppes ne s'est même pas élevée d'un seul degré aux dépens du bois brûlé. On peut donc affirmer qu'on n'obtiendra jamais le tiers en poids du bois livré à la carbonisation.

67. Les propriétaires de forges ne charbonnant point par eux-mêmes il n'entre pas dans notre plan de décrire les procédés de carbonisation ; nous nous contenterons de dire que par la distillation en vases clos on obtient jusqu'à 27 $\frac{0}{0}$ du poids du bois, ce qui paraît être le maximum réel qu'on puisse raisonnablement espérer. Quelques appareils fixes ou des meules de très grande dimension donnent de 25 à 20 pour 100 ; on estime que par le procédé ordinaire des forêts on obtient de 15 à 18 $\frac{0}{0}$.

68. Les charbonniers ariégeois jouissent dans le pays d'une assez grande réputation ; il ne m'a pas été permis de suivre leurs travaux : voici toutefois les renseignements qui m'ont été fournis par M. Casse, propriétaire de bois, capitaine du génie, habitué par la nature même de sa profession à se rendre compte avec exactitude de ses opérations. Je publie ces résultats avec confiance, bien que je ne les aie point vérifiés. Ce sont au surplus les seules valeurs numériques données dans cet ouvrage que je n'aurai point constatées par *moi-même* (1).

69. M. Casse admet que la coupe de 1 hectare de bois de chêne de l'âge de 16 ans lui donne 35 charges de charbon ou 19.$^{mmm}$460 ; 1 hectare de bois de hêtre de 18 ans donne le même résultat.

1 hectare d'aulne, tremble, bouleau, de 10 ans, donne le même résultat, mais le charbon est de qualité inférieure.

Une *pile* de bois de chêne de 16 ans ayant en longueur 2 cannes = 3.$^{m}$50, en hauteur $\frac{1}{2}$ canne = 0.$^{m}$875, la longueur des bûches étant de 5 pans = 1.$^{m}$09, donne 2 charges $\frac{1}{3}$ de charbon ; cela revient à dire que 3.$^{mmm}$338 de bois de chêne donnent un volume de charbon = 1.$^{mmm}$297 ou que 1 mètre cube de bois de chêne fournit 0.$^{mmm}$388 charbon en volume.

Or, 1 mètre cube de bois de chêne bien cordé pèse environ 500$^{k}$, il donne ( 7 ) 0.388 × 225$^{k}$ = 87.$^{k}$3 de charbon. Ceci montre que les

Rapport en<br>volume du bois<br>au charbon.

Rapport en<br>poids.

(1) Je saisirai cette occasion de faire remarquer que dans l'immense foule de renseignemens que j'ai recueillis auprès des maîtres de forges pendant la première année de mon séjour au milieu de ces usines, il ne s'en est pas trouvé *un seul* qui fût même à peu près exact. J'ai dû prendre le parti, pendant les quatre dernières années, de parcourir les forges, toujours muni d'un mètre et d'un peson à ressort bien vérifié. C'est à de telles précautions qu'il faudra attribuer les discordances qu'on pourra remarquer entre les évaluations généralement admises et celles qui se trouvent dans cet ouvrage.

charbonniers de l'Ariége obtiennent 17.ᵏ 46 de charbon pour 100ᵏ de bois et justifie assez bien la bonne réputation qu'ils ont acquise (1).

Prix de revient lorsqu'on fait charbonner pour son compte.

70. La pile de bois sur place vaut au minimum 16 fr. et au maximum 18 fr., lorsque le prix du fer se soutient entre 18 et 19 fr. le quintal de 40 kil.

Les charbonniers reçoivent pour abattre le bois, l'émonder, faire les rondins, mettre *à tour de place*, faire le fourneau et cuire le charbon, de 1 fr. 30 cent. à 1 fr. 50 cent., par charge de charbon produite. Ils ont de plus les débris de la cabane qui valent 8 fr. Les cabanes sont construites pour quatre hommes et servent à la cuisson de quatre fourneaux.

Un fourneau reste en feu de 7 à 8 jours ; chaque fourneau produit, les plus petits 10 charges, les plus grands 25, rarement 30 ; les plus petits exigent moins de temps.

Enfin il faut compter pour le transport du charbon de la forêt à la forge 1 fr. par charge et par journée, par exemple, 3 fr. par charge de Lavelanet à Vicdessos, dont la distance est de trois journées.

Il est encore une petite dépense qui tombe sur l'acquéreur de bois ou sur le propriétaire de forges qui fait charbonner ; c'est le prix du bois nécessaire au chauffage et à la cuisine des charbonniers.

La quantité employée à cet usage est environ la vingt-quatrième partie du bois cuit, en ce sens que, si 96 volumes de bois ont été cuits, il en a été brûlé, en dehors de ces 96, 4 volumes pour le chauffage et la marmite. Mais ce qu'on appelle le *fagottage* diminue un peu la somme de ces dépenses. Ce fagottage se compose des menues branches, émondages. Chaque pile de bois donne 100 fagots dont la valeur totale est d'environ 4 francs pris sur les lieux.

Prix d'une charge de charbon à la forêt.

On peut donc établir ainsi le prix d'une charge de charbon pris à la forêt.

(1) On lit dans un mémoire récemment publié par ordre du directeur des mines sur les forges de l'Ariége, que 50ᵐᵐᵐ de bois donnent 20ᵐᵐᵐ de charbon, *attendu*, dit-on, *l'imperfection des procédés de carbonisation*. Il résulterait de cette donnée, si elle était vraie, que 1 ᵐᵉᵗ· de bois donnerait 0.ᵐᵐᵐ400 de charbon, ou que 500ᵏ· de bois donnerait 90ᵏ· de charbon, ou enfin que 100ᵏ· de bois fournirait juste 18ᵏ· de charbon, ce qui placerait les charbonniers de l'Ariège au premier rang ; car on atteint bien rarement 18 pour 100 par le procédé des forêts, et il paraît difficile d'en employer un autre dans ces contrées. Au surplus, ces renseignemens, que le rédacteur annonce avoir puisés à la conservation des forêts, ne s'accordent point exactement avec ceux que m'a donnés cette même administration à la même époque ; suivant ceux que j'ai obtenus 1.ᵐᵐᵐ de bois donne deux sacs de charbon, ou 0.ᵐᵐᵐ370, ce qui revient à 16ᵏ·65 de charbon pour 100ᵏ· de bois ; mais je ne ferai aucun usage de ces données. Les statistiques administratives se fabriquent avec des renseignemens fournis par les maitres de forges, et je connais trop bien la valeur de ceux-ci.

Quatre fourneaux donnant 40 charges de charbon exigeront pour la main-d'œuvre, à 1 fr. 40 cent. la charge, en moyenne.     56 $^{fr.}$ » $^{c.}$

Pour la valeur de la cabane.     8.   »

Une quantité de bois $= \frac{40}{2.3} =$ 17.39 piles qui, au prix moyen de 17 fr. la pile, coûteront     295. 63

Ajoutant $\frac{1}{24}$ de ce dernier prix pour le chauffage et la cuisine des charbonniers,     12. 32

La dépense pour les 40 charges prises à la forêt sera de     371. $^{fr.}$ 95$^{c.}$

Mais 17.$^{piles}$ 39 de bois $+$ 17.39 $\times \frac{1}{24} =$ 18. $^{piles}$ 11 produiront une valeur en fagots à déduire $=$     72. 44

D'où prix de revient de 40 charges à la forêt.     298.$^{fr.}$ 51$^{c.}$

Ce qui porte le prix d'une charge de bon charbon à la forêt à 7 fr. 46 cent.

Et comme la capacité de la charge est 0.$^{mmm}$556, le mètre cube de bon charbon pris à la forêt revient à 13 fr. 41 cent., ou les 100 kil. à 5 francs 96 cent.

Il faudra, comme nous l'avons dit, ajouter pour chaque journée de transport de la forêt à la forge, 1 fr. par charge, ou 1 fr. 71 cent. par mètre cube, ou enfin 0 fr. 76 cent. pour 100 kil.

Ces évaluations supposent qu'il n'arrivera aucun accident pendant la carbonisation, que les ouvriers ne laisseront point *loufer* le fourneau. Indépendamment de leur négligence, il faut en outre redouter les violents orages et les grands vents assez fréquents sur ces montagnes et qui déterminent quelquefois une combustion tellement rapide qu'on ne retire point la moitié du charbon qu'on pouvait raisonnablement espérer.

La crainte de ces désastres est cause que les maîtres de forges préfèrent en général acheter le charbon rendu sur l'usine. Son prix varie avec la qualité et aussi avec la situation de la forge.

71. Le bon charbon coûte aux maîtres de forges des environs de Foix de 9 fr. 50 cent. à 10 fr. la charge, soit au maximum et au minimum 17 fr. 08 cent., et 17 fr. 96 cent. le mètre cube (1).     Prix des charbons.

Je l'ai payé à Niaux, lors de mes essais à l'air chaud, de 30 à 36 fr. le parson, mais le parson à la forge de Niaux ayant une capacité extraordinaire ( 2$^{mmm}$ environ ), le mètre cube de charbon n'est réellement

(1) J'ai constamment payé 11 fr. la charge celui que j'ai employé pendant la longue durée de mes essais à Foix ; la mission dont j'étais chargé n'a pu compenser aux yeux des maîtres de forges qui me le vendaient ma qualité *d'étranger* en ce pays, j'ai dû subir la loi commune.

payé, lorsqu'il est de qualité un peu inférieure, que 15 fr., et le mètre cube de bon charbon 18 fr.

On le paye à Vicdessos, où il est d'un prix relatif très élevé, jusqu'à 12 francs la charge ou 21 fr. 48 cent. le mètre cube.

72. Le charbon obtenu par la carbonisation en meules n'est point du carbone pur ; outre les cendres, il contient encore des matières volatiles, et de plus, lorsqu'il a été exposé à l'air, une quantité d'eau qu'on évalue communément à $\frac{1}{10}$ de son poids.

**Eau dans le charbon de forge.**

Pour quelques calculs de chaleur, il m'importait de connaître cette quantité d'eau dans nos charbons de forge. En conséquence j'ai pris à la surface des parsons de la forge de Montgaillard environ $\frac{1}{2}$ kilogramme de morceaux de charbons d'espèces différentes ; j'en ai pesé 200 grammes juste en fragments dans une capsule de verre. J'ai placé celle-ci sur un bain de sable, que j'avais préablement bien desséché ; la capsule, recouverte par un entonnoir en verre renversé, fut mise avec le bain de sable sur un feu doux pendant environ trois heures. Je pesai alors le charbon encore chaud et j'obtins pour son poids 174.$^g$ 5, d'où perte $= 200 - 174.5 = 25.5$ qui revient à 12.75 pour cent. J'en conclus que le charbon de forge pris à la surface des parsons contenait de 12 à 13 pour cent d'eau, et comme celui du fond est immédiatement en contact avec le sol, j'admis, *sans l'avoir jamais vérifié*, que la proportion d'eau y était au moins aussi grande, de sorte que je me suis cru autorisé à regarder nos charbons de forge comme contenant au moins 12 kil. d'eau sur 100 kil.

Ce charbon n'avait point reçu la pluie avant d'arriver à la forge.

Je laissai les 174.5 gr. de charbon dans la balance, le lendemain matin ce poids était déjà revenu à 196 grammes, le soir de ce même jour il dépassait un peu 200 grammes ; quinze heures plus tard je trouvai à peine 199. Il avait un peu diminué.

J'en pesai alors 100 grammes juste en fragments dont quelques-uns avaient un peu d'écorce, cherchant ainsi à reproduire en petit la valeur moyenne d'un parson. Je plaçai les 100 grammes dans un creuset de terre muni d'un couvercle percé, et je chauffai le tout à ma petite forge d'essai, à l'aide d'un bon coup de vent.

La combustion et la calcination complète exigèrent beaucoup de temps ; je retirai une masse pulvérulente légèrement rougeâtre ; ce qui paraissait indiquer la présence d'un peu d'oxide de fer. Elle pesait 2.$^g$ 72. Ayant versé un peu d'acide hydrochlorique sur ce résidu, il y eut une très légère effervescence. Mon pauvre laboratoire ne me permettant pas à cette époque une analyse plus complète, j'établis ainsi par approximation la composition de nos charbons de forge en nombres ronds.

Carbone et probablement un peu d'hydrogène. $85^k$  
Eau. $12^k$  
Matières incombustibles, cendres, etc. $3^k$

$\left. \right\} = 100^k$ de charbon de forge.

Ces quantités varieraient sans aucun doute avec les diverses qualités de charbons; mais ce qu'il nous importe ici de connaître, c'est une moyenne, et celle-ci me paraît suffisamment approchée. Nous dirons toutefois qu'à poids égaux le poussier de charbon donne environ deux fois autant de cendres que les gros morceaux, que l'écorce seule en fournit encore plus que le poussier, et qu'il est tel charbon d'écorce, celui de chêne, par exemple, qui laisse après combustion $\frac{1}{4}$ de son poids de cendres.

En général, on peut admettre que pour un même arbre le charbon d'écorce contiendra plus de cendres que celui des branches, et ce dernier plus que le charbon venant du tronc. Si l'on compare entre eux des charbons provenant de bois différents on trouvera que le charbon de sapin donne environ trois fois moins de cendres que celui de chêne.

Ces cendres se composent principalement de carbonate de chaux ou de magnésie, d'un peu de phosphate de chaux, de chlorure de potassium, de sulfate et de carbonate de potasse, de silice, d'oxide de fer et de manganèse, substances parmi lesquelles il s'en trouve quelques-unes dont l'action chimique peut nuire à la qualité du fer. Cendres.

73. C'est donc avec beaucoup de raison que l'escola évite soigneusement d'introduire du poussier dans le feu, et le maître de forges de son côté devra autant que possible rejeter les charbons non écorcés qui en fournissent beaucoup.

74. Les sels terreux et alcalins qui constituent les cendres, outre l'action chimique qu'ils peuvent exercer dans le creuset, agissent mécaniquement dans la charbonnière. Leur cristallisation sous l'influence de l'humidité produit sur le charbon un effet qu'on peut comparer à celui de la gelée sur les pierres; elle le brise et le fendille à ce point que quelques-unes de ses parties sont dès lors incapables de résister au moindre choc et au plus léger frottement; il se produit ainsi dans les charbonnières une quantité de poussier tellement considérable qu'on l'évalue dans nos forges à la dixième partie de ce qui se brûle au creuset. On attribue généralement cet énorme déchet aux secousses que le charbon supporte dans le transport, aux éboulements fréquents dans les charbonnières, au peu de soin avec lequel les garde-forges le remuent; en un mot, à des causes purement externes. Or, il paraît extrêmement probable que ce déchet est en très grande partie le seul effet de la cristallisation des sels; le moyen de le diminuer est de mettre les charbonnières parfaitement à Humidité, cause de déchet.

l'abri de l'humidité. Il serait d'une absolue nécessité d'en élever le sol un peu au-dessus du terrain et de laisser jouer l'air par-dessous ; nous ferons remarquer ici que les charbons à tissu lâche subissent plus que les charbons compactes cette sorte d'influence.

*Combustion spontanée du charbon.* 75. Il est un genre d'accident fort grave dont il faut se méfier ; le charbon et le poussier de charbon plus particulièrement est pyrophorique, c'est-à-dire qu'il possède la singulière propriété de s'embraser spontanément dans certaines circonstances. Il peut donc arriver que sans aucune espèce de communication directe avec un corps enflammé, le feu se déclare dans les charbonnières. On a remarqué que cette propriété était d'autant plus caractérisée que le charbon était plus récemment cuit, et aussi qu'il était dans un plus grand état de division. Il serait donc extrêmement imprudent d'introduire du charbon dans les halles avant de l'avoir laissé complètement refroidir.

*Carbone ou charbon pur.* 76. L'âme du charbon des forges est, ainsi que nous l'avons vu (72), le carbone ou charbon parfaitement pur.

Le carbone est un corps toujours solide qui forme la base essentielle de tous les combustibles, bois, houille, coke, tourbe, anthracite ; et (propriété qui surprendra sans doute nos forgeurs) pourvu qu'il soit complètement à l'abri du contact de l'air, le carbone est inaltérable à la plus forte chaleur des fourneaux.

Sous l'influence de la chaleur et exposé au contact de l'air et mieux encore de l'oxigène pur, le carbone s'oxide, et se transforme, suivant les circonstances, en acide carbonique (77) ou en oxide de carbone (78).

Le charbon ordinaire ne commence guère à brûler qu'à la température de 240 degrés ; mais en général la température nécessaire pour que l'oxigène se combine avec le carbone doit être d'autant plus élevée que celui-ci est plus dense.

M. Despretz a trouvé que chaque gramme d'oxigène absorbé par la combustion du carbone, développait une quantité de chaleur suffisante pour élever 2967 grammes d'eau de 1°, ou 1 gramme d'eau de 2967° ; or si le charbon était absolument pur il exigerait par kilogramme, pour sa transformation complète en acide carbonique, 2.$^k$655 ou 1.$^{mmm}$853 d'oxigène à la température 0 ; c'est la quantité d'oxigène contenue dans 11.$^k$44 ou 8.$^{mmm}$820 d'air à la même température et sous la pression 0.76 ; et dès lors la chaleur qu'il développerait dans cette transformation suffirait pour porter 78.77 son propre poids d'eau pure à l'ébullition, ou enfin un kilog. de carbone en brûlant de manière à se transformer en acide carbonique, peut élever 2.$^k$655 × 2967 = 7877.$^k$385 d'eau de 1°, ou est capable de 7877 calories environ.

Les expériences de M. Péclet tendent à faire croire qu'environ un tiers de cette quantité de chaleur est dissipée par rayonnement. Nous admettrons ce résultat dans les approximations, à défaut d'expériences plus complètes ; car il serait possible que la chaleur dissipée par le rayonnement fût variable, et, par exemple, d'autant plus grande que la combustion est plus vive.

Lorsque la combustion est incomplète, on admet que la chaleur développée est proportionnelle à la quantité d'oxigène absorbée.

77. L'acide carbonique est un gaz 1.5245 aussi pesant que l'air atmosphérique. Il éteint les corps en combustion et asphyxie promptement les animaux. Il ne s'altère point par la seule action de la chaleur. Il est formé de : *Acide carbonique.*

| | | |
|---|---|---|
| Carbone. | 27.36 | (76) |
| Oxigène. | 72.64 | (12) |
| Acide carbonique. | 100 | |

L'hydrogène (17), à l'aide de la chaleur rouge, peut décomposer l'acide carbonique. En effet si l'on fait passer un courant d'hydrogène et d'acide carbonique à travers un tube de porcelaine fortement rougi au feu, on recueille à l'autre extrémité du tube de l'eau (16) et de l'oxide de carbone (78).

Si le tube chauffé au rouge était en partie rempli de charbon incandescent en quantité suffisante et qu'on y fît passer à plusieurs reprises de l'acide carbonique seul, le charbon contenu dans le tube s'emparerait de la moitié de l'oxigène de cet acide carbonique et il ramènerait celui-ci à l'état d'oxide de carbone, en passant lui-même à cet état. Un phénomène absolument semblable a lieu dans nos forges au commencement du travail, et il se présente en général lorsque le courant d'air est trop faible relativement au volume de charbon incandescent.

L'oxigène et l'azote sont sans action sur l'acide carbonique.

L'acide carbonique, qui s'est formé par la combustion complète du carbone, occupe précisément le même volume que l'oxigène qui l'a produit.

78. L'oxide de carbone est un gaz sans couleur pesant 0.967, autant que l'air. *Oxide de carbone.*

Au contact de l'air en excès, ou de l'oxigène en quantité suffisante et sous l'influence d'une haute température, l'oxide de carbone prend feu, brûle avec une flamme bleue et se transforme en acide carbonique.

100 kilog. oxide de carbone sont formés de $\left\{ \begin{array}{l} 42.^{k}96 \quad \text{carbone} \\ 57.^{k}04 \quad \text{oxigène} \end{array} \right.$

Nous reviendrons plus tard sur ces deux gaz ( l'acide carbonique et l'oxide de carbone), qui jouent un rôle extrêmement important dans nos forges.

79. Il convient maintenant de considérer le combustible sous le rapport de la quantité de chaleur qu'il développe.

La partie brûlable de tous les combustibles étant essentiellement formée de carbone et d'hydrogène, il sera facile de déterminer leur pouvoir calorifique avec une approximation suffisante pour la pratique, lorsqu'on connaîtra le rapport en poids de ces deux principes constituants à celui du combustible donné. Il suffira en effet de se rappeler que, d'après M. Despretz, chaque gramme d'oxigène absorbé par le carbone pur peut développer une chaleur suffisante pour élever 2967 grammes d'eau de 1°, et que chaque gramme d'oxigène absorbé par l'hydrogène peut élever de 1° 2578 grammes d'eau ( *Académie des Sciences*, tome X. ); en d'autres termes on voit que :

1 kil. d'oxigène absorbé par la combustion du carbone pur développera 2967 calories, et que le même poids d'oxigène, absorbé par la combustion de l'hydrogène, développera 2578 calories.

Nous rappellerons, en passant, que 1 kil. d'oxigène absorbé par le fer dégagerait jusqu'à 5325 calories; nous avons déjà fait usage de ce résultat (54).

Cela posé, montrons comment s'effectuent ces calculs et prenons pour exemples des données qui nous seront utiles par la suite.

L'acide carbonique étant formé de 27.36 carbone, plus 72.64 oxigène, la proportion suivante :

27.36 carbone : 72.64 oxigène :: 1 kil. carbone : $x$ kil. oxigène montre que 1 kil. de carbone exigera pour sa combustion complète, c'est-à-dire pour sa transformation en acide carbonique, un poids $x$ d'oxigène $= \frac{72.64 \times 1}{27.36} = 2.^k 655$.



80. Un kil. de carbone pur développera donc par sa combustion complète, ainsi que nous l'avons déjà trouvé, 2.655 × 2.967 = 7877.385 calories.

D'après M. Péclet, $\frac{1}{3}$ environ de cette quantité de chaleur est rayonnée, ou plus exactement la quantité de chaleur rayonnée est à la quantité totale de chaleur développée :: 1 : 2.1; le nombre de calories ci-dessus se divisera donc ainsi :

| | |
|---|---|
| Nombre de calories rayonnées. | 2541.°09 |
| Nombre de calories emportées par le gaz formé. | 5336. 295 |
| | 7877. 385 |

81. Il peut être utile de connaître la température du gaz acide carbo-

nique que la combustion a formé ; rien n'est plus facile. 1 kil. de carbone s'est combiné avec 2.$^k$655 d'oxigène et ont formé 3.$^k$655 d'acide carbonique ; on sait que (33 et 48) l'absorption de la chaleur rayonnante par les gaz est excessivement faible ; on peut donc sans erreur sensible la négliger complètement ; ce que, il est vrai, on a omis de faire jusqu'ici dans les ouvrages pratiques où l'on traite de l'emploi de la chaleur. 5336 calories (et non 7877) ayant passé dans 3.$^k$655 d'acide carbonique dont la capacité pour la chaleur (52) est 0.221, la température $t$ que ce gaz pourra acquérir sera en raison inverse de son poids et de sa chaleur spécifique $c$ ; ou en représentant par $C$ le nombre de calories passées dans ce gaz, on aura au maximum :

$$t = \frac{c}{p \times c} = \frac{5336}{3.655 \times 0.221} = \frac{5336}{0.807} = 6612 \text{ degrés}$$

C'est une limite de température que le gaz ne pourra dépasser.

82. Si, au lieu de recevoir la quantité d'oxigène nécessaire pour passer à l'état d'acide carbonique, le kil. de carbone pur n'avait reçu que la quantité d'oxigène nécessaire et suffisante pour se transformer en oxide de carbone (78). Ce poids d'oxigène eût été donné par la proportion :

42.96 carbone : 57.04 oxigène :: 1 $^{kil.}$ carbone : $x$ $^{kil.}$ oxigène, d'où $x$ $= \frac{5704}{4296} = 1.^k327.$

En admettant, comme cela est *à peu près* prouvé, que les quantités de chaleur émises sont exactement entre elles comme les poids d'oxigène absorbé, le nombre de calories que développera la transformation de 1$^k$ de carbone en oxide de carbone sera exprimé par 1.327 $\times$ 2967 $=$ 3937.

On ne sait si, dans ces circonstances, la quantité de chaleur rayonnée est à la quantité de chaleur totale dans le même rapport que ci-dessus ; mais en admettant qu'il en soit ainsi, ce nombre de calories se divisera de la manière suivante :

| | |
|---|---|
| Quantité de chaleur rayonnée. | 1266 calories. |
| Quantité de chaleur enlevée par l'oxide de carbone formé. | 2671 calories. |
| | 3937 |

Comme il s'est formé un poids d'oxide de carbone $=$ 1$^k$ carbone $+$ 1.$^k$327 oxigène $=$ 2.$^k$327, comme enfin la capacité pour la chaleur de ce dernier gaz est 0.2884, et que 2671 calories peuvent être absorbées par 2.$^k$327 oxide de carbone, sa température maxima $t'$ sera donnée comme ci-dessus en divisant ce nombre de calories $C$ par le produit $p' \times c'$ du poids du gaz par sa chaleur spécifique, et l'on aura :

$$t' = \frac{C}{p' \times c'} = \frac{2671}{2.327 \times 0.2884} = \frac{2671}{0.6711} = 3980 \text{ degrés,}$$

limite de température que le gaz puisse acquérir.

83. On a supposé dans ces deux calculs que la combustion s'opérait dans l'oxigène pur; or, il n'en est jamais ainsi dans les opérations métallurgiques, où l'air atmosphérique à peu près seul entretient la combustion.

Or, supposons d'abord que l'on emploie du carbone pur et qu'on ne fournisse que la quantité d'air rigoureusement nécessaire pour la transformation du charbon en acide carbonique.

Chaque kilogramme de carbone exigeant $2.^k 655$ d'oxigène, il faudra que la machine soufflante, pour la combustion complète, fournisse par kilogramme de carbone brûlé un poids d'air qui sera donné par la proportion (11) :

$1^k$ air atmosphérique : $0.232$ oxigène $:: x$ air atmosph. : $2.^k 655$ oxigène, d'où $x = \frac{2.655 \times 1}{0.232} = 11.^k 44$ air supposé à o et sous la pression barométrique $0.76$.

La quantité de chaleur développée sera toujours 7877 calories, savoir 2541 rayonnées et 5336 emportées par les gaz, c'est-à-dire par l'acide carbonique formé et par l'azote; or, $11.^k 44$ air atmosphérique (11) contenant $11.44 \times 0.768 = 11.44 - 2.655 = 8.^k 785$ azote (14) qui, loin de contribuer à la combustion, lui nuit au contraire; la température du mélange gazeux baissera d'autant. On l'obtiendra en remarquant que la capacité de l'azote pour la chaleur est de $0.2754$, et que son influence est en raison inverse de son poids et de cette chaleur spécifique; comme d'ailleurs on connaît le terme relatif à l'acide carbonique, on aura définitivement, pour la plus haute température possible des gaz de la combustion

$$T = \frac{5336}{3.655 \times 0.221 + 8.785 \times 0.2754} = \frac{5336}{0.807 + 2.419} = \frac{5336}{3.226} = 1654 \text{ degrés.}$$

84. Que si, au lieu de fournir la quantité d'air suffisante pour la transformation en acide carbonique, on ne donnait que celle rigoureusement nécessaire pour former de l'oxide de carbone; cette dernière serait d'abord déterminée par la proportion

1 air atmosphérique : $0.232$ oxigène $:: x$ air atm. : $1.^k 327$ oxigène, d'où $x = \frac{1.327}{0.232} = 5.^k 72$ air atmosphérique à la température o et sous la pression $0.76$.

La quantité d'azote du mélange serait alors $5.^k 72 \times 0.768 = 5.^k 72 - 1.327 = 4.393$ azote.

Sa capacité pour la chaleur est $0.2754$, le terme relatif à l'azote deviendra $4.393 \times 0.2754 = 1.2098$ ou sensiblement $1.21$.

Comme il s'est formé $1 + 1.327 = 2.^k 327$ oxide de carbone, et que sa capacité pour la chaleur est $0.2884$, le terme relatif à ce gaz sera $2.327 \times 0.2884; = 0.6711$, on aura donc :

| | |
|---|---:|
| Calories rayonnées. | 1266 |
| Calories enlevées par les gaz. | 2671 |
| Calories développées par la transformation du carbone en oxide de carbone. | 3937 |

température des gaz de la combustion

$$\frac{2671}{0.6711 + 1.21} = \frac{2671}{1.88} = 1420 \text{ degrés.}$$

85. Rapprochons-nous maintenant de la pratique et remarquons que le charbon n'est point du carbone pur. Nous avons vu que notre charbon de forge, en particulier, contenait moyennement $0.85$ carbone et hydrogène, $0.12$ eau, $0.03$ matières incombustibles; nous négligerons l'hydrogène parce qu'il ne produit que de la flamme, et que cette flamme, comme on le sait, est presque toujours entièrement perdue dans nos feux catalans. Afin d'établir une légère compensation, nous compterons cependant $0.85$ carbone.

Pour transformer ce carbone en acide carbonique, il faudra que la machine soufflante fournisse

$0.85 \times 2.^k 655 = 2.^k 25675$ oxigène, renfermé dans $0.85 \times 11.^k 44 = 9.^k 724$ air atmosphérique, d'où résultera $9.724 - 2.25675 = 7.^k 467$ azote.

La puissance calorifique de 1 kil. de charbon de forge ne sera donc plus que $0.85 \times 7877.385 = 6695.777$ ou en nombres ronds $6696$ calories,

| | |
|---|---:|
| dont se propageront par rayonnement | 2159 |
| et par contact | 4537 |
| | 6696 calories. |

Toutefois, les $0.^k 12$ d'eau devant être vaporisés aux dépens de ces calories et ne contribuant en rien à l'effet utile du charbon, il faut, pour obtenir son effet utile réel, prendre sur cette quantité de chaleur le nombre de calories nécessaires pour réduire cette eau en vapeur. Nous ferons remarquer que le rayonnement contribuant très peu à cette vaporisation, c'est effectivement sur les 4537 calories que cette dépense de chaleur doit être prise. Prenons pour la température moyenne de cette eau 15°, il faudra d'abord lui communiquer $100 - 15 = 85°$, pour la porter à l'ébullition, puis (56) 550 autres degrés pour la faire passer à l'état de vapeur; la dépense de chaleur à faire sera donc par kil. de charbon $635° \times 0.12 = 76.2$ calories, ce qui réduira la puissance calorifique du charbon de forge à $2159 + 4537 - 76 = 2159 + 4461 = 6620$ calories.

Pour calculer la température des gaz nous remarquerons que le terme relatif à l'acide carbonique est $(0.85 + 2.25) \times 0.221 = 0.685$, que celui relatif à l'azote est $7.^k 467 \times 0.2754 = 2.056$, qu'enfin celui relatif à la vapeur d'eau est $0.12 \times 0.847 = 0.1$; 0.847 exprime ici la capacité de la vapeur d'eau (52) pour la chaleur.

Divisant, comme nous l'avons fait jusqu'ici, le nombre de calories non rayonnées par la somme des produits partiels du poids de chaque gaz par sa capacité pour la chaleur, nous aurons pour la température moyenne et maxima du mélange gazeux

$$\frac{4461}{0.685 + 2.056 + 0.1} = \frac{4461}{2.841} = 1570 \text{ degrés.}$$

86. Si, au lieu de fournir la quantité d'air rigoureusement nécessaire pour la transformation du carbone en acide carbonique, on donnait au fourneau deux fois, trois fois, $n$ fois cette quantité, ou enfin $2 \times 9.724$, $3 \times 9.724$, $n \times 9.724$, comme la capacité de l'air pour la chaleur est 0.2669, il faudrait ajouter au dénominateur de la fraction ci-dessus l'un des trois termes $9.724 \times 0.2669$, $9.724 \times 0.2669 \times 2$, $(9.724 \times 0.2669)(n-1)$ qui reviennent à 2.595, $2.595 \times 2$, $2.595 (n-1)$; les températures maxima du mélange gazeux deviendraient alors successivement :

$$\frac{4461}{2.841 + 2.595} = \frac{4461}{5.436} = 820 \text{ degrés.}$$

$$\frac{4461}{2.841 + 5.190} = \frac{4461}{8.031} = 555°$$

$$\frac{4461}{2.841 + 2.595(n-1)} = \text{température.}$$

87. Ces valeurs 1570, 820, 555 montrent que, à partir du poids d'air rigoureusement nécessaire pour brûler complètement le charbon, la température du mélange gazeux décroît à peu près proportionnellement aux quantités d'air introduites dans les fourneaux, et combien il est désavantageux, lorsqu'il peut être utile que les gaz aient une haute température, d'injecter de l'air en excès, ou de *trop souffler;* nous ne nous étendrons pas beaucoup plus sur ces calculs, parce que ces différents cas ne

se présentent jamais dans nos forges : il nous suffit d'avoir montré comment ils pouvaient s'effectuer.

Nous verrons bientôt que, loin d'avoir un excédant d'air dans les fourneaux catalans, la machine soufflante fournit à peine de quoi faire passer le carbone à l'état d'oxide.

88. Nous devons donc encore nous occuper de ce cas particulier et rechercher la quantité d'oxigène et d'air nécessaire pour la transformation d'un kil. de charbon de forge en oxide de carbone, et aussi la température approchée des gaz de la combustion. Nous aurons $0.85 \times 1.^k 327 = 1.^k 128$ oxigène $=$ poids de ce gaz contenu dans $0.85 \times 5.^k 72 = 4^k 862$ air atmosphérique. Sur ces $4.^k 862$ air atmosphérique, il y a une quantité $= 4.^k 862 - 1.128 = 3.^k 728$ azote.

$1.^k 128$ oxigène, en se combinant avec $0.85$ carbone, donneront $1.^k 978$ oxide de carbone, et développeront $1.^k 128 \times 2967 = 0.85 \times 3967 = 3346$ calories en nombres ronds, sur lesquelles seront rayonnées $\qquad 1079$
pourront être absorbées par les gaz $\qquad 2267$

$$\overline{\phantom{xxxxxxxx} 3346}$$

Sur ces $2267$, il faudra encore prélever le nombre de calories nécessaire pour vaporiser $0.^k 12$ d'eau, et que nous avons trouvé $= 76.2$ ; cela réduira la puissance calorifique qui puisse être réellement utilisée à $1079 + 2267 - 76 = 1079 + 2191 = 3270$.

Quant à la température moyenne des gaz, elle sera donnée par la valeur

$$\frac{2191}{0.12 \times 0.847 + 1.978 \times 0.2884 + 3.728 \times 0.2754} = \frac{2191}{0.1 + 0.57 + 1.027} = \frac{2191}{1.697} = 1291^\circ;$$

valeur dans laquelle le premier terme du dénominateur est relatif à la vapeur d'eau, le deuxième à l'oxide de carbone, et le troisième à l'azote.

89. Si la machine soufflante, au lieu de lancer de l'air froid dans le fourneau, fournissait un même poids d'air à $100, 200, 300, 400^\circ, t^\circ$, l'effet produit serait le même que si l'on eût introduit dans le creuset un nombre de calories exprimé par le produit des nombres $4.862 \times 0.2669$ par $100$, $200, 300, 400, t$ degrés ou par $1.298 \times 100, 1.298 \times 200, 1.298 \times 300$, $1.298 \times 400, 1.298 \times t$ ou enfin par $129.8, 259.6, 389.4, 519.2, 1.298 \times t$, ce qui porterait la température des gaz de la combustion à $1367^\circ$, $1443^\circ, 1519^\circ, 1595^\circ, 1291 + 0.76 t$.

Ce qui montre que l'augmentation de température des mélanges gazeux n'est guère dans ces circonstances que les $\frac{3}{4}$ ou les $0.75$ de celle qu'on a communiquée à l'air avant qu'il entrât dans le fourneau. Nous reviendrons sur ces influences dans le chapitre consacré aux essais que nous avons entrepris pour introduire l'emploi de l'air échauffé dans les forges à la catalane.

90. Il ne faut pas oublier que ces résultats ne peuvent être considérés que comme des approximations, et qu'ils ne dérivent que d'hypothèses admises , il est vrai, pour la plupart , mais qui sont très contestables ; on y a supposé que le rayonnement dispersait dans tous les cas les $\frac{10}{31}$ de la chaleur totale, que la quantité de chaleur développée était proportionnelle à la quantité d'oxigène absorbée ; enfin l'on a pris 7877 pour le nombre de calories développées par la transformation de 1 kil. de carbone pur en acide carbonique, et l'on n'est pas d'accord sur cette valeur.

Il en est résulté que 1 kil. de charbon ordinaire complètement brûlé développerait            6696   calories.

Lavoisier et Laplace ont trouvé par des expériences directes            7226

| | | |
|---|---|---|
| Hassenfratz ( au maximum ). | 7200 | |
| — ( au minimum ). | 5550 | |
| | 12750 | |
| d'où moyenne. | 6375 | 6375 |
| Clément et Desormes. | | 7050 |

Ces petites différences s'expliquent assez par la très grande difficulté des expériences et par la différence des charbons eux-mêmes.

Comment on détermine la puissance calorifique du charbon.

91. De tous les moyens employés pour déterminer le pouvoir calorifique du charbon, le plus simple nous paraît être celui qu'a proposé M. Berthier, et qu'on connaît sous le nom d'essai par la litharge. Il est fondé sur cette hypothèse probable que les quantités de chaleur émises par différents combustibles sont exactement entre elles dans le rapport des quantités d'oxigène que ces combustibles absorbent en brûlant (76 et 82).

La litharge est le protoxide de plomb fondu que l'on obtient dans les usines où l'on soumet le plomb à la coupellation. On trouve dans le commerce deux espèces de litharge , la rouge et la jaune. C'est la première qu'on devra préférer pour les essais ; toutefois on devra, avant de l'employer, la fondre le plus rapidement possible dans un creuset de terre et la faire refroidir promptement hors du contact de l'air , soit dans le creuset en tenant celui-ci bien couvert, soit en la coulant dans une lingotière froide. Si l'opération a été bien faite, il ne se sera produit que très peu d'oxide rouge à la surface dont il conviendra de se débarrasser , le reste sera de la litharge jaune, mais qui ne sera pas souillée par les impuretés que présentent les litharges jaunes du commerce. On la pilera alors, et on la passera à travers un tamis fin. Dans cet état, sa composition chimique sera à très peu près celle du protoxide de plomb pur, c'est-à-dire qu'elle sera formée de

$$\left.\begin{array}{ll}\text{Plomb.} & 0.9283 \\ \text{Oxigène.} & 0.0717\end{array}\right\} = 1 \text{ litharge.}$$

Pour déterminer la puissance calorifique du charbon, on chassera l'eau de celui-ci en le chauffant quelque temps à une température très peu supérieure à celle de l'eau bouillante. Cela fait, on le réduira en particules aussi fines que possible en le porphirisant. On prendra un gramme de cette poudre impalpable qu'on mêlera avec 30 grammes environ de litharge. On introduira le mélange avec soin au fond d'un creuset de terre; l'on mettra par-dessus 20 à 30 grammes de litharge ; le creuset doit être à moitié rempli tout au plus. On placera ce creuset sur un *fromage*, petite masse cylindrique d'argile cuite qu'on vend avec le creuset et qui sert à l'élever au-dessus du fond du fourneau. On introduira le tout dans un fourneau déjà échauffé et rempli de charbon bien allumé. On mettra le couvercle sur le creuset et l'on chauffera graduellement. Il y aura ramollissement, bouillonnement et souvent boursouflement. Lorsque la fusion sera complète, on couvrira le creuset de charbon et l'on donnera un coup de feu pendant environ dix minutes, pour que le plomb de la litharge qui a été rendu libre, puisse se rassembler en une seule masse. On retirera le creuset, on le laissera refroidir à l'air, on le cassera, et l'on retirera le culot de plomb que l'on pèsera. Ce culot n'adhère ni au creuset ni à la scorie, et il suffit d'un coup de marteau pour l'enlever. Quelquefois il est livide, feuilleté et peu ductile ; c'est qu'alors il est pénétré d'une petite quantité de litharge qui en augmente sensiblement le poids.

Ces signes indiquent que l'expérience a été faite trop rapidement; il faut la reprendre. En général, il convient de répéter au moins deux fois l'expérience, et l'on ne doit compter sur les résultats que quand ils ne diffèrent que de 1 à 2 dixièmes de gramme. ( Voyez *Traité des Essais par la voie sèche.* )

Ce qui se passe dans cette opération est facile à comprendre ; l'oxigène d'une partie de la litharge se combine avec le carbone du charbon pour former de l'acide carbonique qui se dégage ; le plomb rendu libre se sépare ; comme dans la litharge 0.9283 plomb correspond à 0.0717 oxigène, $P$ grammes de plomb rendu libre suppose $O$ grammes d'oxigène absorbé, on a donc :

$$P : O :: 0.9283 : 0.0717, \text{ d'où } O = \frac{0.0717}{0.9283} \times P = 0.0772 \times P.$$

Mais (76) chaque gramme d'oxigène absorbé par le carbone développe une chaleur suffisante pour élever 2967 grammes d'eau de 1°; donc à un nombre $P$ de grammes de plomb, rendus libres par la combustion complète de 1 gramme de charbon, correspond un nombre de calories exprimé par

$$0.0772 \times 2.967 \times P = 0.229 \times P$$

donc, si l'on avait brûlé $1.^k000$ de combustible au lieu de 1 gramme, on aurait obtenu un nombre de calories $= 229 \times P$.

Ce qui montre que la puissance calorifique du charbon est exprimée par le produit formé du nombre abstrait de grammes $P$ et du nombre constant 229 : quelques auteurs ont admis 230 au lieu de 229, nous nous conformerons à cet usage. On voit que nous avons ici négligé l'hydrogène du charbon.

*Puissance calorifique des charbons.* 92. C'est à l'aide de cette méthode qu'on a déterminé les puissances calorifiques des divers charbons contenus dans le tableau suivant, et réputés secs ; nous laissons subsister l'analyse de ces charbons qui peut offrir quelque intérêt.

| | PEUPLIER. | FRÊNE. | TREMBLE. | SAPIN. | AULNE. | BOULEAU. | CHÊNE. |
|---|---|---|---|---|---|---|---|
| Charbon. . . . . . . | 85.6 | 83.2 | 82 | 90.3 | 90.2 | 88.1 | 88 |
| Cendres. . . . . . . | 1 | 1.8 | 3 | 2.2 | 1.8 | 1.9 | 2 |
| Matières volatiles.. . | 13.4 | 15 | 15 | 7.5 | 8 | 10 | 10 |
| Total. . . . . . | 100 | 100 | 100 | 100 | 100 | 100 | 100 |
| Plomb produit . . . . | 30.6 | 29.6 | 29.5 | 32.3 | 32.4 | 31.4 | 31.3 |
| Puissance calorifique. | 7038 | 6808 | 6785 | 7429 | 7452 | 7222 | 7199 |

93. Ce tableau montre qu'à poids égaux les effets calorifiques des diverses espèces de charbon sont peu différents, ou que, s'il y a de légères différences, c'est en faveur des charbons de bois tendres. Il n'en est plus ainsi lorsque l'on compare des *volumes* égaux de charbon ; on trouve qu'en achetant le charbon au volume, comme cela se fait dans nos forges, l'ordre de préférence à prix égal pourrait être établi ainsi :

| | |
|---|---|
| Charbon de noyer. | 1.145 |
| — chêne. | 1.000 |
| — frêne. | 0.858 |
| — hêtre. | } 0.689 |
| — charme. | |

| Charbon de orme. | o.654 |
| — pin. | o.627 |
| — bouleau. | o.599 |
| — châtaignier. | o.574 |
| — peuplier d'Italie. | o.346 |

Ces différences sur les charbons achetés au volume sont énormes; elles Rapport des prix des divers charbons. montrent que là où le propriétaire de forges consent à payer 36 fr., par exemple, le parson de charbon de chêne, il aurait un désavantage réel à payer le parson de charbon de frêne plus de 3o fr. 88, celui de hêtre ou de charme plus de 24 fr. 8o, celui d'orme plus de 23 fr. 54, celui de pin plus de 22 fr. 57, celui de bouleau plus de 21 fr. 58, celui de châtaignier plus de 20 fr. 66, celui de peuplier d'Italie plus de 12 fr. 45; enfin celui où toutes ces essences se trouveraient mêlées à volumes égaux, plus de 24 fr. 14, abstraction faite de l'action chimique de ces charbons dont il peut être nécessaire de tenir compte.

Ce tableau semble justifier les plaintes fréquentes des escolas; il explique en partie les énormes différences de produits qu'ils obtiennent, malgré les quelques corbeilles qu'on veut bien leur passer lorsque le charbon est de mauvaise qualité. Puisse-t-il servir aussi à disposer ceux qui emploient ces estimables ouvriers à plus d'indulgence envers eux, sinon à plus de justice.

94. Quant au rapport du vide au plein, dans les mesures de charbon en Rapport du vide au plein. volume, on peut admettre sans erreur sensible que le parson, par exemple, vu la manière ordinaire de le remplir, a 56 parties pleines sur 44 vides.

95. *Carbonisation à l'aide de la flamme qui s'échappe du creuset.* Carbonisation par la flamme perdue. Bien que je ne me sois point proposé de m'occuper de la carbonisation, comme il a été beaucoup question dans ces derniers temps d'une méthode de carbonisation à l'usine, il est de mon devoir d'examiner ici si cette méthode ne serait point applicable aux forges à la catalane; à vrai dire, le procédé dont il s'agit et qui vient d'être proposé par MM. Virlet, Fauveau-Deliars, etc., n'est point nouveau, il se réduit en définitive à la carbonisation en vases clos; mais ces messieurs ont non-seulement le mérite d'avoir pensé à appliquer la flamme perdue des foyers à la carbonisation; ils ont encore celui d'avoir réalisé cette conception sur une grande échelle, et qui le croira? M. Fauveau-Deliars, l'un des promoteurs de cette innovation, M. Fauveau-Deliars est maître de forges! Bien plus, les essais qu'il a tentés, il les a poursuivis pendant plus d'une année avec persévérance et ténacité, ne se

laissant ébranler ni par ses parents ni par ses amis qui voulaient le détourner d'un projet qu'ils considéraient, sinon comme tout-à-fait chimérique, au moins comme ruineux, ni par les obstacles ou les dépenses que de tels essais devaient nécessairement entraîner, ni enfin par le mauvais vouloir des ouvriers qui, en présence d'une volonté moins ferme, eût suffi pour faire échouer l'essai dès le principe. Ceux qui connaissent les ouvriers de forges ne s'étonneront point en apprenant que M. Fauveau-Deliars ait été obligé de renouveler *plusieurs fois* et complètement le personnel de son usine, avant d'avoir trouvé des hommes assez dociles pour ne point entraver ses opérations, et d'assez bonne volonté pour ne faire exactement que ce qui leur était indiqué, sans s'inquiéter de ce qui pourrait en advenir. D'aussi constants efforts ne pouvaient manquer d'amener un résultat net, clair et définitif. Donnons-en un aperçu.

L'appareil de carbonisation est, comme nous l'avons dit, chauffé par la flamme perdue des fourneaux, flamme très vive et très volumineuse dans nos forges, comme on le sait, et qu'on pourrait peut-être utiliser de la même manière. Cet appareil se compose de fours prismatiques dont le nombre varie avec la quantité de bois qu'on veut carboniser. Ces fours sont en plaques de fonte et disposés de telle manière que la flamme qui s'échappe du foyer puisse les envelopper, à l'exception de la partie supérieure, et les entretenir à une température assez élevée pour carboniser, et non pas seulement dessécher, le bois qu'on y introduit. On donne généralement à chaque four une capacité d'un mètre cube, qui ne doit pas être dépassée; leur hauteur doit excéder leur largeur, et ils sont séparés les uns des autres par un intervalle de six pouces. C'est dans cet intervalle que la flamme circule; deux ouvertures de trois pouces de diamètre, ménagées à la partie supérieure de chaque four, reçoivent les tuyaux de tôle ou de fonte par où s'échappent la fumée et les vapeurs que dégage le bois en se carbonisant. La durée de la carbonisation est de deux à quatre heures; prenant trois heures pour moyenne, on voit qu'on pourrait dans nos forges faire deux carbonisations par massé. Il convient en général d'avoir plus de fours que ne l'exige strictement la consommation, afin de permettre les réparations sans discontinuer la carbonisation. Quand on décharge le charbon, on le reçoit dans des étouffoirs en fonte; chaque four doit avoir le sien. Ces étouffoirs sont fixes et doivent être parfaitement lutés, afin d'empêcher tout courant d'air qui permettrait au charbon d'y brûler. Ces appareils, dont il suffit de donner ici une idée générale, existent aux hauts-fourneaux des Bièvres, de Mont-Blainville, de Seveux, de Senuc, de Harancourt, etc. On en trouvera une description complète, avec figures, dans le tome X

( *Annales des Mines* ). Ils se concilient parfaitement et même économiquement avec ceux qui servent à chauffer l'air, c'est-à-dire que ces deux genres d'appareils peuvent exister simultanément.

Quels résultats en a-t-on obtenus? d'après M. Virlet, 1 mètre cube de bois pesant $380^k$ donne $220^k$ de ce charbon nouveau; cela revient à dire que $1^k$ de bois donne $0.^k5789$ charbon, ou qu'il faut $1.^k727$ bois pour obtenir $1^k$ charbon nouveau. — D'après le même, $6.^{mmm}125$ bois produisent $4.^{mmm}000$ charbon; cela revient à dire que $1^{mmm}$ bois donne $0.^{mmm}653$ charbon, et comme le produit en charbon d'un mètre cube de bois pèse $220^k$, il en résulte que $0.^{mmm}653$ charbon, qui est aussi le produit d'un mètre cube de bois, pèse $220^k$, et que dès lors $1^k$ de ce charbon nouveau occupe un volume de $\frac{0.653}{220} = 0.^{mmm}002968$, ou environ 3 litres.

Ce charbon ( celui de chêne ), complètement desséché, est couleur chocolat et brun homogène; ses fibres sont très resserrées, et çà et là on voit, interposée entre elles, une substance noire brillante qui provient probablement de la carbonisation de la sève; il ressemble beaucoup au bois fortement altéré que l'on rencontre dans les dépôts de lignite. Quoiqu'il ait assez de ténacité, on peut le casser sans qu'il ploie, et les fragments peuvent être porphirisés comme du charbon. Il n'est pas sensiblement hygrométrique; lorsqu'on le chauffe dans une cornue de verre, il s'en dégage immédiatement, et à une température peu élevée, une petite quantité d'eau très acide, et presque aussitôt les huiles et le bitume que le bois fournit ordinairement. Analysé à l'Ecole des Mines, il a donné :

| | |
|---|---|
| Charbon, | 29.9 |
| Cendres manganésées, | 1.8 |
| Matières volatiles, | 68.3 |
| | 100 » |

Traité par la litharge (91) pour mesurer sa puissance calorifique, il a fourni, à cause de la grande quantité d'hydrogène contenue dans les matières volatiles, 18.2 plomb; chaque partie de plomb équivalant à 230 calories, son pouvoir calorifique est exprimé par 4186; c'est à peu près ce qu'on en obtiendrait s'il contenait 53.5 carbone sur 100 parties.

Or le charbon ordinaire et sec donne 31.3 plomb (92); en d'autres termes, son pouvoir calorifique est exprimé par 7200. Bien qu'il y ait quelque incertitude sur ces nombres 4186 et 7200, ils sont cependant propres à donner les rapports des deux espèces de charbon à poids égaux. Suivant M. Virlet, $7.^{mmm}000$ charbon ordinaire pèsent $1500^k$ environ ; il en résulte que $1^k$ charbon ordinaire occupe un volume de $0.^{mmm}00466$ ; prenons cette donnée, elle est assez d'accord avec les nôtres, puisqu'elle porte le poids du mètre cube de charbon ordinaire à $214^k$ au lieu de $225^k$ que nous avons adopté, et d'ailleurs elle favorise le système Virlet. Il en résulte que, à poids égal,

$1^k$ charbon nouveau produit      4186 calories.
$1^k$ charbon ordinaire      7200

Donc pour obtenir 7200 calories, il faudra contre $1^k$ de charbon ordinaire employer $1.^k720$ charbon nouveau, et comme nous savons que

$1^k$ charbon nouveau occupe un volume $= 0.^{mmm}002968$
$1$    charbon ordinaire occupant d'ailleurs   $0.^{mmm}004666$

on voit que si 2 litres 968, ou $1^k$ charbon nouveau donne 4186 calories,
     1 litre donnera      1410 calories,
et si 4 litres 666, ou $1^k$ charbon ordinaire donne      7200 calories,
     1 litre donnera      1543 calories ;

donc à volume égal les quantités de chaleur dégagées par le nouveau charbon et par le charbon ordinaire sont entre elles :: 1410 : 1543, et il faudra, pour obtenir des quantités de chaleur égales, des volumes de charbon ancien et nouveau qui soient entre eux comme 100 et 109 ; cette légère différence, qui, il est vrai, eût été un peu plus forte si l'on avait pris $225^k$ au lieu de $214^k$ pour le poids du mètre cube de charbon ordinaire, montre que l'emploi du nouveau charbon ne causera pas d'encombrement sensible dans les fourneaux et n'obligera pas à en augmenter les dimensions.

D'un autre côté, ce procédé offre des avantages considérables là où il peut être adopté ; en effet, admettons que par le procédé des forêts l'on obtient toujours $18^k$ de charbon sur $100^k$ de bois, ou en d'autres termes, que pour obtenir $1^k$ de charbon ordinaire on emploie $\frac{100}{18} = 5.^k555$ bois, il en résulte que, pour obtenir 7200 calories, le maître de forges achète $5.^k555$ bois à la forêt.

Mais pour obtenir cette même quantité de chaleur du charbon nouveau il faudra en employer $1.^k720$, ce qui n'exigera que $1.^k727 \times 1.72$ bois $= 2.^k970$ bois.

Il y aurait donc une économie de $5.^k555 — 2.970 = 2.^k585$ bois par 7200 calories ; ce qui donnerait un profit annuel très considérable ; malheureusement, les transports et les frais de carbonisation diminuent pro-

digieusement ce bénéfice ; nous allons même montrer que pour beaucoup
de forges catalanes il est tout-à-fait illusoire.

En effet, pour obtenir 7200 calories dans le fourneau par la méthode
ordinaire, il faut $1^k$ de charbon, ce qui exige $5.^k555$ bois ; si $p$ est le prix
de $1^k$ de bois à la forêt, $t$ le prix du transport de $1^k$ de la forêt à la forge,
$c$ ce qu'il en coûte seulement en main-d'œuvre et frais généraux pour obtenir ces 7200 calories, la dépense totale pour cette dernière quantité de
chaleur sera clairement

$$5.555\,p + t + c \ldots \ldots (1)$$

Appelons $c'$ les dépenses d'appareil et de main-d'œuvre pour 7200 calories par le nouveau procédé. Cette quantité de chaleur devant coûter au
maître de forges $2.97\,p$ en bois, et $2.97\,t$ en transport, sa dépense totale
pour le même effet utile sera exprimée par

$$2.97\,(p+t) + c' \ldots \ldots (2)$$

Il n'y aura donc économie à adopter le nouveau procédé qu'autant que
par la situation de la forge la condition

$$2.97\,(p+t) + c' < 5.555\,p + t + c \ldots \ldots (3)$$

se trouvera réalisée, c'est-à-dire qu'autant que la dernière dépense (2) sera
plus petite que la première (1).

Supposons d'abord $c' = c$, c'est-à-dire les frais de carbonisation égaux
de part et d'autre, la relation (3) deviendra

$$2.97\,p + 2.97\,t < 5.555\,p + t \text{ ou}$$
$$1.97\,t < 2.585\,p \quad \text{ou enfin}$$
$$t < 1.3\,p \ldots \ldots (4)$$

Donc les frais de carbonisation étant supposés égaux de part et d'autre,
*il n'y aura économie* à adopter le nouveau procédé qu'*autant que le prix*
*du transport d'un kilog. de bois sera plus petit que une fois et trois*
*dixièmes le prix d'achat de ce même poids de bois*, et l'économie relative à un effet utile de 7200 calories sera mesurée par l'excès du dernier
membre sur le second ; il sera très facile d'en déduire l'économie annuelle.

Nous avons vu (70) que, pour l'Ariége en particulier, la pile de bois
sur place se vendait au maximum 18 fr., cette pile cubant $3.^{mmm}338$ et
un mètre cube de chêne bien cordé pesant lui-même environ $500^k$ ; il en
résulte que $1669^k$ de bois coûtent à la forêt 18 fr., ou enfin que l'on y paie
à très peu près le kilog. de bois un centime ; on a donc $p = 0.^{fr.}01$,
mais nous avons également vu que le port $t$ d'un kilog. de charbon coû-
tait $0.^{fr.}0076$ par journée de marche ; admettons, ce qui n'est point, qu'on

portera à la même distance et pour le même prix, un kilog. de charbon et ce qui est bien plus embarrassant 1 kilog. de bois; on aura pour une forge située à une journée, la relation *réelle*

$$0.0076 < 1.3 \times 0.01 \quad \text{ou}$$
$$0.0076 < 0.013$$

Il y aurait donc véritablement une économie de $0.^{fr.}\,013 - 0.^{fr.}\,0076 = 0.^{fr.}\,0054$ par 7200 calories dépensées, et comme annuellement l'on dépense environ $7200 \times 450000$ calories, le profit annuel s'élèverait à $0.0054 \times 450000 = 2430.^{fr.}$; ce petit bénéfice ne serait point négligeable.

Si la forge se trouvait située à deux journées de marche de la forêt, on aurait toujours $p = 0.^{fr.}\,01$, mais le premier membre de l'inégalité deviendrait $2 \times 0.^{fr.}\,0076$ ou 0 fr. 0152; au lieu d'être < que o.$^{fr.}$013, il serait au contraire > et l'excès du premier membre sur le second deviendrait $0.^{fr.}\,0022$, c'est-à-dire que l'adoption du nouveau procédé ferait perdre à une forge située à deux journées de marche de la forêt 0fr. 0022 par 7200 calories employées dans la forge, ce qui produirait une perte annuelle de 990 fr. ou environ 1000 fr.

Mais nous avons supposé $c' = c$, c'est-à-dire les frais de carbonisation les mêmes de part et d'autre. Ces frais sont-ils réellement égaux? et le procédé Virlet doit-il être adopté par les forges situées à une distance de la forêt plus petite qu'une journée de marche? C'est ce que nous allons chercher.

En faisant la part de toutes choses, nous avons trouvé que 40 charges de bon charbon pris à la forêt revenaient à 371 fr. 95, moins la valeur des fagots égale à 72 fr. 44; négligeons d'abord ces 72 fr. pour en tenir compte plus tard dans les deux cas.

La charge pesant 122.$^{k}$55 on paie 4902 $^{k}$ 371.$^{fr.}$ 95, mais le prix du bois s'élevant à 307 95, il en résulte

que le prix de la carbonisation est de 64.$^{fr.}$ pour 4902$^{k}$ ou que l'on a pour frais généraux de la carbonisation o.$^{fr.}$013 pour 7200 calories par le procédé ordinaire.

Maintenant le nouveau procédé exige que pendant un massé on puisse au moins carboniser le combustible nécessaire au massé suivant. Admettant, comme nous l'avons déjà fait, que chaque massé exige $7200 \times 450 = 3240000$ calories, il faudra, pour obtenir cette quantité de chaleur, $\frac{3240000}{4186} = 774^{k}$ de nouveau charbon, ce qui exigera $774 \times 1.^{k}727 = 1336.^{k}698$ bois, ou d'après les données de M. Virlet, 3.$^{mmm}$5 environ. Les fours ne devant guère avoir qu'un mètre cube de capacité, et la ré-

gularité du travail exigeant qu'on ait plus de fours qu'il n'est rigoureusement nécessaire, nous nous tiendrons donc bien au-dessous des dépenses
rigoureusement indispensables en les calculant pour un appareil de 4 fours;
d'après M. Virlet, ces 4 fours coûteront       4000 fr.
On ne connaît point leur durée, mais je ne pense pas
qu'elle puisse même aller à 5 ans.

Il faudra au moins 1 ouvrier pour surveiller ces
fours, et comme, de même que nos forges, ils seront
jour et nuit en action, comptons 2 fr. par jour et
2 fr. par nuit , pour les charbonniers, et 250 jours
de travail en un an , cela fera 1000 fr. par an , ou
pour les 5 ans.             5000
                  ——————
En tout.              9000 fr.

Ne comptons rien pour l'intérêt de l'argent qu'a coûté l'appareil, ni pour
les réparations, mais admettons qu'au bout des 5 ans il doit être complètement refait. Nous voyons que 9000 fr. formeront les frais de carbonisation nécessaires à la production de $7200 \times 450 \times 1000 \times 5$ calories ; ce qui
donne $\frac{9000}{450 \times 1000 \times 5}$ pour 7200 calories ou 0 fr. 004 ; il faut maintenant tenir compte du prix des fagots de part et d'autre.

Par l'ancien procédé, $4902^k$ de charbon cuit donnent un profit en fagots de $72.^{fr.}$ 44 ; cela fait un profit de $0.^{fr.}$ 01477 par 7200 calories;
comme les frais s'élèvent d'autre part à $0.^{fr.}$ 013, on voit que la carbonisation,
loin de coûter quelque chose, rapporte au contraire $0.01477 - 0.013 =$
$0.^{fr.}$ 00177 ; la valeur de $c$ (formule 3) au lieu d'être positive est réellement négative, et l'on a

$$c = - 0^{f}. 00177$$

Mais , lorsque dans l'ancien procédé on dépense $5.^k$ 555 bois, il suffit,
grâce au nouveau procédé, d'en acheter $2.^k$ 97 ; on aura donc moins de fa-
gotailles et par conséquent le bénéfice qu'on fera sur cet objet sera donné
par la proportion

$$5.555 : 0.01477 :: 2.97 : x = \frac{2.97 \times 0.01477}{5.555} = 0.00789$$

La dépense s'élevant à 0.004 et la recette à 0.00789, on voit que par le
nouveau procédé de même que par l'ancien , la carbonisation au lieu de
coûter quelque chose, rapportera $0.00789 - 0.004 = 0.^{fr.}00389$, de sorte
que la valeur de $c'$ sera aussi négative et que l'on aura

$$c' = - 0.00389$$

Mettant ces valeurs dans la relation générale (3) on a

$$2.97\,p + 2.97\,t - 0.00389 < 5.555\,p + t - 0.00177$$
$$\text{d'où l'on tire } 1.97\,t < 2.585\,p + 0.00212$$
$$\text{ou } t < 1.3\,p + 0.001$$

Nous savons que $p = 0.01$ et que pour une journée $t = 0.0076$, et pour 2 journées $t = 0.0152$.

Or, comme 0.0152, au lieu d'être plus petit que $0.013 + 0.001$ est au contraire plus grand, le procédé nouveau constituerait en perte réelle toute forge située à deux journées de la forêt; au contraire, pour une forge située à une journée seulement, comme on aurait la relation réelle,

$$0.0076 < 0.013 + 0.001$$

le bénéfice par chaque 7200 calories deviendrait $0.^{\text{fr.}}\,0064$, ce qui donnerait un profit annuel de 2880 fr.; ce bénéfice croîtrait naturellement avec la proximité de la forêt; mais il ne faut pas oublier qu'il est peut-être un peu hypothétique.

Le maître de forges seul peut décider dans chaque cas particulier de la convenance de ces appareils, faire la part des embarras qu'ils peuvent causer; il ne devra pas oublier d'un autre côté qu'il économisera tout le déchet dans les charbonnières en adoptant ce nouveau procédé, mais aussi que ce nouveau charbon, à puissance calorifique égale, est fortement hydrogéné, et que par conséquent il donnera une flamme très considérable qui, dans nos forges, est plus gênante que réellement utile, que dès lors dégageant une grande partie de la chaleur, dont il est capable en dehors du creuset, il y en aura moins d'employée à l'intérieur, ce qui augmentera peut-être la consommation et dès lors changera les relations établies ci-dessus. Veut-on connaître mon avis particulier? Je dirai que si j'étais placé au centre des bois, j'essaierais ce nouveau procédé.

---

## MINERAI ET SES COMPOSANTS.

### NOTICE SUR LA MINE DE RANCIÉ.

Divers gîtes de minerai. — Essais des minerais. — Diverses méthodes d'analyse. — Influence du soufre, du phosphore, du manganèse, etc., etc. — Recherches de ces substances. — Étude particulière du minerai de Rancié.

96. Le minerai traité dans les nombreuses forges de l'Ariége est en totalité extrait des mines de *Rancié*, montagne située dans le petit vallon de *Sem*, à 2000 mètres environ de Vicdessos, chef-lieu de canton du département de l'Ariége.

L'exploitation de ce gîte métallifère remonte à des temps très reculés. Suivant M. d'Aubuisson, à qui l'on doit une notice d'un grand intérêt sur cette mine importante, il paraît que, avant l'an 1300, elle n'alimentait guère que les forges de la vallée de Vicdessos. C'était alors des mines de Château-Verdun qu'on extrayait le minerai traité dans les forges du comté de Foix. En 1355, par une transaction faite entre la petite république de Vicdessos et les agents du comte de Foix, l'exportation du minerai fut permise, et s'étendit non-seulement au comté de Foix, mais aux frontières du Languedoc et de la Gascogne. En 1667 la mine de Rancié alimentait déjà 44 forges. Le nombre de forges qui s'y pourvoient a graduellement augmenté depuis cette époque; il est aujourd'hui de plus de soixante.

97. Le tableau suivant, tiré des registres tenus aux bureaux établis pour la perception du droit de 0.ᶠ83 par 100 kil. de minerai, fait connaître le poids de ce minerai extrait annuellement de 1818 à 1832, ainsi que les prix du fer aux mêmes époques.

| Années. | Poids de minerai extrait. | Prix sur la forge de 100 kilogr. de fer aux mêmes époques. | |
|---|---|---|---|
| 1818. | 15 249 800 kilogrammes. | 48 f. | » |
| 1819. | 16 648 400 | 56 | » |
| 1820. | 13 374 500 | 46 | » |
| 1821. | 15 805 100 | 43 | » |
| 1822. | 15 980 300 | 46 | 50 |
| 1823. | 16 625 200 | 49 | » |
| 1824. | 16 300 000 | 49 | » |
| 1825. | 15 600 000 | 49 | » |
| 1826. | 15 431 300 | 49 | » |
| 1827. | 17 128 900 | 51 | » |
| 1828. | 21 745 900 | 47 | » |
| 1829. | 14 959 600 | 46 | » |
| 1830. | 14 665 200 | 45 | » |
| 1831. | 16 166 100 | 40 | 50 |
| 1832. | 15 612 300 | 39 | 50 |

On voit qu'il s'extrait annuellement et terme moyen environ 16 millions de kil. de minerai de Rancié; cette mine est donc d'une importance majeure pour la France.

M. d'Aubuisson, ingénieur en chef des mines, à qui la direction supérieure de cette exploitation est confiée depuis long-temps, a ainsi décrit cet établissement et la manière dont il est exploité et régi (1) :

(1) Voyez *Annuaire du département de l'Ariége pour* 1834.

« 98. Le granite constitue le sol de la vallée de Vicdessos; en plusieurs endroits et notamment à Rancié, il est recouvert par des masses calcaires faisant partie du *terrain intermédiaire* des géologues, lequel s'étendant vers le sud forme les hautes régions des Pyrénées. A Rancié, ce calcaire est à très petits grains, dur et divisé en couches tantôt verticales, tantôt inclinées vers le sud.

« Entr'elles se trouve la couche ferrifère, objet de l'exploitation. Elle consiste en minerai pur ou presque pur disposé par bandes ou grosses plaques qui alternent avec des bandes d'un calcaire plus ou moins chargé de matière ferrugineuse. La roche au milieu de laquelle elle se trouve est également imprégnée de cette matière ; presque toujours elle en est bien distincte et souvent elle en est séparée par une *lisière* d'argile dont l'épaisseur va jusqu'à deux pieds. Cette argile se retrouve aussi dans quelques parties de la couche, notamment dans les parties inférieures ; elle y est même mêlée avec des blocs et pierres calcaires dont les arètes sont arrondies comme celles des cailloux roulés.

« 99. La couche se dirige sans grandes déviations de l'O.-N.-O. à l'E.-S.-E. ; son inclinaison vers le S.-S.-O. varie de 0 à 40 degrés. Son épaisseur ou *puissance* offre encore de plus grandes variations ; elle va quelquefois à 30 et même 40 mètres ; d'autres fois elle n'est que de 1 mètre et au-dessous ; moyennement on peut l'estimer à 10 mètres. Son bord occidental paraît à la superficie de la montagne, et cet *affleurement* y forme comme une large bande verticale, ou plutôt située dans un plan vertical. Des galeries ouvertes depuis le pied jusqu'à la cime de la montagne et dirigées à peu près horizontalement, ont atteint partout le bord oriental ; les plus longues ont près de 600 mètres, ce serait la plus grande dimension dans le sens horizontal. Dans le sens vertical, à partir de la cime jusqu'aux travaux les plus profonds, elle a 610 mètres. Ce *gîte de minerai* est un de ces *amas* parallèles aux couches de la montagne, d'une formation à peu près contemporaine à la leur, et que les minéralogistes allemands nomment *stockwerk ;* nous continuerons à le désigner sous le nom de *couche métallifère*.

« 100. Cette couche paraissant au jour sur le flanc de la montagne, il n'y a eu à faire ni recherche ni travail préliminaire à l'exploitation. Tout porte à croire que, dans l'origine, des habitants de la vallée se sont réunis en petites brigades, de quatre ou cinq individus: chacune, travaillant pour son propre compte, s'est attachée sur un des points de l'affleurement où le minerai paraissait suffisamment riche. En suivant, même dans ses détours, le filet qu'il formait, abattant sa masse avec le pic, elle s'est avancée à peu près horizontalement dans la montagne. Lorsque ce riche filon présentait un renflement, on l'exploitait dans toute sa largeur, et il en résultait une *chambre* : si cette largeur était trop considérable, on laissait en place quelques piliers de minerai pour soutenir la voûte. Les pierres ou les minerais pauvres qu'il avait fallu arracher demeuraient dans la mine ; et au milieu de ces blocs, on laissait subsister un passage qu'on soutenait à l'aide d'un grossier boisage.

« De cette manière, sans règle et sans ensemble, on a exploité, dans les siècles antérieurs au nôtre, presque toute la couche métallifère. Les piliers laissés, se sont fendillés ; l'action décomposante de l'air, action qui se fait sentir dans l'intérieur de la mine, y a contribué : ils ont été attaqués et affaiblis par les mineurs ; ils sont tombés, les voûtes qu'ils soutenaient se sont écroulées, et la plupart des chambres ont été remplies de monceaux de décombres.

« Ces éboulements se sont fait ressentir jusqu'à la surface de la montagne ; la partie qui correspondait aux grandes chambres d'exploitation s'est aussi enfoncée : de là les grands creux et les déchirements qu'on voit sur cette surface, tout le long de l'affleurement : il y en a qui ont trois ou quatre mille mètres carrés de superficie, et dix mètres de profondeur, sur quelques points. Quelques-uns, comme celui de la *Roque*, vers le haut de la montagne, sont très anciens ; la tradition en a perdu tout souvenir ; mais elle a conservé celui du grand croulement de la *Place d'en haut*, et puis de l'*Escudelle*, qui ont eu lieu dans la partie inférieure. Ce dernier ne date que de 1760, et il existe encore des mineurs qui ont travaillé dans ce local.

« 101. Encore à cette époque, il y avait dix mines, c'est-à-dire dix galeries d'entrées ouvertes ; c'étaient, à partir du bas de la montagne, le *Bellagre*, l'*Escudelle*, la *Place d'en haut*, la *Graillère*, l'*Auriette*, le *Poutz*, le *Tartier*, la *vieille place du Tartier*, la *Craugne* et la *Roque*.

« Maintenant on n'a plus que l'*Auriette* et la *Craugne*. M. d'Aubuisson n'en a point trouvé d'autres, en 1811, lorsqu'il a été chargé du 17ᵉ arrondissement des mines du Royaume, lequel comprend le département de l'Ariége.

« La première, alors comme aujourd'hui, ne lui a présenté qu'une immense masse d'éboulis, « au milieu desquels la nécessité de vivre porte « deux cents mineurs à s'ouvrir de petits chantiers, où ils recherchent, « brisent et extraient les blocs de minerai qui y sont enfouis. Ils travaillent « sous des voûtes formées par des quartiers de roche et des fragments de « la couche sans liaison, s'appuyant simplement les uns contre les autres. « Sans hyperbole, on peut dire que ces ouvriers ont continuellement la « mort en équilibre sur leur tête, qu'un rien peut rompre cet équilibre,

« et les anéantir sous des milliers de quintaux de pierres. Ici tous les se-
« cours de l'art ne peuvent rien : en bonne police, de tels chantiers de-
« vraient être fermés. Mais comment nourrir les mineurs qui y gagnent
« leur pain ; comment fournir du minerai aux soixante forges qui se pour-
« voient à Rancié ? »

« 102. La mine de la Craugne était, à la même époque, dans un état
bien plus satisfaisant. Sur un massif de très beau minerai, ayant 8o mètres
de hauteur et 2o de large, il y avait quinze chantiers les uns au-dessus des
autres. Mais tout cela est aujourd'hui épuisé. Des éboulements qui se
succèdent depuis quinze ans, et dont le dernier ne date que de 1833, ont
tout détruit : les masses de minerai qui subsistaient encore, piliers,
voûtes, etc., ont été brisés et précipités sur les éboulis inférieurs ; c'est là
que des mineurs, acharnés sur ces restes faciles à exploiter, comme des
oiseaux de proie sur les cadavres dont un champ est jonché, s'empressent
à l'envi de terminer la tâche journalière qu'ils ont à remplir, ne s'inquié-
tant d'ailleurs en aucune manière du danger qui plane sur eux. Là, ils sont
dans un vide immense où des vestiges de voûte, des rochers à moitié détachés menacent de les écraser dans leur chute. Tous les moyens de l'art
ne sauraient empêcher ou prévenir de tels éboulements. Quels étançons
pourraient soutenir ces voûtes à perte de vue, et toutes fendillées ? Sur
quel fondement solide pourrait-on les asseoir ?

« Un tel état de choses est d'abord effrayant, et fait trembler pour
l'existence des ouvriers qui passent une partie de leur journée dans ces
antres souterrains. Mais les grands éboulements sont toujours précédés
par la chute de quelques blocs ; ces chutes annoncent que le danger est
imminent, et qu'il faut faire retirer les mineurs. En définitive, il arrive
moins de malheurs à Rancié que dans la plupart des autres mines : sur
quatre cents mineurs on n'en perd pas un par an ; on en a perdu trente de
1800 à 1832.

« 103. La mine de Rancié finit, comme finissent, dans tous les pays,
les mines exploitées en *Stockwerk*, c'est-à-dire par chambres et étages : au
bout d'un temps plus ou moins long, cet échafaudage s'écroule, et on
n'a plus qu'un monceau de ruines.

« En est-ce donc fait de Rancié ? N'y a-t-il plus de minerai à prendre ?

« Il n'y a plus aucun massif de minerai *en place* au centre de la couche ;
mais il pouvait s'en trouver sur ses bords. Il était du devoir de l'administration des mines de constater l'état des choses et d'assurer à l'avance l'approvisionnement des forges. Voici le résultat des recherches qui ont été
faites.

« Il fallait d'abord avoir des plans bien exacts de la mine ; on commença à les lever, dès 1812, en suivant toutes les excavations ouvertes. Auparavant, jamais instrument de géométrie souterraine n'était entré dans les mines de Rancié, aucun registre n'y avait été tenu, et l'on n'avait aucun document précis sur la position des anciens chantiers.

« L'examen de ces plans, et quelques petites galeries de recherche, montrèrent que les anciens travaux avaient effectivement atteint l'extrémité de la couche, sa limite intérieure ou orientale.

« Dans sa partie supérieure, entre la *Craugne* et la *Roque*, il existait un massif de minerai intact; il fut percé sur une hauteur de 45 mètres. On le trouva pauvre, et ayant une assez petite étendue en longueur. Sa partie inférieure, qui était riche, est déjà exploitée : ce qu'il en reste d'exploitable est peu de chose.

« C'est sur la partie inférieure de la couche, celle qui est au-dessous des anciens travaux, que se fondaient principalement les espérances pour l'avenir. La tradition voulait qu'elle fût très riche; les anciens en avaient reconnu le dessus; en s'enfonçant ils étaient arrivés jusqu'au niveau de la vallée et ils n'avaient pu descendre plus bas, parce que les eaux qui arrivaient dans leurs chantiers inférieurs, n'ayant plus d'écoulement, y mettaient obstacle. Le seul homme de l'art qui eût visité la mine de Rancié, Dietrich, imprimait, en 1786, que la partie la plus riche et la plus abondante, le fond qui fournissait du minerai d'excellente qualité, avait été abandonné parce qu'il était noyé par les eaux. Pour reprendre ce fond, l'on a ouvert, près du village de Sem, et on a dirigé vers le plus bas des anciens chantiers, une grande galerie d'écoulement, la *galerie Becquey*: à 373 mètres de distance, et à 32 mètres au-dessous du fond de ce chantier, elle a joint le minerai. On espérait avoir ici un massif de 32 mètres de hauteur et d'une très grande longueur, qui seul aurait fourni pendant une quarantaine d'années à la consommation. Malheureusement il n'en a pas été ainsi : une galerie d'allongement de 360 mètres, poussée dans la couche, n'a que trop manifestement mené sur sa terminaison; *et elle n'a montré du minerai exploitable que sur une longueur de 70 mètres, que pour une dizaine d'années d'approvisionnement des forges:* c'est ici une réserve à laquelle il ne saurait être permis de toucher que dans le cas d'une nécessité absolue.

« Au bord oriental de la couche la limite est bien connue, sur une hauteur d'environ 190 mètres à partir du haut de la montagne; il n'y a à prendre que le petit massif au-dessous de la *Roque*, dont nous avons parlé. A la partie inférieure, sur une hauteur d'environ 114 mètres au-dessus du niveau de la galerie d'écoulement, cette limite a aussi été suivie; et, en la suivant, on a encore trouvé un petit massif à exploiter. Reste à la reconnaître dans la partie intermédiaire, sur une hauteur d'environ 3oo mètres. *On était occupé de cette reconnaissance, lorsque des ordres supérieurs l'ont fait abandonner :* espérons qu'il sera bientôt permis d'y revenir ; le grand massif découvert à la *Craugne* en 181o et celui que l'on a trouvé à l'*Escudelle* en 1829, montrent qu'il pourrait encore s'en rencontrer quelque autre.

« 104. *En résumé, on ne connaît de minerai en place que pour une vingtaine d'années, non compris quelques piliers, quelques placages contre les parois de l'encaissement de la couche,* piliers et placages qui sont au milieu de la masse d'éboulis qui remplit l'espace jadis occupé par la couche métallifère. On a encore, dans cette même masse, de nombreux blocs et fragments de cette couche, que les mineurs vont chercher, briser et extraire. Combien durera cette dernière ressource ? On ne peut rien dire même d'approximatif à ce sujet. On remarquera seulement que, depuis plus de vingt ans, cette exploitation, dans les éboulis qui entourent la seule galerie de l'*Auriette*, fournit plus de la moitié du minerai qui sort de Rancié, et que journellement encore, on ouvre des chantiers assez productifs dans ces mêmes éboulis. Il peut en être ouvert d'autres au milieu des décombres des étages supérieurs et inférieurs : puissent-ils être aussi productifs !

« A chacune des deux exploitations ouvertes, la *Craugne* et l'*Auriette*, on a une grande galerie de service ordinaire. Celle de la *Craugne* entre d'abord dans une grande masse d'éboulis qu'elle suit sur une longueur de 1o6 mètres ; elle se continue, pendant 24 mètres, en plein roc : au-delà, on parcourt 4o mètres dans un très grand vide, sur le *pont Chassepot*, lequel est comme soutenu en l'air, et à 4o et 5o mètres au-dessus du fond, par de grosses barres de fer implantées par un bout dans la roche qui forme une des parois du vide. Après ce pont, la galerie se ramifie ; une partie va aux chantiers supérieurs, et l'autre, ayant 151 mètres de long, va aux chantiers inférieurs. La galerie de l'*Auriette* suit d'abord un vide peu élevé ; puis elle entre dans des éboulis, qu'elle parcourt en faisant un assez grand nombre de sinuosités dans tous les sens : elle a 54o mètres. Généralement ces galeries sont bien soignées, et maintenues par de bons cadres de boisages. Des ouvriers particuliers sont chargés de ce service.

« Pour aller de ces grandes galeries à chacun des chantiers d'exploitation, on n'a plus que des passages étroits et très tortueux, des rampes très raides, des échelons très pénibles. Il n'en peut guère être autrement : ces chantiers n'ont qu'une durée presque éphémère ; ce sont les brigades de mineurs qui les ont ouverts à leurs propres risques, qui en sont comme les maîtresses ; elles pratiquent et entretiennent leurs passages sous l'inspection des *jurats*.

« Cet entretien, comme celui des galeries, exige une très grande quantité de bois. Un étançon ne dure que 6, 8 et 10 ans : et l'on compte qu'il faut environ 600 pieds de sapin chaque année.

« Les ingénieurs des mines de Rancié ne pouvant empêcher les grands éboulements et l'écrasement des galeries ou portions de galerie qui en est la suite, ont dû faire en sorte que si ces accidents arrivaient, les ouvriers qui seraient dans leurs ateliers ne se trouvassent pas séparés à jamais des vivants. En 1821, 65 d'entre eux sont restés enfermés dans les mines pendant dix-huit heures. Pour prévenir le malheur que nous venons d'indiquer, il a fallu ouvrir aux mineurs des portes de derrière, des *galeries de secours*.

« La mine de la *Craugne* a, dans sa partie supérieure, la belle *galerie Saint-Louis*, excavée en plein roc dans toute sa longueur qui est de 222 mètres, et qui offre en conséquence une retraite assurée, un passage exempt de tout danger : à sa partie inférieure, se trouve la *galerie de communication* avec l'*Auriette*, qui donne les moyens de sortir par cette mine. De celle-ci, par la même voie, on peut, en montant, sortir par la *Craugne* : et il ne sera pas difficile, lorsque les travaux de recherche seront repris, d'ouvrir une issue de sa partie inférieure à la grande galerie d'écoulement.

« 105. Les mineurs entrent dans les mines à dix heures du matin, après que les jurats ont visité tous les chantiers et reconnu qu'il n'y avait point de danger imminent. Ils sont divisés en brigades de cinq à vingt et même trente d'entre eux ; chaque brigade se rend dans son chantier, où elle travaille pour son propre compte ; elle abat et extrait le nombre de *voltes* ou charges de minerai prescrit : la volte est de 60 kilogrammes ; chaque jour, on fixe, d'après les besoins du commerce et l'état des chantiers, le nombre que chacun doit en extraire dans sa journée de travail : ordinairement c'est 4, ou 240 kilogrammes par individu. Les mineurs mettent de quatre à cinq heures de travail pour faire cette tâche.

« Dans la brigade, il y a deux sortes d'ouvriers : les anciens, ou *perriers*, qui abattent le minerai ; et les jeunes, ou *gourbatiers*, qui le portent hors de la mine. Les premiers, soit qu'ils arrachent du minerai en place, soit qu'ils brisent des blocs, se servent d'un gros pic-à-roc pesant de quatre à cinq kilogrammes, et qu'ils emploient aussi comme coin : autrefois, il y a soixante ans, ils faisaient un grand usage de la poudre ; maintenant ils y ont entièrement renoncé. Les seconds chargent le minerai dans de petites hottes (*gourbils*) surmontées d'une corbeille, et qu'ils portent sur le dos. Avec cette charge d'environ 70 kilogrammes, ils font des trajets de 400 et 500 mètres, en partie par les passages étroits et tortueux, par les rampes et escaliers très raides dont nous avons parlé. Ce mode d'extraction est très pénible, mais les localités n'en permettent pas d'autre. Lorsque l'extraction pourra se faire par la galerie d'écoulement, le minerai y sera roulé dans des brouettes.

« Les uns et les autres s'éclairent avec une lampe, espèce de godet à bec et découvert, où ils brûlent de l'huile d'olive.

« Devant la porte de chacune des deux galeries de service, à 580 et 700 mètres au-dessus de la grande route, se trouve une *place du marché au minerai.* Tout autour, les mineurs ont des barraques où ils tiennent le minerai qu'ils n'ont pu vendre dans la journée. Des muletiers arrivent sur ces places, et ils y achètent le minerai aux mineurs qui le portent, au fur et à mesure qu'il sort de la mine, et à un prix fixé. La fixation se fait chaque année par le préfet, après qu'il a entendu quatre mineurs et quatre maîtres de forges, et qu'il a pris l'avis de l'ingénieur des mines. Depuis quelques années, ce prix est de 55 centimes par charge de 60 kilogrammes ou 0.$^{fr}$ 91 les 100 kil., un peu moins de 1 centime par kilog. ( c'est 2 francs 20 centimes par jour pour chaque mineur ).

« 106. On compte qu'il monte à la mine, par jour et moyennement, sept cents bêtes de somme.

« Elles portent le minerai acheté ou aux forges du voisinage, ou, et en bien plus grande quantité, à des magasins établis par des particuliers, sur la grande route, immédiatement au-dessous de la mine. En ce moment, le minerai y est acheté à raison de 1 fr. 10 centimes les 65 kilogrammes, et vendu à 1 fr. 20 centimes aux maîtres de forges ou aux rouliers qui le leur portent, soit environ 1 fr. 85 centimes les 100 kil., ou près de 2 cent. le kilogramme.

« En descendant des mines, à leur passage par le village de Sem ou de Lercoul, les muletiers paient à des bureaux de perception 5 cent. par 60 kilog., droit établi par un arrêté du Gouvernement de 1808. C'est avec son produit que se paient les travaux de recherche et de sûreté générale, l'entretien des galeries, les soins et secours à donner aux mineurs blessés pendant leur traitement, les appointements d'un chirurgien et du conducteur de travaux. »

Nécessité de rechercher des minerais. 107. L'extrait que nous venons de donner, outre les détails intéressants qu'il renferme, contient un fait très grave et digne d'appeler la sérieuse attention des maîtres de forges de l'Ariége ; nous voulons parler de cette sinistre probabilité de voir la mine de Rancié se tarir avant une époque très peu éloignée.

Nous savons trop bien qu'on n'a point foi dans l'Ariége à cette terrible prédiction, mais si cette incrédulité étonne, les motifs sur lesquels elle se base étonnent encore bien davantage. Faut-il le dire, on croit dans ce

pays à la *reproduction des espèces minérales*, et cette niaiserie empê-
chera long-temps encore les maîtres de forges de s'associer pour des recherches de minerai auxquelles il serait grandement temps de penser.
Sans doute un gouvernement qui comprendrait bien les intérêts du pays
n'attendrait pas que ces associations se formassent, il entreprendrait lui-
même et à ses frais, c'est-à-dire à ceux de la nation, ces travaux de recherches; malheureusement la prévoyance n'est pas notre qualité dominante?
L'administration, il est vrai, nous parle aujourd'hui beaucoup de son dévouement aux intérêts matériels; les circulaires de MM. les directeurs-généraux
des mines sont remplies d'éloges sur le zèle, le talent et les utiles services de
ses ingénieurs. A Dieu ne plaise que nous mettions en doute ni leurs talents
ni leur bonne volonté! ce n'est point eux, hommes de science et de cœur
pour la plupart, que nous accuserons jamais de manquer au pays, c'est
vous, vous qui êtes chargé de leur direction et qui ne savez ou ne voulez
point obtenir d'eux ces utiles services sur lesquels vous nous faites de si
pompeuses phrases. Qu'avez-vous fait pour l'Ariége, par exemple, pour
ce département qui, d'après vous, alimente soixante forges aujourd'hui?
vos ingénieurs reconnaissent qu'il n'y a de minerai en place que pour une
vingtaine d'années, et quel minerai, grand Dieu! Des travaux de recherche
restent à faire dans cette mine, jadis si puissante; quelque espoir luit encore, on espère retrouver dans la partie intermédiaire un approvisionnement d'une si haute importance dans l'état actuel: une reconnaissance est
entreprise, *des ordres supérieurs la font abandonner!*

Je le répéterai donc, les maîtres de forges feront prudemment de
ne pas vous attendre; leur avenir exige qu'ils se livrent promptement à
des recherches bien conduites et à des essais dans leurs forges sur les minerais extrêmement nombreux qu'on rencontre dans le département de
l'Ariége.

J'avais moi-même voulu entreprendre ou du moins commencer ce
travail au-dessus des forces d'un seul homme; dans cette intention, j'avais
recueilli, soit dans l'ancien ouvrage de Dietrich, soit dans celui de Charpentier, soit par moi-même, un assez grand nombre de renseignements
sur les gîtes métallifères de ce département ou de ses limites; je donnerai
ici ce résumé probablement fort incomplet. J'ai cru devoir respecter dans
ces notes le style, les fausses dénominations chimiques et les opinions de
ceux qui nous ont transmis ces utiles données.

108. *Minerai de fer.* Du côté de la montagne de la Quore ou la Corre
qui domine la vallée d'Agnecerre est un filon de mine de fer qui avait au
jour un pied d'épaisseur, qui s'est réduit bientôt à six pouces. Il fournit
de la mine de fer d'un bleu noirâtre, compacte, dont la cassure est demi

métallique, et de la mine de fer spathique, à petites facettes, mêlée de spath calcaire blanc. Ces mines ont été employées avec succès à la forge d'Erce, où on les mêlait à la mine de Vicdessos. Elles produisaient de très bon fer; mais elles n'étaient pas aussi riches que ces dernières. (*Dietrich.*)

**Alens.** 109. Dans la vallée d'Arnave, seigneurie d'Alens, on exploitait autrefois des filons de mine de fer qui ont eu le même sort que tous les travaux de cette nature ont et auront dans le comté de Foix, tant que le genre d'exploitation actuelle y durera. Elles ont été submergées. (*Dietrich.*)

**Andorre.** 110. Il existe très certainement des mines de fer de très bonne qualité dans l'Andorre. Il m'en a été apporté plusieurs échantillons qui m'ont donné à l'essai de fort bons résultats. C'était principalement, comme à Rancié, des hydrates peroxidés. Il m'est impossible d'indiquer, même par approximation, les lieux où ces échantillons ont été recueillis, tant la discrétion des messagers qui étaient chargés de les transmettre a été scrupuleuse ; je crois seulement pouvoir affirmer qu'ils provenaient bien réellement de cette vallée.

Dietrich signale des mines du côté d'Encamp : elles alimentent, dit-il, les forges de l'Andorre situées près de Serrat, d'Ordino et des environs d'Encamp.

**Bajen.** 111. La mine de Bajen, située à plus de 2000 toises au sud-ouest de Massat, est en rognons. C'est une mine de fer massive, bleuâtre, faiblement attirable à l'aimant, et très riche.

**Bouan.** 112. A 300 toises au couchant du village de Bouan, on connaît un filon de mine de fer qui a environ deux pieds d'épaisseur au jour, et qui contient de la mine spathique jaunâtre, de l'hématite brune et de la mine micacée. La première de ces espèces était un peu mêlée de pyrite cuivreuse au jour. Mais un coup de mine, qu'on fit donner à ma demande, découvrit cette même mine très pure. Elle a pour toit et pour mur du schiste ; sa direction est sur 12 heures et s'incline encore au jour au levant après avoir eu une inclinaison opposée. Cette mine est située sur une pente assez élevée qui rendra l'extraction des eaux facile. M. le président de Lahaye ayant fait travailler à cette mine, on est entré d'environ une toise dans la montagne, et après avoir laissé une grande partie du filon dans le toit, on a cessé parce qu'on a rencontré beaucoup de quarz, de la mine de fer spathique blanche qu'on ne connaissait pas et quelque peu de pyrite cuivreuse. Ce filon se soutient de deux pieds. Il mérite d'être poussé et recherché du côté du toit, par un homme intelligent. (*Dietrich.*)

**Caillardet.** 113. La dernière mine que j'ai visitée dans le territoire de Saurat est celle de Caillardet, environ à 1400 toises au sud-sud-ouest de Saurat et à peu de distance des métairies de Carlong et de la Carbonne. Elle est sur la pente sud-est d'une ravine ou petite gorge. On y a fait un percement d'environ trois toises, sur trois heures, sur une mine en masse qui fournit de l'hématite brune. Il serait très avantageux que ces mines fussent exploitées. ( *Dietrich.* )

114. Le territoire de Massat offre plusieurs mines de fer ; l'une de ces mines est sitée à la montagne de la Casque ou de la Cassagne, dans une gorge remontant la pente méridionale des montagnes qui bordent le vallon de Suberorte. On a poussé dans cette mine une galerie d'environ cinquante toises. La mine y était en masse et sans défauts ; elle était de la même nature que celle de Vicdessos. Le manque d'intelligence la fit abandonner. Cette mine est à 7 ou 800 toises, à vol d'oiseau, au sud-est de Massat. *(Dietrich.)* — *Cassagne ou Casque.*

115. Le même auteur aurait reconnu l'existence d'une autre mine à Castel. — *Castet.*

116. Il existe à la montagne du Carbon, située au midi d'Axiat, sur la pente orientale de la vallée, une mine de fer en masse dans du schiste. ( *Dietrich.* ) — *Carbon.*

117. Vers l'année 1766, M. de Rochechouart avait fait exploiter une mine de fer sur la pente méridionale de la montagne de Col-du-Four dans la vallée de Massat, près Boussenac.. Les fouilles ont été dirigées sur sept heures ; la mine de fer en hématite brune s'y trouve en masse. — *Col-du-Four.*

118. Suivant Charpentier, il existerait au roc de Cassalet entre Nalzen et Pereilhes, une mine de fer en grains. — *Cassalet ( roc de )*

119. A trois heures de chemin de la forge d'Orlus et du côté septentrional de la rivière de ce nom au canton d'Engandue, il existerait, suivant Dietrich, une mine de fer qui serait pyriteuse. — *Engandue*

120. Il y a une mine de fer au combe d'Ensignan, à 900 toises environ à vol d'oiseau de Gudanes, sur les limites méridionales de l'ancienne baronie de Châteauverdun, frontières du comté de Foix et de la vallée d'Andorre. Cette mine, suivant Dietrich, serait fort riche ; toutefois il ne l'a point visitée. — *Ensignan ( combe d').*

121. Il existe, suivant Dietrich, une mine de fer située entre le Caichounet et la Peiregoude, à 5 ou 600 toises au sud-est de la mine de la Cassagne dans le territoire de Massat. Elle a été en partie exploitée. On a renoncé à cette exploitation à cause de l'abondance de la pyrite. Cette mine fournit d'ailleurs de la bonne hématite brune et noire en masse. — *Ferrasse.*

122. Il existe à la Fonsainte ou Fonte-Sainte, à 3700 toises à l'est-sud-ouest de Saurat, une mine de fer qui, d'après Dietrich, serait d'assez mauvaise qualité et de plus difficilement exploitable. — *Fonsainte (la).*

123. Il existe, suivant Dietrich, dans la vallée de Fontet, près la métairie — *Fontet ( vallée de ).*

de ce nom , qui forme un triangle avec Sourde et Fraichinet, à environ 600 toises de ce dernier, une mine de fer d'un gris rougeâtre métallique, assez tendre , qui se broie en une poudre rouge. Cette mine se trouve en masse sur la rive droite du ruisseau de Fraichinet sur la pente méridionale du vallon nommé le Cantarie, qui s'étend en descendant de l'est à l'ouest.

Il a été fait, il y a environ deux ou trois ans, plusieurs essais en grand d'une mine rouge à la forge de Montgaillard. Cette mine provenait des environs de Saint-Paul et de Fraichinet. Elle a donné de mauvais résultats; je ne puis décider si c'est celle que Dietrich a désigné sous le nom de mine de Fontet et dont nous venons de parler.

Gourbit.    124. D'après des renseignements qui ne sont peut-être pas très exacts, tant les maîtres de forges se croient intéressés à les donner faux, il existerait à Gourbit, dans la propriété de M. Bergasse, un minerai de fer dont il m'a été adressé beaucoup d'échantillons. Ce minerai, que j'avais soumis à quelques essais, m'avait paru fort riche, mais peu traitable par la méthode catalane. Le maître de forges qui l'avait trouvé en a fait adresser quelques échantillons à l'Ecole des Mines où il a été présenté comme un minerai provenant du département *du Gers;* il a été analysé par M. Berthier qui y a trouvé

| | |
|---|---|
| Peroxide de fer. | 97 |
| Quarz et mica. | 1.2 |
| Eau hygroscopique. | 1.8 |
| | 100.0 |

Plus des traces de titane ;

J'ai lu la lettre de M. Legrand, directeur-général des mines, à la sollicitation duquel cette analyse avait été faite. A la suite de cette analyse, il y était formellement dit que ce minerai pouvait être traité avantageusement par la méthode catalane. On n'a pas manqué d'opposer cette imposante opinion à la mienne, et l'on s'est cru à la veille de réaliser des millions. Or, employé, même en faible proportion , il a rendu le fer insoudable et n'a donné qu'un très faible produit. Je puis affirmer qu'une charge de 12 quintaux dans laquelle il est entré $\frac{3}{7}$ de ce minerai et $\frac{4}{7}$ de minerai de Rancié n'a produit qu'un massé de deux quintaux trois quarts : encore n'a-t-il pu résister au marteau, la plus grande quantité se dispersant en morceaux par le choc. Cet essai a été fait à la forge de Labarre. Ce minerai est facile à reconnaître ; il est jaune rouille, très pesant, et le mica y est extrêmement apparent , ce qui ne m'avait laissé aucun doute sur l'insuccès.

125. Dietrich avait reconnu deux mines de fer dans les environs de Gu- Gudannes.
dannes, celle du Pech de Ferrières et celle de l'Arcat. Elles ont long-temps
alimenté les forges des environs. Cette exploitation a été abandonnée ; il
semble qu'elle pourrait être reprise avec quelque espoir de succès, pourvu
qu'elle fût convenablement dirigée.

126. Il existe, d'après Dietrich, une mine de fer à la Houlette, point si- Houlette (la)
tué à une demi-heure d'Axiat.

127. A environ 1100 toises, à vol d'oiseau, au sud de Massat, est situé La Besolle.
le Pic de Besolle ou Puzze de Besolle sur la pente méridionale duquel
on a fait beaucoup de travaux au jour et près de la surface. Une seule galerie cependant pénétrait dans l'intérieur d'environ cinquante toises lorsqu'un particulier noya les travaux en y faisant détourner les eaux nuitamment, ce qui obligea de les abandonner il y a environ six ans. ( Ce serait
alors vers 1780. ) La situation de ces mines qui donnent d'excellent fer
doux les rend susceptibles d'être bien exploitées. Il est très facile d'y pratiquer des galeries qui mettent à sec les travaux supérieurs noyés. Le filon
qu'on y suivait doit avoir eu , au rapport des ouvriers qui y ont travaillé,
deux pieds et demi d'épaisseur. La mine que j'ai trouvée dans les vieux
déblais, est de la mine de fer bleuâtre et en partie de l'hématite rouge.
( *Dietrich.* )

128. Charpentier signale la présence du fer oligiste au port de Laquorre. Laquorre ou<br>Lucorre.
Dietrich parle aussi de mines de fer situées de ce côté.

129. Il existe une mine de fer à la Rammaillère, près d'Axiat, et sur le La<br>Rammaillère.
côté occidental de la vallée , c'est-à-dire du côté opposé à la mine du
Carbon.

130. Le village de Lassur est placé sur la route de Tarascon à Ax, sur Lassur.
la rive gauche de l'Ariége. Directement au-dessus des bords de cette rivière sont des mines de fer en masses grises métalliques ou à grains d'acier,
et des hématites de la même nature que celles de Gudannes et de Vicdessos. Le seigneur de Lordat, qui n'a point de forge, disait Dietrich en 1786,
a fait fermer ces mines.

131. La montagne de Lercoul, située à l'ouest de Siguer, renferme une Lercoul<br>( montagne de)
mine qu'on croit communiquer avec celle de Rancié. Cette mine a été autrefois exploitée. Cette exploitation a été momentanément reprise depuis
quelque temps, et, je crois, abandonnée de nouveau. Il m'est parvenu
quelques échantillons de cette mine. C'étaient des hydrates peroxidés absolument semblables à ceux de Rancié. J'ai fait sur ces échantillons un assez
grand nombre d'essais, je les ai trouvés généralement riches, et sans exception de très bonne qualité. Je n'ai d'ailleurs jamais visité ce gîte, mais
il l'avait été par Dietrich à une époque où l'exploitation venait d'être en-

treprise. Il n'y a pas long-temps, dit-il, que la communauté de Siguer fait travailler à la montagne de Lercoul. La mine s'y trouve meilleure, de jour en jour, à mesure qu'on s'éloigne de la surface de la montagne.

Lescure.    **132.** Charpentier signale du minerai de fer en grains à Lescure, arrondissement de Saint-Girons.

Luzenac.    **133.** A une très petite distance du village de Luzenac, sur le chemin de Gudannes à Ax, à 4200 toises au sud-est du château de Gudannes, est une montagne en pain de sucre, dont l'aspect annonce la présence de la mine de fer. Sa couleur rouge m'ayant engagé à m'informer si l'on y avait exploité de la mine, on me répondit que oui, mais que les anciens seigneurs de Gudannes avaient fait fermer les travaux. Ce rocher s'étend jusque vis-à-vis d'Unac. ( *Dietrich.* )

Charpentier signale également à Luzenac du fer oligiste.

Maz d'azil.    **134.** Il existe au Maz, suivant Dietrich, quelques traces de minerai de fer, sur le chemin qui descend de la montagne de la Grotte pour aller joindre la route de Saint-Girons.

Mercenac.    **135.** Il existe, suivant Charpentier, du fer oligiste à Mercenac, près Saint-Lizier.

Montferrier.    **136.** On trouve à Montferrier des traces évidentes d'exploitation. Quelques échantillons m'ont été remis. Ce minerai paraît assez pauvre.

Miglos.    **137.** La commune de Miglos renferme différentes mines de fer. Une compagnie, à la tête de laquelle se trouvaient MM. Garrigon, Lamarque, etc., venait de se former, et des travaux de recherches assez étendus avaient déjà été entrepris, lorsque je quittai l'Ariége en 1836. Je ne possède aucun renseignement exact sur le gisement; les échantillons qui m'ont été remis se composaient principalement de fers peroxidés, hydratés et non hydratés. Il serait bien important pour l'Ariége que ces travaux de recherches fussent suivis de succès; mais je ne saurais trop recommander de faire l'essai de ces minerais dans les forges des environs et à plusieurs reprises, avant de les pousser plus loin.

Norgeat.    **138.** Il y avait à Norgeat un minier dont on a autrefois tiré de la mine. Il a été abandonné parce qu'on n'a pas su diriger les travaux.

Pech de Foix.    **139.** Il m'a été apporté plusieurs échantillons de minerai de fer ramassés dans un champ qu'on m'a dit être situé sur la montagne voisine de Foix, qu'on appelle le Pech. On m'a affirmé que ce minerai avait été essayé à la forge de M. Sabardu, à Montgaillard, et qu'il avait produit de très bons résultats; j'ai consulté M. Sabardu à cet égard; il ne s'est nullement rappelé ces circonstances.

Pech de Ferrière.    **140.** Cette montagne est située à 1800 toises au S.-E. du château de Gudannes et très près d'Albiès. Elle renferme aussi des masses de mine de fer grise métallique ou à grains d'acier, à en juger par les morceaux détachés que j'y ai trouvés ; je n'en ai point vu de grandes masses à découvert, mais je ne doute pas qu'il ne s'y en trouve. (*Dietrich.*)

141. A environ six heures de chemin, au-dessus de la forge d'Orlus, sur la rive gauche de la rivière de ce nom, au lieu nommé *la Pinette*, on voit au jour une espèce de mine en roche brune, mêlée de beaucoup de rocher difficile à fondre. Elle mérite une tentative de la part des propriétaires. (*Dietrich.*) Il paraît du reste que cette mine est pyriteuse.

142. A environ 1100 toises au S.-S.-O de Massat, sont les travaux de Puiset ou Piouselle, que les fermiers de M. de Sabran faisaient encore exploiter vers l'année 1780 ; un éboulement interrompit ces travaux. Dietrich a trouvé dans les déblais de l'hématite mamelonnée et de l'hématite brune ordinaire. La bonté de cette mine, ajoute-t-il, fait regretter que ces travaux, susceptibles d'être repris, aient été discontinués.

143. A Portet, canton de Castillon, il existerait, suivant Charpentier, du fer oxidé hydraté.

144. Il existe une mine de fer à l'extrémité de la vallée d'Ascou, directement au bas du port de Pallier. Cette mine a été essayée à Mijanès avec peu de succès et une fois seulement. Suivant Dietrich, elle est peu riche, mais elle lui a paru fort douce.

145. D'après Charpentier, il existerait à Rimont du minerai de fer en grain.

146. D'après le même auteur il y aurait aussi du minerai en grains à Roquefixade.

147. Il existe près de Rabat, au bois dit de la Garrigue, appartenant à M. Bergasse, un minerai dont il m'a été adressé plus de 20 kilogrammes. D'après un rapport de l'ingénieur des mines, en date du 16 septembre 1834, de l'ingénieur François, qui a visité cette mine, il paraît que ce minerai a été exploité autrefois. 2000 quintaux environ venaient d'être extraits peu avant cette date du 16 septembre, et livrés aux forges voisines à raison de 0.$^{fr.}$50 et 0.$^{fr.}$75 le quintal. Mais, ajoute M. François, les travaux furent bientôt détruits par l'ignorance des exploitants, qui abattirent les piliers, de manière qu'aujourd'hui plus de 50 mètres carrés de voûte sont éboulés. Ce minerai est en stockwerk. Il présente deux variétés de fer oxidé hydraté : l'une noire, terreuse, forme l'affleurement des parties voisines des salbandes. Cette mine noire encaisse la seconde variété, qui est rouge, compacte, et rarement coupée de veinules d'argile. Les deux variétés sont pyriteuses. Par le grillage, la variété rouge devient semblable à la noire. Les essais faits dans plusieurs forges ont, d'après l'ingénieur des mines, donné des résultats contradictoires ; quelques-uns prétendent qu'on peut,

sans nuire à la qualité du fer, ajouter de $\frac{1}{7}$ à $\frac{1}{6}$ de cette mine à $\frac{8}{9}$ et $\frac{5}{6}$ de Rancié; d'autres en ont totalement rejeté l'emploi. Quelque contradictoires que soient ces opinions, l'ensemble des essais tend à prouver qu'une addition de $\frac{1}{4}$ rend le fer rouverin. Des tentatives de grillage ont été faites ; mais l'opération mal conduite n'a donné aucun résultat définitif. Le rapport conclut à ce que l'exploitation soit interdite.

Dans un autre rapport au préfet, en date du 1ᵉʳ octobre 1834, et signé du même ingénieur, on lit :

» Basé sur quelques analyses, je puis affirmer que le minerai livré au commerce est sulfureux et qu'il donne un fer cassant à chaud et à froid ; que $\frac{1}{4}$ à $\frac{1}{5}$, mêlé avec le minerai de Rancié, donne un fer de belle apparence, mais de mauvaise qualité. » Du reste on ne fait point connaître le résultat de ces quelques analyses, ce qui n'a point empêché que l'exploitation n'ait été définitivement interdite. J'ai encore vu, plus d'une année après cette interdiction, ce minerai employé dans certaines forges; on m'a assuré qu'il pouvait entrer pour environ $\frac{1}{10}$ dans le minerai de Rancié sans altérer d'une manière sensible la qualité du fer, et il augmentait alors considérablement le produit. Il est peut-être malheureux que cette exploitation ait été prohibée par l'administration ; elle eût agi plus sagement, ce me semble, en se livrant à des essais en grand. Je connais assez ce minerai, que j'ai quelque peu travaillé, pour être autorisé à penser que, après un grillage bien conduit et une longue exposition à l'air, il entrerait très probablement avec avantage pour au moins $\frac{1}{8}$ dans un mélange avec celui de Rancié. On s'est trop hâté, je le crains, de fermer cette exploitation qui aurait compensé pour les forges de Saurat et de Rabat les désavantages de leur situation par rapport au combustible. J'ajouterai même que si l'ingénieur n'avait point *affirmé* que ce minerai était sulfureux, j'en aurais douté et j'aurais attribué ses mauvaises qualités à toute autre chose qu'à du soufre. Du reste, je n'en ai point fait l'analyse, je l'ai seulement soumis à quelques essais qui, il faut bien le dire, ne m'ont jamais décélé la plus légère trace de soufre.

Saraute (la). 148. La mine de la Saraute est située à 2000 toises ou S.-O. de Saurat, non loin des métairies de la Rousolle et de la Brougaille, sur la pente méridionale de la vallée. Le minerai y est en masse, et on a fait un percement en suivant la surface de la montagne sur une longueur d'environ soixante-dix pas, qui est comblé. Dietrich a trouvé dans les débris des fouilles de l'hématite brune et beaucoup de mine de fer brune spathique. Cet auteur semble dire que les maîtres de forges se sont très bien trouvés de cette exploitation, ce qui implique probablement que le fer obtenu de ces mines était de bonne qualité. Je crois avoir des motifs assez plausibles pour me permettre de contredire Dietrich. Je pense que cette mine est celle qui a été réessayée assez récemment à Saurat; elle donnait une prodigieuse quantité de fer, mais le massé, suivant l'expression des ouvriers, *crevait sous le marteau comme une citrouille.*

149. Elle est située à environ 1200 toises à l'E.-S.-E. du château de Gudannes et au N. d'Albiès, elle abonde en mines de fer. Sa pente méridionale renferme vers les deux tiers de la hauteur de la montagne, un filon d'un pied à quinze pouces au jour. Il coupe un rocher de schiste calcaire. Sa direction est sur dix heures quatre huitièmes, et son inclinaison est occidentale. Le rocher est incliné à contre-sens de la montagne. La mine de ce filon consiste en mine de fer spathique brunâtre mêlée de mica de fer à grandes feuilles ou de mine spéculaire et de mine de fer noirâtre et brune de la même qualité que la meilleure mine de Sem. Elle mérite d'être exploitée avec soin. (*Dietrich.*) Saint-Pierre<br>(Montagne de).

150. Suivant Charpentier, on trouverait à la montagne Saint-Sauveur, près Foix, du fer en grains. En effet, il m'en a été fréquemment apporté; je l'ai trouvé presque identique à celui qui est traité pour fonte dans les fourneaux du Berry, et l'on sait que ce minerai ne peut être avantageusement traité dans les forges à la catalane. St-Sauveur.

151. Il m'a été apporté deux échantillons d'un minerai de fer qu'on m'a dit être de Vaychis sans que j'aie pu tirer du messager un renseignement de plus. L'un était fortement magnétique; le second était sans action sensible sur l'aiguille aimantée. Ce dernier se laissait facilement entamer par une pointe de fer qui le rayait en rouge sombre. Quoique tendre, ce minerai était fort tenace et il fallait frapper de forts coups de marteau pour en détacher des fragments. Il était d'une couleur bleu-gris. On y distinguait à l'œil nu une infinité de paillettes excessivement petites et d'un blanc très brillant. Sa poussière était bleu-noir, elle tachait le papier en rouge-liede-vin. Sa raclure était rouge; il avait la saveur métallique, happait peu à la langue, mais développait par cette action une odeur terreuse. Chauffé au rouge, ce minerai conservait sa couleur après le refroidissement, et ne paraissait nullement attaqué. Fondu sur le charbon au chalumeau avec le borax, il donnait un globule vert-bouteille bulleux, et il y avait effervescence pendant la fusion. Le globule conservait sa couleur dans la flamme intérieure et dans la flamme extérieure. Le chalumeau ne développait d'autre odeur que celle que j'ai toujours sentie en chauffant un minerai de fer quelconque. Le temps m'a manqué pour en faire l'analyse. Vaychis.

Voilà donc dans le seul département de l'Ariége plus de quarante gîtes de minerai de fer bien connus. Sans aucun doute, une assez grande partie de ces minerais ne se laissera point traiter avec avantage dans les forges à la catalane, mais il est extrêmement probable qu'il n'en sera pas de même de tous. Si l'administration remplissait son devoir, elle ordonnerait à l'ingénieur de Rancié des études sur ces divers minerais, et ce travail profiterait bien autrement au pays que l'inutile et longue promenade qu'on lui fait faire annuellement dans les 5o forges du département, pour y recueillir des documents sur les consommations et les produits, documents qu'il n'obtient jamais.

152. Je donne ici quelques aperçus et quelques résultats d'expériences qui pourront diriger les maîtres de forges dans le choix de ces minerais.

La première condition pour qu'un minerai puisse être traité avantageusement par le procédé catalan, c'est qu'il soit riche ; mais cette condition est bien loin d'être suffisante.

Comment<br>on détermine<br>la richesse<br>d'un minerai.

153. La richesse d'un minerai est facile à déterminer avec une approximation bien suffisante pour la pratique; le procédé qu'on emploie et qui est connu sous le nom d'*essai par la voie sèche*, est tout-à-fait à la portée des maîtres de forges, car il n'exige qne les plus simples opérations, et pour appareils qu'un mortier de métal, une balance et un tamis de soie. On remplacerait à la rigueur les deux derniers par un trébuchet et un morceau de soie quelconque. Il faut de plus un creuset de terre avec son couvercle, dont la valeur est de 3 à 4 sous. Voici comment on devra procéder : il faut :

Essai<br>des minerais<br>par la voie<br>sèche.

154. 1° *Brasquer le creuset.* On appelle creuset brasqué celui dont les parois intérieures sont revêtues d'une couche de charbon. Pour brasquer un creuset, on choisit du charbon de bois bien net, on le pile, on le passe au tamis de soie, et l'on humecte la poussière avec de l'eau en l'agitant avec un petit bâton et la pétrissant entre les doigts jusqu'à ce qu'elle ait acquis assez de consistance pour se pelotonner, sans cependant être assez humide pour adhérer à la main. C'est cette pâte qu'on appelle la brasque. Cette brasque prête, on plonge le creuset vide et renversé dans l'eau et on le relève presque aussitôt, on y introduit l'épaisseur d'environ un centimètre de brasque, puis on tasse très fortement cette brasque en tenant le creuset dans la main gauche et refoulant la brasque de la main droite armée d'un pilon ; on tasse d'abord à petits coups, puis plus fort, puis à coups redoublés, jusqu'à ce que cette première couche de brasque ait acquis toute la consistance qu'elle peut prendre. Pour que cette couche adhère avec celle qui lui sera superposée, on en raye la surface avec la pointe d'un couteau ; on met alors la seconde couche de brasque, qu'on refoule identiquement comme la première ; on la raye, puis on met la troisième couche et ainsi de suite, jusqu'à ce que le creuset soit entièrement rempli. Lorsqu'il l'est, on creuse dans la masse de brasque une cavité conique de même

forme à peu près que le creuset, avec un couteau pointu, en commençant
par le centre et élargissant et approfondissant successivement la cavité,
jusqu'à ce qu'il ne reste plus qu'environ un centimètre d'épaisseur de
brasque au fond, et demi-centimètre sur les parois. On procède alors au
lissage ; pour cela on prend un tube de verre arrondi par son extrémité,
on le tient bien ferme dans la main droite et l'on frotte tout l'intérieur de
la cavité jusqu'à ce qu'elle devienne luisante et aussi lisse que possible.
Cette dernière opération, qu'on néglige quelquefois, est cependant très
importante, elle empêche les petites grenailles métalliques qui se produisent dans les essais, d'être retenues par les aspérités, et leur permet
ainsi de se réunir facilement en un *culot*. Le creuset est alors brasqué.

155. 2° *Préparer la mine.* Parmi les morceaux de minerai qu'on a recueillis, on choisit ceux qui ne sont ni les plus lourds ni les plus légers,
ou bien on prend une fraction égale des uns et des autres pour avoir une
moyenne réelle. On les concasse d'abord avec un marteau, puis on met
les fragments dans un mortier de fonte et on les pile. Il convient alors de
diriger le pilon un peu obliquement, en ayant soin de ne pas frapper précisément au centre du mortier; il faudra aussi de temps en temps faire
parcourir vivement au pilon la circonférence du fond du mortier en *frottant*. Comme il importe d'obtenir une poudre excessivement fine, il est
préférable de ne piler que de petites quantités à la fois. On agira donc par
parcelles, jusqu'à ce qu'on ait réduit le tout en poussière extrêmement
ténue. On passera alors la totalité de cette poudre au tamis de soie, tout ce
que le tamis refuserait sera de nouveau pilé au mortier et devra enfin
passer. On pèsera alors au moins dix grammes de cette poudre dans une
petite capsule de porcelaine, ou sur un papier bien lisse. On introduira
cette poudre dans la cavité creusée dans la brasque avec les plus grands
soins et en faisant en sorte qu'aucune poussière ne se perde dans l'air par
ce transvasement et aussi qu'il n'en reste point sur le papier ou dans la
capsule; on tassera la matière avec un tube de verre, l'on unira bien sa
surface, que l'on rendra un peu convexe, on fera tomber au fond du creuset
avec une barbe de plume les particules qui auront pu s'arrêter sur les parois de la cavité, alors on mettra par-dessus cette poudre un peu de poussière de charbon que l'on comprimera doucement avec le pouce, puis on
achèvera de remplir le creuset avec de la brasque que l'on tassera fortement, couche par couche, avec le pilon. On couvrira le creuset de son
couvercle, dont le diamètre devra être quelque peu plus grand que celui
du creuset, on l'y fixera solidement au moyen d'un rouleau d'argile ou de
terre à fourneau, que l'on applique sous les bords saillants du couvercle et
que l'on presse fortement contre le creuset avec les doigts mouillés, ce

qui s'appelle *luter* le couvercle. Cela fait, on lutera absolument de la même manière le creuset sur son *fromage*, petit cylindre de terre un peu plus large que la base du creuset, et que l'on vend avec lui. On procédera alors à la fusion.

**Fusion.** 156. 3° *Fusion.* La fusion peut très bien s'opérer sur un feu de martinet ou dans une forge de maréchal. Pour cela, on placera le creuset bien verticalement à environ 5 pouces de la buse et de manière que le vent vienne frapper le creuset à peu près à la hauteur du culot. On formera de l'autre côté du creuset, par rapport à la buse, une petite voûte en réverbère avec de la houille et de l'argile. On couvrira le creuset de charbon de bois non allumé, on y mettra le feu et on laissera le tout s'allumer tranquillement sans souffler ou en soufflant excessivement peu; lorsque le creuset commencera à s'échauffer, on remettra du charbon de bois de manière à ce qu'il en soit environné de toute part et qu'il en soit bien recouvert. Alors on donnera le vent, faiblement d'abord, puis un peu plus fort, pendant environ une heure; on aura toujours soin que le charbon ne manque point; cette heure écoulée, on donnera un bon coup de vent pendant une grosse demi-heure; on cessera alors de souffler et l'on laissera refroidir le tout sur place. Si l'on avait besoin de la forge pour un autre usage, on enlèverait le creuset avec une pince et on le laisserait refroidir dans du sable lentement et complètement.

157. Le creuset refroidi, on en détache le couvercle en frappant les bords saillants de bas en haut et de droite à gauche ou de gauche à droite, c'est-à-dire horizontalement. Il arrive quelquefois que ce couvercle se détache ainsi du creuset, mais le plus souvent il se casse et il n'y a pas grand mal à cela. On en enlève alors de la même manière les différentes parties et aussi proprement que possible. Lorsque le creuset est découvert on en extrait la brasque peu à peu avec la lame d'un couteau, jusqu'à ce que le culot paraisse. On la recueille pour la laver ensuite et s'assurer qu'elle ne contient pas de grenailles, ou pour recueillir celles qui pourraient s'y trouver. Enfin on enlève le culot avec la pointe d'un couteau, la scorie y adhère.

**Pesée.** 158. On pèse le tout d'abord et l'on note le poids. Frappant ensuite légèrement sur la masse, le culot de métal se détache de la scorie. Mais il arrive fréquemment que la scorie présente à sa surface des grenailles métalliques; alors on concasse grossièrement la scorie; on trie les morceaux qui ne contiennent point de grenailles; on réduit le reste en poudre; on en extrait tous les grains de métal, en promenant un barreau aimanté dans cette poudre; on réunit ces grains métalliques au culot, on pèse, et retranchant ce dernier poids du poids total, on a celui de la scorie par différence. Le culot métallique n'est point du fer, mais bien de la fonte, c'est-à-dire un composé d'environ 95 parties de fer et de 5 parties de carbone, silicium, etc. Il conviendrait donc en général de retrancher 5 o/o du poids de la masse métallique pour avoir par approximation la quantité de fer contenue dans le minerai; cependant, comme il passe toujours un peu de fer dans la scorie, comme d'ailleurs c'est toujours du fer plus ou moins carboné qu'on obtient dans nos forges, on pourra prendre le poids du culot de fonte pour la quantité de fer contenue dans le minerai essayé, mais on devra alors regarder ce poids comme un *maximum* qu'on n'obtiendrait jamais par des procédés de fabrication même les plus perfectionnés.

159. Il est d'ailleurs important de recommencer au moins une fois l'essai ; on prend ensuite la moyenne des deux.

160. *Exemple sur le minerai de Rancié.* — Le 26 avril 1834, je prends dans les boîtes d'une forge des environs de Foix, quelques morceaux qui me paraissent représenter la richesse moyenne du massé, je prends également de la greillade toute préparée. *Application.*

Je traite comme il vient d'être dit :

10 grammes minerai
 5 grammes greillade   } nullement desséchés,

15 grammes. — J'obtiens un culot bien fondu et une scorie vert-bouteille.

Le tout pèse 10 grammes 19 ; je détache le culot et quelques grenailles, poids 6 grammes 615 ; j'ai donc par différence le poids de la scorie, ainsi que celui de la perte au feu, ce qui donne sur 15 grammes :

$$\text{Fer métallique,} \qquad\qquad 6.^{gr}615$$
$$\text{Terres et oxides, } 10.19 - 6.615 = 3.\;575$$
$$\text{Perte au feu, } \qquad 15. - 10.19 = 4.\;810$$
$$\text{grammes, } \quad 15.^{gr}000$$

M'aidant des proportions, je dis :

Si 15 gr. donnent 6.615 fer :: 100 donneront $x = \dfrac{6.615 \times 100}{15} = 44.10.$

Si 15 gr. donnent 3.575 terres et oxides :: 100 donneront $y = \dfrac{3.575 \times 100}{15} = 23.833.$

Si 15 gr. donnent 4.810 perte en fer :: 100 donneront $z = \dfrac{4.810 \times 100}{15} = 32.067.$

J'en conclus pour la composition *approchée* du minerai, à cette époque et dans cette forge :

Fer métallique, 44.100
Terres et oxides de manganèse, 23.833
Eau, oxigène abandonné par le peroxide de fer, 32.067

$$\overline{\phantom{xxxxxx}100.000}$$

On obtenait à peine 3o pour 100 de ce minerai à la forge, un tiers du fer environ passait donc dans les scories.

161. C'est une vérification qu'il convient de faire et à laquelle on parviendra toujours en traitant les scories exactement de la même manière.

*Analyse des scories par la voie sèche.* 162. Cette analyse des scories est d'autant plus importante que Foyers et Escolas sont parfaitement convaincus que le plus souvent elles ne contiennent plus de fer. On verra plus loin comment elles peuvent être analysées par la voie humide.

163. Revenons à l'étude des minerais. Il ne suffit point qu'ils soient riches pour être traitables à la catalane, il faut encore qu'ils ne contiennent point de substances nuisibles. Parmi ces substances, il faut placer en première ligne le soufre.

*Action du soufre sur le fer.* 164. Pour apprécier la quantité de soufre qui empêche le fer d'être travaillé sous le marteau, M. Karsten a fait ajouter aux charges d'un fourneau une certaine quantité de gypse à défaut de minerais sulfurés. La fonte ayant été affinée, on a obtenu un fer très rouverin qui pouvait s'étirer un peu à la chaleur blanche, mais qui se criquait ensuite au point qu'il fut impossible d'achever le forgeage. Il analysa ce fer complètement insoudable, et l'analyse ne lui donna que 34 parties de soufre sur cent mille parties de fer. Il n'en faut donc qu'une bien faible quantité pour détériorer complètement le métal.

Dans un autre fer qui paraissait à froid d'une assez bonne qualité, mais qui était rouverin, c'est-à-dire brisant à chaud, il n'a trouvé qu'un dix-millième de soufre.

Toutefois, d'après les expériences récentes de M. Stengel (*Annales des Mines*, 5^me *livr. de* 1836), le fer pourrait contenir 0.33 sur 100 ou même $\frac{34}{10\,000}$ de soufre sans être le moins du monde cassant à chaud et sans perdre sa malléabilité.

*Recherche du soufre.* 165. Il existe un assez grand nombre de minerais de fer où la présence du soufre est évidente. Ce sont tous ceux où l'on distingue de petites parcelles métalliques brillantes ayant l'éclat et la couleur de l'or. Ces *pyrites* que tous nos paysans prennent en effet pour de l'or s'en distinguent très facilement en ce qu'elles font feu au briquet. Tous les minerais qui en présentent peuvent être hardiment rejetés. Mais l'existence du soufre n'est pas toujours aussi évidente, et il faudra souvent avoir recours à d'autres moyens que la simple inspection pour s'assurer qu'il souille un minerai. Il suffit quelquefois d'en faire rougir un fragment pour que l'odeur du soufre se manifeste, mais il peut encore arriver qu'un minerai en contienne sans que cette odeur en décèle bien évidemment la présence. On aura alors recours au moyen suivant :

166. Le minerai ayant été soumis aux deux essais précédents, on le traitera d'abord par la voie sèche comme nous l'avons indiqué plus haut, ce qui fera connaître sa teneur en fer. Le culot de fonte sera alors brisé dans un mortier jusqu'à ce qu'on en ait réduit environ 5 grammes à la grosseur de grain de millet, ou mieux on le réduira en limaille ; on en pèsera alors exactement 5 grammes qu'on introduira dans une petite cornue qui contiendra de l'acide hydrochlorique (1) et qui sera munie d'un tube recourbé ; ce tube plongera dans un flacon renfermant de l'acétate de plomb (2) dissous dans de l'eau acidulée avec un peu d'acide acétique (3) ; il convient même que le gaz qui s'échappera de la cornue par l'action de l'acide sur la fonte traverse deux flacons.

On laissera la dissolution s'opérer ainsi à froid, ce qui exigera de 10 à

(1) 167. L'acide hydrochlorique parfaitement pur est un gaz formé de

Hydrogène . . . . 2.74<br>
Chlore. . . . . . . 97.26

C'est sa dissolution aqueuse qu'on emploie dans les analyses et qui est connue dans le commerce sous le nom d'*acide muriatique*. L'acide hydrochlorique liquide et concentré doit être blanc, très acide et même caustique, d'une odeur piquante, insupportable ; mis en contact avec l'air, il doit y répandre des vapeurs blanches, épaisses et piquantes, dues à la condensation de la vapeur aqueuse par le gaz hydrochlorique qui s'échappe de sa dissolution. Cette propriété cesse lorsque l'acide est étendu d'eau.

Chauffé, l'acide hydrochlorique entre aisément en ébullition, et perd une grande quantité de gaz ; mais à une certaine époque ce dégagement s'arrête, et le résidu, qui est encore très acide, distille facilement. On peut donc, pour les analyses, se procurer ainsi de l'acide hydrochlorique pur : il suffit de prendre l'acide du commerce, qui est à très bas prix, et de le distiller dans une cornue munie d'un récipient tubulé auquel on adapte un tube qui dirige l'excès de gaz dans la cheminée. Il faut seulement, pour perdre moins de gaz, placer un peu d'eau distillée dans le récipient, et choisir une cornue dont le bec soit assez long pour qu'il vienne plonger dans l'eau. Bien entendu que la cornue doit être tubulée et munie d'un tube de sûreté qui empêche l'absorption d'avoir lieu.

L'acide hydro chlorique liquide se comporte avec les corps simples comme l'acide gazeux. Il est sans action sur les corps non métalliques, et il dissout les métaux de la seconde et de la troisième section, parmi lesquels se trouvent rangés le fer et le manganèse.                    (Dumas, *Chimie.* )

(2) L'acétate de plomb est une combinaison d'acide acétique et d'oxide de plomb. Il y a plusieurs acétates de plomb ; l'acétate neutre, connu dans le commerce sous le nom de *sel de Saturne*, est formé de

Protoxide de plomb. . . . . 68.5<br>
Acide acétique. . . . . . . : . 31.5<br>
―――<br>
100

(3) 168. L'acide acétique anhydre est formé de

15 jours; si la fonte contient du soufre, il se formera dans les flacons un précipité noir de sulfure de plomb. Si l'on veut connaître le rapport du poids du soufre à celui de la fonte, on filtra la liqueur des flacons sur un filtre pesé d'avance pour recueillir le précipité noir; on le lavera successivement avec l'acide acétique, puis avec l'eau pure. On sèchera ce précipité sur le filtre à la chaleur de l'ébullition; on pèsera le filtre de nouveau, l'augmentation de poids donnera la quantité de sulfure de plomb. Or, comme ce sulfure contient 13.45 soufre sur 100, il sera facile d'en conclure le rapport du soufre à la fonte.

On peut employer le même appareil et le même procédé pour déterminer la quantité de soufre que contiendrait un acier ou un fer donné. La dissolution de l'acier n'exigerait que 8 à 10 jours, celle du fer forgé que 3 à 4.

Il faut que l'acide hydrochlorique soit bien pur, très fumant, enfin le plus concentré qu'il sera possible.

169. Ajoutons que si la quantité de soufre déterminée était extrêmement faible, et qu'on eût d'ailleurs de très grands avantages à traiter ce minerai très peu sulfureux, il conviendrait de le soumettre préalablement à un grillage bien entendu, puis à une très longue exposition à l'air. Que si l'on jugeait à propos de mêler ce minerai sulfureux à un autre qui ne le serait point, il faudrait bien se garder de griller ces deux minerais ensemble.

Désulfuration par la vapeur d'eau. On a beaucoup prôné depuis quelque temps l'emploi de la vapeur d'eau à une haute température pour opérer la désulfuration des sulfures métalliques; M. *Regnault,* dans un mémoire récemment publié (*Annales des Mines,* prem. livraison de 1837), paraît avoir démontré qu'il n'y avait rien à attendre de ce mode de grillage, et que l'air atmosphérique était encore l'agent de désulfuration le plus énergique.

$$
\begin{array}{ll}
\text{Carbone.} & 47.54 \\
\text{Hydrogène.} & 5.82 \\
\text{Oxigène.} & 46.64 \\
\hline
& 100
\end{array}
$$

L'acide acétique liquide et concentré contient

$$
\begin{array}{ll}
\text{Acide acétique anhydre.} & 85.11 \\
\text{Eau.} & 14.89 \\
\hline
& 100
\end{array}
$$

Celui dont la densité est 1.08 est formé de

$$
\begin{array}{ll}
\text{Acide acétique anhydre.} & 65.59 \\
\text{Eau.} & 34.41 \\
\hline
& 100
\end{array}
$$

Il a soumis du sulfure de fer à l'action de la vapeur d'eau en plaçant celui-ci dans un tube, porté à la température des fourneaux, et qui était traversé par un courant de vapeur. En opérant sur quatre grammes de sulfure, il n'avait encore, au bout de trois heures, enlevé que la moitié du soufre; la matière était devenue noire, en partie attirable à l'aimant; il s'était formé de l'oxide de fer magnétique, dégagé un mélange de gaz hydrogène sulfuré et aussi de gaz hydrogène provenant de la décomposition de l'eau par le protoxide de fer qui se produit dans la première période de la réaction.

Du protosulfure de manganèse, chauffé au rouge dans la vapeur d'eau, avait aussi donné un dégagement abondant de gaz hydrogène et de gaz hydrogène sulfuré, et au bout de trois heures, les quatre grammes de sulfure sur lesquels on avait opéré renfermaient encore plus du tiers de leur soufre.

Abandonnant le champ fertile de l'expérience, M. V. Regnault conclut, de considérations théoriques, qu'il aurait été bien utile de vérifier, que les résultats seraient les mêmes, ou, en d'autres termes, que la désulfuration serait encore au moins très incomplète, quand bien même le sulfure, comme dans les fourneaux de grillage, se trouverait en contact non plus avec la vapeur d'eau seule, mais avec celle-ci, avec le charbon, les gaz carbonés.

170. Mais si le fer ne contient point de soufre, il peut encore s'y rencontrer du phosphore, du chrome, du titane, de l'arsenic, etc., etc. Voyons quelle est l'influence de ces substances sur la qualité du fer, et apprenons au moins à en constater l'existence.

171. Suivant M. Karsten, il n'y a point de fer qui soit complètement exempt de phosphore. Il n'a jamais du moins examiné de fer qui n'en contînt. Les cendres des combustibles, renfermant toutes des phosphates, ces sels, sous l'influence du charbon, cèdent souvent, sinon toujours, leur phosphore au fer, il peut donc arriver et il arrive en effet qu'un minerai qui ne contient point de trace de phosphore donne un fer phosphuré. Les fers très phosphurés possèdent une grande soudabilité et passent plus vite que tous les autres à la chaleur blanche; dans les températures élevées ils sont mous, tendres, se travaillent avec beaucoup de facilité et ne répandent aucune odeur; mais après ce refroidissement, ils ne sont doués que d'une faible résistance. On voit combien l'on a tort de juger dans nos forges de la qualité du fer par la manière dont il se laisse travailler sous le marteau. Le même savant que nous venons de citer a tâché de déterminer le maximum de phosphore que le fer peut contenir sans que sa ténacité en soit *trop* altérée. Il résulte de ses nombreuses ex-

périences que 3 parties de phosphore sur 1000 ne peuvent diminuer la ténacité du fer d'une manière sensible, que le fer qui contient 5 de phosphore sur 1000 est encore très bon et résiste aux épreuves du choc, que celui qui en contient 6.6 sur 1000 se brise quelquefois par la percussion, mais qu'on peut le courber à angle droit et qu'il ne doit pas encore être rangé parmi les fers cassans à froid. Sa ténacité cependant commence à diminuer pour un contenu de 7.5 pour 1000; alors il cède aux épreuves du choc et du ploiement. Si la teneur en phosphore s'élève à $\frac{8}{1000}$, un grand nombre de barres cassent aux épreuves du choc; à $\frac{10}{1000}$ ou 1 pour 100, les barres ne se laissent plus courber à angle droit. Au-dessus de cette quantité c'est un fer détestable et qui par conséquent ne pourrait servir qu'à peu d'usages.

*Recherches du phosphore et du silicium.* 172. La détermination du phosphore n'est point à la portée des maîtres de forge ; elle exige plus d'habitude des manipulations chimiques qu'il ne convient de leur en supposer. Rappelons cependant aux lecteurs plus instruits, qu'il suffit en général d'attaquer le culot convenablement préparé au moyen de l'eau régale bouillante qui convertira le phosphure de fer, s'il existe, en phosphate de peroxide.

Il faut opérer sur trois grammes, évaporer la dissolution à sec, mélanger le résidu avec trois fois son poids de carbonate de potasse ou de soude, chauffer le tout au rouge dans le creuset de platine pendant quinze ou vingt minutes ; délayer la masse dans l'eau bouillante, la jeter sur un filtre qui retiendra l'oxide de fer.

La liqueur renferme l'excès de carbonate de potasse, le phosphate et le silicate de potasse. Elle doit être sursaturée d'acide hydrochlorique, évaporée à sec, puis redissoute dans l'eau pour en séparer la silice que l'on recueille sur un filtre. Celle-ci fait connaître le poids du silicium ( Voyez plus loin *silice, silicium.* )

La nouvelle liqueur doit être traitée par l'ammoniaque en excès pour vérifier si elle contient de l'alumine, qui se précipite dans ce cas à l'état de sous-phosphate. Celui-ci étant séparé, on la rend acide avec de l'acide acétique et on y ajoute un léger excès d'acétate de plomb. Il se forme un dépôt blanc de phosphate de plomb que l'on recueille sur un filtre et que l'on chauffe au rouge sombre pour le peser. Ce sel contient 19.4 pour cent d'acide phosphorique ou 5.6 pour cent de phosphore (1).

173. Quelquefois l'examen du culot de fonte pourra donner des indices sur la présence du phosphore.

On sait en effet que la fonte qui en contient est très cassante et que sa structure est très cristalline.

(1) Karsten, tom. I, pag. 257. — Dumas, tom. III, pag. 66.

174. On ne connaît pas bien l'influence que de petites quantités de chrôme exercent sur le fer ; mais il est certain qu'un minerai qui contiendrait une notable quantité de chrôme ne pourrait absolument pas être traité à la catalane.

On parvient à reconnaître facilement la présence du chrôme dans un minerai quelconque. Il suffit de faire fondre le minerai avec de la potasse au creuset d'argent, de laver ensuite avec de l'eau pure. La plus petite quantité de chrôme colore la liqueur en jaune si elle n'est pas trop étendue. ( *Voy.* 176. )

175. Au lieu de rechercher le chrôme dans le minerai, on pourra tout aussi bien traiter le culot de fonte provenant de l'essai.

D'après M. Rose, la quantité de chrôme contenu dans le fer carburé peut être déterminée de la même manière que celle du phosphore. Par la calcination avec du carbonate potassique, il se produit du chromate potassique qui, comme le phosphate potassique, se dissout dans l'eau. La marche à suivre est du reste la même ; on obtient du chromate plombique, et quand il y a en même temps du phosphore, on obtient en outre du phosphate plombique auquel le chromate donne une teinte jaunâtre. Après la pesée, on traite le précipité par l'acide hydrochlorique et l'alcool ; de l'oxide chromique se dissout et l'on obtient un résidu insoluble de phosphate et de chlorure plombiques ; après avoir recueilli ceux-ci sur un filtre, on précipite l'oxide chromique de la liqueur filtrée en y versant de l'ammoniaque, après l'avoir chauffée pour volatiliser l'alcool. On obtient ainsi du protoxide de chrôme qui est d'un vert grisâtre, on le calcine et on le pèse ; il contient : chrôme, 70.11 ; oxigène, 29.89.

176. Lorsqu'un minerai contient du manganèse et du chrôme, et qu'après l'avoir fondu au creuset d'argent à l'aide de la potasse, on le lave ensuite avec de l'eau pure, comme nous l'avons dit (174), la liqueur est verte ; mais, en la laissant exposée à l'air pendant quelque temps, le manganèse se dépose et elle devient d'un jaune pur.

Le manganèse est d'ailleurs de tous les métaux celui que l'on rencontre le plus souvent avec le fer. Il le rend plus dur sans en affaiblir la ténacité, lorsqu'il est en faible proportion. Un fer ductile a donné à Karsten, près de 2 pour cent de manganèse (1.85). Il était cependant de très bonne qualité.

Dans les essais par la voie sèche des minerais manganésifères, il arrive ordinairement qu'une partie de manganèse se réunit au culot de fonte, tandis que l'autre partie passe dans la scorie. Comme, avec les procédés que nous avons indiqués, on ne peut guère espérer que des approximations, comme, d'une autre part, dans le traitement en grand du minerai, le manganèse passe aussi en partie avec le fer, on peut fort bien négliger dans le calcul l'augmentation de poids du culot, due au manganèse.

Nous verrons, lorsque nous nous occuperons des minerais de Rancié, comment on détermine le manganèse et comment on le sépare du fer.

**Arsenic.** 177. La présence de l'arsenic dans le fer le rend cassant à froid ou à chaud, suivant la dose. A la dose de deux ou trois centièmes, l'arsenic rend le fer tellement cassant à chaud qu'on ne peut l'employer. Des proportions d'arsenic très faibles, suivant Dumas, et à peine sensibles à l'analyse, rendent le fer très cassant.

La détermination de l'arsenic et de ses combinaisons exige des manipulations assez compliquées et pour lesquelles nous renverrons aux traités généraux d'analyse.

**Pouvoir de l'analyse.** 178. Le fer peut encore se rencontrer combiné ou mélangé, dans ses minerais, avec une foule de substances plus ou moins nuisibles; de sorte qu'il est presque impossible de donner, pour l'analyse complète des minerais, une méthode générale qui comprenne tous les cas possibles. Le plus souvent les essais que nous avons indiqués suffiront au maître de forges; comme ils sont peu coûteux, et qu'ils ne demandent pas d'ailleurs une très grande habitude, rien n'empêche qu'ils précèdent des essais en grand toujours assez dispendieux. Lorsque l'essai par la voie sèche aura donné un bon résultat, lorsqu'on se sera assuré d'ailleurs que le minerai ne contient *probablement* aucune substance nuisible, alors on pourra traiter ce minerai à la forge sans avoir recours à une analyse complète, à moins que celle-ci ne coûte rien. En effet, s'il fallait en payer le prix, ce prix dépasserait certainement celui de l'essai en grand, et de plus une analyse complète apprend ici peu de chose. Elle peut tout au plus montrer qu'un minerai *ne sera pas* traitable par la méthode catalane, mais elle ne peut nullement prouver qu'il sera traitable avec avantage; et c'est attribuer à l'analyse plus de puissance qu'elle n'en a réellement que de prétendre le contraire; je n'en veux citer d'autre preuve que l'opinion de M. Berthier sur le minerai de Gourbit (124), et certes on ne contestera pas le talent de cet habile chimiste. L'essai en grand peut donc seul décider la question du traitement, et puisqu'en définitive il faudra toujours arriver à ce genre d'essai, puisqu'il est moins coûteux qu'une analyse complète, celle-ci sera toujours assez inutile et les simples essais que nous avons indiqués suffiront généralement. Au surplus, nous donnerons encore et un peu plus loin quelques méthodes d'analyse applicables aux cas les plus généraux.

179. Revenons aux minerais de Rancié, les seuls traités aujourd'hui dans nos forges.

L'amas métallifère de Rancié consiste aujourd'hui principalement en *fer hydraté* compacte, connu dans les forges sous le nom de *mine ferrue;* en *fer carbonaté* décomposé devenu trop rare aujourd'hui et qui est connu sous le nom de mine *noire;* enfin en diverses variétés de *fer peroxidé* qui ne peuvent être regardées que comme accidentelles et au nombre desquelles il faut placer cette mine micacée lamellaire en paillettes peu adhérentes et très friables, que les forgeurs appellent *luzentié* et qu'ils rejettent avec raison, car je me suis assuré qu'elle est presque infusible à la température de nos fournéaux.

Des échantillons de fer hydraté compacte ou mine ferrue, très probablement débarrassés de leur gangue, c'est-à-dire dans un état de pureté parfaite, et par conséquent très éloigné de celui où se trouve ce minerai, lorsqu'on le traite à la forge, ont été soumis à l'analyse par M. *d'Aubuisson.* Par des méthodes qui me sont inconnues il a trouvé ce minerai formé de

180. Mine ferrue.

Fer peroxidé hydraté compacte.

| | | | | |
|---|---|---|---|---|
| Peroxide de fer (236). | 81 | = | Fer. | 56.17 |
| | | | Oxigène. | 24.83 |
| Oxide de manganèse (253). | 0 | | | 0 |
| Silice (267). | 4 | | | 4 |
| Chaux (256). | 0 | | | 0 |
| Alumine (265). | 0 | | | 0 |
| Eau (16). | 12 | | | 12 |
| | 97 | | | 97 |
| Perte à l'analyse. | 3 | | | 3 |
| | 100 | | | 100 |



C'est cette mine qui forme la majeure partie de la masse. Le nom de mine *ferrue* qu'elle a reçu des forgeurs ne doit point signifier qu'elle renferme plus de fer que les autres mines, mais seulement qu'elle en produit plus que celles-ci dans le traitement à la catalane.

181. Il existe une variété fibreuse aussi très répandue et dont on doit également l'analyse à M. d'Aubuisson; c'est l'hématite brune. Je ne connais pas non plus la méthode que cet ingénieur a employée pour en faire l'analyse, et je présume également que cette analyse a porté sur un échantillon débarrassé aussi parfaitement que possible des impuretés qui souillent ce minerai dans l'état où on l'emploie dans les forges. Quoi qu'il en soit, en voici les résultats :



13

**182. Fer brun fibreux.**

| | | | | |
|---|---|---|---|---|
| Peroxide de fer. | 82 | = | Fer. | 56.86 |
| | | | Oxigène. | 25.14 |
| Oxide de manganèse. | 2 | | | 2 |
| Silice. | 1 | | | 1 |
| Chaux. | 0 | | | » |
| Alumine. | 0 | | | » |
| Eau. | 14 | | | 14 |
| | 99 | | | 99 |
| Perte. | 1 | | | 1 |
| | 100 | | | 100 |

M. d'Aubuisson n'a point indiqué si la silice était gélatineuse (267).

183. On doit également à M. Berthier une analyse de cette hématite sur laquelle je ferai les mêmes observations que ci-dessus. En voici toutefois les résultats :



| | | | | |
|---|---|---|---|---|
| Peroxide de fer. | 82.2 | = | Fer. | 57 |
| | | | Oxigène. | 25.2 |
| Oxide de manganèse. | 3.6 | | | 3.6 |
| Eau. | 12.2 | | | 12.2 |
| Alumine. | 0.» | | | » » |
| Quarz ou silice. | 0.» | | | » » |
| Argile. | 2.» | | | 2.» |
| | 100.» | | | 100.» |

184. Le fer carbonaté est devenu extrêmement rare à Rancié. Cependant on l'y trouve encore quelquefois en rognons ou en veines au milieu du fer hydraté. Il est à lames moyennes d'un blond assez foncé. Il a été analysé par M. Berthier qui l'a trouvé formé de



| | | | | |
|---|---|---|---|---|
| Protoxide de fer (231). | 53.5 | = | Fer. | 41.32 |
| | | | Oxigène. | 12.18 |
| Protoxide de manganèse (250). | 6.5 | | | |
| Magnésie (266). | 0.7 | | | |
| Chaux. | 0.» | | | |
| Acide carbonique (77). | 39.3 | | | |
| | 99.0 | | | |

Ceci revient à

| Carbonate de protoxide de fer. | 87 |
| Carbonate de protoxide de manganèse. | 10.6 |
| Carbonate de magnésie. | 1.5 |

99.1

185. Il paraît que le carbonate de fer se décompose lentement à l'air et dans l'intérieur des filons ; il brunit d'abord et finit par se transformer en un mélange de peroxide et d'hydrate de peroxide, sans changer de forme. C'est ce carbonate de fer ainsi décomposé que les forgeurs appellent *mine noire*. Il y a plusieurs variétés de cette mine noire, celle qui jouissait dans nos forges de la plus haute estime est celle dite *à gra de gabaich ;* elle a été analysée dix fois par M. Reverchon, qui était ingénieur au corps royal des mines à la station de Vicdessos en 1832.

Voici l'extrait du rapport de cet ingénieur à l'administration dont il dépend :

« 186. Cette mine est noire, très friable, se brise souvent sous les doigts  Mine noire.
« en fragments rhomboédriques ; très lamelleuse ; clivage analogue à celui
« de la chaux carbonatée qu'on y trouve quelquefois. Poussière noire rou-
« geâtre. Légère effervescence avec les acides.

« 187. Je commençai d'abord par la faire dissoudre avec de l'acide mu-  Méthode
« riatique pur dans une fiole à long cou presque bouchée pour donner le  d'analyse de la
mine noire.
« moins possible entrée à l'air. Il se dégageait quelquefois une légère odeur
« de chlore, due probablement à la présence de l'oxide de manganèse que
« j'y ai toujours trouvé. La dissolution filtrée à l'abri, autant que possible, du
« contact de l'air et précipitée par un carbonate, n'a pas donné de traces
« de protoxide de fer.

« Cette mine calcinée prend une couleur plus rougeâtre et perd une
« quantité de son poids variable. Cette perte est due en partie à l'oxide
« de manganèse hydraté et au calcaire que renferme la substance. Le mi-
« nerai fut traité par l'acide muriatique pur dans une fiole à long col,
« dans le commencement, mais dans la suite je le traitai par l'acide mu-
« riatique ordinaire, lorsque je fus bien convaincu qu'il ne renfermait pas
« de carbonate de protoxide de fer. Il restait un résidu fort léger qui, une
« fois même, n'existait pas et qui ne dépassa pas 5 pour cent. Ce résidu
« était de la silice gélatineuse qui se dissolvait presque en entier dans la
« potasse caustique.

« La liqueur fut précipitée par le carbonate de soude jusqu'à décolora-
« tion ; on obtint ainsi le fer (c'est le peroxide) qui varie de 70 à 91 p. cent.

« Ce fer essayé par la potasse caustique a donné quelquefois un peu d'a-« lumine, mais toujours en petite quantité et quelquefois point du tout.

« La liqueur dont on avait extrait le fer fut ensuite précipitée par le « carbonate de *fer* ( c'est sans doute carbonate de soude qu'il faut lire ) « et donna l'oxide de manganèse dont la quantité a été jusqu'à 11 pour « cent et qui s'est trouvé dans presque tous les morceaux. La liqueur, es-« sayée par l'oxalate d'ammoniaque, a presque toujours dénoté un peu de « chaux, mais en petite quantité.

« Par le phosphate de soude et ammoniaque on a reconnu que la sub-« stance ne renfermait que des traces de magnésie qui même ne se ma-« nifestaient pas toujours ;

D'où résulte :

188. Moyenne de 10 analyses de la mine à gra de gabaich C
Analyse maximum quant au fer. A
*Id.* minimum *Id.* B

Par l'ingénieur des mines Reverchon.

| | | A | B | C | |
|---|---|---|---|---|---|
| Analyse de la mine noire. | Peroxide de fer . . . . . . . | 91 | 72 | 82 = | fer . . . . 56.86<br>oxigène. . 25.14 |
| | Oxide de manganèse. . . . . | 1.2 | 11 | 7.5 | |
| | Silice gélatineuse. . . . . . | 1 | 5.2 | 2 | |
| | Chaux. . . . . . . . . . | trace | 1.4 | 1 | |
| | Magnésie. . . . . . . . . | trace | trace | trace | |
| | Alumine . . . . . . . . . | trace | 0.4 | trace | |
| | Perte au feu. . . . . . . . | 6.5 | 9.2 | 7.5 | |
| | TOTAL. . . . . . . . | 99.7 | 99.2 | 100 | |

189. Quant au fer peroxidé non hydraté, nous avons dit qu'on devait le regarder comme accidentel, et dès lors nous n'en parlerons pas.

190. Ces analyses montrent que si l'on traitait dans nos forges le minerai dans l'état de pureté où il a été analysé, complètement débarrassé de sa gangue et des matières terreuses qui l'accompagnent toujours, et qu'à l'aide de méthodes *parfaites*, on pût en retirer tout le fer qu'il contient, on n'obtiendrait même pas 57 pour cent du poids du minerai mis au creuset, c'est-à-dire que 12 quintaux de mine ne pourraient jamais, quelque parfait que fût le mode de traitement, donner 6.qx84. Mais il y a bien loin de là à ce qui a réellement lieu dans la pratique.

Spécialement chargé des essais tendant au perfectionnement des forges à la catalane, je ne pouvais considérer le minerai de Rancié sous le point de vue scientifique, et c'est dans l'état où il entre au creuset que je dus l'étudier.

Dans l'espace de plus de quatre années que ces essais ont duré, j'ai fait un très grand nombre d'analyses et de recherches sur ces minerais; j'en donnerai les résultats moyens, après avoir indiqué comment en général le maître de forges devra opérer pour connaître *avec une approximation suffisante* la composition des matières qu'il est appelé à traiter.

191. Nous avons vu que le minerai de Rancié se composait principalement d'eau, de silice, d'alumine, de chaux, de magnésie, de peroxide de fer et de manganèse oxidé. Ce qu'il importe surtout de connaître, c'est d'abord la quantité de fer et ensuite la quantité relative de silice. Vu le peu d'habitude des manipulations chimiques, chez les maîtres de forges, je conseillerais de traiter d'abord le minerai par la voie sèche, comme je l'ai indiqué plus haut (154 à 160), après avoir, par un essai particulier, déterminé la quantité d'eau qu'il renferme (193). Il est complètement inutile d'avoir recours à des fondants. On traitera ensuite la scorie par voie humide, pour connaître la quantité de silice, et l'on poussera plus loin l'analyse, si on le désire. J'ai souvent opéré par cette méthode; c'est de beaucoup la plus commode et la plus prompte, et les résultats qu'on en obtient sont presque aussi exacts. Passons au détail.

192. Lorsque le minerai d'un massé sera préparé, c'est-à-dire lorsqu'il aura été concassé en fragments sous le marteau et que la greillade aura été passée au crible, *mais avant qu'elle soit mouillée*, on fera peser d'une part le minerai en morceaux; de l'autre, la greillade. On notera le poids de l'un et de l'autre; soit par hypothèse le minerai 325$^k$, et la greillade non mouillée 165$^k$; on choisira dans les caisses environ $\frac{1}{4}$ kilog. de morceaux de minerai tels qu'ils paraissent représenter la richesse moyenne de ce massé; on prendra d'autre part une certaine quantité de greillade; on pilera séparément tout le minerai et toute la greillade dans un mortier de fonte, on passera l'un et l'autre, mais toujours séparément, au tamis de soie. Lorsqu'ils seront ainsi réduits en poudre très fine, on prendra séparément des poids de minerai et de greillade, dans le même rapport qu'ils se trouvent au massé, et par exemple 32 grammes $\frac{1}{2}$ de poudre de minerai et 16 grammes $\frac{1}{2}$ de greillade en poudre; on les réunira alors, et afin de les mieux mélanger on les tamisera ensemble. On aura ainsi 49 grammes de mélange représentant assez bien la moyenne du massé.

193. On pèsera 10 grammes environ de cette poudre dans une capsule de porcelaine qu'on chauffera ensuite sur un bain de sable, pas trop brusquement, mais de manière à ce que la masse acquierre une tempéra-

ture un peu supérieure à celle de l'eau bouillante. Il convient de donner à la poudre métallique le plus de surface et le moins d'épaisseur possible dans la capsule. Lorsqu'on croira l'opération terminée, on retirera la capsule du bain de sable et l'on en pèsera le contenu *encore chaud.* Si l'on a opéré sur 10 grammes on trouvera environ 8.$^{gr.}$7 après l'opération; il y a donc 10—8.7 ou 1.$^{gr.}$3 de perte; on en conclut que le minerai contient environ 13 pour cent d'eau; j'ai quelquefois trouvé 12 seulement et 13.98 au plus.

Si l'on ne se hâtait de peser, on trouverait une perte beaucoup moins considérable; car ce minerai chauffé s'empare très promptement de l'humidité contenue dans l'atmosphère; c'est un fait que j'ai eu bien souvent l'occasion de vérifier.

Fer.

194. Lorsqu'on aura ainsi reconnu la quantité d'eau contenue dans le minerai, on prendra 15 grammes de la poudre métallique non desséchée qu'on traitera au creuset brasqué en se conformant à ce que nous avons dit (154 et suivants); je le répète, il est inutile d'employer un fondant; ce minerai fond très bien sans addition, pourvu qu'il ait un bon coup de feu et que l'opération soit un peu prolongée. On acquiert bientôt l'habitude de cette opération. Le culot qu'on obtiendra sera assez variable; son poids sera compris entre les 0.42 et les 0.45 du poids du minerai. Mais sur un grand nombre d'essais la moyenne s'est plus rapprochée de 42 que de 45; elle est de 43.32 (207). Cependant je dois dire que j'ai plusieurs fois traité par la voie sèche des échantillons pris dans les forges peu de temps avant qu'ils entrassent au feu et la greillade non encore mouillée; à mon grand étonnement ils ne m'ont pas donné 38 pour 100; un de ces essais n'a même produit que 36 pour 100 environ, et j'ai répété plusieurs fois ces opérations*.

196. Il faut maintenant opérer par voie humide pour déterminer la quantité de silice, de chaux, de magnésie, etc., contenue dans le minerai, et cela exige l'emploi de quelques réactifs et la dépense une fois faite d'un creuset d'argent.

On connaît le poids total de la scorie (160) et par conséquent son rapport au poids de minerai non desséché. Supposons pour plus de clarté qu'il soit les 0.2 de ce minerai non desséché; on en choisira les débris les plus nets, ceux qui ne contiendront ni grenaille ni rien qui en altère la pureté;

---

* 195. J'ai entendu dire depuis qu'il avait été constaté, par l'ingénieur du gouvernement, qu'on avait vendu aux maîtres de forges des minerais de Rancié, ou plutôt des éboulis, qui ne contenaient guère que 30 p. 100 de fer. C'est probablement à cette époque que les résultats du texte ont été obtenus. Toutes les forges étaient alors en perte, bien que quelques maîtres de forges prétendissent obtenir alors jusqu'à 33 p. 100.

comme l'on a opéré sur 15 grammes de minerai, il sera facile d'obtenir ainsi 2 à 3 grammes de ces fragments ; on procédera alors à leur analyse , ainsi qu'il suit :

197. On réduira ces fragments en poudre impalpable : à cet effet , on les broiera par partie d'un demi-gramme au plus dans un mortier d'acier, jusqu'à ce que la poussière placée entre l'ongle et le doigt ne paraisse plus rugueuse ; on la passera au plus fin tamis de soie, ensuite on prendra 2 grammes de cette poudre que l'on mélangera soigneusement, et sans en perdre, avec trois fois son poids ou 6 grammes de potasse caustique dans un creuset d'argent. Celui-ci, surmonté de son couvercle, sera exposé peu à peu à la chaleur rouge , retiré du feu dès que la matière sera fondue, ce qui exigera environ une demi-heure. Il faut agir avec beaucoup de précaution , car si l'on avait un creuset un peu faible , il entrerait promptement en fusion ; de plus, comme la matière se boursoufle , il faut conduire le feu bien lentement, sous peine de perdre une partie du contenu, ce qui fausserait l'analyse. La fusion opérée , on abandonnera la matière à elle-même pour qu'elle refroidisse ; alors on y versera de l'eau à plusieurs reprises, que l'on fera chauffer et que l'on décantera chaque fois dans une capsule, sans en perdre la plus petite portion : par ce moyen , toute la matière se séparera du creuset et deviendra capable de se dissoudre à la température ordinaire ou à celle de l'eau bouillante , dans l'acide hydrochlorique qui devra être ajouté par portion, en ayant soin, pour en faciliter l'action , d'agiter la matière. Il faut procéder avec soin lorsqu'on sature ainsi la liqueur alkaline par l'acide hydrochlorique , car il peut y avoir une effervescence , et si elle est un peu vive il y a de la perte à craindre. On cesse d'ajouter de l'acide lorsque toute la matière est dissoute. à l'exception seulement de flocons *gélatineux* qui se déposent au fond du vase. Si l'on obtenait un résidu *sablonneux* que l'on reconnaîtra au grincement qui se fait entendre en frottant un tube de verre le long des parois et sur le fond du vase , on pourrait en conclure que la fusion avec la potasse a été incomplète , mais cela n'est guère à craindre ici. La dissolution opérée, on évaporera la liqueur presque à siccité complète, en ayant soin de remuer sans discontinuer vers la fin de l'opération. Arrivé à ce point, on retire la capsule du feu , on humecte la masse avec quelques gouttes d'acide hydrochlorique, et on l'abandonne à elle-même pendant quelques heures. On délaye ensuite la matière dans l'eau bouillante, la silice se prend en gelée ; on la recueille en filtrant ; la silice reste sur le filtre à l'état de poudre incohérente parfaitement blanche ; on la lave avec soin, on sèche le filtre , on la recueille, et on la pèse après l'avoir fortement calcinée. Si l'on a opéré sur 2 grammes de scorie, on trouvera

généralement 1.5 grammes pour le poids de silice, et comme par hypothèse la scorie totale formait les 0.2 du poids du minerai, on en conclut que 1 de minerai contient 0.15 silice, ou qu'enfin il entre environ 15 pour 100 de silice dans le minerai des forges (207). C'est le second élément important à déterminer; le reste est de la chaux, de l'alumine, de la magnésie et de l'oxide de manganèse, et aussi un peu d'oxide de fer. On peut le plus souvent s'arrêter là. Cependant, pour compléter ces notions, nous transcrirons ici succinctement les méthodes connues pour séparer ces terres et ces oxides.

*Alumine, fer, manganèse.* 198. La liqueur acide dont on a extrait la silice, étant sursaturée par le bi-carbonate d'ammoniaque, ou même par l'ammoniaque, précipitera à la fois les oxides de fer, de manganèse, et l'alumine. On filtrera pour recueillir ce dépôt, qu'on lavera avec soin et qu'on mettra à part pour être traité comme nous le dirons tout à l'heure (201).

*Chaux.* 199. La liqueur qui contenait ce dépôt et qui renferme un excès d'ammoniaque ou de bi-carbonate d'ammoniaque, sera d'abord à peine neutralisée par l'acide nitrique; puis on y versera de l'oxalate d'ammoniaque; il se formera, si la liqueur contient de la chaux, un oxalate de chaux insoluble qui se précipitera, mais lentement, et il est souvent utile d'aider à la précipitation en chauffant la liqueur. De plus, il ne faut pas se hâter de filtrer; douze heures de repos après l'ébullition ne sont souvent pas suffisantes pour que la chaux se précipite en totalité. On ne devra donc filtrer l'oxalate de chaux qu'au bout de vingt-quatre heures. Le résidu blanc qu'on aura recueilli sera lavé, puis desséché dans un creuset découvert qu'on chauffera jusqu'au rouge. La calcination doit cesser aussitôt que l'ignition s'est répandue dans toute la masse; l'oxalate de chaux s'est alors transformé en carbonate de chaux; on pèsera ce carbonate, les 0.5639 du poids obtenu donneront la quantité de chaux contenue dans les 2 grammes de la scorie; on trouvera comme ci-dessus par une proportion son rapport à 100 parties du minerai. Généralement la chaux ne forme guère que les 0.028 du minerai (207).

*Magnésie.* 200. J'ai constamment trouvé fort peu de magnésie dans ces minerais; si cependant on veut la mettre à nu, on rendra alkaline la liqueur d'où l'oxalate de chaux a été retiré, en y versant un peu d'ammoniaque, et l'on précipitera la magnésie au moyen de phosphate de soude. Il se forme un phosphate ammoniaco-magnésien insoluble, qu'on recueillera sur un filtre, après lui avoir donné un temps assez long pour se précipiter; on lavera, mais pas trop long-temps, car il se dissout dans l'eau pure. On fera sécher, on calcinera, et enfin on pèsera; les 0.4 du poids trouvé formeront celui de la magnésie.

201. Il faut maintenant reprendre le dépôt d'alumine et d'oxides Alumine. de fer et de manganèse. On lavera ce dépôt avec soin sur le filtre; puis on le fera bouillir encore humide, avec une dissolution de potasse caustique pendant vingt minutes; la potasse dissoudra l'alumine; on étendra d'eau et l'on décantera; on étendra d'eau une seconde fois, et l'on filtrera; si la liqueur était assez canstique pour trouer le filtre, il faudrait encore l'étendre d'eau. Les oxides de fer et de manganèse resteront sur le filtre, il faudra les laver jusqu'à ce que l'eau qui passe à travers le filtre ne soit plus alcaline, ce qu'on reconnaîtra à ce qu'alors elle ne peut plus faire virer au bleu du papier de tournesol rougi. On enlèvera le dépôt d'oxides de fer et de manganèse pour les traiter comme nous le dirons tout à l'heure. La liqueur alcaline qui contient l'alumine sera d'abord sursaturée d'acide hydrochlorique, puis précipitée par l'ammoniaque; l'alumine pure se dépose en flocons nuageux; on la recueille sur un filtre, on la lave avec grand soin, car son lavage est long et difficile. Enfin, on pèse l'alumine calcinée.

202. On redissoudra le dépôt des oxides de fer et de manganèse dans Oxides de fer<br>et de<br>manganèse. l'acide hydrochlorique; on ajoutera un peu d'acide nitrique pour peroxider le fer et un peu de sucre pour ramener le manganèse à l'état de protoxide, et l'on fera bouillir de nouveau; on étendra la liqueur de beaucoup d'eau, puis on la neutralisera *très exactement* avec du carbonate d'ammoniaque, ou même du carbonate de potasse ou de soude. Il faut agiter constamment la liqueur, verser le carbonate goutte à goutte, et s'arrêter dès que la neutralisation est parfaite, ce qu'on reconnaît à ce que le papier de tournesol ne rougit point lorsqu'on l'y plonge, et qu'en même temps celui qui a été rougi ne revient point au bleu. Au bout de quelque temps, la liqueur se trouble et le peroxide de fer se dépose seul; on filtre, pour le recueillir, on le calcine et on le pèse; les 0.6934 de son poids donnent la quantité de fer métallique que les 2 grammes de la scorie ont entraînée; on calculera facilement la quantité de protoxide de fer correspondante ( voyez plus loin les *oxides de fer* ). Cette dernière quantité servira à vérifier l'exactitude de l'analyse de la scorie, car c'est à l'état de protoxide que le fer y est entré. Elle n'est jamais nulle, mais elle est généralement très faible avec ces minerais, bien qu'on n'ait pas employé de fondant.

203. On saturera alors la liqueur avec le carbonate qui a servi a préci- Manganèse<br>oxidé. piter le fer; l'on chauffera, et l'oxide de manganèse se déposera; il sera recueilli sur le filtre, lavé et long-temps calciné dans un creuset découvert, ce qui le transformera en deutoxide de manganèse; sur 100 parties, il contiendra 72.75 manganèse métallique; ou 93.19 protoxide de manganèse; c'est à cet état de protoxide qu'il entre dans la scorie.

14

204. J'ajoute ici divers procédés d'analyse qu'on trouvera dans quelques circonstances plus commodes ou plus économiques que ceux que j'ai précédemment indiqués.

Autre méthode pour séparer le fer du manganèse.

M. Berthier a fait usage pour séparer ces deux métaux d'un procédé imaginé par Tassaërt. Il repose sur la propriété qu'ont certains acétates de perdre leur acide par l'évaporation. L'acétate de peroxide de fer est dans ce cas. L'acétate de protoxide de manganèse peut au contraire être évaporé sans altération. Les deux métaux étant dissous dans l'acide hydrochlorique et la liqueur ayant été portée à l'ébullition, on y ajoute au besoin de l'acide nitrique pour peroxider le fer. On précipite ensuite les deux oxides au moyen du carbonate de soude ajouté en excès. Le dépôt lavé étant dissous dans l'acide acétique, on fait évaporer la liqueur à sec. On reprend le résidu par l'eau qui dissout l'acétate de manganèse. Le peroxide de fer reste. Il arrive souvent que du premier coup la séparation n'est pas nette ; mais alors on fait évaporer de nouveau et on reprend encore le résidu par l'eau (1).

Méthode pour séparer le fer, l'arsenic et le soufre.

205. Je rappellerai encore comme moyens de séparation, qu'on aura peut-être occasion d'employer, que les carbonates de baryte, de strontiane, de chaux et de magnésie précipitent *à froid* de leurs dissolutions le peroxide de fer et ne précipitent pas les protoxides de fer et de manganèse. Le carbonate de baryte est celui qu'il convient de préférer, car on se débarrasse sans difficulté de la baryte qui s'introduit dans la dissolution au moyen de l'acide sulfurique.

206. On traitera le mélange par l'eau régale bouillante. Le soufre se transforme en acide sulfurique, le fer passe à l'état de perchlorure. On sature la liqueur par un carbonate alcalin ; ce qui occasione un arseniate de fer. De la liqueur filtrée on sépare l'acide sulfurique par le chlorure de barium. Le précipité d'arseniate de fer est ensuite traité au creuset d'argent par le carbonate de potasse, qui passe à l'état d'arseniate en laissant l'oxide de fer à nu. Celui-ci étant séparé par l'eau on sature la liqueur filtrée et on y verse de l'acétate de plomb qui précipite l'acide arsenique à l'état d'arseniate de plomb.

Je n'ai pas toujours suivi ces méthodes, il en est plusieurs autres qu'on trouvera dans les ouvrages spéciaux et dans d'autres parties de ce traité que j'ai également employées ; c'est en les variant ainsi que j'ai obtenu le résultat suivant que je regarde comme une moyenne aussi exacte que possible.

---

(1) *Chimie appliquée aux arts*, par M. Dumas, tom. III, pag. 141.

**207.** *Composition moyenne du minerai et de la greillade d'une charge de 12 quintaux ou 487 kilog.* (Années 1833, 34, 35.)

| 100 minerai et greillade contiennent. | Pour 100. | 487 k. minerai et greillade contiennent.[1] | En kilog. | En livres de pays de 0 k. 405 chaque. | OBSERVATIONS. |
|---|---|---|---|---|---|
| Eau . . . . . . . | 12.112 | Eau . . . . . . . | 58ᵏ.985 | 145ˡ.344 | 5 quint. 20 liv. |
| Silice. . . . . . . | 14.715 | Silice. . . . . . . | 71.662 | 176.580 | |
| Peroxide ( fer. . . 43.320 | 62.474 | Fer métallique. . . . | 210.968 | 519.840 | |
| de fer . ( oxigène 19.154 | | Oxigène combiné . . . | 93.280 | 229.848 | |
| Oxide de manganèse (1). . | 6.213 | Oxide de manganèse. . . | 30.257 | 74.556 | |
| Chaux. . . . . . . | 2.790 | Chaux. . . . . . . | 13.587 | 33.483 | |
| Alumine. . . . . . | 1.014 | Alumine. . . . . . | 4.938 | 12.168 | |
| Magnésie. . . . . | 0.545 | Magnésie. . . . . | 2.654 | 6.540 | |
| Perte. . . . . . . | 0.137 | Perte et différence dues aux fractions négligées. . . | 0.669 | 1.644 | |
| | 100.000 | | 487.000 | 1200 livres de l'Ariége. | |

**208.** Dans un Mémoire récemment publié par deux ingénieurs des mines sur les forges catalanes de l'Ariége (*Annales des mines,* tome VIII) j'ai lu avec quelque étonnement, je l'avoue, qu'*on n'avait jamais analysé que des fragments d'hydrate pur ou presque pur;* cette assertion m'a surpris d'autant plus que l'un des auteurs de ce Mémoire ne pouvait ignorer que depuis plusieurs années j'avais fait un très grand nombre d'analyses des minerais à l'état où ils sont traités dans les forges. C'était un fait connu de l'administration départementale à laquelle mes résultats avaient été transmis; c'était un fait que nul ouvrier forgeur, nul maître de forges n'ignorait dans l'Ariége. Cependant on a jugé à propos de se taire sur ces résultats. Je ne m'en plaindrai pas, j'en conclurai seulement que ces analyses n'ont point inspiré aux auteurs du mémoire une confiance parfaite, ce qui est bien permis. Mais pourquoi, dès lors, ne les avoir point vérifiées? comment, vous, ingénieurs des mines, vous possédez à Vicdessos un laboratoire , et depuis un quart de siècle vous n'avez encore analysé que des *fragments purs ou presque purs;* voilà de bien grands services rendus à l'art des forges!

**209.** Quoi qu'il en soit, ces messieurs ne pensent point qu'on puisse commettre une grande erreur en admettant pour les minerais passés au fourneau la composition suivante :

(1) Le manganèse se trouve à l'état d'oxidule dans le fer spathique et dans l'hématite brune ; mais il se suroxide dans le fer spathique lorsque celui-ci se décompose, et comme ce minerai décomposé entre pour une proportion notable dans la charge, il en résulte que sur la moyenne générale, le manganèse contient une quantité d'oxigène plus grande que s'il entrait à l'état de protoxide seulement. Nous avons, pour plus de simplicité, admis qu'il se trouvait toujours dans le minerai à l'état de peroxide, ce qui n'est pas toujours vrai, mais cette hypothèse ne peut conduire à aucune erreur sensible.

| | |
|---|---:|
| Fer métallique. | 52 |
| Oxigène combiné avec le fer. | 23 |
| Eau combinée avec le fer. | 11 |
| Oxide de manganèse. | 3 |
| Argile et eau non combinées. | 11 |
| | **100** |

Je dirai que bien au contraire cette erreur est très grande. Non seulement on y compte environ 9 pour cent de plus en fer, mais, ce qui n'est pas moins influent, l'argile et l'eau combinées ne figurent ici que pour 11 sur cént; cela suppose 5, 6, 7 environ de silice au lieu de 15 environ que j'ai constamment trouvée. L'on sentira l'importance de cette observation si l'on remarque que chaque partie de silice enlève environ une partie de fer au creuset. En somme ils ont fait la mine qu'ils exploitent beaucoup plus belle qu'elle ne l'est en effet, et ils n'ont pas tenu assez de compte de ce sable ferrugineux qu'il faut bon gré mal gré acheter avec le minerai et payer comme tel; sable qui forme une très grande partie de la greillade. Je l'ai souvent analysée séparément cette greillade, et grâce à l'addition de ce sable, la quantité de silice s'y est élevée à 21 pour cent en moyenne; cette matière que les ouvriers nomment, je crois, de la *grèse* dans leur patois, est un véritable fléau pour les forges, et depuis que j'ai commencé cette série d'analyses, elle a été croissant depuis la première jusqu'à la dernière (1832 à 1835).

Ce qu'il entre de mine au creuset. 210. Il convient maintenant pour la suite de cet ouvrage de déduire de l'analyse que j'ai donnée ci-dessus, la composition d'un massé, ce qui exige qu'on en connaisse le poids. Or, entrez dans une forge quelconque, demandez combien il entre de mine au creuset : ouvriers, commis et maître, vous répondront que c'est 12 quintaux ou 487$^k$; pesez vous-même au contraire et vous trouverez que dans les forges rapprochées de la mine, celles de Vicdessos et de Niaux, ce poids est toujours dépassé et souvent énormément dépassé, tandis qu'au contraire on n'alloue guère que 11 quintaux ou 449$^k$ dans les forges qui sont un peu éloignées, celles de Saurat par exemple. Je citerai à ce sujet un fait bien propre à montrer combien peu de confiance doivent inspirer les résultats numériques qu'on n'a point vérifiés par soi-même.

Le 2 novembre 1835, j'allais commencer pour la deuxième fois les essais tendant à introduire l'emploi de l'air chaud dans les forges à la catalane. Comme il m'importait beaucoup d'avoir des chiffres exacts afin d'établir une comparaison entre les résultats de ce procédé et ceux qu'on obtient par la méthode ordinaire, je résolus de tout peser et de tout me-

surer ; j'éprouvai les plus grands obstacles à peser le minerai qui m'était
destiné ; d'abord le garde-forge était occupé ailleurs, puis on ne trouvait
point la clé du magasin à mine. D'après le propriétaire, trompé lui-même,
j'en suis certain, on allouait de *toute éternité* et *comme partout* 12 quintaux de mine, il était complètement inutile de peser ; le commis, les ouvriers confirmèrent l'opinion du propriétaire, j'opposai à tous ces dires
une inertie de volonté que rien ne put vaincre ; on me fit entendre que
mon incrédulité était offensante pour les employés de la forge, et qu'en
les indisposant ainsi je compromettais le résultat des essais ; le commis me
demanda même si je croyais *qu'on voulût me tromper.* Je persistai, je me
fis montrer les poids qui servaient à ces pesées ; c'étaient pour la plupart
des *pierres* qui, disait-on, avaient été vérifiées ; je fatiguai le mauvais vouloir des uns, je lassai la patience de tous. Qu'en résulta-t-il ? ceci : *qu'il
fut manifestement constaté qu'on me passait* 449$^k$ par feu, ce qui équivaut à 11.$^{\text{quintaux}}$07 juste et non 12 quintaux. M'avait-on à dessein retranché
40$^k$ de minerai, cela ne serait pas impossible, car la malveillance n'était
pas douteuse ; faut-il croire au contraire que de *toute éternité* on n'accordait que 11 quintaux par massé ; c'est ce que je n'ai pas pu bien clairement décider, quoique je penche beaucoup pour cette dernière explication. Je me suis d'ailleurs assuré que certains maîtres de forges ne passent
bien que 11 quintaux de mine par feu, que d'autres au contraire en accordent 13, 14, 15 et même davantage, bien qu'ils prétendent presque
tous n'en passer que 12. Si j'ai établi (207) la composition moyenne d'un
massé dans l'hypothèse de 12 quintaux, ce n'est pas seulement pour me
conformer à l'usage le plus général, c'est aussi parce que la plupart de mes
observations ne se rapportent qu'à des opérations où j'ai pu constater qu'il
passait réellement 12 quintaux ou 487$^k$ de mine au creuset.

211. A titre de renseignements qui pourront nous devenir utiles pour
la suite, je donne ici le poids moyen d'un mètre cube de minerai de greillade et de scories que j'ai déterminées à plusieurs reprises en prenant
les poids de ces substances contenus dans une capacité connue.

Poids du mètre cube de minerai de greillade et de scories.

Poids du mètre cube de minerai en morceaux et plutôt
pauvre que riche.     1907.$^k$

Poids du mètre cube de la greillade provenant du con-
cassage de ce minerai et de sable ferrugineux.     1536.$^k$

Poids d'un mètre cube de scories desséchées à l'air et
provenant du traitement de ce minerai.     1303.$^k$

## ÉTUDES SUR LES ÉLÉMENTS DU MINERAI.

Réaction réciproque des matières mises en présence les unes des autres dans le creuset catalan. — Théorie de la réduction des oxides. — Scories. — Essais infructueux de traitement.

De *l'eau* (15), de *l'air* (10), du *charbon* (64), qui, par la combustion, donne naissance à divers produits gazeux, tels que l'*acide carbonique*, l'oxide de carbone (77 et 78), etc., de la *silice* (267), de la *chaux* (256), de l'*alumine* (265), de la *magnésie* (266), des *oxides* de fer (230) et de *manganèse* (248); telles sont les matières mises en présence dans le creuset catalan. Nous avons déjà étudié isolément quelques-uns de ces éléments, jetons un coup-d'œil sur les autres avant de chercher quels produits définitifs peuvent et doivent résulter de leur réaction réciproque sous la puissante influence de la *chaleur* (20).

**Du fer pur.** 212. Le fer *pur* n'a été obtenu jusqu'ici que dans le laboratoire des chimistes; à cet état de pureté parfaite, il est gris-bleuâtre; son poids spécifique est au *maximum* 7.788. Il est flexible, mais privé de toute élasticité; il est aussi plus mou, mais moins fusible que le fer ordinaire du commerce.

**Fer ordinaire.** 213. Les fers du commerce diffèrent en général du fer pur en ce qu'ils contiennent tous au moins 0.005 carbone. Dans cet état, leur poids spécifique ne dépasse point 7.700. Je n'ai point déterminé le poids spécifique des fers de l'Ariége en particulier, mais leur défaut d'homogénéité doit rendre ce poids assez variable. M. Karsten prend le nombre 7.600 pour la densité moyenne du fer, c'est-à-dire qu'un mètre cube de fer pèse 7 fois et $\frac{6}{10}$ autant qu'un mètre cube d'eau pure, ou 7600 kilogrammes. Toutefois, il paraît que les fers laminés n'ont guère pour poids spécifique que 7 à 7.35.

**Résistance du fer forgé.** 214. On peut considérer le fer sous le rapport de sa résistance, et il faut alors distinguer le genre d'efforts auquel il est soumis.

1° L'effort peut être dirigé dans le sens de la longueur de la barre, de manière à la comprimer ou à l'écraser. D'après Rondelet, un cube de fer forgé commence à se comprimer sous une pression de 4945 kilogrammes par centimètre carré de section transversale; le fer cède plutôt en pliant qu'en se comprimant, lorsqu'au lieu d'un cube on expérimente sur un solide dont la hauteur est triple de l'épaisseur;

2° L'effort peut être dirigé dans le sens de la longueur de la barre de manière à l'étendre. Elle cède alors en s'allongeant et en se rompant par la séparation des parties dans une des sections transversales.

Il résulte d'expériences directes que la résistance des barres de fer forgé à la rupture par extension, ou la force de cohésion, est

Suivant Poleni et moyennement de 44.$^k$5 { par millim. carré de section transversale.

Suivant Perronet (verges carrées), 42. 9
*Id.* (verges rondes), 42. 2
Soufflot et Rondelet, verges rectangulaires, 46. 8 moyenne.
Minard et Desormes, 39. 8
Telfort (fers anglais et suédois), 46. 1 évalué trop haut.
Brown *id.* 39. 4 évalué trop bas.
Séguin (fer de St-Chamond fait au laminoir), 47. 8 moyenne.
E. Martin (fer rond de St-Chamond), 34. 4 *id.*
1832. (fer rond de Fourchambault), 33. 7 *id.*

Résistance du fer forgé à la rupture par extension.

On admet en moyenne qu'une tige de fer sera rompue lorsqu'elle sera tirée par un nombre de kilogrammes, égal à 40 fois le nombre de millimètres carrés que contient sa section transversale.

Suivant M. Tremery et Poirier Saint-Brice, le très bon fer forgé ne romprait que sous une traction équivalente à 43.$^k$45 par millimètre carré, et le même fer chauffé au rouge sombre, c'est-à-dire à 700 degrés environ, perdrait de sa cohésion au point de rompre sous une tension de 7.$^k$8 par millimètre carré. Il paraît que la cohésion du fer augmente lorsqu'il est réduit en fil.

Cohésion au rouge sombre ou à 700°.

Il résulte d'expériences directes qu'il faut

60$^k$ par millimètre carré de section pour rompre un fil de fer
    suivant          Buffon
63.6            Telfort.
50 à 87 pour fil non recuit, suivant     Seguin.

La force du fil de fer recuit a été trouvée, dans d'autres expériences, moitié environ de celle du fil non recuit. Ainsi un fil de fer non recuit a exigé 89$^k$ par millimètre pour se rompre, tandis qu'un fil recuit a rompu sous 44$^k$ seulement. Dans des expériences faites par M. Lamé sur des fils de fer de Russie, quelques-uns ont exigé 118 et même 143$^k$; d'autres ont rompu sous des tractions de 72$^k$ par millimètre carré de section; il semble résulter de ces expériences que le diamètre diminuant, la résistance à la rupture augmente; ainsi un fil de 0.$^m$004999 de diamètre a rompu sous une traction de 74.$^k$2 par millimètre carré de section, et un fil de 0.$^m$000935 a exigé 143.$^k$8 aussi par millimètre carré de section. Cependant cette té-

Résistance du fer forgé.

nacité relative n'augmente avec la diminution des diamètres qu'autant que les fils ne sont pas trop fins.

3° La barre de fer peut être chargée en son milieu d'un poids donné ; les expériences sur la résistance du fer à la rupture dans de telles circonstances, ne sont point assez nombreuses pour qu'on puisse déduire une loi générale.

4° La barre peut encore être brisée par un mouvement de torsion ; mais les expériences sur la résistance à la rupture par torsion sont également très incomplètes ; et dans la pratique des arts, c'est par de grossières approximations qu'on se dirige encore pour donner aux pièces en fer qui entrent dans les constructions les dimensions nécessaires.

5° Je ne connais aucune expérience sur la résistance des fers au choc ; j'avais eu l'idée d'en entreprendre une série sur les fers de l'Ariège en particulier ; le temps et les moyens m'ont manqué.

On peut conclure de tout ce que nous venons de rapporter que la ténacité du fer est encore assez mal connue. Il est probable qu'elle varie dans des limites assez étendues avec les diverses qualités de fer.

*Résistance du fer forgé dans les constructions.* 215. Voici cependant quelques résultats pratiques relatifs à la résistance du fer forgé qu'on pourra employer avec confiance dans les constructions, ou dans l'établissement des machines.

Lorsqu'un solide en fer forgé devra être soumis à un effort de compression ; si, par exemple, c'est une colonne, un pilier, un pilot, un étai, etc., le nombre de kilogrammes dont on peut le charger avec sécurité pour chaque *centimètre* carré de section transversale ne devra point dépasser 1000 si le rapport de la longueur de la pièce, à sa plus petite dimension, est au-dessous de 12 ; 835$^k$, si ce rapport est 12 ; 500$^k$, s'il est 24 ; 167$^k$, s'il est 48 ; enfin 84$^k$, s'il est 60.

Si au lieu d'être comprimé, le solide est soumis à un effort de traction longitudinale, il pourra porter avec sécurité, pour chaque centimètre carré de section transversale,

1000$^k$ si le fer est de petit échantillon ;

650$^k$ si le fer est de dimensions ordinaires ;

400$^k$ si le fer a 0.$^m$06 de côté et au-dessus.

Une chaîne ordinaire en fer forgé peut porter 2000$^k$ par centimètre carré de section transversale.

On voit que si l'on voulait connaître le diamètre à donner au rondin dont devrait être formée une chaîne capable de porter 1500$^k$, ce diamètre serait déterminé par la relation

$$d = \sqrt{\frac{1500}{2000 \times 0.7854}} = 0.0098^m$$

Si le solide est soumis à des efforts de flexion transversale perpendiculairement à sa longueur, il faut distinguer deux cas :

1° Celui où le fer peut sans inconvénient prendre sous la charge une certaine flexion, comme par exemple lorsqu'il est employé comme support;

2° Celui où la flexion doit être excessivement petite, comme, par exemple, dans les arbres des roues hydrauliques, dans les roues d'engrenage, dans les tourillons, etc.

Cela posé, supposons d'abord la pièce encastrée par l'une de ses extrémités et appelons :

$P$ l'effort exercé sur le fer perpendiculairement à sa longueur ;

$c$ la longueur de la partie non encastrée jusqu'au point où agit l'effort $P$ ou son bras de levier ;

$p$ le poids du mètre courant du fer en kilogrammes ;

$a$ la largeur de la pièce dans le sens perpendiculaire au plan qui passe par l'axe longitudinal du corps et par la direction de l'effort $P$;

$b$ l'épaisseur du solide dans le sens de l'effort $P$;

$d$ le diamètre de la pièce lorsqu'elle est ronde ou cylindrique.

Les poids ou les pressions seront exprimées en kilogrammes et les dimensions linéaires en mètres.

Les dimensions transversales se détermineront à l'aide des formules suivantes pour une pièce encastrée par une extrémité.

Si l'on tient compte du poids de la pièce

$$ab^2 = \frac{\left(P + \frac{pc}{2}\right)c}{1000\,000}$$

Si l'on peut négliger le poids du solide, on prendra

$$ab^2 = \frac{Pc}{1000\,000}$$

Si la charge est uniformément répartie sur la longueur de la pièce, on l'ajoute au poids propre du solide et en nommant de même que ci-dessus $p$ la charge, par mètre courant, on prend :

$$ab^2 = \frac{pc^2}{2000\,000}$$

On observera que, quand on voudra tenir compte du poids propre de la pièce, dont les dimensions ne sont pas connues, il faudra d'abord calculer ces dimensions, en négligeant ce poids, puis le déterminer approximativement d'après cette première recherche, et ajouter la moitié de ce poids à la charge donnée pour calculer de nouvelles valeurs des dimensions qui alors seront suffisamment exactes.

D'après cette remarque, qui s'appliquera dans tous les cas où le poids propre du corps pourrait avoir une influence notable sur sa résistance, nous nous bornerons, dans les relations qui suivent ; à tenir compte seulement de la charge extérieure $P$.

Si la section transversale est un carré, on a $a = b$, et les formules précédentes deviennent

$$b^3 = \frac{Pc}{1000\ 000}$$

Si le corps est un cylindre à base circulaire,

$$d^3 = \frac{Pc}{589\ 050}$$

Pour les tourillons des roues hydrauliques qui ne doivent point éprouver de flexion sensible, qui sont exposés à être mouillés d'eau et usés par le frottement du sable fin qu'elle entraîne avec elle, on prendra

$$d^3 = \frac{Pc}{368\ 125}$$

La même formule servira pour les tourillons des arbres exposés à des chocs, tels que ceux des marteaux.

Pour les arbres de communication du mouvement, qui sont bien graissés et s'usent moins que ceux des roues hydrauliques, on prendra

$$d^3 = \frac{Pc}{450\ 000}$$

Enfin pour les essieux des voitures, qui doivent être en fer de première qualité, on prendra pour déterminer le diamètre moyen

$$d^3 = \frac{Pc}{700\ 000}(1)$$

*Des qualités et des défauts du fer.* 216. Les qualités et les défauts du fer m'ont toujours paru relatifs à l'emploi auquel on le destine. Tel fer présentera des qualités supérieures pour un objet, et offrira des défauts réels pour un autre ; un fer résistera long-temps au frottement par exemple, et ne résistera point au choc ; tel avec lequel on fera d'excellents essieux pourra être moins propre qu'un autre à bander des roues. Les maîtres de forges croient cependant aux qualités absolues du fer, et, fait digne de remarque, ils attribuent partout des qualités supérieures à celui qu'on fabrique dans la contrée. Dans l'Ariége, par exemple, on est très persuadé que nuls fers, en France, ne

(1) Voyez, pour tous les autres cas, l'*Aide-mémoire de mécanique pratique*, par A. Morin.

peuvent rivaliser avec ceux du pays ; cependant des maîtres de forges dignes
de foi m'ont affirmé, dans le Berry, que leur fer était préféré à tout autre
et sur tous les marchés ; j'ai visité Guerigny, dans la Nièvre, et là on m'a
également assuré (je cite textuellement) que c'était à Guerigny qu'on fabriquait le meilleur fer de France ; la Bourgogne et la Haute-Saône n'ont
pas une plus mauvaise opinion de leurs produits ; je n'ai pas visité la Suède,
mais je ne doute point qu'on n'y croie également à une grande supériorité. Quant à l'Angleterre que je connais, je puis certifier qu'on n'y re-
doute nullement la comparaison des fers français, de quelque province
qu'ils proviennent, avec ceux qu'on y fabrique. Cependant des expériences
comparatives manquent encore pour justifier ces diverses prétentions dans
ce qu'elles peuvent avoir de fondé. C'est à l'emploi qu'on juge le fer, et
ces emplois sont bien nombreux et bien divers. Enfin l'on ne se contente
pas d'attribuer à un même fer des qualités qui s'excluent quelquefois l'une
l'autre, c'est à la seule inspection qu'on a la prétention de les reconnaître.
J'ai très peu de foi dans les signes purement extérieurs ; cependant, et pour
ne rien omettre de ce qu'on peut croire utile, je réunirai dans le tableau ci-
dessous l'ensemble des caractères par lesquels on se dirige ordinairement
dans les jugements qu'on porte sur les qualités ou les défauts du fer.

217. C'est, suivant M. Karsten, à la couleur, à l'éclat et à la texture qu'on
peut préjuger les qualités du fer ; mais cette couleur, cet éclat et cette texture
doivent être étudiés et reconnus uniquement sur une cassure récente qu'on
examinera en se plaçant dans l'ombre et présentant la cassure aux rayons du
soleil ; la barre qu'on examine doit en outre avoir au moins un pouce si elle
est carrée, et six lignes au moins si elle est plate.

L'usage de ce tableau est facile à comprendre ; lorsqu'un fer jouit des
propriétés indiquées dans les neuf premières colonnes, il possède les qualités ou les défauts signalés dans la dixième. Exemple : la cassure récente
d'un fer a-t-elle une couleur blanche, un éclat nul, c'est un indice de
bonne qualité. La couleur tire-t-elle sur le blanc, est-elle claire, l'éclat
est-il très vif ? c'est probablement un fer cassant à froid.

# TABLEAU

*Des circonstances de couleur, d'éclat et de texture auxquelles on croit reconnaître les qualités et les défauts du fer.*



| COULEUR, | | | | ÉCLAT, | TEXTURE, D'UNE CASSURE RÉCENTE. | | | | QUALITÉS CORRESPONDANTES DU FER. |
|---|---|---|---|---|---|---|---|---|---|
| Blanc. | | | | Brillant. | | | | | Mauvais fer. |
| | | | | | Lamelleux. | | | | Mauvais fer. |
| | | | Foncé. | Nul. | | | | | Mauvais fer. |
| | | | | | | | A facettes. | | Mauvais fer. |
| Blanc. | | | | Nul. | | | | | Bon fer. |
| | | | | | Non lamelleux. | Grenu. | Sans facettes. | Fibres crochues et déliées. | Bon fer. |
| | | | Foncé. | Brillant. | | | | | Bon fer. |
| | | | | | | | | Sans fibres. | Fer médiocre. |
| | Tirant sur le bleuâtre. | | Clair. | Très vif. | | | | | Fer brûlé. |
| | | | | | Lames minces. | | | | Fer brûlé. |
| Tirant sur le blanc. | | | Clair. | Très vif. | | | | | Fer cassant à froid. |
| | | | | | Lames très minces. | | | | Fer cassant à froid. |
| | | | Foncé. | Faible. | | | | | Fer rouverin. |
| | | | Foncé. | Nul. | | | | | Mou et cassant ou mal affiné. |
| | | | | | | | A facettes. | Fibreux. | Mal affiné. |
| | | | | | | Grains très fins. | | | Mal affiné. |
| | | Gris. | Clair. | Nul. | Lames nulles. | | Sans facettes. | Fibres crochues et déliées. | Fer très tenace. |
| | | | | | | Grains fins. | | Fibres crochues et déliées. | Fer tenace et dur. |

218. Le fer est très magnétique à froid, mais il perd cette propriété à la Fer et chaleur. chaleur blanche, température à laquelle il se prépare à entrer en fusion, et même au rouge vif, suivant M. Faraday. Quelques forgeurs croient que, par l'action de la chaleur, le fer *s'évapore*; c'est une grande erreur, car le fer n'est point volatil, ou du moins il est absolument fixe aux températures qu'il est donné à l'homme de développer.

D'après les recherches récentes de M. Pouillet, le fer ordinaire entre en fusion à une température comprise entre 1500 et 1600 degrés du thermomètre à air; température, comme on le voit, bien éloignée des 6000 et tant de degrés qu'on avait attribués à ce point de fusion. Il est alors blanc et éblouissant; cette température peut donc être considérée comme une limite que les creusets catalans n'atteignent certainement pas en tous leurs points. Mais le fer se ramollit et se laisse souder à lui-même à une température inférieure à elle qu'il exige pour entrer en fusion : on peut admettre qu'elle ne dépasse pas 1300 degrés.

Nous avons fait connaître dans le chapitre de la chaleur les lois de la dilatation du fer.

219. Le fer s'oxide à froid au contact de l'eau et de l'air humide. L'air dis- Fer, eau et air atmosphériq. sous dans l'eau commence l'oxidation, et l'eau elle-même est ensuite décomposée par l'influence électrique due au contact du métal et de l'oxide formé. Aussi l'oxidation lente d'abord, devient-elle ensuite très rapide.

220. Suivant Meyer, le meilleur moyen de préserver le fer de la rouille Comment on préserve le fer de la rouille. consiste à l'enduire d'une couche de charbon en poudre délayé dans l'huile de lin avec ou sans résine copale.

221. On sait depuis long-temps que le fer décompose la vapeur d'eau Fer, vapeur d'eau et chaleur. à la chaleur rouge. Cette décomposition a été étudiée avec beaucoup de soin par M. Gay-Lussac, qui a fait voir, que dans cette réaction, il se formait un oxide particulier, l'oxide magnétique (234). M. Regnault, élève ingénieur des mines, a récemment encore confirmé ce résultat.

222. Suivant M. Karsten l'acide carbonique (77) n'exerce d'action ni sur Fer et acide carbonique. le fer ni sur ses oxides, à moins que ce gaz ne soit combiné avec l'eau ; mais cela ne doit sans doute être entendu que de leur contact à froid, car il paraît certain qu'au-dessus de la chaleur rouge le gaz acide carbonique oxide le fer et se transforme lui-même en oxide de carbone. C'est au moins sur ces réactions qu'on a basé un procédé pour obtenir de l'oxide de carbone : on prend parties égales de marbre en poudre bien sec et de limaille de fer bien sèche aussi. On les mélange et on les introduit dans une cornue de grès munie d'un tube recourbé pour recueillir les gaz. On chauffe la cornue jusqu'au rouge; il se dégage un mélange d'acide carbonique et d'oxide de carbone que l'on recueille sur l'eau; on sépare l'acide carboni-

que au moyen de la potasse, et l'oxide de carbone reste pur (*Dumas*). Le fer à une haute température décompose donc l'acide carbonique et s'oxide en s'emparant d'une partie de son oxigène.

**Fer et oxide de carbone.** 223. Il paraîtrait, d'après des recherches récentes de M. Leplay, que l'oxide de carbone en contact avec le fer, et sous l'influence de la chaleur, carburerait le métal. Cette carburation, qu'on attribuait autrefois au charbon seul, serait, d'après cet ingénieur, uniquement due au contact du gaz. (*Voyez* N°ˢ 237, 238 *et suivants.*)

**Fer et charbon.** 224. Le fer et le charbon s'unissent et donnent naissance à plusieurs produits universellement répandus. Ce sont les diverses espèces de fontes et d'aciers ; nous avons vu que le fer lui-même, tel du moins qu'il sort des usines où on le fabrique, n'était jamais exempt de carbone, et celui de nos forges catalanes en particulier en renferme une proportion très notable, que je n'ai cependant point évaluée.

**De la fonte.** 225. La fabrication de la fonte est l'objet spécial de ces immenses usines connues sous le nom de hauts-fourneaux. La *Métallurgie du fer* de M. Karsten contient sur cette importante fabrication tous les détails que nos maîtres de forges pourraient désirer ; nous renverrons donc à cet ouvrage ceux qu'elle intéresse directement, nous bornant ici à quelques généralités sur les produits de ces fourneaux, où l'on emploie d'ailleurs, soit le charbon de bois, soit le coke, soit la houille. On distingue quatre espèces de fontes : la fonte blanche, la fonte truitée, la fonte grise et la fonte noire. La fonte truitée n'est qu'un mélange de fonte blanche et de fonte grise.

La fonte noire paraît être de la fonte grise, dont les caractères sont plus développés.

La fonte grise ou noire est douce, grenue et un peu malléable.

La fonte blanche ou truitée est dure, cristalline et très cassante ; il se produit quelquefois de la fonte blanche dans nos forges catalanes. J'en ai recueilli environ ½ kilogramme qui était sortie avec les scories par le trou de chio, lors de mes essais en grand à l'air chaud ; j'en ai souvent vu sortir de la même manière en travaillant à l'air froid. Les analyses suivantes donneront une idée de la composition des fontes. Trois fontes grises, obtenues au charbon de bois, dans les usines de la Champagne, du Nivernais et du Berry, ont donné à M. Gay-Lussac, pour composition moyenne :

*Fontes grises au charbon de bois.*

| | |
|---|---|
| Fer | 95.739 |
| Carbone | 2.224 |
| | 97.963 |

|  | Report | 97.963 |
|---|---|---|
| Silicium |  | 1.337 |
| Phosphore |  | 0.700 |
|  |  | 100.000 |

L'analyse de deux fontes grises, de la Franche-Comté et du Creuzot, obtenues au coke, ont donné en moyenne :

*Fontes grises au coke.*

| Fer | 94.787 |
|---|---|
| Carbone | 2.411 |
| Silicium | 2.325 |
| Phosphore | 0.477 |
|  | 100.000 |

L'analyse de deux fontes blanches au charbon de bois, de la Champagne et de l'Isère, ont donné en moyenne :

*Fontes blanches au charbon de bois.*

| Fer | 95.410 |
|---|---|
| Carbone | 2.480 |
| Silicium | 0.550 |
| Phosphore | 0.4915 |
| Manganèse | 1.0685 |
|  | 100.0000 |

Ces analyses montrent, et l'on admet en général, que la fonte est essentiellement formée de fer, de carbone et de silicium (*Voy. Silicium*), et qu'elle contient en outre des proportions variables de phosphore, de manganèse, de soufre, etc., etc. La fonte n'est donc point une combinaison qui se reproduise toujours de la même manière et qui offre les mêmes proportions. Cependant nulle fonte ne contient plus de 5 pour 100 de carbone. En général, la fonte est plus dilatable que le fer et que l'acier. Chauffée au rouge obscur, c'est-à-dire à environ 700 degrés, la fonte se brise sous le marteau. En chauffant un peu plus, elle acquiert, suivant Pictet, une propriété singulière qu'on pourra quelquefois mettre à profit. On peut alors la scier avec la scie ordinaire à bois, facilement, et, chose bien extraordinaire, sans que l'outil se détrempe ni se détériore sensiblement. La fonte entre en fusion plus facilement que l'acier et par conséquent que le fer doux. La fonte blanche est d'ailleurs plus fusible que la fonte grise. Voici, d'après les expériences récentes de M. Pouillet, la température des points de fusion de ces diverses substances :

| | | |
|---|---|---|
| Fontes blanches très fusibles | 1050 | |
| peu fusibles | 1100 | |
| Fontes grises très fusibles | 1200 | degrés |
| Fontes grises peu fusibles, environ | 1200 | du thermomètre |
| Aciers les plus fusibles, environ | 1300 | à air. |
| les moins fusibles | 1400 | |
| Fers | 1500 à 1600 | |

226. Je donne ici les caractères principaux de la fonte grise et de la fonte blanche, caractères que l'emploi de ces substances dans nos forges rend importants à connaître.

*Fonte grise.* Sa densité varie de 6.79 à 7.05. La fonte grise se laisse limer, couper au ciseau et forer assez facilement; elle reçoit l'impression du marteau.

La fonte grise en fusion et refroidie lentement, conserve toutes ses propriétés, mais refroidie brusquement, jetée dans l'eau froide, pendant qu'elle est en fusion, par exemple, elle se convertit en fonte blanche. Aussi, quand on coule la fonte grise en plaques minces, passe-t-elle à l'état de fonte blanche. La fonte grise, chauffée au contact de l'air, s'altère moins rapidement que la fonte blanche, mais elle se rouille plus facilement et plus profondément que celle-ci. C'est entièrement en fonte grise que doivent être nos bons marteaux de forges.

*Fonte blanche.* La fonte blanche a une couleur argentine avec un bel éclat métallique; son poids spécifique varie de 7.44 à 7.84; elle résiste à la lime et au foret, et casse sous le marteau et le ciseau, sans en recevoir l'impression. Elle est bien moins tenace que la fonte grise, mais elle résiste mieux à l'écrasement.

Il paraît que dans les fontes blanches le carbone est en totalité combiné avec le fer, tandis que dans les fontes grises il est en partie combiné, en partie mélangé.

*On peut obtenir de la fonte d'affinage avec le minerai de Rancié.* 227. L'opinion générale, dans l'Ariége, refuse aux minerais de Rancié la propriété de pouvoir donner de la fonte par leur traitement dans les hauts-fourneaux. J'ignore absolument ce qui a pu faire naître ces idées; j'ai consulté d'anciens maîtres de forges à ce sujet; il m'a été répondu que, pendant les premières années de la république, il avait été établi à *Villeneuve-d'Olmes* un haut-fourneau qui n'avait donné que de fort mauvais résultats, mais telle n'était point l'opinion de M. Henry, directeur de cet établissement. J'ai été assez heureux pour me procurer le mémoire qu'il publia en l'an III de la république, et qui est devenu excessivement rare. L'extrait suivant que j'en donne est loin de confirmer l'opinion peut-être intéressée des maîtres de forges et des ouvriers du pays, qui peuvent voir dans un pareil établissement une concurrence qui deviendrait, je n'en disconviens pas, assez dangereuse pour les usines qu'ils exploitent.

## Haut-Fourneau de Villeneuve.

« Le haut-fourneau vient enfin de faire son premier essai ; le résultat
« est on ne peut plus satisfaisant : il a même passé les espérances que j'en
« avais. La fonte qu'il a produite égale au moins, si elle ne la surpasse pas,
« celle de la fonderie de Ruelle, connue par la bonté des canons qu'elle
« fabrique, et pour être la meilleure de la république .

« Il est impossible de voir une fonte plus belle, plus tenace, plus grise,
« et qui présente à sa cassure autant d'arrachements que celle-ci ; il n'est
« plus permis aussi de douter aujourd'hui de l'utilité et des avantages qu'on
« peut tirer de cet établissement : il ne lui manque plus, pour devenir un
« des plus essentiels de la république, que la protection du gouverne-
« ment et la continuité des soins du département qui l'a provoqué et qui
« l'a soutenu jusqu'à ce moment (1). »

228. L'acier ne présente rien de bien fixe dans sa composition. L'on
appelle aciers toutes combinaisons d'environ 99 fer et 1 carbone, silicium
ou autres métaux alliés accidentellement. Ce qui le distingue surtout, c'est
la propriété qu'il possède de durcir par la trempe et de se ramollir quand
on le recuit, c'est-à-dire quand on le chauffe jusqu'au moment où sa surface se colore, et qu'on le laisse ensuite refroidir lentement.

L'acier est plus dur que le fer, même quand il a été refroidi lentement ;
mais quand on le chauffe au rouge et qu'on le plonge brusquement dans
l'eau froide, il acquiert une grande dureté et devient capable de résister
aux meilleures limes, et cette dureté est d'autant plus grande, que la température de l'acier était plus élevée et que le refroidissement a été plus
prompt. La trempe, car c'est le nom par lequel on désigne cette opération, rend l'acier plus dur, plus cassant, et moins dense.

Les effets de la trempe sont encore aujourd'hui des phénomènes que la
science n'explique pas complètement. Elle durcit l'acier et elle ramollit le
bronze d'une manière durable.

L'acier est blanc grisâtre ; sa cassure est compacte, unie, douée de
l'éclat métallique, mais à un moindre degré que le fer ; sa texture est
grenue à grain fin, égal et serré : il ne devient jamais nerveux ; sa densité
varie de 7.7 à 7.9 ; elle dépend du degré de martelage qui l'augmente, de
la trempe qui la diminue.

229. Un moyen certain de distinguer le fer de l'acier est de toucher

*Acier.*

*Trempe.*

Comment on
distingue le fer
de l'acier.

(1) *Essai sur les forges du département de l'Ariége et autres, dites à la catalane, suivi des moyens
d'utiliser le haut-fourneau établi à Villeneuve,* etc. par J.-B. Henry, directeur de la fonderie nationale
de Villeneuve d'Olmes, in-4°. Foix.

La forge de Villeneuve était devenue propriété nationale par l'émigration de M. de Lévis Mirepoix.

celui-ci avec une goutte d'acide nitrique faible ; il se développe à la surface de l'acier une tache noire due au carbure de fer mis à nu. Le fer doux ne produit rien de semblable.

On connaît plusieurs espèces d'acier. Les principales sont : l'acier de cémentation, l'acier fondu, et l'acier naturel qu'on obtient dans nos forges.

L'acier de cémentation, ou acier poule, s'obtient en chauffant au rouge du fer en contact avec de la brasque. L'aciération marche de la surface au centre. Aussi cet acier n'est-il point homogène. Cet acier se forge et se soude bien avec le fer et avec lui-même. Le fer de l'Ariége, toujours acié-reux, convient particulièrement bien à la fabrication de l'acier poule. A prix égal, il sera toujours préféré aux autres fers pour cet objet.

L'acier fondu est le plus homogène de tous les aciers. Il s'obtient en soumettant l'acier de cémentation à une fusion parfaite. La fabrication de l'acier fondu pourrait et devrait devenir une industrie entièrement liée à celle des forges à la catalane.  -

L'acier naturel est précisément celui qu'on obtient quelquefois dans nos forges ; nous reviendrons plus tard sur les causes qui pourraient peut-être favoriser cette production.

Les hommes d'un mérite incontestable qui ont osé écrire que la ré-duction des minerais dans les forges catalanes fournissait à volonté du fer ou de l'acier, ont été dupes du charlatanisme le plus éhonté. On ne pro-duit point d'acier *à volonté* dans nos forges, car s'il en était ainsi, de long-temps il ne sortirait point de ces usines un kilogramme de fer doux, par la raison toute simple que le fer réputé doux se vend 15 et 20 francs de moins les 100 kil. que le fer fort ou le fer cédat, et que ce dernier est toujours très recherché sur le marché. Je n'ignore point qu'un ou deux maîtres de forges prétendent produire de l'acier à volonté ; les ouvriers savent à quoi s'en tenir à cet égard, et j'ai pour ma part assez surveillé et étudié le travail dans leurs usines pour affirmer de la manière la plus po-sitive qu'ils ne possèdent pas plus que leurs confrères le secret de cette fabrication, et qu'il se produit de l'acier dans leurs creusets comme dans tous les autres, par le seul effet du hasard, si par ce mot hasard l'on en-tend la cause ignorée d'un fait.

Fer et oxigène. 230. On connaît plusieurs combinaisons distinctes du fer avec l'oxigène : 1° le protoxide de fer ; 2° l'oxide des battitures ; 3° l'oxide magnétique qui provient de la décomposition de l'eau ; 4° le peroxide. Ces oxides jouissent de propriétés communes ; ils sont réductibles par le gaz hydrogène, par le charbon suivant tous les métallurgistes. Selon Magnus, la réduction Oxides de fer, par le gaz hydrogène (17) commence à avoir lieu à la température de l'ébullition du mercure, ou vers 400 degrés. Mais lorsque l'hydrogène est mêlé avec plusieurs fois son volume de vapeurs d'eau, il ne réduit les oxides de fer à aucune température. <sub>hydrogène, chaleur et eau.</sub>

Jetons un coup-d'œil général sur les divers oxides de fer.

231. Le protoxide de fer est une base trop forte et trop avide d'oxigène pour exister isolément ; aussi n'a-t-il jamais été isolé. On le sépare cependant, mais à l'état d'hydrate, c'est-à-dire combiné avec de l'eau, en le précipitant par la potasse ou la soude liquide des dissolutions des sels dont il forme la base. Le précipité qu'on obtient est d'un blanc sale, légèrement verdâtre ; quand on essaie de le priver d'eau par la chaleur, il décompose ce liquide et se transforme en oxide noir (232), en dégageant du gaz hydrogène. Son hydrate n'est point magnétique ; mais il le devient lorsqu'on le fait bouillir dans l'eau au contact de l'air, et prend une couleur noire. Il se combine avec tous les acides, même avec les plus faibles ; ceux qui abandonnent facilement de l'oxigène, comme l'acide nitrique, l'eau régale, le convertissent en peroxide. Le protoxide de fer est formé de

| | |
|---|---|
| Fer | 77.23 |
| Oxigène | 22.77 |
| | 100 |

Le protoxide de fer est insoluble dans l'eau. La potasse ni la soude ne l'attaquent, mais l'ammoniaque le dissout en quantité très notable.

Le protoxide de fer décompose l'eau à la chaleur rouge ; l'hydrogène est mis en liberté, et le protoxide passe à l'état de deutoxide.

C'est à l'état de protoxide que le fer entre dans les scories de nos forges.

232. Le deutoxide de fer, qu'on appelle aussi *oxide des battitures*, est précisément celui qui se forme autour de nos martinets et de nos marteaux, lorsqu'au contact de l'air on bat le fer chauffé au rouge blanc. L'oxigène de l'air, se combinant sous l'influence de la chaleur avec la couche extérieure de la barre, y forme une croûte, qui, sous le choc du marteau, se détache en écailles minces, d'un noir luisant et d'un éclat demi-métallique. Cet oxide est très magnétique, et difficile à fondre, à moins qu'il ne soit soumis à une très haute température. Lorsqu'on bat le massé, c'est encore l'oxide des battitures qui se forme à la surface ; mais il est moins pur, et il renferme toujours du silicate de protoxide de fer (scories) et aussi du fer métallique. Suivant M. Berthier, lorsqu'on a cémenté dans du charbon pendant un certain temps une masse un peu considérable de battitures, la tranche des culots présente, de la surface au centre, 1° une couche très mince de fer métallique, d'un bleu foncé ou noir, et qui est probablement aciéreux ;

2° une couche épaisse de fer métallique olivâtre, d'une couleur uniforme ;
3° une couche nuancée d'olivâtre et de noir, qui passe bientôt au noir
métalloïde de l'oxide des battitures.

Oxide des<br>battitures.

233. L'oxide des battitures paraît formé de protoxide (231) et de
peroxide de fer (236) dans les proportions suivantes :

| Protoxide de fer | 64.2 | | Fer métallique | 74.5o |
|---|---|---|---|---|
| Peroxide | 35.8 | ou | Oxigène | 25.5o |
| | 100 | | | 100. |

Mais cette composition est, je le crois, loin d'être constante, et les battitures doivent plutôt être considérées comme des mélanges de protoxide
et de peroxide, variables comme les circonstances qui les ont produites.

Oxide<br>magnétique.

234. Lorsqu'on soumet le fer à la chaleur rouge, à l'influence d'un
courant de vapeur d'eau, il se produit un oxide particulier et il se dégage
du gaz hydrogène. On désigne cet oxide par le nom d'oxide magnétique,
non seulement parce qu'il jouit, comme les deux oxides précédents, de
la propriété d'agir sur l'aiguille aimantée, mais parce qu'il possède très
souvent les propriétés de l'aimant lui-même. On le regarde aussi comme
un composé de protoxide et de peroxide de fer formé de

| Protoxide de fer | 3o.99 | | Fer métallique | 71.78 |
|---|---|---|---|---|
| Peroxide | 69.o1 | ou | Oxigène | 28.32 |
| | 100 | | | 100 |

235. Ces trois oxides de fer peuvent, sous l'influence de l'air ou de
l'oxigène sec et de la chaleur, se suroxider.

Peroxide<br>de fer.

236. Le peroxide de fer est d'un rouge violacé lorsqu'il est en masse ;
quand on le chauffe au blanc, il devient violet et conserve cette couleur
après le refroidissement ; à une température plus basse, il ne prend qu'une
teinte rouge d'autant moins foncée qu'il a été moins chauffé. Le peroxide de fer est infusible et indécomposable par la seule action de la
chaleur ; il n'a aucune espèce d'action sur l'aiguille aimantée. Il est
formé de

| Fer. | 69.34 |
|---|---|
| Oxigène. | 3o.66 |
| | 100 |

C'est à l'état de peroxide que le fer entre dans la majorité des minerais
de Rancié. Le peroxide de fer ne se combine ni avec la potasse ni avec la
soude ; il ne se dissout point dans l'ammoniaque, et ces trois alcalis le pré-

cipitant tout entier et pur de ses dissolutions sous la forme de flocons jaune-orange, il est alors à l'état d'hydrate, ou combiné avec de l'eau. Cet hydrate se redissout facilement dans les acides, mais quand on le chauffe au rouge-blanc, il ne peut plus se dissoudre que dans les acides très concentrés et bouillants. L'hydrate de peroxide est inaltérable à l'air dont il n'attire point l'acide carbonique. Lorsque le peroxide de fer est combiné avec un acide, il forme un sel soluble. Nous avons dit que les alcalis le précipitaient facilement et complètement; cependant, si dans la dissolution on ajoute des matières organiques qui ne peuvent se volatiser sans décomposition, la précipitation par les alcalis ne s'opère plus. Ainsi, une addition de gélatine ou de gomme arabique empêche la précipitation du fer.

237. Nous avons déjà vu que le gaz hydrogène réduisait le peroxide de fer ou le ramenait à l'état métallique à une température d'environ 400 degrés. Il y a encore fort peu de temps qu'on attribuait à ce gaz et au charbon seuls cette faculté de ramener les oxides de fer à l'état métalliques ; des recherches récentes de M. Leplay, ont jeté plus que des doutes sur ce mode d'action, et il paraît aujourd'hui extrêmement probable que c'est uniquement à l'oxide de carbone (78) qu'il faudrait attribuer cette désoxidation dans les fourneaux métallurgiques. Bien que pour ma part j'aie complètement adopté les idées de M. Leplay sur cette transformation, je me fais un devoir d'indiquer au moins sommairement les faits sur lesquels on s'était basé jusqu'ici pour attribuer au charbon une désoxidation qui ne paraît réellement produite que par l'oxide de carbone.

Suivant M. Dumas, le charbon réduit très facilement le peroxide de fer. Il suffit de la chaleur rouge cerise pour opérer la réaction ; il se dégage de l'oxide de carbone. Suivant M. Berthier, le peroxide de fer est très facilement réductible par les combustibles : à la chaleur rouge les vapeurs qui se dégagent d'un foyer le décomposent déjà en partie, et voilà pourquoi lorsqu'on le chauffe pendant quelque temps dans un creuset ouvert, il devient généralement magnétique :

« Quand on cémente une certaine masse de peroxide de fer dans du charbon, si la masse n'est pas trop considérable, elle se transforme en totalité en oxide magnétique (234) avant qu'il se forme du fer métallique ; puis la réduction se propage de la surface au centre en s'opérant de telle manière qu'à mesure qu'il se produit du fer métallique à la surface, il se forme de l'oxide des battitures (233) dans l'intérieur et jusqu'au centre, mais en proportion décroissante de la surface à ce point. Enfin, quand la cémentation est très avancée, le culot se recouvre d'une couche de fer aciéreux d'une épaisseur notable. » ( *Essais par la voie sèche*, tome II, pag. 186. )

Discussion de la réduction des oxides.

**238.** Cette réduction par le *charbon* est un fait admis par tous les métallurgistes; tous s'accordent également à dire 1° que la réduction s'opère en commençant à la circonférence des masses et en se propageant graduellement jusqu'au centre; 2° que la durée qu'exige la réduction complète croît pour un même oxide avec les masses sur lesquelles on opère, et diminue au contraire avec l'élévation de la température à laquelle se fait la réduction. M. Berthier en particulier affirme que la réduction par cémentation a lieu, soit que le métal se fonde, soit qu'il ne se fonde pas, qu'elle s'effectue encore lors même que les matières étrangères qui peuvent se trouver mélangées à l'oxide métallique forment entre elles une combinaison infusible; mais cet auteur regarde comme une condition indispensable de la réduction qu'il y ait *contact immédiat* entre l'oxide métallique et le charbon. Il nie même positivement que les vapeurs combustibles qui émanent des foyers puissent enlever l'oxigène aux oxides de fer en particulier.

«La combinaison par voie de cémentation, dit-il (*Essais par la voie sèche,* tome I, pag. 36), est un phénomène général d'un grand intérêt. On ignore comment ce phénomène s'opère. On pourrait croire que l'oxigène est enlevé par les vapeurs combustibles qui émanent des foyers et qui pénètrent à travers toutes les substances poreuses; mais il est facile de s'assurer qu'il ne peut en être ainsi, au moins quant à la réduction des oxides de fer. En effet, que l'on remplisse d'oxide rouge de fer un creuset au fond duquel on a mis du charbon, ou au contraire que l'on place de l'oxide de fer dans un creuset et qu'on le recouvre de charbon, ou enfin que l'on introduise du charbon au centre d'une masse d'oxide de fer et que l'on chauffe pendant une ou deux heures, et l'on trouvera qu'*il ne s'est formé de fer métallique que dans la partie de la masse voisine du charbon, et qu'il n'y en a pas la plus petite trace à la surface du culot, ni dans les autres parties, quoique ces parties se soient trouvées exposées comme toutes les autres à l'action des gaz combustibles qui se dégagent du foyer.*

Comme, d'après le même auteur, et ainsi que nous l'avons dit plus haut, le peroxide de fer se réduit *en partie* sous l'action des vapeurs qui se dégagent d'un foyer, l'ensemble de ces idées sur la réduction des oxides de fer peut se résumer ainsi :

1° Les vapeurs qui se dégagent d'un foyer peuvent commencer la réduction du peroxide de fer ;

2° Cette réduction par le charbon ne peut s'effectuer qu'à l'aide du contact immédiat entre l'oxide et le combustible ;

3° Cette réduction marche de la surface au centre des morceaux, de telle sorte que le peroxide de fer se change d'abord tout entier en oxide des battitures, en passant par l'état d'oxide magnétique de la nature, puis enfin se recouvre d'une couche de fer métallique dont l'épaisseur s'accroît peu à peu.

Ces mêmes opinions se retrouvent tout entières chez M. Karsten, et, s'il est possible, ce célèbre métallurgiste les énonce en quelques points d'une manière encore plus explicite. La réduction des oxides de fer par le carbone, dit-il, commence déjà à une faible chaleur rouge. Le peroxide se change d'abord en un oxide inférieur qui est semblable soit à l'oxide magnétique, soit à l'oxide des battitures, et qui se réduit entièrement sans passer à l'état de protoxide. La désoxidation se prolonge de la surface vers le centre; elle peut s'achever bien avant que le morceau ait changé de forme. Avant que le noyau du minerai ait éprouvé un premier changement, la surface extérieure se compose de l'oxidum ferroso-ferricum.

Ce n'est qu'après que le centre a déjà subi une première altération que l'enveloppe se change en fer pur ne contenant ni oxigène, ni carbone; mais quand le noyau est entièrement désoxidé, les couches extérieures sont déjà carburées, et réciproquement la carburation commence seulement lorsque le noyau est à l'état métallique; le morceau peut conserver en cet état sa forme primitive ( tome I, pag. 238-239, et tome II, pag. 144 ). Le corps qu'on veut réduire *doit être en contact immédiat* avec le réactif; la flamme seule ne pourrait produire l'effet demandé parce qu'elle n'est que le résultat de la combinaison des matières combustibles avec l'oxigène. Si donc ces matières doivent désoxider le fer, il ne faut pas qu'elles soient déjà brûlées ( tome I, pag. 363 ).

239. Si le contact immédiat était nécessaire pour opérer la réduction, il semblerait qu'il y a un avantage évident à mélanger l'oxide de fer et le combustible autant que faire se pourrait. Au lieu de disposer l'un et l'autre par couches épaisses et distinctes, comme on le fait dans les hauts-fourneaux où les couches sont horizontales, et dans les forges à la catalane où elles sont presque verticales, on multiplierait ainsi les points de contact; cependant ces essais, basés sur la théorie de la réduction par le *contact immédiat* du charbon, n'ont pas réussi. Je les ai tentés sans aucune espèce de succès, et sur une assez grande échelle, puisque je traitais d'un seul coup 20 kil. de minerai. M. Karsten convient lui-même que cette méthode n'a pas eu plus de succès dans les hauts-fourneaux (tom. I, pag. 358).

240. Si ces opinions d'hommes pour lesquels je professe d'ailleurs la plus haute estime pouvaient prévaloir, il faudrait en conclure que la réduction du peroxide de fer ne s'opérerait point dans les foyers catalans; car on verra que par la disposition même du charbon et du minerai, il n'y a de contact entre eux que suivant un seul plan vertical; ce serait donc

dans ce plan de contact seul que la réduction pourrait s'opérer; or, au contraire, j'ai constamment et très fréquemment constaté par l'autopsie des feux catalans, qu'en un temps généralement assez court la réduction avait pénétré jusqu'à la couche verticale de minerai la plus éloignée du contact avec le charbon, couche quelquefois placée à près d'un pied de distance *horizontale* du combustible. Nous allons voir que cette réduction s'explique de la manière la plus naturelle, en admettant avec M. Leplay qu'elle s'opère par l'action des gaz carbonés poussés par le vent de la tuyère à travers les interstices que laissent entre eux les fragments du mur de minerai, et, si quelque chose pouvait confirmer les idées de cet ingénieur, c'est précisément ce qui se passe dans les forges à la catalane.

Charbon, oxide de carbone, acide carbonique, oxide de fer, air atmosphérique.

241. On savait depuis long-temps que le gaz oxide de carbone (78) réduisait à l'aide d'une température élevée les oxides métalliques en passant lui-même à l'état d'acide carbonique. Dès 1821, et peut-être antérieurement, on lisait dans la Chimie de Thénard (tome II, pag. 203 de la 3$^{me}$ édition) : « Le gaz oxide de carbone n'a d'action sur aucun oxide métallique à la température ordinaire; il ne se combine avec aucun à une température quelconque; mais il en désoxide un grand nombre en tout ou en partie à une température élevée, et passe à l'état d'acide carbonique. » On savait également (77) que le gaz acide carbonique en contact avec un excès de charbon et sous l'influence d'une haute température, repassait à l'état de gaz oxide de carbone. Les éléments d'une saine théorie des opérations métallurgiques existaient donc; et, par exemple, le minerai et le combustible étaient-ils, comme dans les hauts-fourneaux, disposés l'un au-dessus de l'autre par couches épaisses et distinctes, l'acide carbonique produit par la combustion, en la supposant complète, se transformait en oxide de carbone en traversant une couche de combustible. Cet oxide de carbone à son tour, traversant une couche d'oxide de fer, réduisait celui-ci en s'emparant de son oxigène, et passait de nouveau à l'état d'acide carbonique; ce dernier, rencontrant une nouvelle couche de combustible, se transformait en oxide de carbone, qui lui-même revenait à l'état d'acide carbonique au contact d'une autre couche de minerai, qu'il désoxidait à son tour, et ainsi de suite.

Réduction des oxides dans les forges catalanes.

242. Dans les foyers à la catalane, le vent poussé par la trompe à travers le charbon, mais en quantité insuffisante pour transformer le combustible en acide carbonique ( Voyez *vent* ), et suffisante au contraire pour former de l'oxide de carbone ; ce vent, dis-je, dirigé par la tuyère au point le plus bas du mur de minerai, baigne incessamment celui-ci d'oxide de carbone très chaud qui se répand à travers les interstices que laissent entre eux les morceaux de mine, les réduit ou les désoxide successivement,

pour s'échapper ensuite partie à l'état d'acide carbonique et quelquefois même d'oxide de carbone (1). En vain prétendra-t-on que cette réduction s'opère par le contact du charbon, comme l'ont avancé ceux qui ont écrit avant moi sur les forges catalanes, et en particulier MM. Marrot et François, ingénieurs des mines (*Annales des mines*, tome VIII, 1835). Ce contact, s'il avait lieu, et d'après les idées de M. Berthier, ne réduirait qu'une couche verticale toujours fort mince dans nos creusets; or, je l'ai déjà dit, j'ai souvent, très souvent constaté que cette réduction s'était opérée à une grande distance *horizontale* du combustible.

Il n'est donc point vrai, comme ces messieurs l'ont cru, qu'à mesure que les couches voisines du combustible sont réduites, on les pousse vers le centre du feu et que les suivantes éprouvent les mêmes effets. Non; les couches se réduisent en masse dans toute leur épaisseur horizontale, et la réduction est d'autant plus avancée, non pas que les couches sont plus voisines du combustible, mais qu'elles sont plus profondément situées dans les creusets, ce qui est fort différent. En un mot, cette réduction marche surtout de bas en haut, et non de gauche à droite.

244. Je le répète, si la réduction des oxides de fer par le charbon seul pouvait être admise, comme cette réduction s'opère très certainement dans nos creusets, il faudrait en conclure que le charbon et l'oxide de fer, en vertu de propriétés mystérieuses dont la chimie n'a jamais offert d'exemple, réagissent l'un sur l'autre à près d'un pied de distance. Convenons-en, cette théorie est complètement inadmissible, et les conséquences qu'on en a tirées, les règles, les conseils, sur la conduite de l'opération, qu'on en a déduits, sont entachés d'erreurs passablement graves. Je reviendrai sur ces conseils lorsque je tenterai d'asseoir la théorie des forges à la catalane.

245. Cette théorie de la réduction des oxides est si importante, que je n'hésite point à transcrire ici le beau travail de M. Leplay, le premier et le seul ingénieur des mines qui ait osé s'affranchir des idées de l'école, le premier qui, dans cette question, n'ait point torturé des faits patents pour les mettre d'accord avec un préjugé scientifique.

---

(1) 243. L'acide carbonique lui-même pourrait peut-être agir comme agent réducteur, dans certaines circonstances. En effet, à la haute température des forges le fer ramène l'acide carbonique à l'état d'oxide de carbone, et cet oxide de carbone réduit à son tour l'oxide de fer. Il pourrait donc arriver qu'un courant d'acide carbonique qui agirait successivement à une haute température sur une masse de fer, puis sur une masse d'oxide de fer, oxidât la première et réduisît la seconde.

*Extrait d'un mémoire sur la théorie d'un traitement des minerais de fer dans les hauts-fourneaux, et exposé de plusieurs principes nouveaux sur le mode d'action du carbone considéré comme réactif réducteur et carburant*, par F. Le Play, ingénieur des mines. ( *Ann. de chim. et de phys.*, 1836. )

« 246. Le carbone semble présenter de grandes anomalies au milieu « des autres corps simples : c'est le seul principe fixe parmi les éléments « essentiels des composés organiques, et parmi les dix ou douze corps « simples qui par la variété de leurs réactions, soit entre eux, soit sur les « autres corps, occupent la plus grande place dans l'histoire des phéno-« mènes chimiques.

« Pour n'insister ici que sur les anomalies qu'on a voulu principalement « expliquer dans ce Mémoire, le carbone possède seul la propriété de « réagir vivement sur d'autres corps également fixes, par un contact fort « imparfait ou même tout-à-fait insignifiant. Tel est le phénomène que « présente la *cémentation* des oxides et des métaux touchés seulement à « leur surface extérieure par le carbone; phénomène dans lequel un frag-« ment de ces corps, quelque volumineux et quelque compacte qu'il « soit, se trouve réduit, puis carburé jusqu'au centre de la masse.

« Ce phénomène n'étant comparable à aucun autre, et ne se présentant « avec les mêmes circonstances pour aucun corps autre que le carbone, « la cause en est restée complètement inconnue jusqu'ici, et il n'est pas « étonnant qu'on soit dans la même ignorance à l'égard de la théorie de « la plupart des opérations métallurgiques, où l'on emploie le carbone « comme réactif réducteur et carburant. Toute tentative de théorie sur « les phénomènes qu'on y observe comprenait toujours en effet les deux « propositions suivantes :

« 1° La substance à élaborer se réduit ou se carbure par cémentation; « 2° la cause de la cémentation est inconnue.

« Ne serait-ce pas faute d'avoir apprécié les circonstances les plus essen-« tielles du phénomène de la cémentation que l'on a été conduit à l'attri-« buer à une cause mystérieuse distincte des forces chimiques ordinaires? « Telle est la question que je crois avoir résolue affirmativement.

« En visitant, en 1829, les usines à zinc du nord de l'Allemagne, dans « lesquelles on prépare ce métal en chauffant un mélange d'oxide et de « charbon, je remarquai avec étonnement que l'on regardait comme une « circonstance assez indifférente au succès de l'opération, l'intimité plus « ou moins grande du mélange entre les deux réactifs. Des expériences

« décisives, faites sous mes yeux dans ces usines, ne me permettant pas
« de douter de ce fait, je fus conduit à voir, sous un jour tout nouveau,
« la théorie de la réduction de l'oxide de zinc. J'exposai ces nouvelles
« idées dans un Mémoire présenté en février 1830, au conseil de l'école
« des mines : après y avoir indiqué que l'oxide de carbone passe à l'état
« d'acide carbonique par sa réaction en vase clos sur l'oxide de zinc, et
« que, d'un autre côté, l'oxide de carbone est constamment régénéré par
« le contact de l'acide carbonique et du charbon en excès, j'ajoutais :

« Il résulte de cette manière de voir que l'atmosphère d'oxide de car-
« bone qui baigne toutes les substances contenues dans la cornue est le
« véhicule qui sert à porter sur le charbon l'oxigène de l'oxide de zinc.
« Si cette théorie est juste, il en résulterait que deux masses séparées de
« charbon et d'oxide de zinc, placées dans une enceinte fermée, mais
« pouvant donner issue aux gaz, réagiraient l'une sur l'autre, de telle ma-
« nière que ces deux masses se volatiliseraient entièrement, si elles étaient
« équivalentes l'une de l'autre, et si l'enceinte, primitivement remplie
« d'acide carbonique ou d'oxide de carbone, était exposée à la tempéra-
« ture à laquelle l'acide carbonique peut réagir sur le charbon.

« Je profitai des moments de loisir que me laissaient les fonctions que
« je remplissais alors au laboratoire de l'École des Mines, pour vérifier par
« l'expérience cette théorie nouvelle. Je prévis déjà qu'on pourrait appli-
« quer les mêmes principes à la réduction des oxides métalliques et à la
« théorie de la cémentation des oxides et des métaux en présence du char-
« bon; mais les recherches que je commençai à faire à ce sujet furent
« interrompues pendant dix-huit mois par les suites d'une grave blessure.
« Plus tard, de nouveaux devoirs ne me permettant plus d'expérimenter
« d'une manière suivie, je ne désespérai pas d'arriver à mon but en dis-
« cutant, à l'aide des résultats que j'avais déjà obtenus, les expériences
« journalières de l'industrie métallurgique. Après plusieurs voyages con-
« sacrés spécialement à l'étude des usines à fer, j'arrivai enfin à consta-
« ter : que dans tous les fourneaux à courant d'air forcé, où l'on réduit les
« oxides de fer, de plomb, de cuivre et d'étain, il n'existe aucun contact
« appréciable entre les minerais et le charbon; que l'opération ne réussit
« pas quand le mélange est aussi complet que possible entre ces deux réac-
« tifs, et qu'au contraire la marche des fourneaux est d'autant plus parfaite
« que ce contact est plus insignifiant; que pendant la presque totalité de
« leur séjour dans les fourneaux, les minerais ne sont essentiellement en
« contact avec aucun principe autre que l'oxide de carbone, d'où je conclus
« que c'était encore ce gaz qui produisait dans ces fourneaux les phéno-
« mènes de réduction et de carburation jusque là attribués au carbone.

« Dès ce moment, tous les phénomènes observés jusque-là relativement
« à l'action du carbone, dans les ateliers métallurgiques, se présentèrent à
« moi comme des corollaires évidents de ce principe. Je crois avoir dé-
« montré :

« Que le traitement des oxides et des métaux, dans une enceinte fer-
« mée, soit par cémentation, soit par voie de mélange avec le charbon,
« n'est dans tous les cas qu'un moyen simple et économique de les sou-
« mettre à l'action de l'oxide de carbone; que le charbon agit plus rapide-
« ment par voie de mélange que par cémentation, non parce qu'il est
« alors en contact plus intime avec l'oxide à réduire, mais bien, et cette
« distinction est capitale, avec l'acide carbonique produit par la réduction,
« et qui, dans ce cas, repasse plus promptement à l'état d'oxide de car-
« bone ;

« Que les fourneaux à courant d'air forcé sont fondés sur le même prin-
« cipe ; qu'ils ne diffèrent des appareils clos de cémentation qu'en ce que
« la chaleur nécessaire à la réaction de l'oxide de carbone, au lieu d'être
« appliquée extérieurement, y est produite dans la même enceinte où se
« prépare et où réagit ce gaz;

« Que dans tous ces fourneaux, sans exception, l'oxide de carbone est
« préparé par la réaction de l'air atmosphérique sur le charbon ; dans les
« fourneaux à courant d'air, l'air est projeté sur le charbon et donne nais-
« sance à un courant d'oxide de carbone qui se renouvelle constamment;
« dans les appareils de cémentation, l'air est interposé mécaniquement
« entre les solides contenus, et les mêmes molécules d'oxide de carbone
« peuvent réagir pendant toute la durée d'une opération, quelque longue
« qu'elle soit.

« Il y a, entre la cémentation des oxides et celle des métaux, cette dif-
« férence essentielle que, dans le premier cas, même en négligeant l'ac-
« tion réciproque des solides, il suffit qu'il y ait dans la brasque une seule
« molécule d'oxigène interposé, pour que la réduction commence et dé-
« veloppe une atmosphère sans cesse croissante d'oxide de carbone ; dans
« le cas des métaux, au contraire, la puissance de l'atmosphère d'oxide
« de carbone reste toujours constante, et dépend uniquement de la quan-
« tité d'air atmosphérique interposée dans la brasque. Ce qui fait com-
« prendre pourquoi la cémentation du fer métallique ne peut avoir lieu
« dans des caisses dont la brasque est trop menue ; fait dont la cause avait
« toujours semblé inexplicable. On pourrait citer ainsi vingt faits du même
« genre (1) empruntés à toutes les branches de la métallurgie; qui, d'in-

(1) On peut comprendre maintenant, par exemple, pourquoi un haut-fourneau à fer ne peut fonc-
tionner, si l'on mélange le minerai et le combustible, et pourquoi, au contraire, ces deux substances

« compréhensibles qu'ils étaient, deviennent maintenant nécessaires.

Les développements qui précèdent indiquent, je pense, suffisamment combien le principe établi précédemment est fécond dans ses conséquences; on peut le formuler ainsi dans son acception la plus générale :

L'oxide de carbone réduit tous les composés et carbure tous les métaux qui peuvent être réduits et carburés par cémentation.

« Les applications qu'on peut faire de cette théorie au perfectionne-
« ment des hauts-fourneaux résulteront surtout de cette considération,
« que ces appareils ne sont que de grandes machines propres à faire réagir
« sur le minerai de la chaleur et de l'oxide de carbone; que, par consé-
« quent, ces machines seront d'autant plus parfaites, c'est-à-dire qu'on
« obtiendra un effet utile d'autant plus grand, d'une dépense donnée en
« combustible ou en air atmosphérique, qu'elle transmettra plus complè-
« tement au minerai l'action de ces deux agents.

« En revenant maintenant à la question de philosophie chimique qui
« a été le point de départ de ces deux recherches, je crois être arrivé à
« prouver que l'histoire chimique du carbone ne présente rien d'anor-
« mal. Si, malgré sa fixité, ce corps joue, dans la nature organique, et
« surtout dans les phénomènes que nous venons de signaler, un rôle aussi
« important que des corps essentiellement gazeux, c'est qu'il jouit de la
« propriété de former, avec l'élément le plus abondant de la nature (l'oxi-
« gène), deux composés volatils, l'oxide de carbone et l'acide carbonique,
« qui lui servent de véhicule dans la plupart des grands phénomènes de
« la nature et de l'art où il intervient.

« Lorsque j'eus été conduit à l'ensemble de résultats que je viens de
« résumer, je dus concevoir le désir de vérifier, par des expériences de
« laboratoire, une foule de conséquences que j'avais déduites de preuves
« d'un autre ordre, bien que non moins décisives; je m'adressai, à cet
« effet, à mon ancien camarade d'études, M. le professeur Laurent, qui
« mit aussitôt à ma disposition toutes les ressources de son laboratoire :

doivent être chargées par couches horizontales épaisses et distinctes : c'est que, vu la direction verticale du mouvement de chaque molécule gazeuse, celle-ci peut, à chaque instant, produire le maximum d'effet utile, ce qui consiste pour elle à réagir sur le minerai quand elle est à l'état d'oxide de carbone, et sur le charbon quand elle est à l'état d'acide carbonique. Dans l'arrangement fortuit produit par un mélange la même chose n'aurait plus lieu, et l'on conçoit à la rigueur telle disposition possible en vertu de laquelle deux molécules d'acide carbonique et d'oxide de carbone pourraient traverser le fourneau sans rencontrer autre chose, la première, que le minerai, la seconde, que le charbon, et par suite sans produire aucun effet.

La disposition différente, mais encore plus distincte, du minerai et du charbon dans les fourneaux où l'on traite les minerais de plomb, de cuivre et d'étain, s'explique d'une manière aussi rationnelle.

« il fit mieux encore ; approuvant l'esprit dans lequel ces recherches
« étaient conçues, il voulut bien m'aider à développer le plan des expé-
« riences et me prêter le secours de son habileté pour les mettre à exécu-
« tion. Enfin, M. Dumas, avec sa bienveillance ordinaire pour les nouveaux-
« venus dans la science, nous ayant donné entrée à son laboratoire de
« l'École Polytechnique, il nous a été possible de faire, en novembre
« dernier, quelques expériences décisives que nous n'aurions pu exécuter
« ailleurs sur une échelle convenable. Ces recherches, qui ont été couron-
« nées d'un plein succès, et que nous continuons encore aujourd'hui, se-
« ront exposées dans un Mémoire qui me sera commun avec M. Laurent (1). »

Manganèse.   247. Revenons à l'étude des autres éléments du minerai.

Le manganèse métallique ressemble à de la fonte blanche ; suivant
M. Dumas, on ne le connaît que combiné au carbone, de sorte que ce qu'on
appelle du manganèse métallique ne serait véritablement qu'une *fonte* de
manganèse. A cet état de carbure, il est cassant, très dur, et sa densité
serait de 8.013. Le manganèse métallique, suivant M. Berthier, aurait un
poids spécifique très inférieur, qu'il fixe à 7.05 seulement. Le manganèse
est difficilement fusible. Toutefois il entre en fusion à un degré de feu capable de fondre le fer pur, température qu'on peut évaluer à environ
1500 ou 1600 degrés (225). Il est fixe. Le manganèse possède une telle affinité pour l'oxigène, qu'on ne peut le conserver à l'air, même à la température ordinaire. Il se ternit alors promptement et se convertit en une
poudre brune qui est un oxide de manganèse. Il s'oxide encore plus rapidement par le grillage. A la température ordinaire, il décompose l'eau
lentement ; à la chaleur rouge, cette décomposition est au contraire très
rapide ; à cette même température, il décompose l'acide carbonique. Le
manganèse peut s'allier au fer à l'aide d'une température élevée. D'après
M. Karsten il rend le fer plus dur, sans augmenter sa ténacité (176).

Oxides
de manganèse.  248. On connaît jusqu'à six oxides de manganèse : 1° le protoxide ; 2° le
deutoxide ; 3° le peroxide ; 4° l'oxide rouge, que l'on considère comme
un composé de protoxide et de peroxide ; 5° l'acide manganique ; 6° l'acide
hyper-manganique.

Tous les oxides du manganèse ont une tendance marquée à se transformer
médiatement ou immédiatement en oxide rouge ; la chaleur blanche suffit
pour ramener àcet état tous les oxides ci-dessus, à l'exception du premier.

249. Toutefois, en présence du charbon, des gaz carbonés, et de l'hy-

(1) J'ajouterai ici que M. Gobel a récemment encore étudié l'action du gaz oxide de carbone sur le
peroxide de fer ; il résulte de ses expériences que l'oxide rouge de fer, sous l'influence d'un courant
d'oxide de carbone sec, est promptement ramené à l'état d'oxide noir, et que celui-ci est ensuite réduit
*complètement* à une chaleur plus élevée, maintenue pendant long-temps. Ce cas s'applique directement à
nos forges catalanes.

drogène, ou du soufre, tous les oxides du manganèse sont ramenés à l'état de protoxide, même à une température peu élevée. Ils peuvent même être complètement réduits par le charbon et les gaz carbonés, mais cette réduction est lente; elle exige une très-haute température, et il paraîtrait même qu'elle ne peut s'opérer au contact de la silice.

250. Le protoxide de manganèse a une couleur qui varie avec le procédé qui l'a fourni. Si l'on fait chauffer un oxide supérieur dans un creuset brasqué et à la chaleur blanche, l'oxide repasse à l'état de protoxide, qui est alors d'un beau vert d'herbe; ce protoxide est vert-grisâtre, si on l'a obtenu en calcinant en vases clos un carbonate de manganèse ; il est vert-pistache, s'il est le produit d'un carbonate chauffé dans un courant d'hydrogène. Il se présente d'ailleurs rarement à l'état de pureté, dans les analyses par voie humide. Le protoxide de manganèse isolé paraît être infusible ; lorsqu'on le chauffe au contact de l'air, il absorbe promptement l'oxigène, et suivant M. Dumas, se convertit en oxide rouge (253); il se change aussi en oxide rouge lorsqu'il décompose l'eau à l'aide de la chaleur. C'est une base très forte qui se combine très facilement avec les acides les plus faibles. C'est à l'état de protoxide que le manganèse entre dans les scories des forges catalanes. (Voy. *Silicates.*)

Protoxide de manganèse.

Le protoxide de manganèse est formé de

| Manganèse, | 78.06 |
| Oxigène, | 21.94 |
| | 100 |

Le protoxide de manganèse se combine avec l'eau et forme un hydrate blanc, qui, exposé à l'air, absorbe de l'oxigène et de l'acide carbonique. Chauffé en vases clos, cet hydrate se change en oxide rouge. L'hydrate se dissout dans les acides, et à l'état naissant, il se dissout dans un grand excès d'ammoniaque.

251. Le deutoxide de manganèse est noir ou brun-noirâtre. Il ne se suroxide pas à l'air, même à l'aide de la chaleur. Au blanc naissant, ou même au rouge, il perd de l'oxigène et passe à l'état oxide rouge. La chaleur seule suffit donc pour le désoxider partiellement. L'acide nitrique concentré et bouillant, l'attaque, forme du nitrate de protoxide qui se dissout, et du peroxide qui ne se dissout pas. Les acides sulfurique et hydrochlorique, concentrés et chauds, le dissolvent en produisant des sels de protoxide, et dégageant de l'oxigène. La plupart des acides végétaux, et les acides minéraux, lorsqu'on y ajoute du sucre ou de la gomme, le dissolvent, en formant des sels de protoxide et dégageant de l'acide carbonique.

Deutoxide de manganèse.

Le deutoxide de manganèse est composé de

Manganèse,    70.34
Oxigène,    29.66
——————
100

ou de

| Protoxide de manganèse, | 90.12 | Oxide rouge, | 96.69 |
|---|---|---|---|
| Oxigène, | 9.88 | Oxigène, | 3.31 |
| | 100 | | 100 |

Le deutoxide de manganèse, en se combinant avec l'eau, forme plusieurs hydrates que nous n'avons point à étudier.

Peroxide de manganèse.

252. Le peroxide de manganèse se rencontre dans la nature. Il est d'un gris noir et sa poussière est d'un noir pur. La chaleur rouge le ramène à l'état de deutoxide ; le rouge blanc le fait passer à l'état d'oxide rouge ; enfin, le contact du charbon, ou des gaz carbonés, le ramène à l'état de protoxide. Les acides végétaux le décomposent à l'aide de la chaleur. L'acide hydrochlorique le décompose également, avec dégagement de chlore, et il se produit du protochlorure de manganèse. L'acide nitrique ne l'attaque pas à froid ; très concentré et bouillant, il forme un peu de nitrate de protoxide et dégage de l'oxigène. L'acide sulfurique concentré agit à peu près de la même manière, d'après M. Berthier. Suivant M. Dumas, au contraire, il le décompose entièrement, avec dégagement d'oxigène, et il reste pour résidu un protosulfate de manganèse.

Le peroxide est formé de

Manganèse,    64.01
Oxigène,    35.99
——————
100

ou de

| Protoxide de manganèse, | 82 | Deutoxide, | 91 | Oxide rouge, | 88 |
|---|---|---|---|---|---|
| Oxigène, | 18 | Oxigène, | 9 | Oxigène, | 12 |
| | 100 | | 100 | | 100 |

Le peroxide de manganèse se combine avec l'eau et forme un hydrate qu'on rencontre dans la nature, et particulièrement dans les mines de Rancié. L'hydrate de peroxide est pulvérulent, très léger, d'un brun très foncé, et rempli de petites paillettes brillantes. La plus faible chaleur commence à le décomposer ; les acides énergiques étendus le décomposent également et forment avec lui des sels de protoxide. L'hydrate de peroxide

renferme 12 pour 100 d'eau. En le faisant bouillir avec l'acide nitrique,
il s'en forme un autre qui ne contient plus que 4.5 pour 100 d'eau. Quant
à l'hydrate de peroxide naturel qu'on rencontre à Rancié, il est compacte
ou en concrétions mamelonnées, très léger, tendre, tachant les doigts en
couleur chocolat; il est mêlé de carbonate de chaux, qui s'y trouve tantôt
en parties cristallines, tantôt entièrement disséminé, de manière à le
rendre indiscernable. On peut cependant l'en séparer en totalité, au moyen
de l'acide acétique employé à froid. L'hydrate de peroxide de manganèse
de Vicdessos a été analysé par M. Berthier, qui l'a trouvé formé de

| | | | | | | | | |
|---|---|---|---|---|---|---|---|---|
| Protoxide de manganèse. | 68.9 | | Peroxide manganèse. . | 45.5 | | Hydrate de peroxide de manganèse. . . . | 54.5 |
| Oxigène . . . . . . | 11.7 | | Deutoxide manganèse. . | 35.1 | | | |
| Eau. . . . . . . | 12.4 | ou | Eau. . . . . . . | 12.4 | ou | Hydrate de deutoxide. . | 38.5 |
| Oxide de fer et argile. . | 7 | | Oxide de fer et argile. . | 7 | | Oxide de fer et argile. . | 7 |
| | 100 | | | 100 | | | 100 |

Cet hydrate éprouve une perte très considérable en eau et en oxigène
par la calcination.

253. La calcination à l'air amenant les oxides du manganèse à l'état
d'oxide rouge, c'est à cet état qu'on dose le manganèse dans les analyses. Oxide rouge de manganèse.
Cet oxide est inaltérable par la chaleur et le grillage. Lorsqu'il est très
dense, l'oxide rouge prend une teinte foncée presque noire.

Il est formé de

| | |
|---|---|
| Manganèse, | 72.75 |
| Oxigène, | 27.25 |
| | 100 |

254. Les acides manganique et hyper-manganique ne sont d'aucun intérêt pour l'objet que nous avons en vue; nous nous bornerons à dire que
le premier contient 54.26 manganèse et 45.74 oxigène, et le second,
50.84 manganèse et 49.16 oxigène; de sorte que, pour une même quantité
de manganèse, les six oxides successifs de ce métal renferment des quantités d'oxigène qui sont entre elles comme 6 : 8 : 9 : 12 : 18 : 21.

255. Il paraît résulter des connaissances acquises sur les oxides de fer
et ceux de manganèse, des rapports et des différences qu'il peut être utile Rapproche-ments entre les oxides de fer et ceux de manganèse.
de rapprocher. Au contact de la silice les oxides de fer peuvent être ré-
duits; les oxides de manganèse, au contraire, ne se réduisent pas complètement. La chaleur ne suffit pas pour réduire les oxides de fer supérieurs;
elle réduit au contraire partiellement ceux de manganèse. Le charbon ou
les gaz carbonés à la température du blanc naissant, réduisent les oxides
de fer; ces agents ne peuvent que ramener les oxides de manganèse à l'état
de protoxide. L'hydrogène, à la chaleur blanche, réduit complètement

les oxides de fer; il ne réduit qu'incomplètement les oxides de manganèse. Du peroxide de manganèse pur, exposé à un courant d'hydrogène sec, à la plus haute température d'une bonne forge, a laissé du protoxide de manganèse fondu d'une belle couleur verte. Sous l'influence d'une haute température, l'eau suroxide le protoxide de fer et celui de manganèse. Le charbon, les gaz carbonés, sous l'influence d'une très forte chaleur, réduisent certainement les oxides de fer, et peut-être ceux de manganèse; dans tous les cas, la réduction de l'oxide de fer précède celle du manganèse, et le fer, ramené à l'état métallique, n'enlèverait point, dans ces circonstances, de l'oxigène au protoxide de manganèse, qui ne se serait pas encore réduit. Combinés avec la silice, les protoxide de fer et de manganèse forment des silicates très fusibles; mais les premiers, malgré l'opinion contraire, paraissent être plus fusibles que les seconds.

Chaux.

256. La chaux est le protoxide du calcium. Lorsqu'elle est pure, elle est blanche, pulvérulente, d'une saveur âcre; elle détruit le tissu des substances animales sur lesquelles on l'applique. Elle verdit fortement le sirop de violette, et rougit la teinture de curcuma. Elle pèse 2.3 autant que l'eau pure. Elle est infusible au feu le plus violent, fixe et irréductible par le charbon. Elle se dissout complètement dans 635 fois environ son poids d'eau froide, et dans 1270 fois son poids d'eau bouillante. L'eau bouillante en dissout donc moins que l'eau froide.

Elle est formée de

| | |
|---|---|
| Calcium, | 71.91 |
| Oxigène, | 28.09 |
| | 100 |

Hydrate de chaux.

Si l'on verse de l'eau sur la chaux pure ou vive, cette eau disparaît si elle n'est point en excès; elle est absorbée, la chaux s'échauffe jusqu'à 300 degrés environ, il s'exhale de la vapeur; elle se fendille, se délite et se réduit en poudre fine. La chaux est alors *éteinte*, et il s'est formé un *hydrate* de *chaux* qui semble être composé de

| | | | | |
|---|---|---|---|---|
| Chaux, | 75 = | Calcium, | 53.93 |
| | | Oxigène, | 21.07 |
| Eau, | 25 | | 25 |
| | 100 | | 100 |

Eau de chaux.

257. L'eau froide à 15 degrés dissout environ $\frac{1}{380}$ de son poids d'hydrate de chaux. C'est cette dissolution qu'on emploie si fréquemment dans les laboratoires sous le nom d'*eau de chaux*. Pour l'obtenir, on met dans un grand flacon de l'eau distillée et de l'hydrate de chaux; on le

ferme, on l'agite, et on laisse déposer la chaux tenue en suspension. Lorsque l'eau est devenue limpide, on la décante et on la conserve dans un flacon bien bouché. Si l'on avait employé de l'eau bouillante pour opérer la dissolution, l'eau n'aurait dissous que $\frac{1}{950}$ environ de son poids de chaux. L'hydrate est donc lui-même plus soluble dans l'eau froide que dans l'eau bouillante.

258. La chaux est une base très forte qui se combine très facilement avec les acides les plus faibles et forme ainsi les sels de chaux. Ces sels ont en général une saveur amère et piquante. Ils colorent en rouge la flamme de l'alcool. Lorsqu'ils sont en dissolution très étendue, l'oxalate d'ammoniaque les décompose et forme dans ces dissolutions un précipité d'oxalate de chaux qui se dépose très lentement, et dont la ténuité est telle, qu'il exige, pour être recueilli dans les analyses, qu'on emploie des filtres très serrés ou même doubles. L'oxalate de chaux se précipite accompagné d'une quantité d'eau qui renferme autant d'oxigène qu'il y en a dans la chaux. On ne peut la chasser par une chaleur ménagée. L'oxalate de chaux parfaitement anhydre contient 0.4401 chaux, et 0.5599 acide oxalique; desséché à 100 degrés ou à la température de l'eau bouillante, il retient encore 0.1221 eau, de sorte qu'il ne contient dans cet état que 38.636 chaux pour 100.

*Oxalate de chaux (réactif).*

L'étude de la plupart des sels de chaux est tout-à-fait étrangère à notre objet; nous la bornerons donc au carbonate de chaux dont l'emploi est si fréquent dans la métallurgie, réservant pour l'article *silice* tout ce qui tient aux *silicates* de chaux.

259. L'acide carbonique en se combinant à la chaux forme le carbonate de chaux, substance extrêmement abondante dans la nature, qu'on emploie comme pierre à bâtir, qui forme les marbres, dont on extrait la chaux, etc.

*Carbonate de chaux.*

Le carbonate de chaux pur est formé de

| | |
|---|---|
| Acide carbonique | 43.61 |
| Chaux | 56.39 |
| | 100 |

Il pèse 2.7 autant que l'eau. Il est insoluble dans l'eau pure, mais il peut se dissoudre dans l'eau chargée d'acide carbonique. Si l'on chauffe cette dissolution, l'excès d'acide se dégage et le carbonate neutre se précipite; il se précipite également par l'agitation ou par son exposition à l'air.

Le carbonate de chaux, que nous offre la nature en si grande abondance, est souvent employé dans la métallurgie du fer. Ce carbonate se conserve sans altération à l'air. La chaleur rouge naissante ne l'altère point; mais la chaleur blanche le décompose en en dégageant l'acide carbonique, c'est alors de la chaux qu'on a pour résidu. Toutefois, d'après S.-J. Hall, lorsque le carbonate de chaux est soumis à une pression équivalente à celle d'une colonne d'eau d'environ 560 mètres de hauteur ; il fond sans perdre son acide carbonique et se convertit en marbre fort dur. Depuis les expériences de Hall, M. Faraday a démontré que, lorsque le calcaire, ou carbonate de chaux, était sec, il pouvait encore fondre sans se décomposer, même sous une faible pression.

260. Les pierres calcaires ne forment que bien rarement des carbonates de chaux pure. Le marbre blanc saccharoïde, les calcaires d'eau douce bien sonores, qui sont les plus purs, renferment encore de très petites quantités de magnésie, de quartz et d'argile. Il convient donc en général d'essayer les calcaires avant de les employer dans les usines métallurgiques. Comme il importe ici d'avoir plutôt un moyen expéditif que très exact de faire ces analyses, on pourra employer la méthode suivante recommandée par M. Berthier.

**Moyen d'analyse approximatif des pierres calcaires.** 261. Broyez et tamisez la pierre. Prenez 10 grammes de la poussière obtenue, délayez-la dans un peu d'eau, versez par-dessus, peu à peu et en agitant continuellement soit de l'acide hydrochlorique, soit de l'acide nitrique étendu d'eau, soit de l'acide acétique, jusqu'à ce qu'il n'y ait plus d'effervescence ; évaporez la dissolution à une douce chaleur jusqu'à ce qu'elle ait acquis une consistance pâteuse ; délayez alors dans environ un $\frac{1}{2}$ litre d'eau ; filtrez ; ce qui restera sur le filtre sera l'argile que vous pèserez lorsqu'elle sera sèche ; calcinez-la ensuite, pesez-la de nouveau ; l'excès de la première pesée sur cette dernière sera le poids de l'eau que cette argile retenait en combinaison.

Versez de l'eau de chaux (257) dans le liquide filtré, tant qu'il s'y forme un précipité ; recueillez le plus promptement possible celui-ci sur un filtre ; lavez-le avec de l'eau pure : puis calcinez et pesez : vous aurez ainsi la magnésie, mêlée de fer et de manganèse, si le calcaire en contient.

Après avoir fait ces opérations, calcinez à une forte chaleur blanche 5 grammes seulement de la pierre, prenez le poids du résidu.

Il est évident qu'en retranchant du double de ce poids celui de l'argile calcinée, et celui de la magnésie, etc., on aura le poids de la chaux. On pourra s'exercer à cette méthode d'analyse en l'essayant sur le *calcaire secondaire*, compacte et gris, dans lequel gît la mine de Rancié et qui forme un carbonate à plusieurs bases qui ne renferme que 15 pour 100 de chaux.

Sa composition, suivant M. Berthier, est

| | |
|---|---|
| Chaux | 15.00 |
| Magnésie | 8. |
| Protoxide de fer | 13.4 |
| Protoxide de manganèse | 0.5 |
| Acide carbonique et eau | 28.6 |
| Matières pierreuses | 34.2 |
| | 99.7 |

L'eau facilite la décomposition des pierres calcaires soumises à l'influence d'une forte chaleur. C'est un fait certain du moins que la pierre humide dégage plus promptement son acide carbonique que la pierre sèche.

262. Les pierres calcaires, sous le nom de *castine*, sont mélangées dans les hauts-fourneaux avec le minerai. Le but spécial de cette addition est de saturer la silice que contient le minerai, d'empêcher celle-ci de se porter sur l'oxide de fer, et par conséquent de former un silicate de protoxide de fer, lequel serait irréductible par le charbon suivant M. Dumas (tome IV pag. 643), réductible par le charbon, suivant M. Berthier (tome II pag. 305), s'il était traité de nouveau avec une quantité de chaux suffisante. Fondants.

263. L'emploi du carbonate de chaux ou calcaire dans les forges peut altérer un peu la qualité du fer; quoique le calcium se combine difficilement au fer, lorsque cette combinaison a lieu, il fait perdre au métal une partie de sa ténacité. Une grande quantité de carbonate de chaux, ajoutée pendant le travail, a donné un fer, qui n'était réellement ni rouverin ni cassant à froid, mais il était pailleux. L'analyse n'y découvrit toutefois que 0.0018 de calcium, c'est-à-dire moins de 2 millièmes.

264. D'un autre côté l'emploi de la chaux présenterait de très grands avantages si l'on était dans l'obligation de traiter des minerais moins purs que ceux de Rancié, et il faudrait alors en introduire la plus forte proportion que les scories pourraient porter sans cesser d'être fusibles; car la chaux tend à enlever le soufre et le phosphore au fer. Je suis porté à croire que si l'on eût traité avec cette addition le minerai de M. Bergasse (147), surtout après l'avoir grillé, on aurait eu de meilleurs résultats.

265. L'alumine ou oxide d'aluminium, lorsqu'elle est pure, est blanche, pulvérulente, excessivement dure. Sa saveur est nulle, elle happe à la langue, elle est sans odeur. Si elle contient de l'oxide de fer, elle exhale, lorsqu'on souffle dessus, une odeur particulière qu'on nomme odeur terreuse, et qu'on sent quelquefois en été lorsque après de fortes chaleurs la pluie commence à tomber sur des terres argileuses. L'alumine isolée est Alumine.

infusible et inaltérable par la chaleur. Elle n'absorbe pas l'eau et est insoluble dans ce liquide qui forme pâte avec elle. Sa composition est

| | |
|---|---|
| Aluminium | 53.29 |
| Oxigène | 46.71 |
| | 100 » |

L'alumine calcinée n'est que très difficilement attaquable par les acides les plus forts. Cependant elle se dissout dans l'acide sulfurique concentré. Elle se dissout au contraire avec facilité dans les acides quand elle n'a pas été préalablement rougie. Elle forme alors une variété de sels qui, dissous dans l'eau, sont généralement décomposés par l'ammoniaque. L'alumine se précipite alors à l'état nuageux, on la recueille sur le filtre, et on la lave avec soin. Elle est alors à l'état d'hydrate, et, suivant M. Dumas, si on laisse sécher à l'air et à la température de 20 à 25 degrés cette alumine hydratée, elle est alors constamment formée de

| | |
|---|---|
| Alumine | 41.69 |
| Eau | 58.31 |
| | 100 |

Il est souvent fort difficile de chasser l'eau de cet hydrate par la seule action de la chaleur. Il convient dans les analyses et sous peine d'évaluer trop haut la dose d'alumine de précipiter celle-ci d'une dissolution suffisamment concentrée, ou de calciner l'alumine au rouge, après y avoir ajouté quelques gouttes d'acide sulfurique concentré. L'hydrate est détruit par la formation du sulfate, qui est à son tour décomposé par la chaleur. Peut-être serait-il plus simple de la laisser sécher à l'air, à la température de 20 degrés, et de prendre les 0.4169 du poids du résidu pour celui de l'alumine. A l'état d'hydrate ainsi desséché, l'alumine est légèrement jaunâtre et comme cornée.

L'alumine peut se décomposer, et l'aluminium former avec le fer une combinaison qui exercerait une mauvaise influence; mais cette combinaison est peu à craindre, particulièrement dans nos forges.

Magnésie. 266. La magnésie ou oxide de magnesium est, comme la chaux, une terre alcaline. Elle est blanche, douce au toucher, inodore, insipide, infusible et fixe au feu de forge. Elle attire très lentement l'acide carbonique de l'air; elle est irréductible par le charbon, n'absorbe pas l'eau comme la chaux; l'eau froide en dissout $\frac{1}{6000}$ de son poids, l'eau bouillante $\frac{1}{36000}$ seulement. Elle est formée de

| Magnesium | 61.29 |
|---|---|
| Oxigène | 38.71 |
| | 100 |

La magnésie forme avec les acides un grand nombre de sels dont nous n'avons point à nous occuper. On sépare la magnésie de ces acides dans les analyses, en traitant la dissolution très étendue par le phosphate d'ammoniaque avec excès de base ; il se forme au bout de quelque temps un précipité de phosphate de magnésie qui exige, pour se déposer complètement, un long repos et un peu de chaleur. D'après Berzélius, ce sel est totalement insoluble dans la liqueur qui contient du phosphate d'ammoniaque ; mais il se dissout en petite quantité dans l'eau pure, il ne faut donc pas le laver trop long-temps. On le fait sécher, puis rougir, ce qui en chasse l'eau et l'ammoniaque. Il ne reste plus que du phosphate de magnésie neutre formé de

| Magnésie | 36.67 |
|---|---|
| Acide phosphorique | 63.33 |
| | 100.00 |

Cependant comme il y a toujours une petite perte dans le lavage ; on prend quelquefois dans les analyses, pour le poids réel de la magnésie, les 0.40 du poids du précipité calciné, au lieu des 0.3667.

267. La silice constitue, et presque à l'état de pureté parfaite, le caillou vulgairement connu sous le nom de pierre à fusil, ou *silex*, le cristal de roche.

Elle est formée de

| | | | |
|---|---|---|---|
| 1 at. | silicium | 92.6 | 48.04 |
| 1 at. | oxigène | 100 | 51.96 |
| 1 at. | silice | 192.6 | 100 |

268. Le *silicium*, qui n'est connu que depuis quelques années, se présente sous la forme d'une poudre brune foncée, sans le moindre éclat métallique. Il n'est ni fusible ni volatil, il est plus pesant que l'eau, il ne se dissout pas dans ce liquide et ne le décompose pas. On peut chauffer le silicium au rouge et au contact de l'air sans qu'il s'oxide ; il ne s'oxide même que très lentement et très difficilement au rouge et dans l'oxigène pur. Le silicium se combine très facilement avec le fer. Lorsque le fer est en contact avec de la silice et du charbon, le silicium sous l'influence de la chaleur peut s'unir au fer comme le carbone. Il forme une partie essen-

tielle de la fonte; 0.0037 de silicium allié au fer suffisent, d'après M. Karsten, pour diminuer considérablement la ténacité du métal.

**269.** La silice pure et préparée par l'art forme une poudre blanche qui craque sous la dent: en masse elle est transparente; en poudre elle est d'une blancheur parfaite. Elle n'est ni fusible ni volatile à la plus haute température de nos fourneaux. Elle devient tout-à-fait insoluble dans l'eau, et même dans les acides, excepté l'acide hydrofluorique, quand elle a été chauffée au rouge; mais, à l'état d'hydrate, elle se dissout. Son action sur les bases et sur l'oxide de fer en particulier ne permet pas de douter qu'elle agisse comme acide; aussi prend-elle souvent le nom d'*acide silicique;* elle forme avec les oxides de fer des silicates d'oxide de fer dont se composent en majeure partie nos crasses ou scories de forges. Le fer réuni au charbon peut décomposer la silice à une haute température; il se forme de l'oxide de carbone et le silicium se combine avec le fer. Dans les analyses chimiques, la silice se sépare à l'état de gelée transparente et incolore, lorsqu'elle était combinée, et, dans cet état, elle se dissout très facilement dans les solutions chaudes de potasse ou de soude caustique, à moins qu'elle n'ait été fortement calcinée. Toutefois elle se dissoudrait encore, mais avec moins de facilité. Elle est au contraire inattaquable par ces dissolutions lorsqu'elle entrait dans le composé à l'état de mélange. Il est donc très important d'indiquer dans une analyse que la silice s'est séparée à l'état de gelée ou en poudre.

**270.** La silice jouant le rôle d'acide se combine sous l'influence d'une haute température, et même en présence du charbon et des gaz carbonés avec les oxides métalliques ou terreux. C'est même à cette réaction qu'est due la possibilité d'extraire le fer des minerais qui le contiennent. Les terres, la chaux, l'alumine, la magnésie, l'oxide de manganèse, forment avec la silice dans les fourneaux des silicates multiples ou à plusieurs bases; ces silicates étant fusibles en général s'échappent sous le nom de scories et laissent le fer dans les fourneaux. L'étude des silicates est donc de la plus haute importance, et l'on pourrait dire sans hyperbole, que tout l'art des forges consiste à rechercher les moyens de former des silicates fusibles à la température des fourneaux, et tels surtout qu'ils n'exigent point, pour acquérir cette fusibilité, une trop grande proportion d'oxide de fer; et cette définition serait encore vraie quand le minerai ne contiendrait point de silice, car, sans cet acide, le minerai pourrait bien entrer en fusion; mais les terres resteraient mélangées au fer, et il serait absolument indispensable de faire une addition convenable de silice pour entraîner les terres et les oxides inutiles.

On est convenu d'appeler silicates neutres ceux dans lesquels la quantité d'oxigène des bases égale celle de la silice ; silicates acides, ceux dans lesquels la silice contient plus d'oxigène que les bases, et enfin silicates basiques ou sous-silicates ceux dans lesquels les bases contiennent plus d'oxigène que la silice.

271. La composition des silicates a la plus grande influence sur leur fusibilité ; tel silitate est très fusible, tel autre l'est fort peu. On admet généralement que les silicates à une seule base sont moins fusibles que les silicates multiples ou à plusieurs bases, et même que la fusibilité de ces dernières est plus grande que la fusibilité moyenne des silicates simples qui les constituent.

272. L'expérience semble avoir appris, en ce qui concerne les silicates simples en particulier, que les silicates de protoxide de fer étaient très fusibles, ainsi que ceux de protoxide de manganèse ; j'ai quelque raison de croire que les premiers sont même plus fusibles que les seconds, quoique le contraire soit généralement admis. Les silicates de chaux, ceux de magnésie, ceux d'alumine, sont très difficilement fusibles ; mais à température égale et suffisante d'ailleurs, il paraît que les premiers fondent plus facilement que les seconds, et ceux-ci que les derniers, qui sont eux-mêmes plutôt ramollissables que réellement fusibles. Du reste, une très faible proportion de matières étrangères, et surtout d'oxide métallique, abaisse leur degré de fusibilité et change même l'ordre de fusion.

273. Quant aux silicates multiples, leur fusibilité dépend de celle des silicates élémentaires, de sorte qu'un silicate infusible peut être rendu fusible par des additions convenables. On doit à Lampadius, Descotil, et à M. Berthier surtout, un très grand nombre d'essais sur la fusibilité des silicates. La longue série de combinaisons que nous reproduisons ici est presque entièrement le résultat des travaux de ce savant professeur. ( *Voyez Traité des Essais par la voie sèche.* )

| | SILICATES SIMPLES. | | | NUMÉROS D'ORDRE. |
|---|---|---|---|---|
| | Silice. | Protox. de fer. | | |
| Silicates de protoxide de fer . . . . . . | 18 | 82 | Fusible, très magnétique . . . . . . . . . | 1 |
| | 31 | 69 | Très facilement fusible. . . . . . . . . | 2 |
| | 47.5 | 52.5 | Fusible. . . . . . . . . . . . . . | 3 |
| | Silice. | Prot. maugan. | | |
| Silic. de protox. de manganèse. . . . . . | 18 | 82 | Fusible. . . . . . . . . . . . . . | 4 |
| | 33.8 | 66.2 | Fusible. . . . . . . . . . . . . . | 5 |
| | 46.6 | 53.5 | Fusible et très fluide. . . . . . . . . | 6 |
| | 64 | 36 | Ne fond pas complètement. . . . . . . . | 7 |

## SILICATES SIMPLES.

**Silicates de chaux.**

| Silice. | Chaux. | | Numéros d'ordre |
|---|---|---|---|
| 11.5 | 88.5 | Infusibles. | 8 |
| 22 | 78 | Infusibles. | 9 |
| 29.7 | 76.3 | Infusibles. | 10 |
| 35 | 64.2 | A éprouvé un commencement de fusion. | 11 |
| 52.8 | 47.2 | Fondent ou au moins se ramollissent. | 12 |
| 62.2 | 37.8 | Fondent ou au moins se ramollissent. | 13 |
| 75.6 | 24.4 | Fondent ou au moins se ramollissent. | 14 |

**Silicates de magnésie.**

| Silice. | Magnésie. | | Numéros d'ordre |
|---|---|---|---|
| 27.8 | 72.2 | Infusibles. | 15 |
| 43.5 | 56.5 | Infusibles. | 16 |
| 59.9 | 40.1 | Infusibles. | 17 |
| 70 | 30 | A éprouvé un commencement de fusion. | 18 |

**Silicates d'alumine.**

| Silice. | Alumine. | | Numéros d'ordre |
|---|---|---|---|
| 64.3 | 35.7 | Ramollissables | 19 |
| 73 | 27 | Ramollissables | 20 |

## SILICATES MULTIPLES.

**Silice, chaux, magnésie.**

| Silice. | Chaux. | Magnésie. | | Numéros d'ordre |
|---|---|---|---|---|
| 25 | 58 | 17 | Difficile à fondre. | 21 |
| 28 | 63 | 9 | Difficile à fondre. | 22 |
| 56 | 25.3 | 18.3 | Fond facilement. | 23 |
| 66.2 | 19.8 | 14 | Fond, mais est peu liquide. | 24 |

**Silice, chaux, alumine.**

| Silice. | Chaux. | Alumine. | | Numéros d'ordre |
|---|---|---|---|---|
| 25.9 | 46.3 | 27.8 | N'entre pas en pleine fusion. | 25 |
| 26.5 | 60 | 13.5 | Infusible. | 26 |
| 28 | 63 | 19 | Infusible. | 27 |
| 33 | 33 | 33 | Fond en un verre blanc | 28 |
| 38.4 | 47.3 | 14.2 | Bien fusible. | 29 |
| 41 | 36.8 | 22 | Fond parfaitement. | 30 |
| 58.2 | 26.1 | 15.7 | Très fusible, se rapproche beaucoup des scories des hauts fourneaux au charbon de bois. | 31 |

**Silice, magnésie, alumine.**

| Silice. | Magnésie. | Alumine. | | Numéros d'ordre |
|---|---|---|---|---|
| 45.9 | 29.3 | 24.8 | Fondent complètement. | 32 |
| 63 | 20 | 17 | Fondent complètement. | 33 |

**Silice, protox. de fer, chaux.**

| Silice. | Prot. fer. | Chaux. | | Numéros d'ordre |
|---|---|---|---|---|
| 32.9 | 47.5 | 19.6 | Fusible, très magnétique. | 34 |
| 33.7 | 36.4 | 29.9 | Fusible. | 35 |
| 50 | 28 | 22 | Fusible. | 36 |

**Silice, protox. de fer, alumine.**

| Silice. | Prot. fer. | Alumine. | | Numéros d'ordre |
|---|---|---|---|---|
| 37.6 | 42 | 20.4 | Fusible, très liquide ou très faiblement magnétique. | 37 |

**Silice, protox. fer et protox. manganèse.**

| Silice. | Prot. fer. | Prot. mangan. | | Numéros d'ordre |
|---|---|---|---|---|
| 47 | 26 | 27 | Fond bien. | 38 |

**Silice, chaux, protox. manganèse.**

| Silice. | Chaux. | Prot. mangan. | | Numéros d'ordre |
|---|---|---|---|---|
| 49.7 | 23.6 | 26.7 | Fond parfaitement. | 39 |
| 60.5 | 24 | 15.5 | Fond parfaitement. | 40 |
| 70.6 | 22.3 | 7.1 | La fusion est complète, mais la matière peu liquide. | 41 |

| Silice. | Chaux. | Alumine. | Magnésie. | Prot. mangan. | | Numéros d'ordre |
|---|---|---|---|---|---|---|
| 38 | 50 | 6.5 | 2 | 3.5 | Fond parfaitement. | 42 |

274. Ces résultats ont été obtenus en fondant dans des creusets brasqués le poids relatif de silice, d'alumine, de magnésie, etc., indiqués dans les tableaux ; quant à la chaux, on a employé en général le carbonate calcaire dans la proportion voulue pour fournir la quantité de chaux qu'on désirait faire entrer dans le silicate. Les seuls essais sur les silicates de protoxide de fer ont été faits sans employer de brasque, afin d'éviter la réduction du protoxide de fer qui se serait forcément opérée au contact du charbon ou des gaz carbonés. Ces expériences de laboratoire, très propres d'ailleurs à jeter un grand jour sur la fusibilité de ces composés, n'offrent peut-être point à la métallurgie pratique de très grandes ressources ; en effet, les combinaisons ci-dessus se sont opérées en dehors de l'influence du vent des machines soufflantes, et il n'est pas possible cependant de faire dans tous les cas abstraction de cet agent. La série suivante que j'ai formée avec les résultats des analyses de MM. Berthier, Karsten, etc., présente au contraire un objet d'études du plus haut intérêt pour la pratique des forges ; les élémens qui y entrent sont précisément ceux qui se trouvent ou peuvent se trouver en présence dans nos creusets. Ce ne sont même que ces éléments, il n'y en a point d'étrangers. Les combinaisons extrêmement variées de ces nombreux silicates multiples se sont opérées au contact du charbon de bois et des gaz carbonés, sous l'influence du vent des machines soufflantes, et à des températures que des expériences récentes me permettent de croire peu éloignées en plus ou en moins de celles de nos creusets catalans ; en un mot, dans des circonstances, sinon identiques, du moins assez analogues à celles qui se présentent chez nous. Je ne puis donc qu'engager le lecteur à jeter un coup d'œil général sur ce tableau, malgré son aridité, car il pourra trouver fréquemment l'occasion d'y revenir.

275. *Tableau de soixante silicates multiples qui se sont formés sous l'influence du vent, et au contact du charbon de bois ou des gaz carbonés.*

| SILICE. | CHAUX. | MAGNÉSIE. | ALUMINE. | PROTOXIDE de fer. | PROTOXIDE de manganèse. | TOTAUX. | Nos D'ORDRE. | OBSERVATIONS. |
|---|---|---|---|---|---|---|---|---|
| 7.6 | 0 | 2.8 | 1.1 | 82.1 | 6.8 | 100 | 1 | Scories provenant de l'affinage de la fonte. |
| 8 | 7 | 0.5 | 0.5 | 80 | 3.5 | 99.5 | 2 | *id.* |
| 8.8 | 2.2 | 1 | 2 | 84 | 2.5 | 100 | 3 | *id.* |
| 14.0 | 3 | 0 | 0 | 64.2 | 19 | 100 | 4 | *id.* |
| 16.2 | 3.2 | 0 | 1.4 | 77.8 | 1.4 | 100 | 5 | *id.* |
| 16.4 | 3 | 0 | 1.2 | 79 | 0.6 | 100.2 | 6 | *id.* |
| 18.5 | 2 | 0 | 1.2 | 75.2 | 2 | 98.9 | 7 | *id.* |
| 19 | 1.8 | 0.4 | 0 | 64.8 | 12.6 | 98.6 | 8 | *id.* |
| 19 | 17 | 1 | 1 | 51.5 | 10.5 | 100 | 9 | *id.* |
| 19.2 | 0.6 | 0 | 4.4 | 74.4 | 0 | 98.6 | 10 | Scories de forges catalanes. |
| 19.4 | 13 | 0.6 | 4 | 73.5 | 0 | 98.8 | 11 | *id.* *id.* |

| SILICE. | CHAUX. | MAGNÉSIE. | ALUMINE. | PROTOXIDE de fer. | PROTOXIDE de manganèse. | TOTAUX. | Nos D'ORDRE. | OBSERVATIONS. |
|---|---|---|---|---|---|---|---|---|
| 19.8 | 1.8 | 0 | 1.2 | 74 | 3.6 | 100 | 12 | Scories d'affinage. |
| 20 | 3 | 1.4 | 1.6 | 70.2 | 1.8 | 98 | 13 | Scories catalanes. |
| 21 | 4.3 | 0.5 | 0.5 | 70.2 | 3.5 | 100 | 14 | Scories d'affinage. |
| 22.5 | 2 | 0 | 2.5 | 71 | 2 | 100 | 15 | Scories catalanes. |
| 23 | 2 | 1 | 1 | 45 | 29 | 101 | 16 | Scories d'affinage. |
| 24.8 | 3 | 1.6 | 7.4 | 61 | 3.2 | 101 | 17 | Scories catalanes. |
| 27 | 13.4 | 1.8 | 1 | 36.2 | 19.2 | 98.6 | 18 | id.   id. |
| 28 | 0.4 | 0 | 0.8 | 70 | 0 | 99.2 | 19 | Scories d'affinage. |
| 28.8 | 2.6 | 0.2 | 1.6 | 63.6 | 8.6 | 97.6 | 20 | Scories catalanes. |
| 29 | 8.6 | 1.5 | 3.2 | 37.7 | 17.6 | 97.6 | 21 | id.   id. |
| 29.1 | 2.6 | 9.2 | 4.3 | 51.7 | 2.9 | 99.8 | 22 | id.   id. |
| 29.3 | 14.3 | 1 | 1 | 40.4 | 10 | 96 | 23 | Scories d'affinage. |
| 29.5 | 0.5 | 0 | 8 | 59 | 3 | 100 | 24 | Scories catalanes. |
| 30 | 2.4 | 0 | 1.4 | 63.6 | 1.4 | 98.8 | 25 | id.   id. |
| 31.1 | 3.2 | 2.4 | 3.6 | 31.4 | 27.4 | 99.1 | 26 | Scories catalanes. |
| 31.6 | 0 | 0 | 0 | 67.3 | 0.7 | 99.6 | 27 | Scories d'affinage. |
| 33.3 | 0 | 2.4 | 3 | 56.7 | 3.3 | 98.7 | 28 | Scories catalanes. |
| 33.54 | 8.54 | 1.3 | 1.9 | 41.77 | 12.31 | | 29 | Scories catalanes moyennes ( *voyez* 283). |
| 37.8 | 0 | 8.6 | 2.1 | 21.5 | 29.2 | 99.2 | 30 | Scories de haut-fourneau au charbon de bois où l'on traite sans castine des minerais assez semblables à ceux de Rancié. |
| 39 | 19.6 | 2.4 | 26 | 5 | 0 | 98 | 31 | Scories de haut-fourneau au charbon de bois; elles sont peu fluides, mais fusibles cependant. |
| 40.4 | 27.2 | 1.2 | 16.8 | 21 | 0.8 | 97 | 32 | Scories de haut-fourneau au charbon de bois. |
| 43 | 26.5 | 0 | 21.5 | 3 | 5 | 99 | 33 | id.   id.   id. |
| 44.4 | 28.4 | 1.6 | 17 | 4.4 | 2 | 97.8 | 34 | id.   bien fusibles. |
| 45.4 | 4.2 | 8.6 | 4.6 | 1.8 | 33.4 | 98 | 35 | id.   fusibles. |
| 45.4 | 27.4 | 2.4 | 18.2 | 4.5 | 0 | 97.9 | 36 | id.   bien fusibles. |
| 47 | 20.6 | 0 | 23.9 | 4.6 | 3 | 99.1 | 37 | id.   id. |
| 47.39 | 0 | 10.22 | 6.66 | 0.6 | 33.96 | 97.8 | 38 | id.   id. |
| 48.4 | 0 | 10.6 | 6.6 | 0.1 | 34 | 99.3 | 39 | id.   proviennent de minerais très manganésés assez semblables à ceux qu'on obtenait autrefois de Rancié. |
| 49.57 | 0 | 15.15 | 9 | 0.04 | 25.84 | 99.64 | 40 | Scories de haut-fourneau. |
| 49.6 | 1.8 | 2 | 0 | 43 | 4 | 100.4 | 41 | Scories catalanes. |
| 49.6 | 0 | 15.2 | 9 | 0.4 | 25.8 | 100 | 42 | Scories de haut-fourneau au charbon de bois; fusibles, proviennent de minerais assez semblables à ceux de Rancié. |
| 50 | 26.4 | 2 | 18.6 | 2.4 | 0 | 99.4 | 43 | Scories de haut-fourneau au charbon de bois, bien fusibles. |
| 50 | 21 | 4.5 | 8 | 5 | 11 | 99.5 | 44 | id.   id.   fusibles. |
| 50.2 | 35.4 | 0.6 | 12.6 | 0.8 | 0 | 99.6 | 45 | id.   id.   bien fusibles et très liquides malgré la grande quantité de chaux. |
| 51.6 | 1.7 | 17.5 | 19 | 6.6 | 3.6 | 100 | 46 | id.   ne fondent pas très bien. |
| 52 | 30.2 | 5.2 | 5 | 1.6 | 4.7 | 98.7 | 47 | id. |
| 52.8 | 5.6 | 9 | 3.4 | 1.4 | 26.2 | 98.4 | 48 | id.   bien fusibles. |
| 53 | 15 | 8 | 1 | 10 | 10 | 97 | 49 | id. |
| 53 | 13 | 9 | 4 | 4 | 18 | 101 | 50 | id.   fusibles. |
| 54.5 | 7.5 | 6.6 | 4.3 | 10 | 13.4 | 96.3 | 51 | id. |
| 55.2 | 19.2 | 1.4 | 19.6 | 3.4 | 1.4 | 99.8 | 52 | id.   n'est pas assez fusible. |
| 56 | 13 | 9.3 | 6.5 | 5 | 9.5 | 99.3 | 53 | id. |
| 57 | 5.6 | 13.8 | 10.6 | 6.8 | 5.4 | 99.2 | 54 | id.   provient de minerais assez semblables à ceux de Rancié. |
| 59.8 | 19.9 | 11.9 | 5.7 | 1 | 1 | 99.3 | 55 | id.   très fusible. |
| 60 | 20.6 | 7.2 | 7.4 | 3 | 3.6 | 101 | 56 | id.   fusible. |
| 62.8 | 19.4 | 1.2 | 8.4 | 6.2 | 0 | 98 | 57 | id.   fusible. |
| 63.6 | 24 | 1.2 | 3.8 | 1.7 | 3.9 | 98.2 | 58 | id.   fusible. |
| 64 | 8 | 5 | 9 | 9 | 7 | 102 | 59 | id. |
| 71 | 7.2 | 5.2 | 2.5 | 5 | 6.5 | 97.4 | 60 | id.   il fond très mal. |

276. On voit ici les éléments des silicates varier d'une infinité de manières, la silice entrer dans le composé depuis 7 o⎸o environ jusqu'à 71 ; la chaux depuis o jusqu'à 35 ( n°ˢ 1 et 45 ), la magnésie depuis o jusqu'à 17 ( n°ˢ 4 et 46 ), l'alumine depuis o jusqu'à 26 ( n°ˢ 4 et 31 ), le protoxide de manganèse depuis o jusqu'à 34 ( n°ˢ 10 et 39 ), enfin le protoxide de fer depuis 0.04, ou pour ainsi dire depuis o jusqu'à 84 pour cent ( n°ˢ 40 et 3 ), de sorte que, selon des circonstances qu'il n'est pas très facile de démêler, on voit, dans les fourneaux métallurgiques, tantôt une partie de silice entraîner près de 11 parties de protoxide de fer en vitrification (n° 1); tantôt, au contraire, cette même partie de silice ne pouvoir scorifier la dix-millième partie de son poids de protoxide de fer ( n° 40 ). Ce dernier exemple montre à quel degré de perfection l'art d'extraire le fer de ses minerais a été porté, dans les usines qui ont reçu le nom de hauts-fourneaux ; avant de montrer le parti que nous pouvons tirer de ce tableau, et remettant à en développer , à mesure de nos besoins , toutes les conséquences qu'on peut en tirer pour l'art , occupons-nous de nos propres scories.

277. Les scories de nos forges catalanes ne sont pas aussi semblables  les unes aux autres qu'on pourrait le croire au premier aspect. Elles sont généralement d'un noir-bleu gris ou velouté , quelquefois très boursouflées, présentant de nombreuses cavités, et s'écrasant facilement alors par la pression des doigts ; elles sont recouvertes d'une espèce de vernis métallique assez semblable pour la couleur et pour l'éclat à ceux de la matière qu'on emploie pour faire les crayons, et qu'on appelle vulgairement mine de plomb ; vues à la loupe ou à l'œil nu , elles présentent un tissu spongieux et comme vitrifié , ce sont les scories maigres ; d'autres , au contraire, s'écoulent en plaques de près d'un centimètre d'épaisseur , leur tissu n'est pas spongieux ; elles sont compactes , ressemblent à de la fonte noire; on les rompt facilement suivant des plans perpendiculaires à leur surface de coulée, mais on ne parvient que très difficilement à les écraser par des pressions ou des chocs exercés perpendiculairement à cette même surface. Ce sont les scories dites lourdes ou grasses. D'autres participent des scories maigres et des scories grasses ; elles sont boursouflées et spongieuses en dessus, compactes en dessous , c'est-à-dire à la partie qui a touché le sol lors de leur coulée. Toutes ou presque toutes agissent sur l'aiguille aimantée, mais faiblement ; et sous ce rapport je n'ai point remarqué que les scories lourdes eussent plus d'action que les maigres. Elles contiennent souvent des grains de fonte, et je crois avoir remarqué que ces grains se présentaient surtout lorsque le creuset n'était pas très chaud, les lundis, par exemple. (On ne travaille point le dimanche.)

278. J'ai quelquefois tenté de déterminer le poids d'un volume donné de scories sèches; la moyenne de mes pesées m'a donné 1303$^k$ pour le poids du mètre cube des scories, ou en nombre rond 1300 kil. On les mettait sans choix dans une caisse avec une pelle et on les tassait un peu en remuant la mesure, puis on pesait.

279. J'ai fait un très grand nombre d'analyses de ces scories et j'ai trouvé des différences notables des unes aux autres, tant que je me suis contenté de les ramasser au hasard sur le terrain des forges, tantôt dans un lieu, tantôt dans un autre. Ces analyses, toutefois, ne furent pas d'une grande utilité. Je ne pouvais en effet baser aucun essai ni aucune idée théorique sur leurs résultats. Ces échantillons ainsi recueillis, me faisaient-ils connaître la composition *moyenne* des scories? Je l'ignorais. Peut-être provenaient-ils d'un travail très mauvais, peut-être d'un très bon? Quel avait été le produit en fer forgé de l'opération qui les avait fournis? Quel avait été le poids total de la masse de scories de cette même opération? je l'ignorais encore, et cependant ces éléments et surtout le dernier m'étaient utiles; en effet, la composition moyenne d'une scorie, isolée de ce poids total, n'apprend que peu de chose : telle scorie peut être fort peu chargée de fer, et cependant avoir été produite lors d'un très mauvais travail, telle autre peut contenir beaucoup de fer, bien que l'opération qui l'a fournie ait donné de très bons résultats. Que des scories contiennent 30 pour cent de fer métallique, et que leur poids total s'élève à 200 kil., cela fait 60 kil. de fer enlevés au minerai.

Que d'autres scories ne donnent que 20 pour cent de fer à l'analyse, mais que leur poids total se soit élevé à 300$^k$, on aura encore 60$^k$ de fer enlevés au massé.

280. La connaissance de la teneur en fer des scories n'indique donc rien de bien utile, séparée du poids total de ces scories, et isolée du produit en fer de l'opération et d'autres circonstances encore.

281. Ce n'est pas immédiatement que j'ai senti les inconvénients de ces analyses isolées; je le dirai avec bonne foi, il m'a fallu quelque temps pour ouvrir enfin les yeux et comprendre, après beaucoup de travaux, la nécessité d'appliquer mes recherches à des scories produites dans des opérations dont je connaîtrais tous les produits, tous les résidus, toutes les consommations. Comme c'était des moyennes surtout qu'il m'importait d'obtenir, je me suis arrêté aux opérations qui fournissaient à peu près 3 q$^x$ 75 ou 150$^k$ de fer forgé avec 12 quintaux environ ou 487$^k$ de minerai, rejetant comme nuls les massés qui fournissaient 10$^k$ ou 25 livres de fer forgé en plus et qui sont extrêmement rares, ou ceux qui donnaient 10$^k$ ou 25 livres en moins, et qui sont malheureusement beaucoup plus communs.

282. Voici comment j'opérais : je me transportais dans une forge, à l'heure précise où le massé devait commencer (1); je recueillais *à chaque coulée* un petit nombre d'échantillons qui me paraissaient représenter la moyenne de cette coulée. Je les réunissais tous en un bloc lorsque le massé était complètement terminé ; ce qui exigeait six heures de station que je mettais d'ailleurs à profit pour me procurer une foule d'autres données. La masse totale des scories était mise à part. Je revenais le lendemain, et si le produit en fer forgé s'était rapproché de 3 q$^x$ 75 ou 150$^k$, je faisais peser toutes les scories qui pouvaient être considérées comme à peu près sèches et j'emportais alors mes échantillons à mon laboratoire. Là je les pilais toutes ensemble, jusqu'à ce que toute la poussière, à l'exception des grains de fonte seulement, pût passer au tamis de soie.

Ce sont des portions de cette poudre que j'analysais au moins deux fois par la voie humide, et que je traitais quelquefois par la voie sèche ou au creuset brasqué (154) par les méthodes exposées n° 161.

283. Je donne ici le résultat *moyen* de ces analyses *moyennes*.

*Composition moyenne des scories d'un massé provenant de* 487$^{kil.}$ *ou* 12 *quintaux de minerai et greillade, et qui a fourni* 150$^k$ *ou* 3 *quintaux* 75 *livres de fer en barres.*

| | | | |
|---|---|---|---|
| Silice combinée . . . . . . | 33.542 | oxigène de la silice. . . | 17.415 |
| Protoxide de fer . . . . . . | 41.771 = | fer métallique . 32.260 | oxigène des bases. |
| Protoxide de manganèse. . . | 12.310 | oxigène. . . 9.511 | 9.511 |
| Chaux. . . . . . . . . | 8.541 | . . . . . . . . . | 2.701 |
| Alumine. . . . . . . . . | 1.905 | . . . . . . . . . | 2.399 |
| Magnésie . . . . . . . . | 1.321 | . . . . . . . . . | 0.890 |
| Perte . . . . . . . . . | 0.600 | . . . . . . . . . | 0.511 |
| Total . . . . . . . . | 100 | | 16.012 |

284 Le résultat moyen de ces diverses analyses, je ne dois pas le taire, diffère très notablement de celui que M. Berthier a consigné dans son *Traité des Essais par la voie sèche*, et que je me fais un devoir de transcrire ici :

L'analyse n° 1 se rapporte à une *scorie commune* très *boursouflée* et *légère*, provenant d'*une forge des environs d'Ax.*

L'analyse n° 2 est celle d'une scorie de forge de Vicdessos, provenant du commencement de l'opération. La scorie n° 3 provient au contraire de la fin du massé.

(1) J'avais plus particulièrement choisi la forge de Montgaillard, appartenant à M. Sabardu, non-seulement parce qu'elle était assez voisine, mais parce que la complaisance de M. Sabardu, et par suite celle de tous ses ouvriers, ne se sont jamais démenties un seul instant, pendant les très nombreuses expériences et observations de tous genres que j'ai faites dans cette forge, soit sur la fusion, soit sur les trompes, soit sur les roues hydrauliques, soit sur les marteaux.

*Analyses de M. Berthier. — Scories.*

| | AX. | VICDESSOS. | |
| --- | --- | --- | --- |
| | 1 | 2 | 5 |
| Silice. . . . . . . . . . . . . . | 31.10 | 29.00 | 27.00 |
| Protoxide de fer. . . . . . . . . . . | 31.40 | 37 70 | 36.20 |
| Protoxide de manganèse . . . . . . . . | 27.40 | 17.60 | 19.20 |
| Chaux. . . . . . . . . . . . . | 3.20 | 8.60 | 13.40 |
| Magnésie. . . . . . . . . . . . . | 2.40 | 1.50 | 1.80 |
| Alumine. . . . . . . . . . . . . | 3.60 | 3.20 | 1.00 |
| | 99.10 | 97.60 | 98.60 |
| Ces scories, traitées par la voie sèche, ont donné : Fonte . . . . . . . . . . | 25 p. 100 | 30 | 32.1 |

285. Malgré toute la confiance que m'inspirent et le nom et la haute position scientifique de M. Berthier, malgré mon inexpérience relative , et l'imperfection des appareils dont j'ai pu disposer, je persiste cependant à me croire plus près que lui de la réalité, dans l'état actuel des choses. Les différences qu'on remarque peuvent d'ailleurs s'expliquer très naturellement ; en effet, supposant toutes choses égales d'ailleurs, c'est-à-dire admettant que les scories sur lesquelles cet habile chimiste a opéré provinssent d'opérations qui auraient fourni $150^k$ de fer en barres ou $3\ q^x\ \frac{3}{4}$ ; que leur poids total ( dont il faut absolument tenir compte ) fût aussi le même que dans les opérations qui m'ont fourni mes résultats, il faudrait conclure de ses analyses qu'à l'époque où il les a faites, il y avait moins de silice dans le minerai et dans la greillade vendus aux forges, et qu'ils contenaient au contraire plus d'oxide de manganèse ; or, il suffit que ces analyses soient antérieures aux miennes , comme je le pense, ou plutôt que les scories sur lesquelles il a opéré fussent moins récentes que les miennes, pour que les différences s'expliquent ; car c'est un fait pour moi hors de doute que depuis quelques années et par suite des éboulements de la mine, et de la rareté croissante de bon minerai, les matériaux vendus aux forges ont été croissants en sable ( silice ) et décroissants en mine noire ou en manganèse.

286. Au reste l'exactitude de mon analyse moyenne des scories, reçoit du calcul une confirmation à peu près aussi complète qu'on peut le désirer dans des recherches purement pratiques. En effet , la charge de minerai pour un feu étant, par hypothèse, celle que j'ai donnée page 107, et que je reproduis ici, si l'on en ôte tout ce qui doit nécessairement passer dans les scories, dans l'hypothèse d'un produit en fer étiré de $150^k$ ou $3\ q^x\ 75$, on forme le tableau suivant :

287. *Composition moyenne des scories déduites de l'expérience et du calcul.*

| LA CHARGE TOTALE DE MINERAI EST FORMÉE DE | | CE QUE DEVIENNENT LES ÉLÉMENTS RESPECTIFS DE CETTE CHARGE. | IL ENTRE DANS LES SCORIES | | COMPOSITION SUR 100 PARTIES DÉDUITES | |
|---|---|---|---|---|---|---|
| | | | | | du calcul. | de l'expérience |
| 1 | | 2 | 3 | 4 | 5 | 6 |
| Eau. . . . . . . | 58$^k$985 | Se vaporise. | | | | |
| Silice. . . . . . | 71.662 | Passe dans les scories. . . . . . . . . . ci. | 71.662$^k$ | Silice. . . . . . . | 35.831 | 33.542 |
| Fer. . . . . . | 210.968 | 210$^k$.968 — 150$^k$.=60$^k$.968 passe aux scories à l'état de protoxide, ce qui suppose en outre. . | 60.968 | Fer métallique. . . . | 30.484 | 32.260 |
| Oxigène. . . . . | 93.280 | Oxigène. . . . . . . . . . . . . . | 17.975 | Oxigène combiné au fer. | 8.9875 | 9.511 |
| Oxide de manganèse. | 30.257 | Protoxide de manganèse passe . . . . . ci. | 24.825 | Protoxide de manganèse. | 12.4125 | 12.310 |
| Chaux. . . . . | 13.587 | Passe . . . . . . . . . . ci. | 13.587 | Chaux . . . . . . | 6.7935 | 8.541 |
| Alumine. . . . . | 4.938 | Passe . . . . . . . . . . ci. | 4.938 | Alumine. . . . . . | 2.469 | 1.905 |
| Magnésie . . . . | 2.654 | Passe . . . . . . . . . . ci. | 2.654 | Magnésie . . . . . . | 1.327 | 1.321 |
| Perte. . . . . . | 0.669 | Perte. . . . . . . . . . | 0.669 | Perte. . . . . . . | » | » |
| TOTAL. . . . . | 487$^k$. | | 197$^k$278 | | | |

Poids total des scories sèches d'une charge de minerai de 12 q$^x$ ou 487$^k$. qui a fourni 3 q$^x$75 ou 150$^k$. de fer étiré ; en nombres ronds. . . . . . . . . . . . . . . . . . . 200$^k$

288. Les différences entre les cinquième et sixième colonnes ne sont point assez fortes pour qu'il en soit tenu compte dans la pratique ; nous continuerons donc à regarder la composition moyenne de la sixième colonne comme suffisamment vraie, et nous en conclurons que nos scories de forges catalanes sont des silicates dans lesquels la quantité d'oxigène des bases est très près d'être égale à celle de l'acide, de telle sorte qu'elles peuvent être regardées comme des silicates très peu acides, ou même neutres (270).

*Poids des scories d'un massé.*

289. Le calcul établi ci-dessus donnerait pour le rapport du poids des scories sèches à celui du minerai qui les a fournies $\frac{200}{487} = 0.41$ ; de sorte qu'en désignant par M la charge de minerai, par S le poids des scories, par $F$ la quantité de fer en barres obtenu, on aurait lors d'un très bon travail

$$M : S : F :: 487 : 200 : 150 :: 1 : 0.41 : 0.31$$

ou prenant pour unité le poids M, on pourrait dire que lorsqu'on obtient 3 q$^x$ 75 ou 150$^k$ de fer étiré, les scories sèches sont les 0.41 du poids M du minerai, et le fer en barres obtenu les 0.31 de M ; mais on conçoit que ces rapports varient avec la quantité de fer obtenu, car moins on en obtient, la teneur du minerai restant la même, plus le poids des scories doit augmenter.

290. Ces rapports ne paraissent pas, au premier abord, se vérifier complètement par les mesures directes ; cela tient à l'extrême difficulté que présente la pesée exacte d'une masse de scories. Cette pesée exige en effet que les scories soient sèches et surtout sans mélanges humides. Or, je n'ai jamais pu parvenir à empêcher complètement les ouvriers de les couvrir d'eau. Ce n'est pas que cette eau se combine avec les scories, ou s'interpose entre leurs molécules : leur température est beaucoup trop élevée pour que ce liquide s'y mélange ; mais il détrempe une grande quantité de terre, de brasque, etc., sur le sol de la forge où elles reposent, et le rateau et la pelle enlèvent ensuite toutes ces impuretés avec elles. Ces enlèvements se renouvelant un assez grand nombre de fois pendant une opération, ces matières étrangères doivent augmenter sensiblement le poids de la masse ; aussi ai-je constamment trouvé, par des mesures directes, plus de 0.41 × la charge de minerai pour ce poids. Quelques maîtres de forges, à ma prière, ont consenti à vérifier ce poids de leur côté ; je donne ici les résultats que m'a fournis M. J. Espy, parce qu'ils sont d'accord avec les miens, et que je connais d'ailleurs l'esprit d'exactitude de ce maître de forges.

*Observations*

291. Forge du Ressecq. — M. Espy. — Le minerai employé est moyen-

nement sec, c'est-à-dire que, chargé à Vicdessos, il est arrivé à la forge sans  pluie et par un temps assez chaud.

On a mis au feu 1202 livres du pays            $M = 1202$

On a retiré en fer forgé et façonné           $F = 376$ livres.

Les scories, après avoir été exposées à l'air et au soleil pendant vingt-quatre heures, ont pesé           $S = 605$

Ce qui en prenant M pour unité, donne :

$$M : S : F :: 1 : 0.502 : 0.312$$

*Deuxième vérification.* Minerai dans le même état que ci-dessus, 1205 livres $= M$ ; fer en barres obtenu, $374 = F$ ; les scories, après dix-huit heures seulement d'exposition à l'air et au soleil, ont pesé $S = 625$ liv. ; ce qui donne :

$$M : S : F :: 1 : 0.518 : 0.31$$

Ces résultats sont très sensiblement d'accord avec ceux que j'ai obtenus à la forge de Montgaillard, à celle de Niaux, etc., etc.

Il semblerait résulter de ces observations que le poids des scories s'élève à la moitié de celui du minerai qui les a fournies. Cependant des pesées de scories faites dans ma forge d'essai où je ne traitais, il est vrai, que $18^k$ de mine à la fois, et à la forge Saint-Pierre où je traitais $100^k$, mais où elles étaient recueillies avec soin, et sans avoir été mouillées, ne m'ont donné pour le rapport de N : S que $1 : 0.44$, bien que par suite d'un travail intermittent je n'obtinsse guère que $0.25$ fer, ce qui aurait dû augmenter ces scories ; ces pesées ont été fréquemment répétées sans que les résultats aient très sensiblement différé. Je suis donc porté à croire que les dix-huit ou même les vingt-quatre heures d'exposition au soleil ne suffisent pas pour dessécher complètement la terre et la brasque qui peuvent se trouver mélangées aux scories, et que celles-ci et l'eau qu'elles contiennent encore augmentent assez leur poids pour que le rapport de M : S paraisse s'élever à $1 : 0.50$ ; cela est d'autant plus probable que la disposition et la forme conique des tas de scories sont peu favorables à la dessiccation. Nous ne sommes donc *peut-être* pas très loin de la vérité, en prenant $0.41$ M pour le poids de scories sèches fourni par une charge de minerai d'un poids M, lorsque d'ailleurs on a obtenu $0.31$ M en fer forgé. Toutefois c'est un fait qu'il sera utile de vérifier encore.

292. Voulons-nous regarder $0.4 \times M$ comme le minimum du poids de  scories obtenu par chaque massé, qui a fourni 3 q^x 75 ou $150^k$ fer en

barres. Comme ces scories contiennent environ o.3 de fer métallique (283), on perdra o.3 × o.4 × M = o.12 × 487 = 58.$^k$44 fer par massé ; mettons moyennement 6o$^k$, car on est bien loin, quoi qu'on en dise, d'obtenir constamment 3 q$^x$75, et dès lors le poids des scories augmente ; chaque forge, en moyenne, fait 1000 feux dans l'année, cela fait 60000$^k$ de fer perdu annuellement par forge ; il y a environ 4o forges dans l'Ariége annuellement en travail ; cela donne, à la fin d'une année, *deux millions quatre cent mille kilogr. de fer* qu'on a étendus sur les routes ou jetés dans les cours d'eau, et cela depuis plusieurs siècles !

293. Extraite des scories, cette quantité de fer suffirait pour élever chaque année une colonne pleine, de 1 mètre de diamètre, et dont la hauteur serait égale à la différence de niveau qui existe entre la rivière de l'Ariége et le château de Foix. Traitées pour fonte, ces scories suffiraient annuellement à fabriquer plus de trois mille quatre cents marteaux de forge du poids de 700 kil. chaque, soit environ 85 marteaux par forge et par an. C'est toujours avec une sorte d'effroi et un sentiment inexprimable de regret que j'ai été témoin de ces épouvantables dilapidations de nos richesses naturelles, richesses perdues à tout jamais, et qui ne se renouvellent point, il faut bien le tenir pour dit (107). Aussi l'idée de traiter les scories pour en extraire, soit du fer, soit de la fonte, m'a-t-elle toujours vivement préoccupé. Presque entièrement livré à des travaux non moins importants, j'ai malheureusement pu disposer de très peu de temps pour m'occuper de ces recherches, que mes faibles ressources rendaient d'ailleurs assez difficiles. Cependant, elles promettent, suivant moi, d'assez beaux résultats pour que je les reprenne très certainement, si jamais l'occasion s'en présente.

294. Je dois toutefois indiquer ici quelques tentatives qui pourront éclairer ceux qui voudraient se livrer à ces utiles expériences. Je crois avoir remarqué qu'à l'origine d'une série d'essais il y avait toujours une certaine somme d'efforts perdue en fausses manœuvres, un certain temps employé pour ainsi dire à chercher la route qui doit conduire au but. A ce titre, les détails suivants auront peut-être une espèce d'utilité ; s'ils n'indiquent point la marche à suivre, ils montreront peut-être le sentier qu'il faut éviter, et épargneront ainsi à ceux qui me suivront les découragements qui accompagnent trop souvent des résultats négatifs.

Traitement des
scories.

295. La première idée qui se présenterait à des forgeurs pour extraire des scories le fer qu'elles contiennent en effet, quoi qu'ils en disent, serait de les *repasser au feu*, c'est-à-dire de les rejeter dans le creuset au moment où elles en sortent, ce que, du reste, ils ne manquent point de faire, lorsqu'elles leur paraissent trop lourdes. Bien que ce moyen puisse

quelquefois contribuer à les rendre un peu plus pauvres en fer, pour peu qu'on ait réfléchi sur ce qui se passe dans le creuset, on voit qu'on ne parviendra jamais, par ce moyen, à leur enlever une partie notable du fer qu'elles ont entraîné. En effet, la combinaison qui s'est opérée pour leur donner naissance se reproduira encore une fois, aucune circonstance de température et d'affinité n'ayant changé. En vain dirait-on que, placé à la partie supérieure du creuset, en contact avec le charbon, ou plutôt avec les gaz carbonés (245), le protoxide de fer se réduira et la silice formera, avec les terres et l'oxide de manganèse, de nouvelles scories de scories dépouillées de fer. 1° La distance qu'elles ont à parcourir, depuis la couche supérieure de charbon jusqu'au fond du creuset, est beaucoup trop faible dans nos forges, et cette distance serait parcourue par ces scories beaucoup trop rapidement pour que la réduction de l'oxide de fer pût jamais s'opérer; 2° en supposant (ce qui n'est point) que la réduction de l'oxide ait eu lieu, il n'y aurait jamais, dans un aussi court espace de temps, carburation complète du métal, car les silicates de fer résistent long-temps à l'action du charbon. Arrivé à la tuyère, le fer s'oxiderait de nouveau sous le vent, et entrerait ainsi en combinaison nouvelle, avec la silice formant encore un silicate neutre qui sortirait de nouveau par le chio; mais rien de tout cela n'a lieu, car ces scories sont très fusibles; elles fondent plus facilement, plus promptement encore qu'elles ne se réduisent; à peine ont-elles disparu sous les couches supérieures du charbon, que la chaleur les remet en fusion. Dans cet état, elles filtrent à travers les fragments du combustible qu'elles enveloppent et entraînent quelquefois, et baignent bientôt la surface du massé; puis se joignant à celles qui s'y sont déjà formées, elles s'écoulent avec celles-ci dès que le *chio* (301) est ouvert. On peut voir à quelle faible distance de la couche supérieure de charbon elles entrent en fusion, en plongeant un ringard froid horizontalement dans le combustible et sur le chemin que la pesanteur doit leur faire parcourir; lorsqu'on retire ce ringard, il est couvert de scories qui s'y sont attachées et même figées, si l'outil n'a pas trop séjourné au milieu des charbons incandescens. Il n'y a donc rien à espérer de ce moyen.

296. Pour traiter les scories dans les hauts-fourneaux, on a proposé (M. Berthier) « de les pulvériser, de les mouler ensuite en briques après « les avoir mêlées avec la quantité de charbon suffisante pour réduire « l'oxide et la quantité de chaux nécessaire pour fondre la silice et les « terres (1), puis enfin, de briser ces briques en morceaux de la grosseur



___
(1) Je cite ici textuellement, mais je pense qu'on n'a point voulu dire que la chaux fondait la silice.

« d'une noix. » La brasque qui s'accumule dans les charbonnières aurait
pu entrer avantageusement dans ce mélange. J'ai tenté ce moyen dans ma
forge d'essais, mais sans succès aucun. A 100 parties de scories j'ai ajouté
la quantité de chaux 33.985, qui contenait autant d'oxigène que le protoxide de fer des scories 9.511, ou plutôt j'ai ajouté la quantité de pierre
à chaux qu'on pouvait regarder comme contenant 33.985 chaux, quantité
qui, supposant la pierre parfaitement pure, bien qu'elle ne le fût pas,
s'éleva à 60 ; j'y mêlai une quantité considérable de grosse brasque et je
formai ainsi des briquettes qui, séchées, s'émiettaient malheureusement
sous la moindre pression. J'espérais parvenir à former ainsi un silicate
multiple qui, abandonnant le fer, aurait fourni de nouvelles scories neutres, dont la composition approchée eût été à peu près la suivante :

| | |
|---|---|
| Silice, | 38 |
| Chaux, | 46 |
| Protoxide de manganèse, | 13 |
| Alumine, | 2 |
| Magnésie, | 1 |
| | 100 |

J'avais été déterminé à choisir ces proportions de préférence à d'autres,
non-seulement en ce que la chaux contenait autant d'oxigène que le protoxide de fer, mais aussi en ce que cette grande proportion de chaux
devait rendre le mélange peu fusible, donner le temps à l'oxide de fer de
se réduire avant qu'il y eût fusion ; enfin parce que ces proportions se
rapprochaient aussi de laitiers formés dans des hauts-fourneaux, et que
ces laitiers ne contenaient que des *traces* de fer.

Cet essai, je l'ai dit, a complètement échoué, mais peut-être par des
causes purement mécaniques. En concassant le minerai, une assez grande
partie s'émietta ; je la recueillis et la destinai à servir de greillade ; le reste
joua le rôle de minerai en morceaux et servit à faire le mur. J'avais en tout
18 kil. de matières ; ma forge d'essai fut donc chargée exactement comme
s'il s'agissait de traiter du minerai, et l'opération devait être conduite
d'après les circonstances qui se présenteraient. Or voici ce qui arriva. Je

---

Bien que la pierre calcaire soit regardée comme un *fondant*, elle est très éloignée d'augmenter la fusibilité, bien au contraire elle la retarde et sans doute elle favorise ainsi la réduction de l'oxide de fer en augmentant la durée de son contact avec le charbon, ou mieux avec les gaz carbonés. « Les matières stériles
« ne constituent de véritables flux (fondans) qu'autant qu'elles renferment de la silice. Dans tous les autres
« cas elles s'opposent à la trop grande fusibilité du minerai, c'est-à-dire à la formation des laitiers riches en
« silicate de protoxide de fer ; elles rendent alors le mélange plus réfractaire, et favorisent ainsi la réduc-
« tion. ( Karsten, tom. I, pag. 319. )

donnai d'abord un vent faible, et tout parut marcher comme à l'ordinaire, mais bientôt les fragments du mur se desséchant sous l'action croissante de la chaleur, les fragments s'égrenèrent, et très probablement la poussière ainsi produite combla les intervalles qu'ils laissaient primitivement entre eux ; je pus remarquer du moins des tassements très sensibles ; en même temps le vent du soufflet dispersa sans doute en partie cette poussière, car je remarquai bien plus de parcelles enflammées s'échappant du creuset qu'on n'en observe généralement. Cela avait lieu surtout lorsqu'à l'aide du ringard on poussait le bas du mur sous la tuyère, comme lorsqu'on donne la mine. Il était évident que les gaz carbonés ne pouvaient traverser cette masse, et très probable que la réduction de l'oxide de fer s'opérait fort difficilement, si même elle avait lieu. Du reste, la partie qui était destinée à servir de greillade engorgea assez fréquemment l'extrémité de la tuyère. En regardant par celle-ci, on pouvait distinguer un bouillonnement considérable dans le creuset, et en sondant celui-ci avec le ringard, on n'y sentait aucun point résistant qui indiquât un commencement de massé ; il y avait bien quelque chose au fond du creuset, mais c'était une masse molle, pâteuse, dans laquelle le ringard s'enfonçait sans grand effort, et lorsqu'on retirait celui-ci il était recouvert d'une enveloppe assez semblable à celle que produiraient des scories ordinaires. Lorsqu'on ouvrait le chio les scories sortaient avec abondance et paraissaient lancées avec une grande force. Elles avaient à peu près l'aspect général des scories lourdes. Je brûlai une quantité considérable de charbon et ne trouvai, après un essai qui dura quatre heures environ, qu'une masse informe, point homogène, d'un faible poids, que j'enlevai à grand' peine du creuset et que je pesai chaude ; son poids s'éleva à un peu plus de 1.ᵏ5. Je la laissai refroidir.

Le lendemain je fus fort étonné de ne plus reconnaître les choses dans l'état où je les avais laissées. La masse retirée du creuset, qui était restée sur le sol humide, avait considérablement diminué de volume ; il y avait tout à l'entour du noyau une poussière très semblable, quant à la couleur, à celle qu'on obtiendrait en pilant de l'ardoise extrêmement fin. Les scories de cette opération, que j'avais réunies en un seul tas, ne formaient, en grande partie, qu'un amas de poussière toute semblable à celle qu'avait donnée la masse ; je remuai un peu le centre du monceau et je vis alors sous mes yeux les morceaux qui avaient été le moins exposés à l'air se fendiller et se réduire en poudre à leur tour. Le phénomène était tellement semblable à celui qu'on remarque lorsqu'on jette de l'eau sur de la chaux vive, que je ne doutai plus que massé et scories ne se fussent très réellement *délités*. En aspergeant d'eau le peu de fragments entiers qui restaient, ils se délitèrent tous, donnant, comme les autres, une poudre un peu bleuâtre dont je n'ai pas encore fait l'analyse (1).

Quant à la partie de la masse retirée du creuset et qui ne s'était point délitée, je reconnus en la brisant qu'elle présentait une multitude de points brillants ou plutôt de filaments qui possédaient un éclat métallique très vif; une portion de l'oxide de fer s'était certainement réduite, et il m'a semblé que c'était surtout vers les parties de la masse les moins exposées au vent direct de la tuyère.

Un tel résultat était peu encourageant : je ne repris donc point cet essai; cependant, et quoiqu'il me paraisse difficile de traiter jamais les scories *dans* le creuset catalan, peut-être serait-il utile d'essayer encore cette méthode en diminuant et variant les proportions de chaux.

Autre essai. 297. Les scories traitées dans des creusets brasqués abandonnant à l'état de fonte la presque totalité du fer qu'elles contiennent, je me demandai s'il ne serait point possible d'employer cette méthode sur une assez grande échelle, en faisant usage de creusets d'une capacité convenable. Je pensai même à utiliser la flamme de la forge pour chauffer ces creusets; quelques essais de cette méthode que j'entrepris dans ma forge ne furent pas plus heureux que les derniers. Je profitai d'un petit appareil à chauffer l'air, que j'avais établi immédiatement à côté de ma forge, et qui était traversé par la flamme qui s'échappait de celle-ci. J'y plaçai, sur un plan horizontal, deux creusets brasqués contenant chacun 15 grammes de scories en poudre, séparés l'un de l'autre. Bien qu'ils fussent complètement baignés par les flammes, la fusion ne put s'opérer. Ce n'est pas que la chaleur de cette flamme ne fût très considérable; mais c'est que cette chaleur, par suite d'un effet que je n'avais nullement prévu, ne se transmet point aux creusets. Voici ce qui arrive : la flamme qui s'échappe des creusets catalans emporte avec elle une quantité tout-à-fait prodigieuse de parcelles enflammées de charbon, qui se déposent sur tous les corps que cette flamme vient lécher. C'est ce fraisil que les forgeurs connaissent sous le nom de *fayel,* qui forme sur les toits de nos forges des couches qui atteignent plus d'un demi-pied d'épaisseur, qui pend en stalactites si bizarres au mur du creuset situé du côté de la tuyère. Les parcelles sont d'autant plus nombreuses qu'on se rapproche davantage de l'origine de la flamme; les creu-

(1) Je ne connais qu'un seul exemple de scories ou laitiers se délitant ainsi à l'air; il est fort récent. Les *Annales des Mines* n° 3, de 1835, rapportent qu'un pareil laitier s'est formé à Firmy. *Il s'altérait promptement à l'air et tombait en poussière comme de la chaux vive.* On attribue au soufre qu'il contenait la singulière propriété de se déliter comme celui que j'ai produit, et dans lequel il n'entre cependant pas un atome de soufre. Ce laitier de Firmy renfermait 33.4 de silice, 48.3 chaux, 4.8 magnésie, 10.6 alumine, 2.2 soufre. (*Voyez* p. 512 du cahier cité.)

sets plongés dans celle-ci se recouvrent dans toute leur hauteur et sur leur partie supérieure d'une couche de ce fraisil qui va croissant très rapidement d'un instant à l'autre ; et ce fraisil est tellement mauvais conducteur (45) qu'à peine si la brasque intérieure du creuset en expérience est échauffée. Cependant, vu d'un peu loin, on pourrait croire que ce creuset est soumis à une très haute température ; il paraît rouge de feu, mais ce n'est qu'une illusion produite par la dernière couche de brasque enflammée qui recouvre celles qui se sont déjà déposées. J'ai répété la même expérience sur un seul creuset d'environ o.^m07 de hauteur dans une grande forge, lors de mes essais en grand à l'air chaud, les mêmes phénomènes se sont reproduits. J'en ai conclu que la flamme de la forge ne pouvait être employée à extraire le fer des scories, en les traitant dans des creusets brasqués.

298. J'avais eu l'intention d'essayer de traiter les scories dans un four de cémentation, reproduisant ainsi sur une très grande échelle ce qui se passe dans les creusets brasqués, mais je n'ai jamais trouvé l'occasion de le faire. Il n'y a presque point de doute cependant qu'en les disposant convenablement dans une des caisses du four on obtiendrait de très bonne fonte. Un mètre cube de scories donnerait au moins 325 kil. de fonte, laquelle pourrait être ensuite affinée et convertie en fer par les méthodes connues. Peut-être serait-il convenable de construire des fours spécialement destinés au traitement des scories ; j'ai fait le projet d'un de ces fours destinés à marcher d'une manière continue ; je ne le publie point, parce que je n'en ai pas fait l'essai, et que très probablement l'expérience m'indiquera les modifications qu'il doit subir. Les dimensions sont celles qui conviendraient pour traiter les scories d'*une* seule forge, c'est-à-dire qu'il devrait fournir 60 kil. de fonte à chaque massé, ou 240 kil. de fonte par jour, qui affinés produiraient 171 kil. de fer environ, ou tout au moins 160 kil. $=$ 4 quintaux du pays, dont la valeur moyenne serait d'environ 72 fr.

Vis-à-vis de ce produit, il serait convenable de placer la dépense pour l'obtenir, mais on sent que l'expérience seule peut la déterminer, et qu'elle dépend en grande partie de la disposition de l'appareil Il y a là, on le voit, des essais à tenter ; mais je ne doute point de la possibilité de réussir, et j'ai la conviction que ce traitement des scories deviendra un jour une source de profits fort considérables pour le département de l'Ariége. J'offre de grand cœur aux maîtres de forges que je pourrais avoir convaincus, et qui voudraient poursuivre ces essais, non mes lumières, mais l'expérience que donnent des fautes commises, et des tentatives sans résultats ; et, qu'on le croie bien, ce n'est pas toujours par des succès que l'expérience s'acquiert.

## DISPOSITION GÉNÉRALE D'UNE FORGE A LA CATALANE.

« L'homme qui, étranger à l'art des usines, après avoir jeté un coup d'œil
« sur les grands établissements à fer de la France, entre dans une forge cata-
« lane, frappé de l'exiguité du local, de la grossièreté apparente des cons-
« tructions, de la simplicité des procédés, croit y voir cet art dans l'enfance ;
« tandis que le métallurgiste y admire le mode le plus simple, le plus direct
« et le plus économique d'extraire le fer de certains minerais. »

D'AUBUISSON.

299. Cette citation, que j'emprunte à M. d'Aubuisson, peint avec une grande vérité les sentiments qu'éprouvent la plupart de ceux qui visitent nos forges pour la première fois ; mais ces sentiments, il faut l'avouer, sont fort excusables, car aucunes espèces d'usines, peut-être, ne sont *en réalité* plus grossièrement établies, aucunes n'offrent autant d'indices d'imprévoyance, de mauvaise direction, d'indifférence pour le progrès de l'art. En arrivant sur le terrain de la forge, c'est d'abord un sol couvert de scories que vous foulez aux pieds, scories lourdes, chargées de fer (283) preuves, évidentes que l'art est loin encore de sa perfection ; bientôt des canaux d'amenée, d'immenses bassins, frappent vos regards ; mais dans quel état se trouvent-ils ! Destinés à porter la vie dans toutes les parties de l'usine, à emmagasiner la force motrice, il semble qu'on leur ait également confié la mission d'en dissiper une partie. Troués à jour de tous côtés, on se demande si le constructeur ne s'est point proposé autant d'arroser les prairies qui les environnent que de porter l'eau à la machine soufflante ou sur la roue du marteau. Puis cette roue elle-même, sur laquelle l'eau agit presque uniquement par le choc, après être tombée d'une hauteur qui s'élève souvent à 7 mètres ; ce creuset d'où s'échappe en pure perte un volume de flamme et de gaz carbonés qui a plus d'un mètre carré de base, et quelquefois 6 à 8 pieds de hauteur ; tout cela est peu fait pour disposer le visiteur à un examen plus attentif, qui toutefois ne tarderait point à le faire revenir sur ses premières impressions. En effet, si, en général, la grossièreté des constructions dépasse tout ce qu'on peut imaginer en ce genre, si, à la simple inspection, on peut entrevoir et raisonnablement espérer une foule de notables améliorations, il n'en est pas moins vrai que de toutes les méthodes connues pour extraire le fer de ses minerais, la méthode catalane, lorsqu'elle est applicable, est encore la plus simple, la plus directe et la plus économique en ce sens qu'elle exige le moins de charbon ; dès-lors l'on ne

s'étonne point que Diétrich, qui connaissait très bien les forges de l'Allemagne et du nord de la France , lorsqu'il vit celles de l'Ariége , se soit laissé aller à l'enthousiasme que lui causèrent et cette économie et la simplicité des procédés et celle des ateliers.

300. Qu'on se figure une grande barraque formée de quatre murs laissant entre eux un espace d'environ 200 mètres carrés et recouverte d'un toit ; dans cet espace ( fig. 1. )

1° Un foyer ou *feu F*, sorte de creuset pratiqué dans une grossière maçonnerie construite partie avec les premières pierres venues , liées entre elles par de l'argile , partie avec des masses de fer, et dont la fig. 2 donnera une première idée ;

2° En arrière du mur $MM$ ( fig. 1 et 2 ), c'est-à-dire à la gauche de l'ouvrier qui fait face au *chio c*, une trompe $T$, espèce de machine soufflante que nous étudierons bientôt avec détails;

3° et 4° Enfin un marteau en fonte *m* ( fig. 1, 3 et 4 ) , dont la tête pèse de 600 à 800 kilog. , et qui est mû par une roue hydraulique $R$ ( fig. 1 );

Et l'on aura une idée générale d'une forge à la catalane.

Considéré isolément, chacun de ces quatre organes de la forge savoir, le *feu*, la trompe , le marteau et la roue, exige le plus minutieux examen, Quant à leur disposition réciproque, quant à la place qu'ils occupent, les uns par rapport aux autres, dans l'usine, elle est si indifférente que je n'ai pas même jugé à propos de donner un *plan général* de forge à la catalane. Tout ce qu'on peut prescrire relativement à cette disposition générale, c'est de laisser autour de chacun de ces appareils l'espace convenable pour les manœuvres qui s'y rapportent; par exemple, 3 mètres de chaque côté de la tête du marteau, la plus grande longueur possible en avant de cette tête; 2 mètres et 3 s'il est possible en avant de la face du *chio* pour la manœuvre des fondeurs ; enfin, nous verrons plus loin (431) de combien il convient d'éloigner la trompe du foyer.

Le simple croquis de la fig. 1 , nous suffira donc pour montrer la disposition générale de l'intérieur d'une forge ; nous en reprendrons plus loin les diverses parties.

301. On distingue sur ce croquis

$A$, la porte principale de la forge.

$BBBB$, le mur d'enceinte de la forge.

$CC$ ( fig. 1 et 2 ), massif en terre et en grosses pierres, s'élevant d'environ 1 mètre dans sa plus grande hauteur au-dessus du sol de la forge ; c'est dans ce massif qu'est pratiqué le creuset ou *feu F*; on distingue (fig. 2) le *chio c* par lequel on fait écouler les scories.

En arrière du mur $M$, est la trompe $T$ ou machine soufflante qui fournit l'air nécessaire à la fusion , air qui pénètre dans le creuset *F*, à travers la tuyère *t*.

*D D* est le bassin de la trompe ; on l'appelle *paicherou*. Ce bassin, qui a environ 2ᵐ en tout sens, est entretenu constamment plein par un canal qui débouche à sa partie postérieure , canal qu'on n'a pu indiquer sur la figure. Ce canal d'amenée a, en général, une pente très faible ; sa largeur est d'environ 1.ᵐ30. La profondeur des eaux y varie de 0.30 à 0.40 environ.

*e* est le canal de fuite des eaux de la trompe , ou *escampadou*. Ce canal se prolonge souterrainement en passant sous le mur d'enceinte de la forge. Ses eaux vont se réunir en *d* ( fig. 1 ), au canal de fuite de la roue du mar-teau *R*.

*b* est une auge en bois alimentée d'eau par un tuyau *a*, qui communique médiatement ou immédiatement avec le *paicherou;* c'est dans cette auge *b*, appelée la *nave*, que les fondeurs puisent l'eau qu'ils projettent conti-nuellement dans le creuset, c'est encore là qu'ils rafraîchissent leurs outils.

*E E* ( fig. 1 ), bassin en bois du marteau; il communique directement avec un immense bassin *G G G* creusé dans le sol. Ce bassin *G* , à la forge de Montgaillard, a une longueur de 90ᵐ, une largeur moyenne de 4ᵐ, une profondeur moyenne de 1ᵐ.60. Ces dimensions sont très variables dans les diverses forges; à *Villeneuve-d'Olmesse* où se trouve la forge cata-lane la mieux construite que j'aie jamais visitée, ce bassin *G* est construit en pierres parfaitement jointes; c'est un grand rectangle de 60ᵐ de long, de 6ᵐ.90 de large , sa profondeur est de 1ᵐ à une extrémité et de 2ᵐ à l'autre extrémité où se trouve placée la roue hydraulique.

*f* est la porte de la trappe par laquelle on lâche l'eau sur la roue *R* du marteau; cette trappe, qu'on appelle *pourtanelle*, s'ouvre à l'aide d'un immense levier dont le grand bras porte une forte chaîne sur laquelle tire un ouvrier. Cette chaîne s'accroche ordinairement à la charpente du mar-teau au point *h*, mais cette disposition du levier de la *pourtanelle* n'est point générale. La fig. 4, dans laquelle on voit l'ouvrier agissant sur ce le-vier, offre un exemple d'un autre arrangement.

La *pourtanelle f*, étant supposée levée, l'eau descend par un long canal en bois *g*, qu'on appelle *céutre* ( prononcez *séoutré*). Elle choque la roue hydraulique *R* et s'échappe en *i i;* la roue *R* entraîne l'arbre *I* dans son mouvement, et par suite les cames *k k*, abaissant la queue du marteau *m*, en font lever la tête *l;* la rotation s'opère sur les tourillons *n n* de la bague.

*o* ( fig. 1 , 3 et 4 ), est le banc sur lequel s'assied parfois celui qui tra-vaille au marteau.

*p* ( fig. 1 ), est une flaque d'eau qui sert à rafraîchir la queue des pièces et les outils.

*q q*, vieux marteaux renversés sur le flanc, servant d'enclumes, sur lesquels on dresse les barres lorsqu'elles ont été forgées sous le marteau *m*.

*r r r r*..... parsons ou grandes caisses en bois dans lesquels on met le charbon ; chaque parson contient le volume nécessaire pour une seule opération (6).

*s*, escalier ou plutôt échelle conduisant au *crambot*. On appelle ainsi une mauvaise soupente dont le sol plus ou moins couvert de paille, forme l'habitation et le lit des forgeurs ; c'est là qu'ils vont dormir après six heures d'un travail extrêmement pénible.

*v v*, armoire dans laquelle les ouvriers serrent leurs provisions, leur vin, leur pain, etc.

*x x x*, petits fourneaux sur lesquels ils font cuire leurs aliments.

302. Tel est l'ensemble de la partie matérielle d'une forge catalane ; on évalue à moins de 30,000 francs la dépense d'établissement de toute l'usine, non compris la valeur du terrain et celle de la chute d'eau. Il n'en coûterait guère plus pour la bien construire. Passons au personnel.

303. Le personnel se compose essentiellement de 8 ouvriers, savoir : un *foyer*, un *maillé*, deux *escolas*, deux *piquemines*, deux valets d'escolas ou *miaillous* ; cela donne quatre maîtres et quatre valets, formant deux brigades qui alternent entre elles pour le travail, et se succèdent chaque six heures, jour et nuit, en se réunissant toutefois pendant un temps assez court, à l'expiration de chaque quart de journée, pour les manœuvres qu'exigent le tirage du massé ( fig. 2 ) et le chargement du creuset. Ces brigades se p rtagent ainsi :

| 1 | 2 |
|---|---|
| Le foyer | Le maillé |
| Son piquemine | Son piquemine |
| Le 1$^{er}$ escola | Le 2$^{me}$ escola |
| Son valet. | Son valet. |

304. Le *foyer* est le chef des ouvriers. Il est spécialement chargé de tout ce qui concerne le *creuset* ou *feu*. C'est lui qui le construit, qui le modifie à son gré ; ou s'il charge quelquefois son valet de ces soins, c'est lui du moins qui en porte toute la responsabilité aux yeux du maître. Le placement de la tuyère, la direction générale de la machine soufflante, rentrent dans ses attributions ; enfin, il alterne avec le *maillé* pour l'étirage des *massés*. Le *foyer* jouit d'une très grande influence dans la forge, et il ne s'y opère guère de changement dans le personnel sans qu'il ait été consulté ; on lui abandonne même le plus souvent le choix des *escolas* ou fondeurs. Le salaire de cet ouvrier se compose d'un droit de o.$^f$5o qu'il

prélève pour chaque quintal de fer ($40^k$) fabriqué dans la forge, soit qu'il ait contribué directement à cette fabrication, soit qu'il n'y ait point contribué. Quelques foyers consentent à ne recevoir que o.$^f$45.

305. Le second ouvrier de la forge est le *maillé*; c'est le maître forgeur; il est pour le marteau ce que le foyer est pour le creuset, et l'on peut dire que celui-ci est censé présider aux opérations chimiques, tandis que celui-là dirige toute la partie mécanique du travail du fer. Il est chargé de toutes les réparations à faire au marteau, de l'entretien et même de la fabrication d'une partie des outils. Son salaire consiste en un droit de o.$^f$45 qu'il prélève, comme le foyer, sur chaque quintal de fer ($40^k$) fabriqué dans la forge.

Le foyer et le maillé doivent la nourriture à leurs valets, à l'exception du pain.

*Escolas.* 306. Les *escolas* sont les fondeurs de ces forges; ils sont chargés de diriger la marche du fourneau. Leurs fonctions m'ont toujours paru de beaucoup plus importantes que celles du foyer, et je ne comprends pas comment l'usage a pu s'établir de confier à celui-ci la construction du creuset, le placement de la tuyère, et le ménagement du vent, en laissant aux escolas la direction du fondage sur lequel la forme de ce creuset, la direction de cette tuyère, et la force du vent, exercent probablement une certaine influence. En séparant ainsi des fonctions que la nature du travail avait si évidemment réunies, on a créé des embarras dont on sent tous les jours l'inconvénient, et l'on a même élevé des obstacles au progrès de l'art. En effet, lorsqu'une forge va mal, le maître ne sait guère aujourd'hui à qui s'en prendre; s'adresse-t-il au *foyer*, cet ouvrier ne manque jamais d'attribuer l'insuccès à la mauvaise direction du fondage, c'est-à-dire à l'inhabileté de l'*escola;* celui-ci se défend en rejetant les mauvais résultats sur la position de la tuyère, sur la grandeur de son orifice, sur l'irrégularité de la machine soufflante, sur l'humidité du creuset, sur sa forme; en un mot l'*escola* rend au *foyer* le brevet d'incapacité que celui-ci lui décerne trop souvent. Lequel a tort? c'est ce que le maître est incapable de décider; dans ce doute, c'est toujours l'*escola* qui succombe; il est renvoyé; mais le lendemain on le retrouve dans une autre forge où il n'est pas rare qu'il fasse des merveilles, parce qu'il y aura trouvé des appareils plus en harmonie avec ses habitudes de travail.

Il serait possible qu'à l'origine de l'art, le *foyer* ait été véritablement le chef fondeur, le directeur des opérations chimiques; les *escolas* étaient alors ses aides. Il était la tête, eux les bras. Il n'en est plus de même aujourd'hui; les *escolas* ne sont pas de simples manœuvres, une certaine intelligence préside à leurs opérations; une longue suite d'observations s'est transmise des pères aux enfans, et il en a été déduit des *règles* pour la conduite du feu, dont l'ensemble constitue la science de ces estimables ouvriers. On s'est beaucoup récrié contre la routine des forgeurs en général. *Ils veulent*, disait Lapeyrouse, *conserver dans toute son intégrité ce que leurs pères leur ont enseigné.* Ce reproche ne saurait atteindre les *escolas.* Leurs pères leur ont transmis des règles, des faits d'observation que quelques-uns d'entre eux ont pu vérifier jusqu'à six et sept mille fois dans le cours de leur existence. Ce n'est point là de la routine, mais bien de l'expérience, et ils agissent sagement en se conformant à ses prescriptions. Je n'hésite point à le dire, le corps des *escolas* possède, conserve et transmet, en le perfectionnant peu à peu, le grand art d'extraire immédiatement le fer de ses minerais; il me paraît très désirable qu'ils absorbent définitivement les fonctions du *foyer*; et que, ainsi que cela a lieu dans quelques forges, celui-ci soit rempli par un simple étireur (*estiraire*), qui coûte beaucoup moins. J'ai assez vu les forges et surtout assez fréquenté les ouvriers pour savoir à quoi m'en tenir sur l'importance des *foyers;* leurs services sont nuls, et cependant chèrement payés. Monter un feu et placer convenablement une tuyère, sont des opérations tellement simples, que le dernier maçon est sûr d'y réussir, s'il connaît les règles que la pratique a consacrées. Or, ces règles sont très faciles, très peu nombreuses, et il n'est peut-être pas un escola qui ne les sache par cœur. En vérité, l'on ne sait ce qu'on doit le plus admirer de la bonne foi des maîtres de forges qui ont encore recours à des foyers, ou de l'art avec lequel ces ouvriers les exploitent. Un homme d'esprit a dit des uns et des autres que c'*étaient des renards préchant à des dindons*, je n'irai pas aussi loin que lui, mais je persiste à dire qu'ils sont en réalité les ouvriers les plus inutiles et en même temps les plus payés, et que rien ne serait plus facile que de confier leurs fonctions aux *escolas*; moins toutefois l'étirage du fer, pour lequel ils alternent avec le maillé.

Les escolas reçoivent chacun o'5o par quintal de fer fabriqué dans la forge. C'est 1 fr. par quintal pour les deux. Ils se chargent de la nourriture de leurs valets.

307. Les valets d'escolas ou *miaillous*, sont chargés chacun d'aider son maître et de le servir dans son travail, de lui apporter le charbon, d'aider à l'entretien du feu; chacun d'eux reçoit du maître de forges 6 fr. par semaine et il est nourri par l'escola. Valets d'escolas.

308. Les *piquemines* doivent concasser sous le marteau le minerai, en séparer la greillade en le criblant. Ils aident le foyer et le maillé pour l'étirage; ils partagent les *massoques*, étirent la queue des *massouquettes*, etc. Chaque piquemine reçoit du maître de forge o'2o par quintal de fer (4o^k) Piquemines.

fabriqué dans la forge ; il est en outre nourri par son maître ouvrier, foyer ou maillé.

**Garde-forge.** 309. En outre de ces huit ouvriers, il y a dans chaque forge un homme chargé de délivrer aux fondeurs le minerai et le charbon, et de tenir compte de ces livraisons de matières premières. Il est encor chargé de veiller aux intérêts du maître. Ce neuvième ouvrier s'appelle *garde-forge ;* son salaire est assez variable dans les diverses forges ; on peut l'évaluer moyennement à 500 fr. par an ; c'est une dépense d'environ 0ᶠ50 par massé.

**Commis.** 310. Enfin on trouve encore dans presque toutes les forges un commis chargé de la comptabilité et de la haute surveillance. Ces commis appartiennent tous à une classe peu éclairée, et manquent des connaissances nécessaires pour conduire une forge. Ils sont généralement payés à raison de 1200 fr. par an ; ils ont en outre leur logement, et on leur a presque partout concédé le droit de vendre le pain et le vin que consomment les ouvriers chaque jour, ce qui est peu propre à leur attirer la considération de ceux-ci.

**Costume.** 311. On peut voir, dans les fig. 2, 3, 4, le costume de travail des ouvriers forgeurs. Il se compose presque partout d'une casquette en feutre mou à longue visière pour garantir autant que possible leurs yeux de l'ardeur du feu, d'une chemise de grosse toile, d'un pantalon ouvert extérieurement le long des jambes, et enfin d'une paire de sabots. Ils ont, en outre, une seconde chemise qui leur permet de changer de linge aussitôt qu'ils ont terminé leur travail, ce qu'ils ne manquent jamais de faire. Ainsi équipés ils passent au moins une semaine, quelquefois plusieurs mois à la forge, sans jamais retourner chez eux, couchant nuit et jour sur la paille du *crambot*, paille que le maître de forges consent, non sans difficultés, à renouveler deux fois par an.

On peut dire, sans hyperbole, que sous ce rapport les chevaux de nos rouliers, qui ne travaillent cependant que six heures par jour, sont beaucoup mieux traités que ces hommes qui restent douze heures exposés à une fatigue considérable, à laquelle il faut ajouter l'influence d'une température qui, pour les escolas, du moins, s'élève souvent à 40 et 45 degrés centigrades.

312. Le coup d'œil général que nous venons de jeter sur la forge à la catalane, peut être considéré comme un tableau d'assemblage, destiné à lier entre eux les organes principaux de l'usine. Nous allons dans les chapitres suivants étudier ces organes en eux-mêmes, en montrer l'emploi, déterminer, s'il se peut, les formes qui leur conviennent suivant les diverses circonstances ; commençons par l'étude de la machine soufflante, ce sera l'objet du chapitre suivant.

## LA TROMPE.

### *Machine soufflante.*

313. La trompe est, à une ou deux forges près, la seule machine soufflante employée dans les forges catalanes du département de l'Ariége. On sait qu'en général cette singulière machine se compose : 1° d'un bassin supérieur $B$, fig. 5 et 6, entretenu constamment plein ;

2° D'un, deux, trois, mais généralement deux arbres verticaux intérieurement évidés $AA$, fig. 5, 6 et 13 ;

3° D'une caisse hermétiquement fermée $CC$, fig. 5, 6, 7 et 13 : c'est le réservoir d'air ;

4° D'un tuyau vertical montant $HH$, fig. 5 et 13, appelé l'*homme* ou la sentinelle ;

5° D'un museau $bb$, fig. 5 et 13, prolongé par un gros tuyau en peau de mouton $b'b'$, fig. 13 et 16, auquel est adapté un tube de fer $cc$, mêmes fig.

Les arbres $AA$, à travers lesquels l'eau se précipite du bassin $BB$ dans la caisse $CC$, sont étranglés à leur orifice supérieur par deux planches inclinées, fig. 6 ; en outre ils sont percés de trous rectangulaires $ee$, $e'e'$, dans la première moitié de leur hauteur, fig. 6, $ee$, fig. 13 et 17.

314. Aussitôt que l'écoulement s'opère par les étranglements des arbres, il se produit une aspiration par les trous $eeee$, l'air entre dans les arbres, il en parcourt toute la longueur avec l'eau. Arrivée à l'extrémité inférieure de l'arbre, la masse, partie gazeuse, partie liquide, frappe avec violence la banquette placée $vv$ de la caisse $C$, fig. 6, 7 et 13 ; là les deux fluides se séparent, au moins en partie ; l'eau tombe de la banquette au fond de la caisse $CC$, et s'écoule par le petit canal $q$, fig. 5 et 7 ; abstraction faite des premiers instants, le niveau de l'eau s'élève toujours dans la caisse $C$ au-dessus de la partie supérieure de cet orifice $q$, et par conséquent elle s'oppose à la sortie de l'air par cette voie. Celui-ci se comprime donc dans la caisse $CC$, de plus en plus, jusqu'à ce qu'il arrive à un état de tension constante qui dépend du volume d'eau qui entre dans les arbres, et d'autres causes que nous signalerons plus tard. Ainsi comprimé dans le haut de la caisse, il s'échappe, fig. 13, par la sentinelle $H$, par le museau $b$, par le conduit en peau $b'$, puis enfin par le tuyau conique $c$. Il traverse la tuyère $I$ avec une grande vitesse et pénètre dans le creuset $F$.

Passons à une description détaillée de ces curieuses machines.

22

Description<br>des trompes. 315. On n'emploie guère dans l'Ariége que deux systèmes de trompes,
savoir :

1° La trompe proprement dite, fig. 5, 6, 6 *bis*, 7, 8, 9, 10, 11, 12, 13 et 17.

2° La *tine*, fig. 14, 15 et 16.

Nous les décrirons successivement.

La trompe. La fig. 5 est une élévation vue par-devant de la trompe de Montgaillard; on a détaché du museau $b$ qu'on appelle le *burle*, le conduit en peau de mouton $b'$ de la fig. 13, et le tube conïque qu'il porte.

La fig. 6 est destinée à montrer l'intérieur du bassin $B B$ de la fig. 5, l'intérieur des arbres $A A$, et l'intérieur de la caisse $C C$. Il ne faut pas prendre cette figure pour une seule et unique section verticale; il y en a deux. L'une, suivant la longueur des arbres et passant par leur milieu, se prolonge depuis le haut du bassin jusque vers le bas des arbres. La trace horizontale de ce plan coupant passerait par $PQ$, fig. 7. L'autre est une section de la caisse à vent $C C$, parallèle à la première, mais faite un peu en avant de $P Q$ : on voit la trace de ce second plan coupant en $MN$, fig. 7.

La fig. 7 est le plan de la caisse à vent $C C$; on a enlevé les planches $a a$ des fig. 6 et 13 qui recouvrent la partie supérieure de cette caisse, afin d'en montrer la disposition intérieure. La projection horizontale des arbres s'y trouve toutefois ponctuée.

Les figures 8, 9, 10, 11, 12, se rapportent toutes aux arbres $A A$; nous y reviendrons tout à l'heure.

La fig. 13 est une coupe par un plan perpendiculaire à la fig. 5. Ce plan coupant aurait pour trace verticale $R S T$, fig. 5, et pour trace horizontale $V U$, fig. 7.

La fig. 17 est une coupe de l'arbre $A A$, parallèle à celle de la fig. 13, mais passant par le milieu de l'arbre. Cela posé,

Canal<br>d'amenée. 316. On voit en $Z$, fig. 13, 5 et 6, l'extrémité d'un canal d'amenée, construit en bois et supporté par une grossière maçonnerie en pierres sèches. Ce canal a plus de $60^m$ de longueur, je n'ai point mesuré sa pente; mais on donne généralement à ces canaux une pente de $0.^m006$ par mètre; il a $1.^m30$ de largeur, fig. 6; l'eau s'élève dans ce canal de $0.^m30$ à $0.^m40$, suivant les saisons, fig. 6 et 13. Lorsque la profondeur de l'eau y est inférieure à $0.^m30$, la trompe ne reçoit plus assez d'eau et la forge chôme. J'ai pris $0.^m35$ pour sa profondeur moyenne, fig. 13.

Le *Paicherou*. 317. Lorsque l'eau y acquiert cette profondeur, elle entretient le bassin $B$, $B B$, $B B$, fig. 13, 6, 5, constamment plein à une hauteur de $1.^m50$ au-dessus de son fond, et dans les moments où la trompe dépense le plus d'eau. Le bassin en bois $B B$, qu'on appelle le *paicherou*, a plus de $2^m$ de profondeur réelle, fig. 5; sa largeur, fig. 6, est de 2.$^m$42; sa longueur, de l'avant à l'arrière, fig. 13, est de 2.$^m$75; sa section horizontale est donc de 6.$^{mm}$655, le niveau de l'eau étant généralement de 1.$^m$5o, il contient donc ordinairement 9.$^{mmm}$9825; son fond porte alors 9982 kil. d'eau. Cette énorme charge explique la nécessité de le soutenir par de fortes pièces $c\,c\,c$, fig. 5, 6, 13, reposant elles-mêmes sur des traverses $d\,d\,d$, mêmes fig., qui posent à leur tour, quelques-unes par leurs extrémités, d'autres dans toute leur longueur, sur une maçonnerie $m\,m\,m\,m$.

318. Les arbres $A\,A$, fig. 5, conservent en général la forme qu'ils avaient sur pied, c'est-à-dire qu'ils sont, à l'extérieur, sensiblement cylindriques; d'autres, cependant, sont carrés; leur section intérieure, fig. 12, est presque toujours carrée; elle a 0.$^m$1895 ( 7 pouces ) de côté, lorsque la chute est fort élevée, comme à Montgaillard; mais on lui donne 0.$^m$216 ( 8 pouces ) de côté, lorsque la chute est faible. Il y a aussi des trompes dont les arbres sont intérieurement cylindriques, mais elles sont assez rares. Pour évider ces arbres, on les refend dans toute leur longueur et l'on creuse les deux demi-cylindres jusqu'à une profondeur égale à la moitié du côté de la section; on réunit enssuite le deux demi-cylindres en calfatant la jointure avec soin et reliant le tout avec des frettes en fer, $f\,f\,f$. A environ 0.$^m$36 en contrebas de leur extrémité supérieure, fig. 6, les faces latérales de l'intérieur de l'arbre cessent de marcher parallèlement; elles divergent au contraire sensiblement vers le haut, ainsi que le montre la fig. 6; c'est à l'origine de cette divergence qu'on perce les *aspirateurs* $e\,e\,e\,e$, fig. 6, $e\,e$, fig. 13, $e\,e$, fig. 17. Ces aspirateurs sont en général des trous rectangulaires dont l'axe ferait, avec l'horizontale, un angle d'environ 4o à 5o degrés. Le nombre et les dimensions de ces aspirateurs sont très variables, et de fréquentes observations m'ont démontré que ce nombre et ces dimensions n'avaient aucune influence appréciable sur la tension. Dans la trompe dont il s'agit il y a deux *aspirateurs* supérieurs à chaque arbre; ils ont 0.$^m$o8 horizontalement et 0.$^m$o5 verticalement. La section de chacun est donc 0.$^{mm}$oo4, et la section des quatre 0.$^{mm}$o16. Vers le milieu de l'arbre, à 2.$^m$1o au-dessous de $e\,e$, on a percé d'autres aspirateurs $e'e'e'e'$, fig. 6; ceux-ci sont carrés, fig. 8; ils ont 0.$^m$o4 de côté, mais l'eau reflue souvent par ces derniers et toujours par intermittence.

319. L'évasement supérieur de chaque arbre reçoit deux planches inclinées $p\,p$, fig. 5, 6, 6 *bis*, 13, 17, dont le degré d'écartement est maintenu par les tringles de bois $t\,t\,t\,t$, mêmes fig., et par les coins $n\,n\,n$, fig. 5, 6, 13; ces coins et ces tringles permettent de régler dans un seul sens l'orifice *maximum* de l'entrée de l'eau dans les arbres, ou ce qu'on appelle l'*étranguillon*; il est réglé pour la trompe dont il s'agit à 0.$^m$o6767 (2 pouces

6 lignes), latéralement; dans l'autre sens, il a pour dimension le côté même du carré de l'évidement de l'arbre, ou o.$^{m}$1895, voyez fig. 6 *bis*. J'ai vu pendant long-temps l'écartement inférieur de l'orifice de cette trompe réglé à o.$^{m}$0609. On avait donc alors :

Section de chaque étranguillon, o.$^{m}$1895 $\times$ o.$^{m}$0609 = o.$^{mm}$01154.
Section des deux,                                       o.$^{mm}$02308.

En général, et jusqu'à une certaine limite, plus cet écartement inférieur devient considérable, plus la tension dans la caisse à vent $CC$ augmente. Comme l'opération de la fusion exige que la tension devienne progressive, c'est-à-dire faible pendant les premières heures, puis plus forte, puis aussi forte que possible à la fin; on règle cette tension pendant le travail, non en rapprochant ou écartant plus ou moins les planches $pp$, que nous appellerons désormais l'*entonnoir*, mais en laissant plus ou moins s'abaisser dans l'évasement qu'elles forment les pièces $kkk$, fig. 5, 6, 13,

Les cors. qu'on appelle les *cors*. Ces *cors* sont suspendus par des chaînes aux bras du grand levier $L$, fig. 5 et 17, que l'ouvrier laisse tourner autour de son appui, en lâchant plus ou moins l'extrémité d'une autre chaîne, dont les anneaux viennent s'arrêter sur des chevilles enfoncées dans le bois de la sentinelle $H$. Cette sentinelle étant à proximité du creuset, l'escola n'a qu'un pas à faire pour augmenter le vent, en tirant la chaîne, pour le diminuer, en la lâchant plus ou moins, ou pour le rendre tout-à-fait nul en la lâchant tout-à-fait, car alors les *cors* tombent dans les entonnoirs et les bouchent; l'écoulement de l'eau et l'aspiration de l'air cessent en même temps. Les fig. 17 et 6 *bis* montrent la forme de ces planches $pp$, qui ne sont point des rectangles parfaits, mais sont formés de deux rectangles, l'un plus petit, qui entre dans l'arbre, l'autre plus grand, qui est en dehors, et dont les côtés s'appuient sur l'épaisseur de la partie pleine de cet arbre.

Les arbres. 320. Passons maintenant à l'extrémité inférieure des arbres; à environ un pied ou o.$^{m}$32 de son extrémité inférieure, l'arbre $AA$ change extérieurement de forme pour pénétrer dans la caisse à vent $CC$; on voit cette extrémité inférieure en face, fig. 11 et 6, de profil, fig. 10, et en coupe de profil, fig. 9. Les charpentiers attachent une très grande importance aux dimensions de l'orifice vertical, assez bizarre $g\,h\,g'h'$, fig. 11, 10, 9, 6, par lequel l'eau et l'air s'élancent à la fois dans la caisse $CC$; aussi ai-je relevé ces côtes avec grand soin. Je reviendrai tout à l'heure sur ces orifices.

La caisse à vent. 321. La caisse à vent, que nous appellerons quelquefois le réservoir d'air, le gazomètre, se compose d'une grande cage en forme de trapèze, fig. 7; cette cage a pour base quatre fortes pièces, deux longitudinales

$c'c'c'c'$, fig. 7, 5, 6, 13, deux transversales $a'a'a'a'$ ; aux quatre angles de cette base s'élèvent quatre autres forts montants verticaux, deux antérieurs $i\ i$, deux postérieurs $i'i'$ ; les fig. 5 et 7 montrent distinctement la forme de ces pièces $a'c'i\ i'$ ; les quatre pièces verticales sont reliées entre elles par deux rangs de traverses horizontales $l\ l\ l\ l$, fig. 5, 6, 13, $l'l'l'l'$, fig. 5, 6, 7, 13. Toutes les pièces de cette cage sont très solidement et très soigneusement assemblées.

Cette cage établie, on y applique intérieurement et avec un grand soin de forts madriers très sains de 0.$^{\mathrm{m}}$07 à 0.$^{\mathrm{m}}$08 d'épaisseur $r\ r$ sur le fond, fig. 6 et 13, $s\ s\ s\ s$, latéralement, fig. 6, 7 et 13 ; puis on recouvrira tout à l'heure ce système avec des madriers semblables $a\ a\ a\ a$, fig. 6 et 13, qui formeront le dessus de la caisse, et dans lesquels on aura pratiqué les ouvertures nécessaires pour laisser passer l'extrémité inférieure des deux arbres, fig. 6, la base de la sentinelle $H$, fig. 13, et dans lesquels on aura laissé une ouverture carrée, sur laquelle on appliquera le *tampail u*, fig. 13. Ce trou sert à pénétrer dans la caisse à vent pour y faire les réparations.

322. Cette caisse a cependant encore une ouverture sur le flanc ; c'est l'orifice de sortie de l'eau $q$, fig. 5 et 7 ; les charpentiers tâtonnent quelquefois fort long-temps pour en régler les dimensions, et cela n'a rien d'étonnant, car ils se dirigent dans ce calcul par les règles les plus absurdes ; nous y reviendrons. Telle qu'elle est établie, la caisse à vent a pour dimensions intérieures 3.$^{\mathrm{m}}$09 de longueur, ou plutôt de distance entre les deux bases du trapèze ; ces bases ont elles-mêmes, la plus grande, 1.$^{\mathrm{m}}$51, la plus petite, 0.$^{\mathrm{m}}$395, fig. 7 ; la hauteur totale, fig. 6, est de 1.$^{\mathrm{m}}$32. La sortie de l'eau.

323. A 0.$^{\mathrm{m}}$83 au-dessus du fond, fig. 6 et 13, se trouve une forte banquette en bois $v\ v$, parfaitement horizontale, de 0.$^{\mathrm{m}}$243 d'épaisseur, soutenue par deux tasseaux très solides $v'v'v'$ ; cette banquette a, d'arrière en avant, fig. 7, 0.$^{\mathrm{m}}$37, et sa largeur à l'arrière est comme celle de la caisse, 1.$^{\mathrm{m}}$51, elle a 1.$^{\mathrm{m}}$36 à l'avant. La banquette.

324. Entre la partie supérieure de cette banquette et le dessus de la caisse $a\ a\ a\ a$, fig. 6 et 13, sont placés les quatre *contrevents* $x\ x\ x\ x\ x$, fig. 6, 7 et 13, dont la fig. 7 montre clairement la disposition. C'est entre ces *contrevents* et sur la banquette même que les arbres viennent poser par leur extrémité $g'h'$, fig. 11 et 6 ; il y a ainsi entre les deux arbres de centre à centre une distance de 0.$^{\mathrm{m}}$84, fig. 5, et comme ils ont 0.$^{\mathrm{m}}$365 de diamètre extérieur, leur distance extérieurement est de 0.$^{\mathrm{m}}$48, fig. 6. Les contrevents.

En avant du bord $g'h'$ de la partie inférieure des arbres, et dans l'épaisseur de la banquette, se trouvent deux pierres $\gamma\ \gamma$, fig. 6 et 7 ( quelquefois ce sont deux plaques de fonte ). Ces pierres, à l'aide de plaques minces, chassées entre elles et le corps de la banquette, peuvent être plus ou moins soulevées. Les charpentiers prétendent qu'en élevant de deux, quatre, six millimètres au plus, ces pierres $y\,y$, on augmente la tension de l'air dans la trompe, toutes choses restant égales d'ailleurs. Ces pierres ont o.$^{m}$28 sur o.$^{m}$3o, fig. 7; elles se trouvaient exactement à o.$^{m}$112, fig. 6, au-dessous du bord $g\,h$ de l'arbre lorsque je levai cette machine, ou à o.$^{m}$247 en contrebas du dessus de la caisse $a\,a\,a$. Elles étaient ainsi au niveau même du dessus de la banquette.

Le tampail.
325. La figure 7 montre la trace de l'ouverture du *tampail u*, qu'on voit aussi fig. 13; les dimensions de cette ouverture sont exactement celles qu'on remarque dans le plan de la *tine*, fig. 15; elle est, je crois, réduite à son minimum, et c'est une condition que le constructeur cherche toujours à remplir. Il en résulte en effet que, s'il est maigre, et s'il a des concurrents un peu gros, nul autre que lui ne pourra pénétrer dans la caisse, et il demeurera ainsi chargé de toutes les réparations intérieures, des petites modifications qu'on croit utile d'apporter de temps à autre, soit à la hauteur de la banquette, soit à l'orifice de sortie de l'eau, enfin du calfatage de la caisse; et comme toute visite ou descente dans la caisse est assez bien payée, cette petite malice devient pour les constructeurs d'un *faible diamètre* une source de profits qui n'est pas à dédaigner. Les fig. 13 et 16 montrent distinctement comment le *tampail* se ferme à l'aide d'un morceau de bois incliné, appuyé d'une part contre la sentinelle $H$ et posant par son autre bout sur le tampail lui-même. On le force à coups de marteau dans cette position.

L'homme.
326. La sentinelle ou l'homme $H$, fig. 5, est un grand prisme quadrangulaire intérieurement évidé, et qui entre par sa base dans l'ouverture $z$, fig. 7 et 13, laissée pour le recevoir à la partie supérieure $a\,a$ de la caisse $C\,C$. Cette pièce a 1.$^{m}$14 de haut, et environ o.$^{m}$36 de côté; elle est évidée intérieurement, et cet évidement carré est d'environ o.$^{m}$20 sur o.$^{m}$20. Au haut de sa face antérieure, fig. 5, est un trou quadrangulaire $o\,o\,o\,o$ de o.$^{m}$32 sur o.$^{m}$24, lequel reçoit le museau $b\,b$, fig. 5, 13, 16, qu'on appelle le *burle*.

Le burle.
327. Cette pièce est retenue à la sentinelle par de petits crochets qu'on distingue fig. 5 et 16; on chasse d'ailleurs, à l'aide d'un marteau et d'un ciseau, une grande quantité de filasse tout autour de la jointure de cette pièce avec la sentinelle, ce qui la consolide encore dans son ouverture.

On voit à côté de ce burle sa section postérieure ou de jonction avec la sentinelle, ainsi que son orifice antérieur. La première est quadrangulaire et de o.$^{m}$18 sur o.$^{m}$20; le second est un cercle de o.$^{m}$12 de diamètre, fig. 13 et 5.

Sur l'extrémité du burle on attache le conduit en peau de mouton $b'b'$,
fig. 13 et 16, qu'on appelle le bourec.

328. Ce conduit a dans la trompe que nous décrivons environ 0.^{m}80 de Le bourec.
longueur sur 0.^{m}20 de diamètre au milieu. Pour le fixer sur le burle, on entoure l'extrémité de celui-ci d'une bonne couche de filasse, et l'on ensache
cette extrémité dans le bourec. Un assez grand nombre de tours de corde
$b\,b'$, fig. 16, serre et maintient le bourec $b'$ sur le burle $b$. Afin de rendre
le contact aussi parfait que possible, on passe un petit levier en fer ou en
bois dans quatre ou cinq des cercles formés par les cordes; on tourne le
lévier et l'on tord ainsi jusqu'à refus; ou arrête ensuite l'extrémité du
lévier avec un clou fiché sur le burle. On parvient facilement de cette
manière à empêcher l'air de passer, malgré sa forte tension à l'intérieur
du bourec.

329. Le bourec reçoit ensuite à son extrémité antérieure la *buse c c*, La buse,<br>ou canon de<br>bourec.
fig. 13 et 16; c'est un canon généralement en fer, quelquefois en cuivre,
plus rarement en fer-blanc, fixé au bourec à l'aide d'une forte ficelle. Cette
buse, qu'on appelle le *canon de bourec*, est légèrement conique; le diamètre de son orifice de sortie varie entre 0.^{m}035 et 0.^{m}037. Celui-ci à 1.^{m}61
de longueur et environ 0.^{m}037 de diamètre; il est soutenu vers son entrée
dans la tuyère $I$ par un bâton qui s'appuie sur le sol, pendant que le fourneau travaille. Lorsqu'on cesse le feu, on bouche l'étranguillon en laissant
tomber les *cors* dans l'évasement $p\,p$, fig. 6; mais comme les cors ne bouchent point très hermétiquement ces entonnoirs, il passe toujours un peu
d'eau dans les arbres; il y a par conséquent une légère aspiration par $e\,e$
et la trompe souffle toujours un peu. Pour ne point être gêné par ce vent,
lorsque, par exemple, on retire du creuset la masse de fer qui s'y est
formée, on tire le canon de bourec tout-à-fait en arrière et on reploie le
bourec de manière à diriger le canon partout ailleurs que dans la tuyère $I$.

330. La tuyère $I$, que l'on voit en coupe et dans sa position de travail, La tuyère.
fig. 13, en plan, fig. 16, est une espèce de grand cornet en cuivre rouge,
nécessairement ouvert aux deux extrémités et qui est échancré en-dessus,
fig. 23; le canon de bourec y pénètre d'une quantité variable; son extrémité se trouve ici à 0.^{m}51 en arrière de l'orifice de la tuyère; c'est à peu
près la limite d'éloignement; un ouvrier dirait ici que le *canon de bourec
est très en arrière*. La tuyère $I$ a 1.^{m}48 de longueur totale; c'est une espèce de cône aplati. Son *pavillon*, fig. 15 et 23, a 0.^{m}13 pour son grand
axe dans le plan vertical et 0.^{m}23 pour l'autre axe; à 0.^{m}75 de son extrémité postérieure, l'échancrure supérieure, fig. 16 et 23, se termine; la
section de la tuyère à cet endroit est, fig. 24, une petite ellipse qui a
0.^{m}10 et 0.^{m}08 pour axes. En partant du pavillon pour aller à l'extrémité

ou à l'orifice antérieur de la tuyère, l'épaisseur du cuivre augmente considérablement ; ainsi, à l'arrière, cette épaisseur est de 0.$^m$002 ; à l'avant, elle varie de 0.$^m$008 à 0.$^m$013. A 0.$^m$73, en avant de la fin de l'échancrure, la tuyère se termine par un orifice coupé un peu en biseau, de sorte que la partie supérieure forme une lèvre, fig. 13, qui déborde de 0.01 à 0.02 la partie inférieure. L'orifice proprement dit n'est ni un cercle ni une ellipse, mais plutôt une espèce de rectangle assez imparfait, dont le grand côté, fig. 25, est horizontal et a environ 0.$^m$042 ; l'autre côté portant à peu près 0.$^m$033. Au surplus, cet orifice est toujours fort tourmenté ; aussi n'a-t-il point en réalité de forme régulière ; la tuyère que j'ai donnée, fig. 23, a réellement pour orifice un quadrilatère dont les côtés supérieur, inférieur, fig. 13, antérieur, postérieur, fig. 16, sont successivement 0.$^m$045, 0.$^m$04, 0.03, 0.035. Ainsi, non seulement cette tuyère décline vers le fond du creuset, mais encore elle est plus ouverte de ce côté. La tuyère est la pièce qui forme la liaison entre la machine soufflante et le creuset $F$ ; nous y reviendrons lorsque nous parlerons des creusets.

Cette trompe peut donner au vent une tension de 0.$^m$081 de mercure dans l'état où nous venons de la décrire.

La tine. 331. Passons à la description de la *tine*, qui ne diffère guère de la trompe qu'en ce que sa caisse à vent, au lieu d'être un long trapèze $CC$, fig. 7, n'est autre chose qu'un grand tonneau, très légèrement conique, fig. 14, 15, 16. Elle a deux arbres $A'A'$, fig. 14, 16, 15, de même que la trompe ; ces arbres sont à sections carrées le plus souvent, quelquefois aussi circulaires ; leur section est carrée ici et de 0.$^m$207 sur 0.$^m$207, fig. 16.

Leur extrémité supérieure, que les figures ne montrent pas, est exactement comme celle de la trompe, quant à la forme ; elle ne présente de différence que dans les dimensions ; ces deux arbres s'insèrent par leur extrémité supérieure dans un bassin entretenu constamment plein à une hauteur de 0.$^m$75 au-dessus de son fond ; ce bassin a 1.$^m$88 de l'avant à l'arrière et 1.$^m$85 de droite à gauche ; il est alimenté par un canal en planches, ayant une légère pente (316) ; ce canal a 0.$^m$78 de large ; l'eau s'y élève à 0.$^m$435 au-dessus de son fond ; à 0.$^m$12 au-dessous du fond du bassin, les planches d'entonnoir $p\,p$, fig. 6, se terminent et laissent entre elles une ouverture de 0.$^m$064 dans un sens, et qui ont nécessairement 0.$^m$207, fig. 16, dans l'autre.

La section de chaque étranguillon est donc de 0.$^{mm}$013248, la section des deux = 0.$^{mm}$026496, et la pression sur ces étranguillons serait 0.$^m$75 + 0.12 = 0.$^m$87.

Les arbres $A'$ ont extérieurement 0.$^m$42 de diamètre, fig. 14 ; la partie de leur hauteur comprise entre le fond inférieur du bassin et la partie supérieure de la caisse à vent $a'a'$, fig. 14, est 5.$^m$06.

En suivant la longueur de chaque arbre de haut en bas, on rencontre :

1° A o.$^m$13 au-dessous du fond du bassin, deux aspirateurs qui se font Aspirateurs. face ; ils sont rectangulaires, placés latéralement, et ont horizontalement o.$^m$12, verticalement o.$^m$o35; ils plongent du dehors au dedans, à peu près comme *e e e e*, fig. 6.

2° A 1.$^m$o7, et en avant, un seul aspirateur *e'*, ayant la même inclinaison que les premiers, mais dont la section est seulement o.$^m$o5 en carré.

3° Enfin, à 1.$^m$45, toujours au-dessous du fond, se trouve un aspirateur tout semblable au dernier. Ces deux aspirateurs vomissent de l'eau par bonds et de deux en deux secondes à peu près. Il y avait encore deux autres aspirateurs à chaque arbre, situés à 2.$^m$6o au-dessous du fond du bassin ; mais ils vomissaient tant d'eau et cela était si incommode lorsqu'on approchait des arbres, que je les ai fait fermer, sans que pour cela la trompe ait rien gagné ni perdu quant à la tension.

Les arbres *A'*, après avoir traversé l'épaisseur de la partie supérieure de la *tine a'a'*, fig. 14, pénètrent dans celle-ci exactement de o.$^m$2o ; du reste ils ne se terminent point comme ceux de la trompe de Montgaillard, fig. 9, 10, 11 ; leur orifice est simplement horizontal et carré, de o.$^m$2o7 sur o.$^m$2o7, fig. 16 et 14.

A o.$^m$175, exactement au-dessous de leur orifice, dans la tine, on ren- La banquette. contre la banquette *v'v'*, fig. 14 et 15. Cette banquette a o.$^m$o8 d'épaisseur, sa flèche est de o.$^m$57, fig. 15, et sa partie antérieure a 1.$^m$51 de corde. Le centre des arbres se trouve à o.$^m$22 en arrière de cette corde ; la distance de leurs centres est de o.$^m$64. Cette banquette ne porte point de contrevents *x x x* comme la trompe, mais seulement deux plaques de fonte, placées comme les pierres *q q* de la trompe, fig. 6, dans l'épaisseur du bois. La banquette *v'v'* est soutenue par deux forts tasseaux, et sans aucun support vertical.

La tine *C'C'* est un grand cône tronqué, formé de fortes douves, de o.$^m$o7 à o.$^m$o8 d'épaisseur, elle a 1.$^m$64 de hauteur, 1.$^m$7o de diamètre inférieur, 1.$^m$51 de diamètre supérieur, toutes ces mesures prises dans œuvre.

A l'arrière de cette tine, on voit la *sortie de l'eau q'q'*, rectangle de La sortie de o.$^m$2o de hauteur sur o.$^m$186 de large, fig. 14, 15, 16. L'eau toutefois l'eau. ne s'échappe pas librement, après avoir franchi cette ouverture ; elle entre au contraire dans une espèce de boîte ou cabinet d'eau, qu'on voit en plan, fig. 16 et 15, et en coupe, fig. 14 ; c'est par le haut de cette boîte, c'est-à-dire, à o.$^m$75 au-dessus du seuil de l'orifice de sortie, qu'elle se déverse par-dessus les bords *d'd'* en bouillonnant, et emportant en apparence une notable quantité d'air (19).

23

La partie supérieure de la tine a, comme la trompe, un *tampail u u u*, fig. 14, 15 et 16, et une sentinelle; celle-ci porte un burle, un bourec et un canon de bourec, comme la trompe. Les dimensions relatives à la tine diffèrent peu de celles que j'ai données pour la trompe; aussi n'ai-je point hésité à les confondre dans le dessin. Cependant je donnerai ici dans le texte ces dimensions exactes qui peuvent servir pour des recherches sur l'action des trompes.

La sentinelle de la tine, fig. 14, a 0.$^{m}$20 de section en carré; cette sentinelle a 1.$^{m}$28 de hauteur, 0.$^{m}$33 extérieurement dans le sens de la fig. 14, 0.$^{m}$37 extérieurement dans l'autre sens; l'orifice laissé pour l'insertion du burle est à 0.$^{m}$88 au-dessus de la partie supérieure $a'$ de la tine; cette ouverture a 0.$^{m}$29 horizontalement, 0.$^{m}$34 verticalement; le burle a 0.$^{m}$39 de longueur, 0.$^{m}$10 de diamètre à sa bouche; le bourec, compté seulement depuis cette bouche jusqu'à l'origine de la buse, a 0.$^{m}$89, et de longueur totale 1.$^{m}$18; la buse, légèrement conique, a 1.$^{m}$62 de longueur; elle est en fer-blanc et le diamètre de son orifice est 0.$^{m}$0375, ce qui est une grande ouverture.

Du reste, la tension maximum de cette tine, lorsque les *cors* sont aussi élevés que possible, ne dépasse point 14 à 15 degrés du pèse-vent, c'est-à-dire 0.$^{m}$063 à 0.$^{m}$067 de mercure. Mais il y a de notables pertes d'air, la tine étant déjà ancienne et mal calfatée.

Les figures 18 et 21 montrent deux systèmes pour l'introduction de l'eau dans les arbres, qui diffèrent du système de la fig. 6.

Dispositions<br>particulières. 332. Le système fig. 18 est fort ancien, je ne l'ai retrouvé qu'à la forge de *Villeneuve-d'Olmes*. L'arbre est carré et évasé par le haut, comme fig. 6; mais il n'a point d'aspirateurs $e\,e\,e'\,e'$, et au lieu des planches $p\,p$, il reçoit deux tuyaux en bois cunéiformes $D\,E\,d\,e$, fig. 18 et 20, dont l'ouverture supérieure $D\,E$ est toujours au-dessus du niveau des eaux dans le bassin. Ces tuyaux se nomment *Trompils;* c'est par eux que l'aspiration s'opère aussitôt que l'écoulement de l'eau s'établit par l'espace rectangulaire qu'ils laissent entre eux; cet étranguillon, qu'on voit en plan, fig. 20 et fig. 19, se ferme ou s'ouvre à l'aide de bondons qu'on y laisse descendre plus ou moins. La trompe de Villeneuve-d'Olmes, qui a conservé ce système, marche du reste fort convenablement; elle a cela de particulier que sa caisse à vent $C\,C$ et sa sentinelle sont en pierre; la caisse à vent est en outre doublée en plomb.

J'indique ici ses dimensions importantes. Les arbres ont, depuis le fond du réservoir supérieur jusqu'à la caisse 3.$^{m}$60; ils entrent dans la caisse à vent de 0.$^{m}$27; la distance de leur extrémité inférieure à la banquette est 0.$^{m}$122.

La sortie de l'eau est rectangulaire, a horizontalement o.$^m$27, verticalement, o.$^m$24. Cette sortie a un petit canal extérieur en bois à l'extrémité
duquel on place, transversalement au fil de l'eau qui sort, une planche qui
altère beaucoup la dépense.

Cette trompe donne au vent une tension maximum de o.$^m$076 de mercure, ou 17 degrés du pèse-vent.

333. Enfin je décrirai encore une autre disposition relative aux tines.
Elle est représentée fig. 21 et 22. Les arbres ici ont une section circulaire
de o.$^m$26 de diamètre. Leur extrémité supérieure se termine par un entonnoir conique tronqué, ou plutôt par un évasement à sections circulaires de o.$^m$265 de hauteur, de o.$^m$285 de diamètre supérieur et de o.$^m$17
de diamètre inférieur ; deux aspirateurs se font face juste à la base de l'évasement ; l'eau est donnée aux arbres à l'aide d'une vanne $v$ qu'on lève plus
ou moins et pardessous laquelle l'eau entre en quantité plus ou moins grande
dans le bassin $B$ ; lorsque la tension est maximum dans la caisse à vent,
elle équivaut à o.$^m$067 de mercure ; l'eau s'élève alors à o.$^m$34 dans le bassin,
mais au-dessus de l'orifice il y a des bouillonnements considérables dus au
choc de l'eau contre la partie antérieure du bassin $B$, et le niveau s'élève
au-dessus de l'orifice, à o.$^m$50 environ. Les dimensions, hauteur, chutes
de cette tine, diffèrent d'ailleurs fort peu de celles qui se rapportent à la
tine déjà décrite, fig. 14, 15, 16 ; elle est établie dans la même usine et
sur la même chute.

334. On voit qu'en principe il n'y a point de différence de la trompe à
la tine ; cependant celle-ci est regardée comme un perfectionnement de la
première ; c'est bien à tort, selon moi. La tine, il est vrai, est de construction plus facile, plus économique même ; elle occupe moins de place sur
le sol de l'usine ; mais ces avantages sont loin d'être compensés.

La proximité de la sentinelle et des arbres dans la tine fait que l'air entraîne avec lui, à travers le burle, le bourec et la buse, une quantité de
gouttelettes d'eau extrêmement considérable, ce qui a une influence fu-
neste sur la fusion. Il est vrai que la trompe elle-même n'est pas à l'abri
de ce grave inconvénient, mais il y est beaucoup moindre, parce que la
distance de la sentinelle aux arbres est assez grande pour que ces gouttelettes se déposent en partie, avant d'entrer dans la sphère d'action du
courant d'air qui s'échappe par la sentinelle. On remédie plus ou moins à
ce mal en élevant considérablement cette sentinelle, en interposant sur
la route de l'air une planche qui ferme complètement la sentinelle et au-
dessous de laquelle on introduit un tuyau qui, après s'être replié sur lui-
même extérieurement, vient rentrer dans la sentinelle au-dessus de ce

diaphragme. C'est une disposition que j'ai vue à la forge de Rabat. Mais ces précautions diminuent toujours la tension du vent, mesurée sur la sentinelle. En général, c'est un défaut inhérent aux trompes et plus encore aux *tines*, que cette quantité d'eau en nature qu'elles entraînent dans le feu; il faut en prendre son parti; nous verrons bientôt qu'elles introduisent en outre dans le foyer une autre quantité d'eau à l'état de vapeur. Voyons d'abord comment on mesure la tension de l'air dans la caisse à vent.

**Mesure de la tension.** 335. La tension du vent, dans la caisse des trompes, se mesure à l'aide d'un instrument qui a reçu dans les forges le nom de *pèse-vent* et que nous allons décrire.

On peut remarquer dans les figures 13 et 5, à la partie supérieure de la sentinelle *H*, un bouchon en bois introduit dans un trou qui communique avec l'intérieur de la sentinelle; ce bouchon s'enlève facilement à l'aide d'un marteau; on le remplace par le pèse-vent et l'on a alors le système représenté au $\frac{1}{7}$ de la grandeur naturelle, fig. 26 et 27.

**Pèse-vent.** *a b c d e f* est le *pèse-vent* placé dans le trou destiné à le recevoir. Cet instrument n'est autre chose qu'un bout de bâton qu'on aurait scié 1° dans le sens de sa longueur, mais seulement de *b* en *d*, suivant une section *i b g d* qui ne passerait pas tout-à-fait par l'axe du bâton; 2° perpendiculairement à cet axe et suivant *g d*, pour séparer du cylindre, ou plutôt du prisme total, la partie *a i c g* qui sert de porte. Il reste donc une partie *i b g d e f* qui se compose d'un peu plus de la moitié du prisme *i b g d*, laquelle se termine par un cône *g d e f*; c'est dans l'épaisseur de ce corps qu'on introduit un tube en verre composé de trois branches parallèles et ouvert à ses deux extrémités; la première branche du tube, *e f h*, est entièrement comprise dans l'épaisseur du bois, et par conséquent invisible; en *k* cette branche fait un coude, se reploie sur elle-même et descend de *k* en *n*; elle est visible dans toute cette longueur; enfin en *n* elle fait un nouveau coude, reste visible et remonte jusqu'en *l*; ce triple tube est entièrement ouvert en *e f*, ainsi qu'en *l*; par cette dernière ouverture on introduit du mercure qui descend vers *n* et se met de niveau dans la seconde et la troisième branche, si la trompe n'est pas en action. La partie *a i c g* est attachée à celle *i b e f* par deux charnières; elle sert de porte et se referme à volonté sur cette dernière; on y a creusé une double gouttière *r s t* pour y loger le demi-diamètre des branches du tube *k n l*; enfin, on voit sur la droite une échelle graduée *b d* appliquée le long de la branche *n l*. Cet instrument est fort commode, très portatif; il convient d'en avoir toujours un dans sa poche, ainsi qu'une petite fiole de mercure, lorsqu'on parcourt ces forges, car on n'en trouve point partout.

Pour mesurer la tension, on ouvre la porte *a i c g*, on verse du mercure dans la branche *n l*, on passe une ficelle dans le petit anneau qu'on voit à la partie supérieure, on ôte le bouchon *H*, on introduit le pèse-vent dans le trou laissé vide, et si la trompe est en action, on ferme l'extrémité *l* un instant avec le pouce, afin que le mercure ne soit pas projeté. On le débouche peu à peu. On fixe l'extrémité de la ficelle avec des clous sur la sentinelle ; on voit alors le mercure poussé par le vent comprimé de la sentinelle, s'élever d'une certaine quantité dans la branche *n l* et s'abaisser d'une quantité précisément égale dans la branche *k n*, la différence totale des niveaux dans ces deux branches ou *h* est la mesure de la tension du vent dans la trompe ; c'est l'excès de la pression qu'il exerce en sus de la pression atmosphérique ; cette différence de niveau se lit à l'instant sur l'échelle.

336. Cette échelle est divisée partout en lignes, ce qui est un inconvénient ; en outre, les forgeurs ne comptent point la différence totale de niveau entre les deux branches ; ils se contentent de lire sur l'échelle de combien le mercure s'est élevé dans la troisième branche *seulement* au-dessus de son niveau primitif ; et ils appellent *degré* du pèse-vent chaque *ligne* d'élévation au-dessus de ce niveau primitif dans cette branche. Ainsi ils disent : la trompe marque 15 degrés, lorsque le niveau du mercure s'est *élevé* de 15 lignes dans la branche *n l*; ils ne remarquent point qu'en même temps le niveau primitif dans *k n* s'est *abaissé* de 15 autres lignes, et malgré tous vos efforts pour leur persuader que la tension est alors mesurée par 3o lignes de mercure et non par 15, vous n'y parviendrez pas.

Cette manière de compter a donné lieu à de notables erreurs ; ainsi, un officier d'artillerie distingué, dans un Mémoire qu'il a publié sur les forges de l'Ariége, a évalué beaucoup trop bas la tension des trompes. On lui a dit que le pèse-vent pouvait marquer jusqu'à 18 degrés ; on lui a dit aussi qu'un degré était une ligne ; il a traduit cette ligne en millimètres, puis évalué la plus forte tension des trompes à environ o.<sup>m</sup>o4 de mercure : c'est o.<sup>m</sup>o8 environ, ou le double qu'il fallait dire. N'oublions donc point qu'un *degré* du pèse-vent correspond à *deux* lignes de mercure ou à o.<sup>m</sup>oo4512.

337. J'ai déjà dit qu'on soufflait à diverses tensions, suivant les diverses périodes de la fusion ; il suffit, pour faire varier cette tension, de soulever plus ou moins les *cors* qui entrent dans les entonnoirs *p p*. Du reste, aucune machine soufflante à moi connue ne donne un vent aussi parfaitement fixe que celui des trompes ; lorsqu'elles sont bien calfatées, le mercure reste suspendu dans les branches du pèse-vent sans la plus petite oscilla-

tion ; il semble qu'il y soit congelé. Si par quelque cause inconnue, il vient à éprouver des oscillations de $\frac{1}{4}$ de ligne seulement, un maître de forges soigneux fait immédiatement appeler le charpentier pour essayer d'apporter un remède à ces irrégularités (1).

**Humidité de l'air des trompes.**

338. Si le vent est parfaitement fixe dans les trompes, il s'en faut de beaucoup qu'il soit aussi sec que celui qui est fourni par les machines soufflantes ordinaires. D'abord il emporte toujours avec lui une notable quantité d'eau à l'état de gouttelettes ; il est de plus chargé d'eau en vapeurs. On a beaucoup discuté pour savoir si l'air des trompes était ou n'était pas *saturé ;* cette question vaut bien la peine d'être examinée ; tel est l'objet des paragraphes suivants. Avant d'entrer dans le domaine des observations, disons d'abord ce que c'est que la *saturation* de l'air , car beaucoup d'ouvriers pourraient l'ignorer ; les hommes plus instruits doivent passer tout ce qui est ici en petit caractère.

**Quel est le degré d'humidité de l'air des trompes.**

339. On sait que l'atmosphère contient toujours de l'eau à l'état de vapeur. On reconnaît l'existence de l'eau dans l'air par le dépôt qui se forme sur la surface extérieure d'un vase contenant un corps plus froid que l'air qui l'environne. Ainsi, lorsque pendant l'été, on verse de l'eau très fraîche dans un verre, la surface externe du verre se couvre bientôt de rosée.

Voici ce que l'expérience a appris sur la formation de ces vapeurs ; nous nous bornons aux seuls faits qui trouvent leur application dans nos forges.

(1) J'ai légèrement modifié le *pèse-vent* que je viens de décrire, et la figure montre cette modification. J'ai dit que la troisième branche *n l* du tube était entièrement ouverte ; mais c'est là un inconvénient des pèse-vent ordinaires, car pour peu qu'ils séjournent sur la sentinelle, il entre par l'ouverture *l* une grande quantité de poussière noire qui se dépose à la surface du mercure. J'ai, en conséquence, fermé le tube en *l* et j'ai ouvert sur le côté un trou dirigé de bas en haut, qu'on voit en *o* sur le dessin. Mais il y aurait une modification plus importante que celle-ci et qui consisterait à remplacer les pèse-vent à mercure par des pèse-vent à eau. Le principe de la construction serait le même, et l'on voit qu'il suffirait de remplacer chaque ligne de l'échelle du pèse-vent à mercure par 13 lignes $\frac{1}{2}$ environ (13.598) sur l'échelle du pèse-vent à eau. Comme le pèse-vent aurait alors une longueur de près d'un mètre, il conviendrait de percer la sentinelle sur le flanc et vers la partie supérieure ; un tube de métal établirait la communication du dedans au dehors ; il descendrait ensuite par un prolongement en verre le long de la sentinelle et remonterait enfin de bas en haut. Afin de protéger ce double tube en verre contre les accidents, il conviendrait de le loger dans une double rainure pratiquée extérieurement dans l'épaisseur du bois de la sentinelle ; une règle en bois serait clouée sur cette sentinelle le long du tube remontant, et chaque division de cette échelle aurait, comme je l'ai dit, 13 lignes 598, ou mieux 13.6. J'ai tenté d'établir un pèse-vent de cette sorte à la forge de Niaux, mais je n'ai point trouvé d'ouvriers capables de réunir un tube de verre à un tube de cuivre, et il m'a fallu y renoncer.

Je crois cependant que cette substitution aurait des avantages ; d'abord les degrés se liraient plus facilement, les oscillations, s'il y en avait, seraient plus sensibles à l'œil, ensuite on a toujours de l'eau dans les forges, et le mercure au contraire y manque souvent ; il faut quelquefois attendre plusieurs jours pour s'en procurer, de sorte qu'il s'établit souvent des pertes d'air par les parois de la trompe, dont on n'est pas averti.

**340.** Les liquides abandonnés à l'air, quelle que soit la température, et ceux qui sont placés dans le vide, se résolvent en vapeurs.

Il y a cette différence entre les deux états que dans le vide, la vapeur se forme avec une rapidité extrême, tandis qu'elle se forme plus lentement à l'air libre, et plus lentement encore dans un espace où l'air est comprimé.

Ces vapeurs jouissent d'une certaine force élastique, c'est-à-dire que, de même que l'air condensée dans la caisse à vent $C\ C$, elles poussent de dedans en dehors les enveloppes qui les contiennent.

La quantité de vapeurs qui se forme dépend en général de la température, elle devient la même, à la longue, dans un espace vide ou dans un espace plein d'air, toutes choses étant égales d'ailleurs.

Pour une température donnée, et un espace limité et invariable (une tine par exemple), il existe une certaine quantité, un certain poids de vapeur qui ne peut jamais être dépassé.

Si l'espace renferme ce poids de vapeur, on dit qu'il est *saturé*. Cette vapeur, à saturation, possède alors la plus grande force élastique et la plus grande densité possible *pour cette température*.

Le degré de saturation n'a donc rien d'absolu; il est, au contraire, toujours relatif à la température; par conséquent, à chaque température correspondent des forces élastiques différentes et des poids de vapeurs différents, bien que l'espace soit saturé.

**341.** La table suivante qui résulte d'expériences faites avec le plus grand soin, indique ces relations.

| TEMPÉRATURE. | HAUTEUR de la colonne de mercure qui mesure la force élastique de la vapeur. | POIDS de la vapeur contenue dans un mètre cube, lorsque cet espace est saturé. |
|---|---|---|
|  | m | k |
| 0 | 0.0050 | 0.0054 |
| 5 | 0.0069 | 0.0073 |
| 10 | 0.0095 | 0.0097 |
| 15 | 0.0128 | 0.0130 |
| 20 | 0.0173 | 0.0171 |
| 25 | 0.0231 | 0.0225 |
| 30 | 0.0306 | 0.0294 |
| 35 | 0.0404 | 0.0381 |

**342.** Avant d'appliquer ces notions générales à l'objet qui nous occupe, nous devons faire connaître en outre la loi qui régit les forces élastiques d'un mélange d'air et de vapeur ; elle se résume ainsi :

Lorsque de la vapeur d'eau est renfermée avec de l'air atmosphérique dans un espace limité (dans une tine par exemple), la force élastique du mélange est égale à la force élastique de l'air, plus, la force élastique de la vapeur. Cette dernière est donnée dans la table qui précède pour le cas de la saturation.

**343.** Il résulte de cette loi un fait très important. Admettons pour un instant que l'air des trompes soit saturé et que l'expérience ait démontré qu'une forge ne pouvait donner de bons résultats qu'autant que le pèse-

vent de la trompe marquerait 15 degrés par exemple, ou 0.$^m$0677 en hiver.
La table précédente et la loi ci-dessus donnent alors pour la force élastique
de l'air seul ( la température étant zéro ), 0.$^m$0677 — 0.005 = 0.$^m$0627,
qui correspond à un peu moins de 14 degrés ; le fondeur croit avoir 15 degrés de vent et il n'en a réellement pas 14 ; l'effet produit est donc à peu
près celui qui aurait lieu, si, l'air étant parfaitement sec, le pèse-vent
donnait 14 degrés seulement. Mais passons subitement de l'hiver à l'été,
ou de la température zéro à celle de 30 degrés, qui n'est point rare dans
ces contrées, et supposons toujours qu'on travaille sous 15 degrés de vent,
ou 0.$^m$0677. Ce nombre exprimera comme ci-dessus la force élastique du
mélange ; mais si l'air est saturé, à cette température, la force élastique
de la vapeur seule sera 0.$^m$03, par conséquent celle de l'air ne sera plus
que 0.$^m$0677 — 0.03 = 0.0377, qui correspond à un peu plus de 8 degrés.
L'escola ou le fondeur croirait souffler à 15 degrés, il ne soufflerait guère
qu'à 8. Il perdrait, sans qu'il s'en doutât, près de 5 degrés. Ce fait n'a
réellement pas lieu, parce que la tine n'acquiert point la température de
l'air extérieur en été, mais il y a néanmoins une différence sensible de
l'hiver à l'été, et peut-être est-ce là une des causes principales du dérangement de nos forges pendant les grandes chaleurs. Nous reviendrons sur ce
sujet.

344. Quoi qu'il en soit, le degré d'humidité des trompes était trop important à constater pour ne point exciter l'attention du petit nombre
d'hommes qui ont tenté de perfectionner les forges à la catalane.

J'ai tout lieu de croire que le premier *hygromètre* qu'on eût jamais vu
dans ces forges y fut apporté par MM. Tardy et Thibaud, l'un officier
d'artillerie, l'autre ingénieur des mines. Avant de faire connaître leurs
observations, arrêtons-nous un moment sur l'instrument de mesure qu'ils
ont employé, et dont l'usage devrait être aussi général que celui du manomètre ou pèse-vent (335).

Hygromètre. 345. De même que, pour mesurer les températures, on emploie des instruments
(thermomètres), contenant un fluide qui se dilate ou se condense suivant que la chaleur
augmente ou diminue, de même, pour évaluer la vapeur qui se trouve répandue dans
l'air, on se sert de substances dont les dimensions varient à mesure que l'air dans lequel
elles sont plongées devient plus humide. Ces substances sont dites hygrométriques.

Parmi toutes les substances hygrométriques, et il y en a un très grand nombre, on
s'est attaché de préférence à celles qui, par leur nature, étaient les plus sensibles aux
variations de l'humidité, qui étaient le moins altérables, qui par leur petite masse
étaient capables de donner les indications les plus promptes, enfin qui, n'éprouvant
point de changement permanent, pouvaient, dans les mêmes circonstances, revenir
toujours à de mêmes dimensions. Les cheveux dépouillés à l'aide d'une substance alcaline de la matière grasse qui les soustrairait à l'action de l'humidité, ont paru remplir

toutes ces conditions; de là la préférence que leur donna *Saussure* dans la construction de l'hygromètre qui porte son nom.

346. Cet hygromètre dans sa forme la plus simple (1) est représenté ( fig. « ); le cheveu est fixé par son extrémité supérieure à une pince $P$ qui peut éprouver de légers déplacemens au moyen de la vis $V$ et du ressort $R$; il s'enroule par son extrémité inférieure sur une poulie à deux gorges, dont l'axe porte une aiguille $G$ destinée à parcourir le cadran $C$; dans la seconde gorge de la poulie est enroulé un fil de soie portant un petit contrepoids destiné à donner au cheveu une tension continuelle et toujours égale. *[Hygromètre à cheveu de Saussure.]*

Voici le jeu de l'instrument. Quand l'air dans lequel l'instrument est plongé devient plus humide, le cheveu absorbe de l'humidité, il s'allonge, le contrepoids fait tourner la poulie, l'aiguille marche vers le point $H$ du cadran; au contraire, quand l'air devient plus sec, le cheveu perd une partie de son humidité, il se raccourcit, entraîne le contrepoids, fait tourner la poulie, et l'aiguille marche vers le point $S$ du cadran. *[Jeu de l'hygromètre.]*

347. Pour graduer l'instrument on met l'hygromètre sous une cloche, on absorbe toute l'humidité qui pourrait s'y trouver, à l'aide de substances qui en sont très avides, telles que de l'acide sulfurique concentré, ou du chlorure de calcium bien calciné, et l'on observe le point où s'arrête l'aiguille; ce point est marqué zéro sur le cadran; c'est le point $S$ de sécheresse extrême. On porte alors l'hygromètre sous une cloche dont on a mouillé les parois avec de l'eau parfaitement pure; l'aiguille marche vers le point $H$; enfin elle s'arrête; son point d'arrêt est le même que la température soit 0, 10, 20 et même 30 degrés. C'est le point d'humidité extrême. On y marque 100; l'arc compris entre 0 et 100 est ensuite divisé en cent parties égales, et chacune de ces parties est ce que l'on nomme *un degré d'humidité*. *[Graduation de l'hygromètre. Ce que c'est qu'un degré d'humidité.]*

348. Ce mode de division est commode, il rend comparable les observations faites avec des hygromètres différens dans les lieux différens; mais il ne faudrait point faire de fausses applications de cet instrument, et s'imaginer, par exemple, que l'hygromètre marquant 50 degrés, l'air renferme moitié moins de vapeur que si l'instrument marquait 100, ou que les forces élastiques dans les deux cas sont comme 50 à 100. Non, il n'en est pas ainsi. L'état hygrométrique de l'air ou le rapport qui existe entre la quantité de vapeur d'eau qu'il contient réellement, et celle qu'il contiendrait s'il était saturé, est bien le même que celui des forces élastiques des vapeurs correspondantes. Mais il n'y a point de proportionnalité à établir entre celles-ci et les degrés de l'hygromètre. Ainsi, la température étant comprise entre 0 et 40 degrés, et l'hygromètre marquant dans l'air et successivement 20, 72, 95, des recherches précises ont montré que les quantités de vapeur qui y étaient mêlées n'étaient point les $\frac{20}{100}$, $\frac{72}{100}$, $\frac{95}{100}$, de ce qu'il pourrait retenir s'il était saturé, mais seulement les $\frac{10}{100}$ $\frac{50}{100}$ et $\frac{90}{100}$. *[Les états hygrométriques de l'air ne sont point proportionnels aux degrés de l'hygromètre.]*

Il en est donc des degrés de l'hygromètre comme de ceux du pèse-vent, qui, ainsi qu'on le verra plus loin, ne sont nullement proportionnels aux quantités de vent qui sortent par la buse.

349. Présentons maintenant la série d'observations faites sur l'état hygrométrique des trompes. *[État hygrométrique de l'air des trompes.]*

(1) On peut se procurer cet instrument à Toulouse, chez Bianchi.

*Observations de MM. Thibaud et Tardy. — 17 Novembre 1822. —*
*Trompe de Guille.*

La forge de Guille est située sur la rivière de Prades, vallée de Vicdessos, à une petite distance de cette dernière ville.

| Heures où l'on a placé l'hygromètre. | Heures où l'on a noté le degré. | DEGRÉS DE L'HYGROMÈTRE ET DU THERMOMÈTRE. | | | | | | | | Degrés du pèse-vent sous lesquels on soufflait en mètres de mercure. |
|---|---|---|---|---|---|---|---|---|---|---|
| | | dans la trompe. | | dehors contre l'homme. | | en plein air, à l'ombre. | | en plein air, au soleil. | | |
| | | Hygr. | Ther. | Hygr. | Ther. | Hygr. | Ther. | Hygr. | Ther. | |
| 9. du matin. | 9. 45' | 85 | 12 | . . . | . . . | . . . | . . . | . . . | . . . | sans souffler. |
| 9. 45' | 10. 5' | . . . | . . . | 74 $\frac{1}{2}$ | 17 | . . . | . . . | . . . | . . . | |
| 10. 5' | 10. 30' | . . . | . . . | . . . | . . . | 69 | 18 $\frac{1}{2}$ | . . . | . . . | |
| 10. 30' | 10. 45' | . . . | . . . | . . . | . . . | . . . | . . . | 62 | 37 $\frac{1}{2}$ | |
| 11. 15' | 11. 30' | 91 | 12 | . . . | . . . | . . . | . . . | . . . | . . . | 0,0135 ou 3 degrés. |
| 11. 40' | 12. 0' | 90 | 12 | . . . | . . . | . . . | . . . | . . . | . . . | 0,0361 ou 8 degrés. |
| 12. 5' | 12. 15' | 90 $\frac{1}{2}$ | 12 | . . . | . . . | . . . | . . . | . . . | . . . | 0,0745 ou 16 deg. $\frac{1}{2}$ envir. |
| 12. 15' | 12. 30' | . . . | . . . | 72 | 19 | . . . | . . . | . . . | . . . | |
| 12. 35' | 12. 42' | . . . | . . . | . . . | . . . | 63 $\frac{1}{2}$ | 21 $\frac{1}{2}$ | . . . | . . . | |
| 12. 45' | 1. » | . . . | . . . | . . . | . . . | . . . | . . . | 58 | 33 | |

On ne dit point où ni comment l'hygromètre a été placé dans la trompe; a-t-on déplacé le burle pour mettre l'instrument dans l'homme ? mais alors il est physiquement impossible que le pèse-vent ait jamais marqué 16 degrés $\frac{1}{2}$, lorsqu'on a soufflé. A-t-on replacé le burle après avoir disposé l'instrument dans la trompe ? mais alors par où, par quelle issue a-t-on pu observer l'instrument *dans l'instant* où le pèse-vent marquait 16 degrés $\frac{1}{2}$? C'est ce que le mémoire de MM. Thibaud et Tardy n'explique pas.

2$^{me}$ *Observation de MM. Thibaud et Tardy. — 26 Décembre 1822. —*
*Trompe de la Vexanelle.*

350. La forge de la Vexanelle est située dans la même vallée que la forge de Guille, mais sur un autre cours d'eau qui porte le nom de rivière de Vicdessos.

| Heures où l'on a placé l'hygromètre. | Heures où l'on a noté le degré. | dans la trompe. | | debors contre l'homme. | | en plein air, à l'ombre. | | en plein air, au soleil. | | Degrés du pèse-vent sous lesquels on soufflait en mètres de mercure. |
|---|---|---|---|---|---|---|---|---|---|---|
| | | Hygr. | Ther. | Hygr. | Ther | Hygr. | Ther. | Hygr | Ther | |
| 11h. 10′ | 11h. 20′ | 84 | $9\frac{1}{2}$ | | | | | | | sans souffler. |
| 11h. 20′ | 11h. 33′ | $83\frac{1}{2}$ | $9\frac{1}{2}$ | | | | | | | sans souffler. |
| 11h. 37′ | 11h. 45′ | 92 | $6\frac{1}{2}$ | | | | | | | 0.0248 ou env 5 deg. $\frac{2}{5}$ |
| 11h. 50′ | 12h. 0′ | 92 | $6\frac{1}{2}$ | | | | | | | 0.0338 ou env. 7 deg. $\frac{2}{5}$ |
| 12h. 0′ | 12h. 10′ | | | 86 | 8 | | | | | |
| 12h. 15′ | 12h. 28′ | | | | | 62 | $9\frac{1}{2}$ | | | |
| 12h. 30′ | 1h. 37′ | | | | | | | 59 | 11 | |

351. Ces deux séries d'observations, faites par des hommes dont on ne peut contester ni la bonne foi ni l'habileté, ne pouvaient laisser aucun doute; aussi, et plus hardis que ces judicieux observateurs, quelques métallurgistes ont-ils avancé que l'air des trompes n'était point saturé; on a été plus loin, on a cherché à prouver qu'il en *devait* être ainsi; les raisonnements ne m'ayant point convaincu, j'ai consulté l'expérience à mon tour; voici ce qu'elle m'a donné.

353. Le dimanche 26 mai 1833, je me rendis, accompagné de M. *Bergis*, ingénieur des Ponts-et-Chaussées du département, à la forge de Saint-Pierre appartenant à M. Faure et située dans la vallée de la Barguillère, à environ une heure de la ville de Foix. Il était dix heures du matin lorsque nous arrivâmes; nous suspendîmes à l'ombre, à quelque distance de la porte de la forge, un thermomètre et un hygromètre; au bout de quelques instants le thermomètre marqua 17 degrés, et l'hygromètre 65 degrés. Nous enlevâmes ces instruments, et nous entrâmes dans la forge; placés tous deux au milieu de la halle, le thermomètre s'abaissa à 13 degrés et l'hygromètre monta à 72; nous nous avançâmes vers la sentinelle, le thermomètre ne descendit point, mais l'hygromètre s'éleva à 74; j'enlevai alors le burle, nous plaçâmes l'hygromètre et le thermomètre dans l'homme, en les tenant suspendus à l'aide de ficelles un peu au-dessous du trou du burle, je donnai un peu de vent, le thermomètre conserva ses 13 degrés, *l'hygromètre qui indiquait une saturation complète*, avant que j'eusse donné le vent, *persista à marquer 100 degrés*.

354. Comme cette forge ne travaillait pas depuis long-temps, nous pensâmes que la caisse à vent de la trompe n'était peut-être pas dans l'état de

Observations hygrométriques à la forge de Saint-Pierre.

sécheresse qui lui eût été habituelle, et qu'il fallait, pour conclure quelque chose de nos observations, donner le temps à l'air de la caisse de se renouveler plusieurs fois. En conséquence, nous retirâmes nos instruments, et laissant le trou du burle entièrement ouvert, je donnai un peu de vent sous une très faible tension, et nous attendîmes environ un quart d'heure. Ce temps écoulé, je revins, tenant l'hygromètre suspendu par la ficelle ; au moment où je le présentai devant le trou du burle, et sans qu'il fût nécessaire de le placer dans l'homme, le cheveu de l'hygromètre, poussé par la veine fluide, prit une courbure très sensible, mais *l'aiguille revint à 100 degrés;* j'élevai alors l'instrument dans un plan vertical jusqu'à ce qu'il se trouvât en dehors de la veine de vent, il s'abaissa à 74; nous répétâmes cette manœuvre, M. Bergis et moi, pendant près d'un quart-d'heure, et toujours nous obtînmes les mêmes résultats.

Autre<br>observation<br>hygrométrique. 355. Un peu étonnés de cette discordance entre MM. Thibaud et Tardy et nous, nous désirâmes ajouter une nouvelle observation à celle dont je viens de parler. En conséquence, nous quittâmes la forge de Saint-Pierre et nous rendîmes aux forges de M. Ruffié, situées sur le même ruisseau, dans la même vallée de la Barguillère; nous y arrivâmes vers midi. C'était dimanche ; le travail n'avait donc cessé qu'environ 12 heures avant notre arrivée. Grâces à l'extrême complaisauce que j'ai toujours trouvée chez M. Ruffié, quand il s'est agi du perfectionnement des forges, il me fut permis d'enlever le burle comme nous l'avions fait à Saint-Pierre ; nous ne vérifiâmes point cette fois les températures, parce qu'elles devaient être sensiblement les mêmes, mais au moment où je plaçai l'hygromètre devant le trou du burle, *l'aiguille marqua encore 100 degrés.* Je donnai un peu de vent, le cheveu prit encore une courbure sensible, mais l'aiguille ne cessa jamais d'indiquer la saturation. J'élevai l'instrument au-dessus de l'homme, comme à Saint-Pierre ; l'aiguille s'abaissa à 74 ; enfin, nous obtînmes toujours 100 degrés devant le trou du burle et 74 au-dessus.

Observations<br>hygrométriques<br>faites à Labarre<br>sur une<br>soufflerie à<br>pistons. 356. Ces deux observations ne nous satisfirent point encore, nous désirâmes une contre-épreuve, et pour cela nous nous rendîmes à la forge de Labarre, située sur l'Ariège, et où, à cause de sa faible chûte, on a substitué une machine à piston à la trompe ou tine qu'on trouve dans toutes les autres forges du département. Nous y arrivâmes le même jour sur les trois heures. En quelque point de la forge que nous transportâmes le thermomètre, excepté dans le voisinage du creuset, il indiqua 16 degrés. Je fis donner l'eau à la roue motrice des pistons, et présentant le thermomètre à l'air qui sortait par la buse avec une très grande vîtesse, il s'abaissa d'abord de demi-degré environ, puis remonta à 16, où il resta fixe. M. Bergis, pendant ce temps, observait l'hygromètre au milieu de la forge; il s'était arrêté à 73. On fit alors marcher les pistons très lentement. Je présentai l'hygromètre au vent des pistons dont l'intermittence est très sensible, l'hygromètre s'abaissa en oscillant entre 65 , 66, 70 degrés, il n'atteignit jamais le 71$^{me}$ degré tant qu'il resta exposé au vent de la machine, tandis qu'après ces observations il remonta encore à 73 dans la forge.

357. Si nos observations eussent précédé celles de MM. Thibaud et Tardy, nous en aurions conclu que l'air des trompes était saturé, et que celui que fournissent les machines à piston était *peut-être* un peu moins humide que l'air extérieur.

358. En ce qui lient aux trompes, voilà donc des observations tout-à-fait contradictoires ; or ces discordances n'existent point seulement entre les résultats de MM Thibaud, Tardy et les nôtres, je les retrouve dans mes propres observations.

359. Voici, par exemple, celles que j'ai eu l'occasion de faire sur les deux trompes des forges de la Mouline , appartenant à M. de Tersac et situées à Saurat (Ariége). J'ai employé les mêmes instruments qui m'avaient servi à Saint-Pierre, chez M. Ruffié, et à Labarre. Je ne pouvais, dans la position où j'étais placé, vérifier la graduation de l'hygromètre ; je le regrette d'autant plus que le cheveu de ces instruments exige d'être fréquemment renouvelé.

360. Le 6 septembre 1835, à 3 heures après-midi, le baromètre marquant 0$^m$.7095, et par un beau temps, je trouvai, pour la température de l'air au milieu de la forge, à 2 pieds environ au-dessus du sol, 19 degrés (on ne travaillait point); l'hygromètre placé au même lieu marquait en même temps 74 $\frac{1}{4}$.

*Observations hygrométriques sur la tine de Saurat, qui alimente le feu dit d'en bas.*

Je donnai le vent sous une tension de 8 degrés ou 0,$^m$0361 , et plaçai le thermomètre devant la buse ou canon de bourec, il baissa à 16°. Je réduisis la tension du vent à 1 degré ou 0.$^m$0045 , et plaçant l'hygromètre verticalement, en face du canon de bourec, le cheveu prit une forte courbure, et l'aiguille marqua 84 degrés ; en disposant le cheveu parallèlement à l'axe de la veine de vent, l'aiguille marcha jusqu'à 91 , et oscilla autour de ce degré.

361. Le 10 septembre 1835, à 1 heure et demie, par un beau temps, le baromètre marquant 0.$^m$710 ,

| | |
|---|---|
| Le thermomètre me donna, près de la tine. | 16° |
| Dans l'eau qui sortait de la tine. | 12 $\frac{1}{4}$ |
| À l'air, dans le trou du burle. | 12 $\frac{1}{2}$ |
| L'hygromètre dehors, à l'ombre. | 48 degrés. |
| Dans la forge. | 64 |
| En face du trou du burle et dans ce trou. | 83 |

362. Le 18 septembre 1835, le thermomètre, placé dans
la sentinelle et contre la face de derrière.     9° ⅛

Dans le milieu de la forge.     14°

À 2 mètres du feu d'en haut, qui travaille, et exposé au rayonnement.     40°

L'hygromètre, placé dans la sentinelle et contre la face de
derrière, sans faire souffler.     85°

Dans le milieu de la forge.     49°

À 2 mètres du feu d'en haut, qui travaille, exposé au rayonnement, et en même temps aux vapeurs des scories éteintes.     50°

363. Le 19 septembre 1835. Thermomètre, au trou du
burle, dans le plan vertical de cet orifice, et non dans la sentinelle.     13°

L'hygromètre, dans le même lieu.     75°

Le thermomètre dans la sentinelle.     12°

L'hygromètre au même lieu, la tine donnant un peu de vent.     83°

Observations hygrométriques sur la tine de Saurat, qui alimente le feu dit d'en haut.

364. L'observation suivante a été faite sur la tine, dite d'en haut, dans la même forge.

30 septembre 1835. Thermomètre dans l'habitation.     17°

Au milieu de la forge.     17°

Près de la tine d'en haut.     16°

Dans l'eau.     12°

Au bout du canon de bourec, la tine donnant du vent.     12°

Hygromètre dans l'habitation.     38°

Au milieu de la forge.     49°

Près de la tine d'en haut.     64°

Exposé au vent qui sort du canon de bourec.     71°

365. Je reporte l'hygromètre à la tine d'en bas, il me donne,
comme à celle d'en haut.     71°

366. Du reste, j'ai constamment vu, dans toutes les observations que
j'ai faites sur les trompes, le verre du thermomètre et le cuivre poli de la
monture de l'hygromètre se couvrir d'une grande quantité de gouttelettes
liquides qui n'étaient point dues à de la vapeur d'eau condensée, mais à
de l'eau en nature qu'entraîne toujours le vent des trompes, et que j'ai
déjà dit être d'autant plus grande que l'homme se trouvait plus rapproché
des arbres et surtout moins élevé.

367. En somme, il résulte de toutes ces observations sur 6 trompes
différentes, que deux ont donné de l'air saturé et quatre de l'air qui ne
l'était pas. Toutefois il me reste quelques doutes ; j'ignore par exemple si
MM. Thibaud et Tardy ont vérifié la graduation de leur instrument avant

de procéder aux utiles observations qu'ils ont faites à la forge de la Vexanelle et à celle de Guille. Je suis à peu près certain, pour ma part, que mon hygromètre était en état à l'époque de celles que j'ai faites à Saint-Pierre et à la forge de M. Ruffié; mais il est au contraire assez probable que, pendant l'intervalle de deux années qui a séparé ces expériences de celles que j'ai faites aux forges de la Mouline, l'hygromètre que j'employais aura perdu de sa sensibilité, et qu'il m'aura, par conséquent, donné des résultats inférieurs à ceux que j'aurais obtenus. Mais si ces circonstances avaient eu lieu pour l'instrument de MM. Thibaud et Tardy, il n'existerait plus que deux observations sur lesquelles on pût compter, et il faudrait admettre que *l'air des trompes est saturé de vapeur d'eau.*

368. En regardant au contraire tous les résultats obtenus jusqu'ici par ces messieurs et par nous comme parfaitement exacts, il y aura des *trompes saturées* et des *trompes non saturées*, et l'opinion de quelques escolas, que telle trompe donne un vent *de bonne qualité* et telle autre un *mauvais vent*, se trouverait confirmée. Ces différences tiendraient-elles à la qualité des eaux? On sait que la tension maximum de la vapeur dans un espace en contact avec de l'eau contenant une substance saline en dissolution est d'autant moins grande que la dissolution est plus concentrée. Les discordances qu'on a signalées tiendraient alors à la différence de composition des eaux qui alimentent les forges de la vallée de Vicdessos, celles de la vallée de Saurat, et enfin celles de la vallée de la Barguillère (1).

Quelques analyses auraient éclairci cette question, il ne m'a pas été permis de les tenter.

369. Quoi qu'il en soit, nous regarderons les trompes comme donnant de l'air saturé : 1° parce qu'il en existe de telles; 2° parce que celles qu'on n'a point trouvées saturées ont en général fait marquer à l'hygromètre des degrés très voisins de la saturation ; 3° enfin, parce que, dans le travail des forges à la catalane, il est prudent de se mettre en garde contre cette influence de l'humidité de l'air (2). On regardera les trompes comme donnant de l'air saturé.

370. Cette convention faite, nous allons nous livrer à la recherche de la *quantité de vent fournie par les trompes* ; question importante dont la solution, disait M. de La Peirouse, auteur d'un traité sur les forges catalanes (3), serait le plus grand acheminement de l'art vers sa perfection, Quelle est la quantité de vent fournie par les trompes.

---

(1) Il est à remarquer que les deux trompes que j'ai trouvées saturées sont situées sur le même cours d'eau.

(2) L'influence de la quantité d'humidité renfermée dans l'air est si grande sur la combustion, que dans quelques vallons de la Suède où les chaleurs sont excessives, les maîtres de forges sont obligés d'arrêter les fourneaux pendant deux ou trois mois. (*Traité de la chaleur*, par Péclet, tome I, p. 364.)

(3) *Traité sur les mines de fer et les forges du comté de Foix*, par M. de La Peirouse, Baron de Bazus, Toulouse, 1786.

et qu'il a toutefois négligé de traiter, bien qu'à l'époque où il écrivait, il eût pu, comme l'a fait depuis M. d'Aubuisson, employer, à défaut de méthode plus exacte, la théorie de Daniel Bernouilli.

Voici à peu près comment M. d'Aubuisson a appliqué cette théorie de Bernouilli à nos trompes et les résultats qu'il en a déduits :

Calcul de la quantité de vent fourni par les trompes d'après la théorie de Bernouilli.

371. On sait que lorsque la machine soufflante est en jeu, l'air condensé dans la caisse exerce une pression sur le mercure, qui l'oblige à s'élever dans la branche droite du pèse vent, au-dessus de son niveau primitif, tandis qu'il s'abaisse dans la branche gauche d'une hauteur précisément égale (336).

Appelons cette différence de niveau $H$. Cette quantité est le *double* du nombre de degrés marqués par le pèse-vent, elle doit être exprimée en mètres ou fractions de mètre.

Soit encore la hauteur du baromètre dans l'atmosphère qui entoure la trompe $= b$

Soit la densité du mercure $\Delta$

La densité de l'air qui sort par le canon de bourec $= \delta$

La vitesse de sortie de cet air. $= V$

On admet dans cette théorie que, lorsque de l'air sort d'un espace où il est comprimé, sa vitesse $V$ est celle qu'il aurait s'il était constamment pressé par une colonne d'air dont la hauteur serait telle qu'elle produisît une pression égale à celle qu'il subit réellement, et qui est ici $b + H - b = H$.

La hauteur de cette colonne d'air est donc telle qu'elle puisse faire équilibre à la colonne de mercure $H$.

Or, on sait que, pour que deux colonnes de fluides différents se fassent équilibre, il suffit que leurs hauteurs respectives soient en raison inverse des densités $\Delta$, $\delta$, de ces fluides : on a donc pour trouver la hauteur inconnue $x$ de la colonne d'air la proportion

$$\Delta : \delta :: x : H \text{ qui donne } x = \frac{\Delta}{\delta} H$$

$\frac{\Delta}{\delta} H$ étant la hauteur due à la vitesse de sortie, on sait que cette vitesse

$$V = \sqrt{2g \cdot H \frac{\Delta}{\delta}} \qquad g = 9.808. \qquad (3)$$

Pour avoir la vitesse $V$, il ne reste donc plus qu'à déterminer les rapports de la densité du mercure $\Delta$ à celle de l'air sortant qui est $\delta$.

372. Or, la densité du mercure est 10467 fois celle de l'air à o, et sous la pression barométrique o.76 ; mais ce rapport varie un peu par l'effet des dilatations, lorsque la température $t$ augmente ou diminue ; en négligeant la dilatation du mercure qui est fort petite par rapport à celle de l'air, en admettant pour tenir compte de l'humidité que l'air se dilate de o.oo4 de son volume à o, on a pour le rapport de la densité du mercure à celle de l'air sous la pression $b + H$.

$$\frac{\Delta}{\delta} = 7955 \frac{1 + 0.004\, t}{b + H}$$

373. Ce qui donne, toute réduction faite pour la valeur de la vitesse,

$$V = 395 \sqrt{\frac{H(1 + 0.004\, t)}{b + H}}$$

Vitesse de l'air qui sort par le canon de bourec.

En multipliant cette vitesse par l'orifice du canon de bourec, on aurait le volume d'air écoulé par seconde mesuré sous la pression $b + H$ qui a lieu dans la caisse à vent ; mais le canon de bourec, comme les autres ajutages coniques, diminue un peu la dépense d'air. M. d'Aubiusson a trouvé que cette réduction allait moyennement à 7 p. c. ; c'est-à-dire qu'il faudrait seulement prendre les $\frac{93}{100}$ du volume que donnerait cette expression pour avoir le volume réellement écoulé.

374. On voit donc que si l'on représente par $d$ le diamètre du canon, sa section sera, comme l'on sait, $= 0.785\, d^2$, et si $Q$ est le volume d'air qui passe dans une seconde par la buse (ce volume étant mesuré sous la pression $b + H$ de la caisse à vent), on a

$$Q = 289\, d^2 \sqrt{\frac{H(1 + 0.004\, t)}{b + H}} \ \text{mètres cubes.}$$

Nombre de mètres cubes d'air qui passent par le canon de bourec en une seconde, ce volume étant mesuré sous la pression $b + H$.

375. Mais ce qu'il importe surtout de connaître, c'est le poids $P''$ de l'air écoulé par seconde, plutôt que le volume $Q$ ; or, on obtiendra évidemment $P''$ en multipliant le volume ci-dessus par le poids d'un mètre cube d'air à la température $t$ et sous la pression $b + H$ ; ce dernier $= 1.709 \times \frac{b + H}{1 + 0.004\, t}$ d'où l'on déduit, toutes réductions faites,

$$P'' = 493\, d^2 \sqrt{\frac{H(b + H)}{1 + 0.004\, t}} \ \text{kilogrammes.}$$

Nombre de kilogrammes d'air qui passent par le canon de bourec en une seconde.

376. Mais on peut rendre cette expression plus immédiatement applicable. Le diamètre des canons de bourec, lorsqu'ils sont neufs, est de o.<sup>m</sup>o35 ; on aura donc d'abord $d^2 = 0.001225$ ; prenant ensuite pour la

température moyenne $t =$ 10, et pour la pression barométrique moyenne $b =$ 0.72, qui convient assez bien à l'Ariége, d'après mes observations ; enfin, multipliant par 60 pour avoir le poids d'air par minute, ce qui est plus commode que de l'avoir par seconde ; on a, en appelant ce poids $P'$,

$$P' = 35.55 \sqrt{H\,(\,0.72 + H\,)} \text{ kilogrammes.}$$

Nombre de kilogrammes d'air qui passent en une minute par une buse de o.<sup>m</sup>o35 de diamètre, $t$ étant $=$ 10, et $b =$ 0.72.

Cette expression montre que POUR OBTENIR APPROXIMATIVEMENT LE NOMBRE DE KILOGRAMMES D'AIR QUI PASSENT EN UNE MINUTE PAR LA BUSE, IL FAUDRA 1° A LA DIFFÉRENCE DE NIVEAU DU MERCURE DANS LES DEUX BRANCHES DU PÈSE-VENT OU $H$ (exprimé en mètres), AJOUTER LE NOMBRE 0.72 ; 2° MULTIPLIER CETTE SOMME PAR CETTE MÊME DIFFÉRENCE DE NIVEAU OU $H$ ; 3° EXTRAIRE LA RACINE CARRÉE DE CE PRODUIT ; 4° MULTIPLIER CETTE RACINE PAR LE NOMBRE 35.55.

EXEMPLE. — Pour 15 degrés du pèse-vent, $H =$ o.<sup>m</sup>o677 ;

1° Ajoutant 0.72, on a 0.<sup>m</sup>7877 ; 2° multipliant par 0.<sup>m</sup>o677, on a le nombre 0.o533 ; 3° extrayant sa racine quarrée, on obtient 0.23 ; 4° multipliant par 35.55, on trouve 8.<sup>k</sup>176 pour le poids de l'air, que donne la trompe en une minute, le canon de bourec ayant o.<sup>m</sup>o35 de diamètre, et le pèse-vent marquant 15 degrés.

Théorie de M. Navier.

377. Nous n'avons pas cru devoir passer cette théorie sous silence. Toutefois, nous ne l'emploierons pas parce qu'on n'y tient aucun compte de l'élasticité de l'air, ce qui altère les résultats d'une manière notable. Nous avons préféré, par bien d'autres motifs, qu'il est au moins inutile de discuter ici, la méthode adoptée par M. Navier, dans son Mémoire sur l'écoulement des fluides élastiques (tome IX des Mémoires de l'Académie des Sciences, 1830).

378. Dans cette théorie on considère le mouvement de l'air comme parvenu à l'uniformité, c'est-à-dire que la vitesse et la pression demeurent constamment les mêmes dans chaque partie du tuyau d'écoulement. Ce tuyau d'écoulement est pour nous le burle, le bourec et le canon de bourec ; il commence à la sentinelle et se termine à l'extrémité de la buse.

On suppose, en outre, que la grandeur des sections du tuyau ne varie d'un point à un autre que par degrés insensibles ; ce qui n'a point lieu dans le système auquel nous appliquerons cette théorie, car la section du tuyau change brusquement à l'endroit où le bourec s'attache à l'extrémité du burle. Les résultats que nous obtiendrons seront donc un peu trop forts, ce qu'on ne devra point oublier.

379. Cela posé, soient $P$ la pression totale qui a lieu au point où le burle entre dans la sentinelle, et qu'on peut, sans erreur sensible, regar-

der comme égale à celle qu'indique le pèse-vent, augmentée de la pression atmosphérique, soit $\Omega$ la section postérieure du burle, soient encore $P'$ la pression atmosphérique, $\Omega'$ la section de l'extrémité du canon de bourec, $\omega$ une section quelconque intermédiaire entre $\Omega$ et $\Omega'$, $p$ la pression inconnue qui a lieu dans cette section, $u$ la vitesse inconnue de la tranche d'air qui la franchit, $\rho$ la densité de l'air à cette tranche, $x$ sa distance à la section postérieure du burle ou à $\Omega$; soit enfin $t$ le temps écoulé.

On aura $p = k\,\rho$, $k$ désignant un nombre constant dont la valeur sera :

$$k = 77805\,(1 + 0.00375\,\nu)$$

et $\nu$ exprimant la température de l'air en degrés centigrades on aura d'une part :

Masse d'une tranche intermédiaire quelconque,
$$\rho\,\omega\,dx.$$

Force vive de cette tranche au bout du temps $t$,
$$\rho\,\omega\,dx.u^2.$$

Force vive que cette tranche acquiert dans le temps $dt$,
$$\rho\,\omega\,dx.2\,u\,du.$$

Force vive acquise par tout le fluide compris dans le tuyau, pendant ce même intervalle de temps,
$$\int \rho\,\omega\,dx.2\,u\,du,$$

L'intégrale devant être prise entre les sections extrêmes ou depuis $x = o$ jusqu'à $x =$ toute la longueur du tuyau.

D'une autre part :

La tranche intermédiaire $\omega$, en vertu de la différence des pressions qui s'exercent sur ses deux faces, est soumise à l'effort $-\omega\,dp$ qui la pousse en sens contraire de son mouvement.

L'espace qu'elle parcourt dans le temps $dt$ est $u\,dt$, d'où quantité d'action imprimée à cette tranche $= -\omega\,dp.u\,dt$ et somme des quantités d'action imprimées à toutes les tranches $= -\int \omega\,dp.u\,dt$

L'intégrale étant prise entre les mêmes limites que la précédente,

égalant, d'après le principe de la conservation des forces vives, la somme des forces vives acquises au double des quantités d'action imprimées, on a :

$$- 2\int \omega\,dp.u\,dt = \int \rho\,\omega\,dx.2\,u\,du \quad\ldots\ldots\ldots\text{(A)}$$

et comme $u = \frac{dx}{dt}$ ou $dx = u\, dt$, on pourra mettre $u\, dt$ pour $dx$ dans l'équation ci-dessus qui deviendra

$$- 2\int \omega\, dp. u\, dt = \int \rho\, \omega\, u\, dt . 2u\, du$$

supprimant $dt$ comme un facteur constant commun à tous les termes et divisant par 2, il vient

$$-\int \omega\, dp. u = \int \rho\, \omega\, u^2 du.$$

Or, nous avons vu que $p = k\, \rho$, d'où $\rho = \frac{p}{k}$; mettant cette valeur à la place de $\rho$, on obtient, $k$ étant constant,

$$-k\int \omega\, dp. u = \int p\, \omega\, u^2 du \dots\dots\dots (B)$$

Le mouvement de l'air dans le tuyau étant supposé uniforme, la même masse doit passer en même temps dans toutes les sections transversales; il en résulte que $\rho\, \omega\, u$ et par conséquent $p\, \omega\, u$ conserve pour toutes les sections une valeur constante; on a donc :

$$p\, \omega\, u = P'\, \Omega'\, U, \text{ d'où } u = \frac{P'\, \Omega'\, U}{p\, \omega}$$

différenciant cette expression qui ne contient que $p\, \omega$ de variable, on a

$$du = -\frac{P'\, \Omega'\, U\, d(p\omega)}{p^2\, \omega^2}$$

Mettant ces valeurs de $u$ et de $du$ dans l'équation (B) et supprimant le facteur constant $P'\, \Omega'\, U$, il vient

$$k \int \frac{dp}{p} = P'^2\, \Omega'^2\, U^2 \int \frac{d(p\omega)}{p^3\, \omega^3}.$$

Intégrant, en se rappelant que l'intégrale $\int \frac{dp}{p} = \log p$ et que celle $\int \frac{d(p\omega)}{p^3\, \omega^3} = -\frac{1}{2\, p^2\, \omega^2}$, on a

$$2\, k \log. p = -\frac{U^2\, P'^2\, \Omega'^2}{p^2\, \omega^2} + \text{constante}$$

La constanté se détermine en remarquant que l'on a dans la première section ( à la sentinelle ) $\omega = \Omega,\ p = P$, ce qui donne

$$2\, k \log \frac{P}{p} = U^2 \left( \frac{P'^2\, \Omega'^2}{p^2\, \omega^2} - \frac{P'^2\, \Omega'^2}{P^2\, \Omega^2} \right) \dots\dots (C)$$

et comme , à l'orifice du canon de bourec , on a $\omega = \Omega'$ et $p = P'$, cette équation devient

$$2 k \log \frac{P}{P'} = U' \left( 1 - \frac{P'^2 \, \Omega'^2}{P^2 \, \Omega^2} \right)$$

d'où l'on déduit pour la valeur de la vitesse à l'orifice d'écoulement

$$U = \sqrt{\frac{2 k \log \dfrac{P}{P'}}{1 - \dfrac{P'^2 \, \Omega'^2}{P^2 \, \Omega^2}}} \quad \ldots \ldots \ldots \text{(D)} \qquad (*)$$

Expression générale de la vitesse de sortie de l'air.

Pour avoir le volume $V$ de fluide écoulé en une seconde ( ce volume étant mesuré sous la pression totale $P$ qui a lieu dans la caisse à vent ) il faudra multiplier cette expression par $\Omega'$ et par le rapport $\frac{P'}{P}$, d'où l'on tirera

$$V = \frac{P' \, \Omega'}{P} \sqrt{\frac{2 k \log \dfrac{P}{P'}}{1 - \dfrac{P'^2 \, \Omega'^2}{P^2 \, \Omega^2}}} \quad \ldots \ldots \ldots \text{(E)}$$

Volume de fluide écoulé par seconde.

On a pu remarquer qu'on n'avait fait entrer dans le calcul ni la contraction qui a nécessairement lieu au passage du fluide de la sentinelle dans le burle dont l'orifice postérieur est rarement évasé, ni celle qui a lieu à la sortie de la buse ; il conviendra d'en tenir compte lorsque l'on fera l'application de ces formules. On a également négligé le frottement de l'air dans le tuyau, et les pertes de force vive qui ont lieu, 1° au passage de la sentinelle dans le burle , 2° au passage du burle dans le bourec, dont les sections sont, d'ailleurs, peu différentes ; enfin l'écoulement aurait dû être considéré comme se faisant par la tuyère, et non par le canon de bourec, ce qui aurait obligé à introduire une troisième perte de force vive au passage de la buse dans la tuyère.

En principe il eût été facile de faire entrer dans les expressions $D$ et $E$ de la vitesse et du volume, toutes ces résistances au mouvement, mais on serait alors tombé sur des formules assez compliquées dont l'application dans chaque cas particulier, eût été fort pénible. Les résultats numériques auxquels on parviendra par l'emploi des formules $D$ et $E$, pècheront donc tous par excès ; les vitesses, les volumes et les poids qu'elles donneront seront encore un peu exagérés, mais ils le seront d'autant moins que l'exécution matérielle du tuyau d'écoulement que nous considérons sera plus parfaite ; et si, par exemple, l'extrémité postérieure du burle à partir de son entrée dans la sentinelle, était bien évasée ; si le bourec, au lieu d'être fixé sur la surface externe du burle, formait le prolongement

Les formules ci-dessus appliquées aux trompes pèchent un peu par excès.

<hr>

(*) Il ne faut pas oublier que dans ces formules le logarithme est hyperbolique, et que dès lors si on le prend dans les tables ordinaires il faudra le multiplier par 2.3026.

de sa surface interne ; si le canon de bourec en conservant son diamètre inférieur, était aussi légèrement évasé, les formules $D$ et $E$ donneraient exactement les vitesses et les volumes du fluide qui passe par la buse. Dans l'état actuel elles donneront des limites dont on se rapprochera par de meilleures dispositions.

380. Si l'on voulait, au lieu du volume, avoir le poids d'air qui passe en une seconde par la buse, il est évident qu'il faudrait multiplier le volume obtenu de l'équation $E$ par le poids du mètre cube d'air sous la pression $P$, et à la température $v$ de la caisse à vent. Si $\Delta$ est ce dernier poids, on a, en général

$$\Delta = 1.299 \frac{P}{0.76} \times \frac{1}{(1+0.00375\,v)} \text{ kilogrammes} = \frac{1.709\,P.}{(1+0.00375\,v)} \text{ kilogrammes} \ \ldots \ldots (\text{F}).$$

appelant $\Pi''$ le poids d'air qui passe en une seconde par la buse, on a, en général,

Nombre de kilogr. d'air supposés à la température o et sous la pression barométrique 0.76 qui passent par la buse en une seconde.

$$\Delta\,V = \Pi'' = \frac{1.709\,P'\,\Omega'}{(1+0.00375\,v)} \sqrt{\frac{2\,k\,\log\frac{P}{P'}}{1 - \frac{P'^2\,\Omega'^2}{P^2\,\Omega^2}}} \ \ldots \ldots : (\text{G}).$$

multipliant le résultat ci-dessus par 60, et appelant $\Pi'$ le poids d'air qui passe par la buse en une *minute*, on a

Id. Id. Id. Id. en une minute.

$$\Pi' = \frac{102.54\,P'\,\Omega'}{(1+0.00375\,v)} \sqrt{\frac{2\,k\,\log.\frac{P}{P'}}{1 - \frac{P'^2\,\Omega'^2}{P^2\,\Omega^2}}} \ \ldots \ldots (\text{H}).$$

Ces formules supposent que l'air est parfaitement sec ; or, au contraire, nous le regardons comme saturé (369), $P$ dans l'équation $F$ devra, dans cette hypothèse, être diminuée d'une petite quantité $e$ qui exprime l'élasticité de la vapeur d'eau, et qu'on trouve dans la table (341) pour les températures ordinaires ; mais le volume du fluide, c'est-à-dire du mélange d'air et de vapeur qui passe par la buse, ne variera pas pour cela ; car on sait que l'air humide aux températures que nous avons à considérer, n'occupe pas sensiblement plus de volume que l'air sec ; appelant alors $D$ le poids du mètre cube d'air soumis à la pression $P-e$ (342) ; $\Pi_{,,}$ le nombre de kilogrammes d'air sec qui passe par la buse en une seconde ; $\Pi_{,}$ celui qui passe en une minute. On remplacera, *dans le cas de la saturation*, les valeurs $F$, $G$, $H$ par les suivantes $F'$, $G'$, $H'$.

$$D = \frac{1.709\,(P-e)}{(1+0.00375\,v)} \quad \dots\dots\dots\dots\dots\dots (F')$$

$$\Pi_{,,} = \frac{1.709\,P'\,\Omega'}{(1+0.00375\,v)} \times \frac{(P-e)}{P} \sqrt{\frac{2\,k\,\log\frac{P}{P'}}{1-\dfrac{P'^2\,\Omega'^2}{P^2\,\Omega^2}}} \quad \dots (G')$$

$$\Pi_{,} = \frac{102.5\tfrac{1}{4}\,P'\,\Omega'}{(1+0.00375\,v)} \times \frac{(P-e)}{P} \sqrt{\frac{2\,k\,\log\frac{P}{P'}}{1-\dfrac{P'^2\,\Omega'^2}{P^2\,\Omega^2}}} \quad \dots (H')$$

dans lesquelles on devra introduire les valeurs de $e$ correspondantes aux températures $v$ données par la table (341).

Les équations $G'$, $H'$, comparées aux équations $G$, $H$, montrent que, pour passer du poids d'air, qu'on obtiendrait en le supposant parfaitement sec, à celui qu'on aurait réellement s'il était saturé, il suffit de multiplier le premier par le rapport $\frac{P-e}{P}$.

$P$ est au plus dans nos forges $0.^{m}8412$ (qui correspond à $18°$). La température de l'air dans la caisse à vent pourrait, dans les circonstances ordinaires, et surtout à cause du voisinage du creuset, atteindre une température de $20°$;

$$e \text{ est alors} = 0.0173, \text{d'où } \frac{P-e}{P} = \frac{0.8412-0.0173}{0.8412} = 0.979.$$

Ce nombre $0.979$ différant peu de $0.98$, on voit que l'erreur qu'on commettrait sur le poids de l'air qui passe par la buse, en négligeant l'effet de la saturation, pourrait s'élever à environ 2 pour cent de ce poids *en trop*. Cette fraction est assez faible pour être négligée; cependant nous avons tenu compte de l'effet de la saturation dans les tables suivantes, que nous avons eu la patience de calculer, afin de mettre tous les résultats, énoncés ci-dessus en formules algébriques, à la portée des foyés, des escolas, et des propriétaires des forges.

Nous supposons dans ces tables :

L'orifice du canon de bourec de 35 millimètres de diamètre seulement, bien que ce diamètre varie de 35 à $37\frac{1}{2}$, parce que l'on tient ainsi compte de la contraction; on a donc $\Omega' = 0.^{mm}000962$.

Afin de tenir également compte de la contraction qui a lieu au passage de la sentinelle dans le burle, nous avons réduit la section postérieure de cette pièce, et posé $\Omega = 0.^{mm}015386$.

On voit en tête de chaque tableau la température et la pression barométrique.

Nous avons supposé qu'à la température o la tension de la vapeur était nulle, parce qu'elle est alors assez faible.

La colonne marquée 1 indique les degrés de nos pèse-vents.

La colonne 2, la différence de niveau du mercure dans les deux branches correspondant à chaque degré du pèse-vent; cette différence est exprimée en mètres.

La colonne 3 donne le volume d'air et de vapeur d'eau écoulé par minute, et exprimé en mètres cubes.

Ce volume a été calculé par la formule $E$ en donnant à $\Omega'$ et $\Omega$ les valeurs ci-dessus.

La colonne 4 indique les tensions auxquelles l'élasticité de l'air considéré isolément fait équilibre dans la caisse à vent; ce sont les valeurs de $P—e$.

La colonne 5 donne en kilogrammes le poids du mètre cube d'air à la température et sous les pressions indiquées; ce sont les valeurs de $D$ (formule F') pour chaque cas.

La colonne 6 donne le nombre de kilogrammes d'air lancés en une minute par le canon de bourec; elle renferme les valeurs de $\Pi_{,}$ (formule H') pour chaque cas particulier.

---

381.              TABLES DE VENT

*à l'usage des forges catalanes,*

Donnant :

1° La valeur des degrés du pèse-vent en mètres de mercure ;

2° Les volumes de fluide écoulés par minute sous toutes les tensions comprises entre 6 et 18 degrés ($0.^{m}027$ et $0.^{m}0812$);

3° Les poids du mètre cube d'air sous ces différentes tensions ;

4° Le nombre de kilogrammes d'air écoulés par minute à diverses températures comprises entre o et 30°, sous la pression barométrique 0.76 et diverses autres;

Le tout calculé d'après la théorie de **M.** Navier.

## Table de vent à l'usage des forges catalanes.

| Degrés du pèse-vent. | Différence de niveau du mercure. | Nombre de mètres cubes de fluide écoulé en une minute. | Élasticité ou tension de l'air seul. | Poids du mètre cubed'air. | Nombre de kilog. d'air écoulés en une minute. | OBSERVATIONS. |
|---|---|---|---|---|---|---|
| 1 | 2 | 3 | 4 | 5 | 6 | 7 |

### 1.

Température o, pression barométrique o.76.

On suppose dans ce premier tableau que la tension de la vapeur est nulle à la température o.

| d | m | mmm | m | k | k | |
|---|---|---|---|---|---|---|
| 6 | 0.02707 | 4.248 | 0.787 | 1.345 | 5.713 | |
| 7 | 0.03106 | 4.405 | 0.7916 | 1.352 | 5.955 | |
| 8 | 0.03610 | 4.659 | 0.7961 | 1.360 | 6.336 | |
| 9 | 0.04060 | 4.838 | 0.8006 | 1.368 | 6.618 | |
| 10 | 0.04510 | 5.153 | 0.8051 | 1.376 | 7.090 | |
| 11 | 0.04960 | 5.369 | 0.8096 | 1.383 | 7.455 | |
| 12 | 0.05420 | 5.571 | 0.8142 | 1.391 | 7.759 | |
| 13 | 0.05870 | 5.765 | 0.8187 | 1.399 | 8.065 | |
| 14 | 0.06320 | 5.947 | 0.8232 | 1.406 | 8.361 | |
| 15 | 0.06770 | 6.101 | 0.8277 | 1.414 | 8.627 | |
| 16 | 0.07220 | 6.268 | 0.8322 | 1.422 | 8.913 | |
| 17 | 0.07670 | 6.421 | 0.8367 | 1.429 | 9.175 | |
| 18 | 0.08120 | 6.564 | 0.8412 | 1.437 | 9.432 | |

Observations (col. 7) :

sous les pressions barométriques,

| | | |
|---|---|---|
| 0.74 | 0.72 | 0.70 |

On trouverait, pour le nombre de kilogrammes écoulés en une minute, lorsque le pèse-vent marque 12 deg.

| k | k | k |
|---|---|---|
| 7.643 | 7.536 | 7.429 |

et lorsqu'il marque 18$^d$ sous ces pressions

| k | | |
|---|---|---|
| 9.333 | 9.133 | 9.030 |

Vitesse approximative de l'air à la sortie, sous les tensions correspondantes à :

6$^d$ ou o.$^m$02707. . . . . . . . 73$^m$, par seconde;
12$^d$ ou o.$^m$05420. . . . . . . . 103$^m$, par seconde;
18$^d$ ou o.$^m$08120. . . . . . . . 126$^m$, par seconde.

### 2.

Température 5°, pression barométrique o.76.

| d | m | mmm | m | k | k | |
|---|---|---|---|---|---|---|
| 6 | 0.02707 | 4.287 | 0.7801 | 1.308 | 5.607 | |
| 7 | 0.03106 | 4.446 | 0.7847 | 1.315 | 5.846 | |
| 8 | 0.0361 | 4.702 | 0.7892 | 1.323 | 6.174 | |
| 9 | 0.0406 | 4.883 | 0.7937 | 1.330 | 6.494 | |
| 10 | 0.0451 | 5.201 | 0.7982 | 1.338 | 6.959 | |
| 11 | 0.0496 | 5.419 | 0.8027 | 1.346 | 7.293 | |
| 12 | 0.0542 | 5.624 | 0.8073 | 1.353 | 7.609 | |
| 13 | 0.0587 | 5.817 | 0.8118 | 1.361 | 7.917 | |
| 14 | 0.0632 | 6.002 | 0.8163 | 1.369 | 8.216 | |
| 15 | 0.0677 | 6.158 | 0.8208 | 1.376 | 8.486 | |
| 16 | 0.0722 | 6.326 | 0.8253 | 1.384 | 8.838 | |
| 17 | 0.0767 | 6.481 | 0.8298 | 1.391 | 9.015 | |
| 18 | 0.0812 | 6.625 | 0.8343 | 1.399 | 9.268 | |

Observations (col. 7) :

Sous les pressions barométriques,

| | | |
|---|---|---|
| 0.74 | 0.72 | 0.70 |

On trouverait, pour le nombre de kilogrammes d'air écoulés en une minute, lorsque le pèse-vent marque 12 deg.

| | | |
|---|---|---|
| 7.$^k$503 | 7.$^k$399 | 7.$^k$287 |

et pour 18 degrés.

| | | |
|---|---|---|
| 9.$^k$106 | 8.$^k$968 | 8.$^k$868 |

| Degrés du pèse-vent. | Différence de niveau du mercure. | Nombre de mètres cubes de fluide écoulé en une minute. | Tension de l'air seul. | Poids du mètr. cube d'air. | Nombre de kilog. d'air écoulés en une minute. | OBSERVATIONS. |
|---|---|---|---|---|---|---|
| 1 | 2 | 3 | 4 | 5 | 6 | 7 |

### 3.

Température 10°, pression barométrique 0.76.

| d | m | mmm | m | k | k | |
|---|---|---|---|---|---|---|
| 6 | 0.02707 | 4.326 | 0.7775 | 1.280 | 5.537 | Sous les pressions barométriques, |
| 7 | 0.03106 | 4.486 | 0.7820 | 1.288 | 5.778 | 0.74    0.72    0.70 |
| 8 | 0.0361 | 4.745 | 0.7866 | 1.296 | 6.149 | On trouverait, pour le nombre de |
| 9 | 0.0406 | 4.927 | 0.7911 | 1.303 | 6.420 | kilog. d'air écoulés en une minute, |
| 10 | 0.0451 | 5.248 | 0.7956 | 1.311 | 6.880 | lorsque le pèse-vent marque 12 deg. |
| 11 | 0.0496 | 5.468 | 0.8001 | 1.318 | 7.207 | |
| 12 | 0.0542 | 5.674 | 0.8046 | 1.326 | 7.524 | $7.^k393$    $7.^k286$    $7.^k154$ |
| 13 | 0.0587 | 5.872 | 0.8092 | 1.333 | 7.827 | |
| 14 | 0.0632 | 6.057 | 0.8137 | 1.341 | 8.222 | et pour 18 degrés. |
| 15 | 0.0677 | 6.214 | 0.8182 | 1.348 | 8.376 | |
| 16 | 0.0722 | 6.384 | 0.8227 | 1.356 | 8.657 | |
| 17 | 0.0767 | 6.540 | 0.8272 | 1.363 | 8.914 | |
| 18 | 0.0812 | 6.685 | 0.8317 | 1.370 | 9.158 | $8.^k972$    $8.^k838$    $8.^k734$ |

### 4.

Température 15°, pression barométrique 0.76.

| d | m | mmm | m | k | k | |
|---|---|---|---|---|---|---|
| 6 | 0.02707 | 4.363 | 0.7742 | 1.252 | 5.462 | Sous les pressions barométriques, |
| 7 | 0.03106 | 4.523 | 0.7787 | 1.259 | 5.694 | 0.74    0.72    0.70 |
| 8 | 0.0361 | 4.785 | 0.7833 | 1.267 | 6.063 | On trouverait, pour le nombre de |
| 9 | 0.0406 | 4.969 | 0.7878 | 1.274 | 6.330 | kilog. d'air écoulés en une minute, |
| 10 | 0.0451 | 5.292 | 0.7923 | 1.282 | 6.784 | lorsque le pèse-vent marque 12 deg. |
| 11 | 0.0496 | 5.514 | 0.7968 | 1.290 | 7.113 | |
| 12 | 0.0542 | 5.721 | 0.8013 | 1.297 | 7.420 | $7.^k311$    $7.^k207$    $7.^k097$ |
| 13 | 0.0587 | 5.921 | 0.8059 | 1.305 | 7.713 | |
| 14 | 0.0632 | 6.108 | 0.8104 | 1.312 | 8.014 | |
| 15 | 0.0677 | 6.266 | 0.8149 | 1.320 | 8.271 | et pour 18 degrés. |
| 16 | 0.0722 | 6.437 | 0.8194 | 1.328 | 8.548 | |
| 17 | 0.0767 | 6.594 | 0.8239 | 1.335 | 8.802 | |
| 18 | 0.0812 | 6.741 | 0.8284 | 1.340 | 9,033 | $8.^k872$    $8.^k660$    $8.^k634$ |

### 5.

Température 20°, pression barométrique 0.76.

| d | m | mmm | m | k | k | |
|---|---|---|---|---|---|---|
| 6 | 0.02707 | 4.401 | 0.7697 | 1.224 | 5.387 | Sous les pressions |
| 7 | 0.03106 | 4.564 | 0.7742 | 1.231 | 5.618 | 0.74    0.72    0.70 |
| 8 | 0.0361 | 4.827 | 0.7788 | 1.238 | 5.976 | On aurait |
| 9 | 0.0406 | 5.012 | 0.7833 | 1.245 | 6.240 | |
| 10 | 0.0451 | 5.339 | 0.7878 | 1.252 | 6.684 | |
| 11 | 0.0496 | 5.562 | 0.7923 | 1.259 | 7.003 | |
| 12 | 0.0542 | 5.772 | 0.7968 | 1.266 | 7.307 | $7.^k204$    $7.^k099$    $6.^k991$ |
| 13 | 0.0587 | 5.973 | 0.8013 | 1.273 | 7.604 | |
| 14 | 0.0632 | 6.161 | 0.8059 | 1.280 | 7.886 | |
| 15 | 0.0677 | 6.321 | 0.8104 | 1.287 | 8.135 | |
| 16 | 0.0722 | 6.494 | 0.8149 | 1.294 | 8.403 | |
| 17 | 0.0767 | 6.652 | 0.8194 | 1.301 | 8.654 | |
| 18 | 0.0812 | 6.800 | 0.8239 | 1.309 | 8.901 | $8.^k746$    $8.^k611$    $8.^k508$ |

| Degrés du pèse-vent. | Différence de niveau du mercure. | Nombre de mètres cubes de fluide écoulés en une minute. | Tension de l'air seul. | Poids du mètre cube d'air. | Nombre de kilog. d'air écoulés en une minute. | OBSERVATIONS. |
|---|---|---|---|---|---|---|
| 1 | 2 | 3 | 4 | 5 | 6 | 7 |

## 6.

Température 25°, pression barométrique 0.76.

| d | m | mmm | m | k | k | |
|---|---|---|---|---|---|---|
| 6 | 0.02707 | 4.439 | 0.7639 | 1.196 | 5.309 | Sous les pressions, |
| 7 | 0.03106 | 4.603 | 0.7684 | 1.203 | 5.537 | 0.74  0.72  0.70 |
| 8 | 0.0361 | 4.858 | 0.7730 | 1.210 | 5.878 | On aurait |
| 9 | 0.0406 | 5.056 | 0.7775 | 1.216 | 6.148 | |
| 10 | 0.0451 | 5.385 | 0.7820 | 1.223 | 6,586 | |
| 11 | 0.0496 | 5.611 | 0.7865 | 1.230 | 6.902 | |
| 12 | 0.0542 | 5.822 | 0.7910 | 1.237 | 7.202 | 7.$^k$091  6.$^k$982  6.$^k$877 |
| 13 | 0.0587 | 6.024 | 0.7955 | 1.244 | 7.494 | |
| 14 | 0.0632 | 6.215 | 0.8001 | 1.250 | 7.769 | |
| 15 | 0.0677 | 6.376 | 0.8046 | 1.257 | 8.015 | |
| 16 | 0.0722 | 6.550 | 0.8091 | 1.264 | 8.279 | |
| 17 | 0.0767 | 6.710 | 0.8136 | 1.271 | 8.528 | |
| 18 | 0.0812 | 6.859 | 0.8181 | 1.278 | 8.766 | 8.$^k$607  8.$^k$470  8.$^k$368 |

## 7.

Température 30°, pression barométrique 0.76.

| d | m | mmm | m | k | k | |
|---|---|---|---|---|---|---|
| 6 | 0.02707 | 4.477 | 0.7564 | 1.162 | 5.202 | Sous les pressions barométriques, |
| 7 | 0.03106 | 4.643 | 0.7609 | 1.169 | 5.428 | 0.74  0.72  0.70 |
| 8 | 0.0361 | 4.911 | 0.7655 | 1.176 | 5.775 | On aurait |
| 9 | 0.0406 | 5.099 | 0.7700 | 1.183 | 6.032 | |
| 10 | 0.0451 | 5.431 | 0.7745 | 1.190 | 6.463 | |
| 11 | 0.0496 | 5.659 | 0.7790 | 1.197 | 6.774 | |
| 12 | 0.0542 | 5.872 | 0.7835 | 1.204 | 7.070 | 6.$^k$963  6.$^k$856  6.$^k$748 |
| 13 | 0.0587 | 6.076 | 0.7880 | 1.211 | 7.358 | |
| 14 | 0.0632 | 6.268 | 0.7926 | 1.218 | 7.634 | |
| 15 | 0.0677 | 6.430 | 0.7971 | 1.225 | 7.877 | |
| 16 | 0.0722 | 6.606 | 0.8016 | 1.232 | 8.139 | |
| 17 | 0.0767 | 6.767 | 0.8061 | 1.239 | 8.384 | |
| 18 | 0.0812 | 6.919 | 0.8106 | 1.245 | 8.614 | 8.$^k$452  8.$^k$318  8.$^k$219 |

382. Ces tableaux montrent :

1° Que les poids d'air obtenus ne sont nullement proportionnels aux degrés du pèse-vent, comme on se l'imagine dans nos forges : ainsi, à la température 0 et sous la pression barométrique 0.76 on a, au plus, 5.$^k$713 d'air par minute, lorsque le pèse-vent donne 6 degrés, mais lorsqu'il en marque 12, on n'a pas deux fois plus de vent que lorsqu'il marque 6 ; car au lieu du double de 5.$^k$713 ou 11.$^k$426 on n'a que 7.$^k$759 ; ce qui est très différent ; de même, on n'a pas trois fois plus de vent avec 18 degrés qu'avec 6, car au lieu de trois fois 5.$^k$713 ou 17.$^k$139, la table ne donne que $9.^k 432$ : il faut donc renoncer tout-à-fait à ces idées de proportionnalité qui ont pénétré, on ne sait comment, dans nos usines;

2° Que la température augmentant, le *volume* du fluide (air et vapeur) qui passe par la buse augmente, par conséquent la vitesse augmente aussi; mais la densité de l'air seul diminuant plus rapidement, il passe un moindre *poids* d'air par le canon de bourec lorsqu'il fait chaud que lorsqu'il fait froid : ainsi, le pèse-vent donnant 18 degrés, on a $9.^k 432$ d'air au plus par minute, si l'air de la trompe est à la température 0 ; et l'on n'a plus que $8.^k 901$ par minute s'il est à 20 degrés, c'est-à-dire que par le seul effet de l'augmentation de température on perd plus de $\frac{1}{2}$ kilogramme d'air par minute; ajoutez à cela qu'on introduit alors une quantité notable de vapeur d'eau dans le creuset;

3° Que le baromètre s'abaissant, le poids d'air qui passe par la buse diminue encore;

4° Que si à la fois le baromètre s'abaisse et la température augmente, on est dans les circonstances les plus défavorables pour un bon travail, car le poids d'air qui passe par la buse diminue très sensiblement par ces deux causes réunies, et l'on introduit beaucoup de vapeur d'eau dans le feu, sans compter celle que le charbon absorbe alors dans les parsons et dans les charbonnières ( n$^{os}$ 72 et 74 ); n'est-ce pas là une des causes du dérangement de nos forges pendant les grandes chaleurs (343 et 369) ?

383. Comme on n'aura point toujours ces tables sous les yeux, il est utile de tirer des relations données ci-dessus, une expression plus simple qui puisse être confiée à la mémoire, et facilement retenue.

Pour y parvenir, remarquons que dans la formule $(H')$

$$\Pi_{,} = \frac{102.54\, P'\, \Omega'}{1 + 0.00375\, \nu} \times \frac{P - e}{P} \sqrt{\frac{2\, k\, \log \frac{P}{P'}}{1 - \frac{P'^2\, \Omega'^2}{P^2\, \Omega^2}}}$$

On peut, sans erreur sensible, supposer que $1 - \frac{P'^2\, \Omega'^2}{P^2\, \Omega^2}$ qui dépasse toujours 0.99 est $= 1$; cette hypothèse fera disparaître le dénominateur du radical.

D'un autre côté, j'ai remarqué, en faisant les calculs insérés dans les tables, qu'on avait à très peu près

$$\log \frac{P}{P'} = 0.957 \left( \frac{P - P'}{P'} \right)$$

prenant 10 degrés pour température moyenne $= \nu$, et $0.72 = P'$ pour pression barométrique moyenne dans l'Ariége (376); on aura

$$1 + 0.00375\,\nu = 1.0375 \,;\, 2\,k = 161445.375,$$

$$\log \frac{P}{P'} = 0.957 \left( \frac{P-P'}{P'} \right) = 0.957\, \frac{P-P'}{0.72} = 1.329 \left( P-P' \right) = 1.329\,H$$

En appelant $H$ la différence de niveau du mercure dans les deux branches du pèse-vent exprimée en mètres, qui est elle-même $= P-P'$.

on a d'ailleurs $P'\,\Omega' = 0.00069264,$

faisant moyennement $\frac{P-e}{P} = 0.987$; substituant ces différentes valeurs dans celle de $\Pi_{\text{,}}$, effectuant les calculs, et simplifiant, on arrive à la relation extrêmement simple

$$\Pi_{\text{,}} = 31.3 \sqrt{H} \quad \text{kilogrammes}$$

qui montre que *pour obtenir avec une approximation bien suffisante le nombre de kilogrammes d'air* $\Pi_{\text{,}}$ *qui passe en une minute par le canon de bourec, il faut* 1° *extraire la racine carrée du nombre métrique qui exprime la différence de niveau du mercure dans les deux branches du pèse-vent;* 2° *multiplier ce nombre par* 31.3. Règle pratique pour obtenir le poids d'air qui passe en une minute par la buse.

Exemple. — 12 degrés du pèse-vent correspondent à $0^{\text{m}}.0542 = H$; la racine carrée de ce nombre $= 0.231$, qui, multiplié par 31.3, donne $7.^{\text{k}}230$; la table, ci-dessus, donne $7.^{\text{k}}286$; cette différence de 56 grammes est négligeable dans la pratique.

384. Quelque simple que soit cette expression de $\Pi_{\text{,}}$, elle n'est pas encore aussi immédiatement applicable à nos foyers qu'elle peut le devenir. En effet $H$ est un nombre métrique, et nos pèse-vent portent, sans exception aucune, des divisions en lignes; de plus, chaque degré ne correspond pas à une ligne de mercure comme on le dit dans nos forges, où l'on ne remarque pas que le mercure s'abaisse dans la branche gauche du pèse-vent d'une quantité égale à celle dont il s'élève dans la branche droite; un degré équivaut à une différence de niveau $= 2$ lignes ou $0.^{\text{m}}004512$: on a donc en général

$$H = 0.^{\text{m}}\,004512\,d$$

Mettant cette valeur de $H$ dans la formule ci-dessus, et simplifiant, il vient

$$\Pi_{\text{,}} = 2.1 \sqrt{d} \quad \text{kilogrammes d'air,}$$

en appelant $d$ le nombre de degrés marqué par le pèse-vent et évalué comme on le fait dans les forges.

Règle à l'usage des ouvriers pour évaluer la quantité de vent.

*On voit que pour obtenir le nombre de kilogrammes d'air qui passe en une minute par le canon de bourec, il faut extraire la racine carrée du nombre qui indique les degrés du pèse-vent, puis multiplier cette racine par 2 et $\frac{1}{10}$.*

EXEMPLE. — Quel est approximativement le poids de vent qu'on obtient par minute lorsque le pèse-vent marque 12 degrés?

Extrayez la racine quarrée de 12, elle est 3.46; multipliez cette racine par 2.1, vous trouvez 7.$^{k}$3.

385. Maintenant que nous connaissons les trompes dans tous leurs détails, et que nous avons appris à en calculer les effets, il convient de rechercher la dépense de force qu'elles exigent. Voyons d'abord quelle est, en général, leur consommation d'eau, lorsqu'elles donnent leur tension maximum.

[Dépense des trompes.

386. Mesurer la dépense des trompes est une opération qui m'a toujours présenté, dans nos forges, des difficultés presque insurmontables. En attaquant la question par des voies indirectes, je suis, il est vrai, parvenu à quelques grossières approximations; mais ces résultats, assez péniblement obtenus, sont tellement différents de ceux qui se trouvent indiqués dans les Mémoires qui ont précédé celui-ci, qu'il me faut un certain courage pour me décider à les publier. J'exposerai d'abord les travaux ou les observations de mes prédécesseurs, après avoir posé la question de l'écoulement d'une manière plus nette.

Écoulement.

387. On sait qu'en général, et abstraction faite de toute cause de perturbation, *la vitesse d'un liquide à la sortie d'un orifice est celle qu'aurait acquise un corps grave en tombant librement de la hauteur comprise entre le niveau de la surface fluide dans le réservoir et le centre de cet orifice.* Si donc on désigne par $v$ cette vitesse de sortie, et par $H$ la distance verticale du centre de l'orifice au niveau supérieur, la vitesse par seconde $v$ sera donnée par la relation

$$v = \sqrt{2gH} = 4.^{m}43 \sqrt{H}$$
à cause de $g = 9.^{m}8088$

Il est évident qu'en multipliant cette vitesse par la section $S$ de l'orifice, on obtiendra le volume d'eau $Q$ écoulé en une seconde; donc

$$Q = s\sqrt{2gH}$$

$S\sqrt{2gH}$ est ce qu'on appelle la dépense *théorique*; or, l'expérience a montré que cette dépense théorique était généralement plus grande que la dépense réelle; de sorte que, pour avoir celle-ci, il faut réduire la première ou la multiplier par une certaine fraction $m$ qui varie en général avec la charge $H$, avec la forme des orifices de sortie, etc.

Cette fraction *m* qu'on appelle le *co-efficient de réduction* est inconnue pour les orifices semblables à ceux de nos trompes. Cherchons à la déterminer au moins par approximation.

388. Ni Lapeirouse, ni Dietrich, n'ont examiné la question de la dépense des trompes; la plus ancienne observation que je connaisse est de feu M. *Mercadier,* ingénieur en chef des ponts-et-chaussées du département de l'Ariége. J'ignore de quelle manière il a constaté la dépense ; voici ses résultats :

Sous une charge constante $H$ de $1.^m299$ (4 pieds); deux étranguillons ayant chacun $0.^{mm}009$ (3 pouces 6 lignes sur 3 pouces 6 lignes) laissèrent passer $3.^{mmm}837$ eau par minute (112 pieds cubes), soit $0.^{mmm}063$ par seconde.

On aurait ici :

$$\text{Dépense théorique} = 0.018\sqrt{2\,g \times 1.299} = 0.^{mmm}0909.$$
$$\text{Dépense réelle} \qquad = 0.0603.$$

d'où $m=$ rapport de la dépense réelle à la dépense théorique $=\frac{603}{909}=0.66$ environ.

Ainsi donc la dépense réelle des trompes $D$ serait donnée en général, suivant M. Mercadier, par

$$D = 0.66\,S\sqrt{2\,g\,H} \text{ mètres cubes, par seconde.}$$

Ce résultat m'inspire peu de confiance.

389. MM. Thibaud et Tardy, à qui l'on doit aussi de nombreuses et intéressantes expériences sur les trompes (tome VIII, 3e livraison, Annales des Mines), ont adopté 0.70 pour le co-efficient dû à la contraction de la veine fluide passant par les étranguillons. Cette valeur 0.70 diffère assez peu de celle 0.66, indiquée par M. Mercadier; malheureusement elle est tout aussi incertaine; et je ne puis voir, comme ils le prétendent, comment les expériences de leur tableau *A* comparées à celles du tableau *B qui donnent les mêmes résultats,* confirment cette valeur ; en effet, pour obtenir la dépense des trompes, ils ont mesuré la quantité d'eau sortie par l'orifice inférieur de la caisse $C\,C$, fig. 5 et 7, ou mieux ils ont essayé de *l'évaluer* par la formule théorique

$$\frac{2}{3}\,l\left(K^{\frac{3}{2}} - K'^{\frac{3}{2}}\right)\sqrt{2\,g}$$

en lui appliquant le co-efficient 0.70.

Sans doute cette quantité d'eau sortie est , toutes choses restant les mêmes d'ailleurs, précisément égale à celle qui est entrée par les arbres, et lorsqu'on connaît la première, on a de fait la seconde. Mais quels moyens a-t-on employé pour déterminer celle-là ? On a introduit dans la partie inférieure de la caisse à vent un tube courbé composé de deux parties : la première en peau, maintenue par un ressort à boudin, était flexible et communiquait avec l'eau de cette caisse ; la deuxième en verre, permettait de voir jusqu'où montait l'eau dans le tube. L'eau s'élevait dans le tube en verre par deux raisons : par la pression de l'eau et par celle de l'air qui était dans le réservoir d'air. Ces deux pressions étaient la cause de la vitesse de l'eau à la sortie ; et c'est à la hauteur d'eau dans ce tube, au-dessus de l'ouverture de sortie, qu'était due la vitesse de l'eau sortant du réservoir, ou mieux cette vitesse était fonction des quantités $K$ et $K'$ de la formule ci-dessus dans laquelle $l$ désigne la largeur de l'orifice de sortie, $K$ la pression en colonne d'eau au dessus du bas de cet orifice, et $K'$ la pression en colonne d'eau au dessus du haut de ce même orifice. Or, il me semble que $K$ et $K'$ n'ont jamais pu être observés avec une approximation suffisante ; j'ai tenté moi-même quelques essais de ce genre, et j'ai abandonné leurs résultats parce que j'ai toujours vu l'eau osciller dans le tube en verre, et osciller à un tel point qu'il m'a semblé impossible d'obtenir une donnée qui méritât les honneurs d'un calcul. Je demanderai donc la permission de rejeter ce co-efficient o.70 ; j'irai plus loin : je prendrai parmi les utiles observations de MM. Thibaud et Tardy, celles qui, par leur nature, prêtent moins à l'erreur, et les soumettant directement au calcul, j'en déduirai un co-efficient de dépense pour les singuliers orifices de nos trompes, co-efficient qui, comme on va le voir, est extrêment éloigné de 6.70.

390. Je rappellerai d'abord le moyen d'obtenir, avec assez d'approximation, la dépense d'eau faite par un orifice ouvert dans un réservoir dont le niveau varie pendant l'écoulement ; car on trouvera fréquemment dans nos forges des occasions de l'appliquer. On placera dans le réservoir (le paicherou s'il s'agit de nos trompes) une règle verticale sur laquelle on marquera ou l'on mesurera directement, si elle est graduée, les hauteurs du niveau correspondantes à des intervalles de temps égaux et en nombre pair. Cela fait, nommant $S$ la section de l'orifice, $h_1\,h_2\,h_3\,h_4\,h_5$ les hauteurs de niveau correspondantes à quatre intervalles de temps égaux à $t$, on aura pour la dépense *théorique* $Q$ pendant le temps total égal à $4\,t$ la valeur

$$Q = 1.476 \times S \times t \left[ \sqrt{h_1} + \sqrt{h_5} + 4 \left( \sqrt{h_2} + \sqrt{h_4} \right) + 2 \sqrt{h_3} \right]$$

pour avoir la dépense réelle, on multipliera le second membre de l'équation par un co-efficient $m$ pour lequel on prendra la moyenne arithmétique entre les valeurs qui correspondent à la plus grande et à la plus petite charge observée.

Cette règle est d'une application fréquente ; je vais la traduire en français pour en faciliter l'intelligence, j'en ferai ensuite l'application à quelques observations de MM. Tardy et Thibaud.

*Règle.* — Pour obtenir le volume d'eau qui s'écoule dans un temps donné par un orifice avec charge sur le sommet, quand le niveau du réservoir est variable, après avoir observé, comme il vient d'être dit, les variations du niveau,

Prenez la racine carrée de chacune des charges sur le centre de l'orifice ;

A la somme de la plus grande et de la plus petite, ajoutez quatre fois la somme des racines carrées des charges de rang pair, dans l'ordre des observations, et deux fois la somme des racines carrées des charges de rang impair, dans le même ordre ;

Multipliez la somme totale par le temps écoulé entre deux observations, par l'aire de l'orifice et par 1.476 ;

Vous aurez la *dépense théorique ;*

Vous obtiendrez la *dépense réelle* en multipliant celle-ci par un co-efficient $m$ pris comme il est dit ci-dessus.

Cette règle s'applique à un nombre quelconque d'observations de hauteurs correspondantes à des intervalles de temps égaux en nombre pair; ce qui permet de multiplier les observations autant que le comporte chaque application ; dans les cas ordinaires, il suffira d'avoir cinq hauteurs comme le suppose la formule (1).

Parmi les nombreux et intéressants tableaux du mémoire de MM. Tardy et Thibaud, un seul donne l'ouverture des étranguillons ; c'est le tableau *E,* page 619, relatif à des expériences sur la trompe de *Guille.*

On avait bouché un des arbres de la trompe, et donné à l'étranguillon de l'autre une ouverture de $0.^{m}22$ sur $0.^{m}055 = S = 0.^{mm}0121$.

Le paicherou de la trompe de cette forge a $2.^{m}28$ sur $2.^{m}72 =$ section horizontale $= 6.^{mm}202$.

La hauteur du fond du paicherou au-dessus de l'ouverture de l'étranguillon $= 0.^{m}25$.

Dans ces circonstances on a donné l'eau à la trompe ou mieux à l'un des arbres, et l'on a observé de 20 en 20 secondes l'abaissement du niveau de l'eau au-dessous d'un point fixe placé à $2.^{m}21$ au-dessus du fond de la péchère, soit $2.^{m}21 + 0.25 = 2.^{m}46$ au-dessus de l'ouverture de l'étranguillon.

---

(1) Voyez *Aide-Mémoire de mécanique pratique,* par A. Morin.

Après                     $0''\ldots\ldots 20''\ldots\ldots 40''\ldots\ldots 60''\ldots\ldots 80''$

Ce niveau s'est trouvé au-dessous du point fixe de

$$0.^{m}71 \ldots 0.^{m}92 \ldots 1.^{m}11 \ldots 1.^{m}29 \ldots 1.^{m}45.$$

On a donc :

Temps                            $0''\ldots\ldots 20''\ldots\ldots 40''\ldots\ldots 60''\ldots\ldots 80''$

Charges sur l'étranguillon  $1.^{m}75 \ldots 1.^{m}54 \ldots 1.^{m}35 \ldots 1.^{m}17 \ldots 1.^{m}01$

Racines carrées des charges $1.322 \ldots 1.24 \ldots 01.16 \ldots 11.081 \ldots 1.004$

d'où l'on conclut que la dépense théorique était

$$1.476 \times 0.0121 \times 20 \left\{ 1.322 + 1.004 + 4(1.24 + 1.081) + 2 \times 1.161 \right\}$$

$$= 4.^{mmm}974 \text{ en 80 secondes.}$$

Or, la dépense réelle a été évidemment égale au produit de la section horizontale du paicherou par la hauteur dont le niveau s'est abaissé pendant la durée de ces 80 secondes, ou $6.202 \times (1.^{m}75 - 1.^{m}01) = 6.202 \times 0.74 = 4.589$ ; on a donc

$$\frac{\text{dépense réelle}}{\text{dépense théorique}} = m = \frac{4589}{4974} = 0.92 = \text{coefficient de réduction des trompes.}$$

On le voit, j'ai pris des faits très faciles à observer, des différences de niveau obtenues dans des circonstances d'écoulement comparativement tranquille, et je me trouve conduit à un co-efficient 0.92, extrêmement différent de 0.70 que ces messieurs ont adopté. Ce co-efficient 0.92 se rapproche singulièrement de celui que l'expérience a donné pour les ajutages coniques convergents, et, de fait, nos étranguillons, par leur forme, se rapprochent aussi beaucoup de ces ajutages ; cette circonstance est en sa faveur : bien plus, en prenant d'autres séries d'observations dans le tableau $E$ de MM. Thibaud et Tardy, on retombe encore, à très peu près, sur ce coefficient 0.92 ; il m'est donc permis de dire qu'ils ont plusieurs fois raison contre eux-mêmes, et déjà l'on pressent que la dépense des trompes pourra, à peu de chose près, s'obtenir en adoptant le coefficient 0.92, que leurs utiles observations nous ont fourni.

392. Après le beau travail de MM. Thibaud et Tardy, et dans l'ordre de publication, vient le Mémoire de MM. Marrot et François, ingénieurs des Mines (*Annales des Mines*, décembre 1835), que j'ai déjà eu l'occasion de citer. Mais il n'y a aucune espèce de lumière à obtenir de cet exposé, pour la recherche qui nous occupe. On y lit bien, pages 467 et 477, que

la trompe des forges de l'Ariége consomme moyennement o.$^{mmm}$120 d'eau par seconde ; mais on ne voit nulle part comment et par qui ce résultat a été obtenu.

393. Voici une observation que j'ai faite à la forge de Rabat ; je n'en présente le résultat que comme une approximation.

La trompe travaillait lorsque je visitai cette forge le 1$^{er}$ août 1835 ; l'eau s'élève au-dessus du fond du paicherou, pendant le travail, d'une hauteur égale à fort peu près à 2$^m$.

Les arbres ont environ 4$^m$ de haut, la caisse à vent 1.$^m$40 ; ayant demandé les dimensions de l'entrée des arbres, le commis de cette forge me présenta de petits bâtons étiquetés qu'il gardait avec soin, et qui représentaient ces valeurs aussi exactement que possible : j'ai donc trouvé :

| | |
|---|---|
| Etranguillons dans le plus petit sens | o.$^m$o88 |
| Dans l'autre sens | o.$^m$200 |
| D'où section de chacun | o.$^{mm}$o176 |
| Section des deux | o.$^{mm}$o352 |

L'eau arrive au paicherou par un canal en bois ayant largeur o.64, profondeur o.68, longueur 5$^m$.3o. J'ai placé dans le milieu de ce canal, et à plusieurs reprises, des morceaux de papier un peu mouillés qui, s'étalant à la surface liquide, étaient ainsi soustraits à l'action du vent ; ils ont, en moyenne, parcouru les 5.$^m$3o en 8 secondes environ.

Si l'on consent à admettre ces données, on trouve : vitesse à la surface $= \frac{5.3o}{8} =$ o.$^m$66 par seconde ; diminuant cette vitesse de $\frac{1}{5}$, on obtient la vitesse moyenne $=$ o.66 — o.13 $=$ o.$^m$53 ; on a donc pour la dépense par seconde, la trompe travaillant sous une tension de 17 degrés ou o.$^m$o767 de mercure :

$$o.68 \times o.64 \times o.53 = o.^{mmm}233.$$

Cette trompe dépensait donc alors 233 litres par seconde environ.

Cherchons la dépense théorique. Les étranguillons sont placés à o.33 environ, en contre-bas du fond du paicherou. L'écoulement avait donc lieu sous une pression $H = 2^m + o.33 = 2.^m33$ ; la dépense théorique était donc

$$= o.o352 \times \sqrt{2g \times 2.^m33} = o.o352 \times 6.76 = o.^{mmm}238.$$

Si l'on voulait déduire de ces grossières observations le coefficient de réduction à appliquer à nos trompes, on trouverait pour sa valeur : $m = \frac{233}{238} = $ o.98, qui se rapproche assez de o.92 obtenu par des mesures plus exactes.

394. J'ai fait encore à la forge de Saurat, à celle de Niaux, à celle de Montgaillard, etc., des observations toutes semblables, mais toujours à l'aide de moyens assez grossiers : elles m'ont toutes conduit à des coefficients très voisins de l'unité; quelquefois même ce coefficient s'est trouvé sensiblement plus grand que 1. Je pense donc que jusqu'à ce que des expériences précises aient été faites, il conviendra de calculer la dépense des trompes dont les orifices seront ceux de la figure 6 par la formule

Formule pour
les dépenses
des trompes.

$$Q = 0.98\, S \sqrt{2\,g\,H}$$

et je n'affirmerais pas que la formule théorique $S \sqrt{2\,g\,H}$ ne donnerait pas des résultats plus exacts.

Coefficient de
réduction pour
les trompes à
étranguillons
coniques.

395. M. D'Aubuisson a donné aussi quelques dépenses de trompe, dans son beau mémoire sur la résistance de l'air; mais comme il ne s'est pas proposé de déterminer le coefficient de réduction $n$, ce coefficient ne se trouve indiqué nulle part; nous allons tâcher de le déduire des données de ce mémoire, pour le cas des étranguillons coniques, fig. 21 et 22. La trompe sur laquelle cet ingénieur opérait n'avait qu'un seul arbre; l'orifice de l'étranguillon était circulaire et avait 0.$^{m}$15 de diamètre; cet orifice était situé à 1.$^{m}$06 au-dessous de la partie inférieure du bassin; la distance entre l'orifice supérieur de l'arbre et la banquette était de 8.$^{m}$95; mais lorsque le coursier placé sur l'arbre était plein d'eau, la distance du niveau supérieur à la banquette était de 9.$^{m}$40; on avait donc $9.40 - 8.95 = 0.45 =$ hauteur de l'eau dans le bassin; l'orifice étant situé à 1.$^{m}$06, en contre-bas du fond de ce bassin, l'écoulement avait lieu sous une charge $H = 1.^{m}06 + 0.45 = 1.^{m}51$; la section $S$ de l'orifice étant 0.$^{mm}$0176.

Il *paraît* que, dans ces circonstances, la trompe laissait passer au maximum 0.$^{mmm}$085 eau par seconde.

La dépense théorique était donc

$$0.0176 \sqrt{2\,g \times 1.^{m}51} = 0.0176 \times 5.45 = 0.^{mmm}096$$

La dépense réelle aurait été 0.$^{mmm}$085.

On aurait alors $n = \dfrac{0.085}{0.096} = 0.88$.

Si ces données ont été bien prises, il en résulterait que, pour évaluer la dépense des trompes, dont les étranguillons sont la base circulaire d'un cône tronqué et renversé, disposition qu'on rencontre assez fréquemment, il faudrait employer la formule

$$D = 0.88\, S \sqrt{2\,g\,H} \quad \text{mètres cubes, par seconde.}$$

J'ajoute que sous cette dépense la tension du manomètre s'élevait alors à $0.^{m}063$ de mercure, soit 14 degrés de nos pèse-vent.

396. Je ne quitterai point ce sujet sans rappeler ici quelques observations curieuses sur l'écoulement de l'eau dans nos trompes. On sait qu'il est démontré dans tous les traités d'hydraulique : Calcul de<br>l'écoulement<br>d'un bassin<br>qui se vide.

1° Que le volume d'eau sorti par un orifice d'un vase prismatique qui se vide, n'est que moitié de celui qu'on aurait eu pendant le temps que le vase eût mis à se vider, si l'écoulement s'était fait constamment sous la charge qui avait lieu au commencement ;

2° Et réciproquement, que le temps nécessaire pour vider le vase est double du temps qui serait nécessaire pour écouler le même volume de liquide, si le vase était entretenu constamment plein.

J'ai cherché à faire usage de ces théorèmes pour déterminer au moins par approximation le coefficient de réduction $m$, qui devait servir au calcul de l'écoulement dans nos trompes. J'ai été fort étonné de parvenir aux résultats suivants :

Le bassin de la trompe de Montgaillard, fig. 5. 6 et autres, a largeur, $2.^{m}42$, longueur $2.^{m}75$, d'où section horizontale $6.^{mm}655$ ;

Les étranguillons étaient placés à $0.^{m}32$, en contre-bas du fond de ce bassin (paicherou). Ces étranguillons avaient chacun à cette époque $0.^{m}1895$ dans un sens, et $0.^{m}0609$ dans l'autre sens. On a donc, section d'un étranguillon $= 0.^{mm}01154055$, et section des deux $= 0.^{mm}0230811$ ; à partir des étranguillons jusqu'à leur extrémité inférieure, les arbres sont carrés intérieurement, et ont pour section constante $(0.1895)^2 = 0.^{mm}03591$.

Le bassin a été rempli jusqu'à $1.^{m}25$ au-dessus de son fond ; on a, alors, subitement débouché les orifices ; l'écoulement ayant ainsi commencé sous une charge de $1.25 + 0.32 = 1.57$ sur les étranguillons, le bassin s'est trouvé complètement vidé après 1 minute 45''. Je ferai remarquer que nous étions deux pour compter le temps : un, situé au paicherou qui surveillait l'écoulement de ce bassin ; l'autre, au bas de la trompe, qui voyait l'eau sortir par l'escampadou ; nous nous sommes trouvés à fort peu près d'accord sur la durée ; toutefois, nous avons pris la moyenne, qui a été de 105''.

397. Nous avons fait remplir le bassin une seconde fois jusqu'à la même hauteur, et nous avons encore obtenu exactement les mêmes résultats.

Il a donc passé en 105'', sous des charges décroissantes depuis $1.^{m}57$ jusqu'à 0, et à travers des orifices dont les sections réunies $= 0.^{mm}023$, un volume d'eau $= 6^{mm}655 \cdot 1.^{m}25 = 8.^{mmm}31875$. En vertu des principes ci-dessus, si l'écoulement avait eu lieu sous la charge constante $1.^m57$, les mêmes orifices auraient laissé passer

$$8.^{mmm}31875 \times 2 = 16.^{mmm}63750 ;$$ or, la dépense théorique, dans ces circonstances, eût été de

$$105'' \times 0.023 \times \sqrt{2\,g \times 1.^m 57} = 2.415 \times 5.55 = 13.^{mmm}4 \text{ seulement.}$$

Voilà donc un dépense plus grande que la dépense théorique, et cela dans le rapport de 124 à 100 ; de sorte qu'on aurait 1.24 pour coefficient $m$ ; ce résultat est bien extraordinaire, et cependant il me paraît impossible que nous nous soyons trompés tous deux, et plusieurs fois de la même manière ; il faudrait, d'ailleurs, ou que l'erreur sur la durée de l'écoulement eût été de 25'', ou près d'une demi-minute par défaut, ou que nous ayons commis une erreur par excès de $3.^{mmm}000$ sur la contenance du bassin, ou enfin, une erreur d'environ $0.^m50$ sur la hauteur de l'eau. Malgré l'imperfection de nos moyens d'observation, je ne puis croire à des erreurs aussi fortes : il est vrai que nous avons négligé dans le calcul ci-dessus le volume des *cors* qui plongeaient dans l'eau au commencement de l'écoulement, mais ces cors ont un volume de $0.^{mmmm}028$ qui, doublé, donnerait $0.^{mmm}056$ ; cette fraction est si faible que je me crois bien en droit de la négliger dans de simples approximations.

398. Voici deux observations tout-à-fait analogues sur une autre trompe, celle de Niaux, et j'en pourrais citer d'autres encore ; ces deux observations se fondent en une seule, car les résultats ont été identiques.

La trompe de Niaux a : largeur $2.^m20$, longueur $2.^m12$, d'où section horizontale $= 4.^{mm}664$ ; les étranguillons sont à $0.^m33$, en contre-bas du fond du bassin ; ils ont chacun $0.^m2166$ dans un sens, et $0.^m0857$ dans l'autre sens, d'où section de chacun $= 0.^{mm}01856262$, et sections des deux $0.^{mm}03712524$. Sous une hauteur d'eau de $1.^m75$ au-dessus du fond du bassin ou de $1.^m75 + 0.33 = 2.^m08$ au-dessus des étranguillons, le bassin s'est complètement vidé en 54'' : il a donc passé $8.^{mmm}162$ pendant cette durée ; et si la charge de $2.^m08$ fût restée constante, $16.^{mmm}324$ se seraient écoulés pendant ce même temps.

Or, la dépense théorique, dans ces circonstances, serait

$$= 54 \times 0.037 \sqrt{2\,g \times 2.08} = 1.998 \times 6.39 = 12.767 ;$$

On a donc encore ici

$$\frac{\text{dépense réelle}}{\text{dépense théorique}} = \frac{16324}{12767} = \text{coefficient } m = 1.27$$

valeur assez peu différente de 1.24 déjà trouvée.

Je ferai remarquer que, pendant ces écoulements, la tension du manomètre de la trompe s'élève d'abord brusquement à un degré assez élevé,
pour baisser ensuite graduellement jusqu'à devenir nulle.

399. Je ne me chargerai point d'expliquer ces anomalies dont les belles
expériences de Venturi ont déjà offert de nombreux exemples. Est-ce
à la forme des ajutages qu'il faut attribuer cet excès de dépense (1)? ou
bien faut-il admettre que les arbres des trompes jouent ici, plus ou moins
complètement, le rôle des tuyaux *descendants* (2), cités par cet habile

(1) 400. On sait qu'en employant des ajutages coniques divergents, Venturi a obtenu des volumes d'eau qui
ne pouvaient être représentés par la formule théorique $Q = S \sqrt{2 g H}$ qu'en multipliant cette valeur par un
coefficient $m$ qui s'est élevé dans certaines circonstances jusqu'à 1.21, 1.34 1.46, et même 1.55, et d'a-
près cet auteur, l'ajutage divergent de plus grande dépense doit avoir en longueur 9 fois le diamètre de la
plus petite base et en évasement 5° 6'. Il paraît que ces coefficients portent principalement sur la vitesse ou
sur le facteur $\sqrt{2 g H}$. ( Voyez ses *Recherches expérimentales sur le principe de la communication latérale du mouvement des fluides.* )

. (2) 401. On trouve, page 17 de l'ouvrage que nous venons de citer, la proposition suivante :
*Dans les tuyaux cylindriques descendants, dont le bout supérieur suit la forme de la veine contractée, la
dépense est celle qui est due à la hauteur du fluide sur le bout inférieur du tuyau.*

L'auteur démontre cette proposition et par l expérience et par le calcul; on pourrait être porté à croire
qu'elle s'applique plus ou moins aux arbres de nos trompes, bien que leur section soit généralement rectangulaire; il me reste quelques doutes à cet égard. En effet, on lit ( page 13 ) : Sitôt qu'on ouvre un trou
à l'origine du tuyau, l'augmentation de dépense diminue ou cesse tout-à-fait, et le fluide cesse d'être continu dans le tuyau. Or, ce trou ou plutôt ces trous sont toujours ouverts dans nos trompes; ce sont les
aspirateurs $e$ $e$ $e$ $e$, fig. 6.

Quant à la proposition qui fait l'objet de cette note, il semble qu'elle pourrait, sinon être démontrée, du
moins être expliquée et conçue de la manière suivante, en partant du théorème de Toricelli (387) :

Soit figure $\zeta$ un vase $A B E F$ terminé par un tuyau $E F C D$; le vase est entretenu constamment plein à
la hauteur $A B$, quelle que soit la dépense.

Prenons dans ce système une tranche quelconque $a$ $b$ et cherchons les pressions auxquelles elle est soumise ; appelons $H$ la distance verticale entre le niveau $A B$ et l'orifice d'écoulement $C D$; $h$ la distance de la
tranche quelconque $a$ $b$ au niveau supérieur; $h'$ la distance de cette même tranche à l'orifice de sortie ; enfin appelons $P$ la pression atmosphérique évaluée en colonne d'eau et $= 10.^m 325$ (10).

La tranche $A B$ est poussée de haut en bas sous une pression $P + h$ ; la pression atmosphérique s'exerce
bien aussi en $CD$, mais il est évident qu'elle ne se transmet point totalement à $a$ $b$ ; elle est diminuée de
celle qu'exerce en sens contraire la colonne $h'$, la tranche $a$ $b$ n'est donc poussée de bas en haut que par
la pression $P - h'$ ; son mouvement étant déterminé par la différence des pressions supérieures ou inférieures, ou par

$$P + h - (P - h') = P - P + h + h' = h + h' = H.$$

Cette tranche se meut comme si elle était soumise à la seule pression $H$ ; mais ce que nous venons de
dire de la tranche $a$ $b$ s'applique aussi bien à toute autre tranche $a'$ $b'$ ; appelons $h''$ et $h'''$ les distances
verticales respectives de $a'$ $b'$ à $A B$ et $C D$, on trouvera encore que cette tranche se meut en vertu de

$$P + h'' - (P - h''') = h'' + h''' = H.$$

On voit donc qu'en effet, si le bassin est entretenu constamment plein, la dépense sera due à la hauteur $H$ du fluide sur le bout inférieur du tuyau. On voit aussi que toutes les tranches de la masse fluide,
en quelque point qu'on les choisisse, depuis la première jusqu'à la dernière, tendent à prendre la vitesse
due à la charge $H$, et qu'il y a ainsi nécessairement *continuité* dans le fluide. On voit encore qu'en augmentant la longueur du tuyau la dépense tendrait à s'accroître; c'est un fait qui n'avait point échappé aux
anciens.

expérimentateur? Les observations me manquent encore pour décider cette question ; mais si je n'ai point commis d'erreurs trop grossières dans mes observations, comment évaluer maintenant la dépense réelle des trompes? quel coëfficient $m$ faut-il appliquer à la formule $Q = m\,S\sqrt{2gH}$?

| | |
|---|---|
| D'après M. Mercadier, il faut prendre | $m = 0.66$ |
| d'après MM. Thibaud et Tardy, | $m = 0.70$ |
| d'après leurs propres données, | $m = 0.92$ |
| d'après mon observation de Rabat, | $m = 0.98$ |
| d'après celles que j'ai faites à Montgaillard, | $m = 1.24$ |
| d'après celles de Niaux, | $m = 1.27$ |

Au milieu de toutes ces valeurs j'ai choisi $m = 0.98$ comme la plus probable, car elle se rapporte à une observation faite pendant le travail régulier de la trompe ; mais 0.98 diffère si peu de l'unité, que jusqu'à ce que des expériences précises aient été faites, il me paraît tout aussi convenable de calculer la dépense des trompes par la formule théorique.

Rapport de la<br>dépense<br>à l'effet utile. (402) Il est facile, au moyen des données précédentes, de calculer par approximation le rapport de la dépense à l'effet utile dans les trompes. L'effet utile d'une machine soufflante est la moitié de la force vive que possède l'air à sa sortie, c'est-à-dire la moitié du produit de la masse d'air lancée par le carré de sa vitesse ; or, dans les cas les plus favorables, la trompe de Montgaillard, par exemple, donne $\dfrac{9.^{k}432}{60} = 0.^{k}1572$ par seconde ; la moitié de la masse de l'air sortant est donc $\dfrac{0.^{k}1572}{2g} = 0.008$. Le carré de la vitesse de sortie $= (126)^{2} = 15876$, et l'on a pour l'effet utile $0.008 \times 15876^{m} = 127.^{km}$.

L'effet dépensé est le produit du poids de l'eau écoulée par la hauteur de la chute. Prenons $8.^{m}80$ pour la hauteur de la chute nous aurons, pour le poids de l'eau dépensée en une seconde, en adoptant la formule théorique sans coefficient,

$$0.0231 \times \sqrt{2g \times 1.^{m}82} = 0.0231 \times 5.97 = 0.^{mmm}137 = 137^{k}$$

dans le cas où les étranguillons sont réduits à leur minimum ; d'où rapport de l'effet produit à l'effet dépensé

$$= \frac{127}{137^{k} \times 8.^{m}8} = \frac{127}{1205.6} = 0.105.$$

Ainsi, cette trompe, en particulier, produirait, dans les circonstances énoncées ci-dessus, un effet utile égal au dixième environ de la force dépensée. Ce rapport $\frac{1}{10}$ est celui qui a été trouvé par MM. Thibaud et Tardy, ainsi que nous le verrons plus loin. Toutefois, je le regarde comme

un maximum qui est rarement atteint dans la construction ou la disposition de ces machines ; ainsi, par exemple, à la suite de fuites ou
pertes de vent à la caisse , il a fallu porter l'ouverture des étranguillons
de la trompe de Montgaillard, à 0.1895 × 0.06767, pour que l'effet utile
demeurât le même, et ces dimensions ont été conservées ; on a donc alors
pour la force dépensée et par approximation

$$2 \times 0.1895 \times 0.06767 \sqrt{2g \times 1.82} \times 8.8 =$$

$$0.0256 \times 5.97 \times 8.8 = 0.^{mmm}153 \times 8.8 \text{ ou } 153^k \times 8.8 = 1346.^{km}4$$

et le rapport de l'effet utile au travail dépensé devient $\frac{127}{1346.4} = 0.094$
seulement. Tous les calculs qu'on pourra faire sur les données que nous
avons fournies, conduiront à des résultats assez peu différents ; il est donc
bien vrai que, considérée sous le point de vue de l'économie de la force
motrice, la trompe, dans l'état actuel, est une des plus mauvaises machines qui ait jamais été employée ; et il n'est pas facile d'entrevoir de quelle
manière cette machine pourrait être améliorée ; car la théorie de la
trompe est encore à faire , et elle ne pourra être établie avec quelque
chance de succès que lorsqu'un très grand nombre d'observations sur le
jeu de ces machines auront été réunies et discutées. On doit à MM. d'Aubuisson d'une part, Thibaud et Tardy de l'autre, quelques études sur ces
machines. Je vais en donner le résumé en le discutant.

403. Pendant la durée des expériences que M. d'Aubuisson avait entreprises sur une petite trompe à un seul arbre, un morceau de bois se
mit en travers de l'étranguillon , et le pèse-vent *s'éleva* immédiatement
de quelques millimètres. En rétrécissant l'orifice il avait augmenté l'effet
de la machine ; mettant cette leçon à profit, les expérimentateurs emman-
chèrent un petit cylindre de bois ou bondon à une barre de fer, et le des-
cendirent dans l'étranguillon de manière à en rétrécir l'ouverture ; alors
le mercure du pèse-vent, qui oscillait dans les expériences précédentes,
devint fixe, et en outre se maintint à une plus grande élévation. Parmi
plusieurs observations comparatives qui mettent ce fait hors de doute ,
M. d'Aubuisson cite les quatre suivantes qui portent malheureusement
sur des tensions assez faibles :

Effet d'un<br>rétrécissement<br>de l'ouverture<br>des<br>étranguillons.

| EAU DÉPENSÉE. | MANOMÈTRE OU PÈSE-VENT | | | | Augmentation en degrés. |
| --- | --- | --- | --- | --- | --- |
| | SANS BONDON | | AVEC BONDON. | | |
| | Mètre de mercure. | Degré. | Mètre de mercure | Degrés. | |
| mmm | m | d | m | d | d |
| 0.008 | 0.007 | 1.543 | 0.008 | 1.773 | 0.230 |
| 0.016 | 0.014 | 3.086 | 0.021 | 4.656 | 1.570 |
| 0.023 | 0.023 | 5.099 | 0.035 | 7.760 | 2.661 |
| 0.028 | 0.036 | 7.982 | 0.052 | 11.579 | 3.547 |

M. d'Aubuisson attribue cette augmentation sensible d'effet utile en partie à ce que le bondon dirigeait plus convenablement l'eau écoulée vers les aspirateurs. Mais rien n'indique, dans son mémoire, comment il a reconnu cette meilleure direction, ni en quoi elle consiste, de sorte que, sans cette observation de sa part, on aurait pu remarquer que les dépenses d'eau ayant été les mêmes sans bondon ou avec bondon, cet effet n'avait pu être obtenu qu'en augmentant, dans ce dernier cas, la charge sur l'orifice ou la vitesse de l'eau à cet orifice, et l'on aurait conclu de cette expérience que, à dépenses d'eau égales, la tension du pèse-vent augmentait avec la charge sur l'orifice d'écoulement ou avec la vitesse de l'eau au passage de l'étranguillon.

*Effet des aspirateurs.*    404. On doit encore à M. d'Aubuisson quelques observations sur l'effet des aspirateurs. Il existait au haut de l'arbre de la trompe deux aspirateurs rectangulaires diamétralement opposés, ayant 0.09 sur 0.06; ils étaient placés immédiatement au dessous de l'étranguillon, lequel était lui-même à $1.^m05$ en contre-bas du haut de l'arbre; nous désignerons par les $n^{os}$ 1 et 2 ces deux aspirateurs supérieurs.

À 0.60 au-dessous de ceux-ci, il fit ouvrir un troisième aspirateur de 0.055 sur 0.04; il sera désigné par le n° 3.

Enfin, à $1.^m40$, 1.70 et $2^m$ au-dessous de l'étranguillon, il fit encore ouvrir trois autres aspirateurs de même grandeur que le n° 3; nous les désignerons par 4, 5 et 6.

L'arbre unique de la trompe avait $8.^m03$ de longueur; on ne dit point sous quelle charge d'eau ces diverses expériences ont été faites; en voici les résultats :

N° 6. — Ayant vomi de l'eau dès le premier essai, et étant d'ailleurs inutile, il a été bouché définitivement.

La section de l'orifice de sortie de l'air restant la même, et $= 0.^{mm}001$, et très probablement toutes choses étant égales d'ailleurs,

Les aspirateurs 1, 2, 3, 4 et 5 étant ouverts, le pèse-vent est monté à $0.^m0282$, soit 6 degrés $\frac{1}{4}$.

Les $n^{os}$ 4 et 5 étant fermés, et par conséquent les seuls $n^{os}$ 1, 2, 3, ouverts, le pèse-vent s'est élevé à 0.0353, soit 7 degrés 82 ou 7 degrés $\frac{4}{5}$ environ, d'où l'on conclut que les $n^{os}$ 4 et 5 sont nuisibles.

On a bouché le n° 3, et laissé ouvert les seuls $n^{os}$ 1 et 2; le pèse-vent s'est abaissé à 0.0343, soit 7 degrés 6; la trompe a perdu environ $\frac{2}{10}$ de degré.

Il paraîtrait, d'après cette observation, que le n° 3 serait de peu d'utilité.

La section de l'orifice de sortie de l'air ayant été portée à $0.^{mm}002$, on a remarqué que le pèse-vent étant à $0.^m017$ originairement, c'est-à-dire lorsque les aspirateurs 1, 2, 3, 4 et 5 étaient tous ouverts, il s'est élevé à $0.0216$ en fermant 4 et 5, puis abaissé à $0.0214$ en fermant 3; on en conclut encore, comme ci-dessus, que 4 et 5 nuisent, et que 3 est peu utile.

Enfin, on a rétréci la section de l'orifice de sortie de l'air à $0.^{mm}0005$, et les cinq aspirateurs étant ouverts, le pèse-vent a marqué $0.0362$, ou tout près de 8 degrés.

Bouchant 4 et 5, il est monté à $0.0460$ ou plus de dix degrés; donc, encore une fois 4 et 5 sont nuisibles.

Bouchant 3, il s'est élevé à $0.0462$; donc 3 qui, tout à l'heure avait une faible utilité, nuit ici quelque peu.

Ouvrant 3 et 4, en outre de 1 et 2, le pèse-vent s'est abaissé à $0.0406$; donc, cette combinaison 1, 2, 3 et 4 ne vaut pas 1, 2, 3, et *à fortiori* ne vaut pas 1, 2.

Laissant ouvert 1, 2 et 5 seulement, le pèse-vent n'a plus marqué que $0.0361$ ou 8 degrés, comme si 1, 2, 3, 4 et 5 étaient ouverts.

En somme, il paraît résulter de ces expériences qu'il serait bon de répéter cependant, parce que celles dont il s'agit peuvent être relatives seulement à la trompe d'essai,

Que 4 et 5 sont généralement nuisibles; que 3 a une influence faible, quelquefois utile, quelquefois nuisible, et qu'en général on fera bien de se borner aux seuls aspirateurs placés au haut de l'arbre, quitte à en mettre quatre au lieu de deux à chaque arbre, si on le croit nécessaire.

405. Le même ingénieur a entrepris une série d'expériences dans lesquelles il a cherché à déterminer le rapport qui existait entre les dépenses d'eau et les degrés du pèse-vent; c'est-à-dire suivant quelle loi la tension du pèse-vent augmentait à mesure que la dépense d'eau augmentait elle-même. Il en a conclu que les degrés du pèse-vent étaient à peu près proportionnels aux quantités d'eau dépensées dans les limites du travail; de telle sorte qu'une dépense d'eau double porterait la tension du pèse-vent au double, etc., etc., l'observation lui a fourni, pour la forge de Rabat, la série suivante dans laquelle il ne faut voir que des rapports. La quantité d'eau dépensée à un certain instant, étant prise pour unité, le nombre de degrés marqués par le pèse-vent à ce même instant est également pris pour unité, et l'on a les deux séries suivantes :



| Eau dépensée | 1 | 1.04 | 1.17 | 1.32 | 1.61 | 1.87 | 2.23. |
|---|---|---|---|---|---|---|---|
| Tension du pèse-vent | 1 | 1.12 | 1.25 | 1.38 | 1.54 | 1.75 | 2.14. |

On voit que la proportionnalité n'est qu'à peu près réelle, et que, ainsi que le remarque M. d'Aubuisson, les hauteurs manométriques croissent d'abord trop rapidement, et diminuent ensuite trop vite.

406. On doit aussi à MM. Thibaud et Tardy une longue suite d'expériences intéressantes sur les trompes. Leur but principal a été de rechercher le rapport entre la quantité d'action dépensée et l'effet produit par ces machines (402). Le résultat de leurs nombreuses observations est compris dans les formules suivantes :

$H =$ la chute de l'eau comprise depuis le niveau dans le paicherou jusqu'au tablier de la trompe (la banquette).

$h =$ la hauteur du manomètre à mercure.

$s =$ section de l'orifice de sortie de l'air ou du canon de bourec.

$e =$ hauteur de l'eau dans le paicherou au-dessus de l'étranguillon.

$C =$ un coefficient qui varie de 600 à 1200 augmentant entre ces limites suivant que la machine est plus ou moins bien disposée, et surtout qu'elle présente moins de fuites d'air.

$M =$ poids d'eau dépensée en une seconde.

$Q =$ masse d'air soufflée dans le même temps.

$\varphi =$ densité du mercure comparativement à celle de l'air dans la trompe.

Ces deux ingénieurs ont pris $M H$ pour l'effet dépensé, et $Q \varphi h$ pour l'effet produit ; le rapport de ces deux quantités est désigné par $R$. On a donc

$$R = \frac{Q \varphi h}{M H} \quad \dots \dots \dots \dots \dots (1)$$

L'expérience leur a donné

$$R = C \frac{s\, h^{1.2}\, (H - 14\, h)}{e^{0.4}} \quad \dots \dots \dots \dots (2)$$

d'où l'on peut tirer

$$Q = C \frac{M\, H\, s\, h^{0.2}\, (H - 14\, h)}{\varphi\, e^{0.4}} \quad \dots \dots \dots (3)$$

407. Voici les conséquences pratiques qui dérivent de l'expression (2) :

Le rapport $R$, entre l'effet produit et l'effet dépensé, augmente avec la chute de l'eau $H$, toutes choses égales d'ailleurs.

Il augmente aussi avec la section du canon de bourec $s$.

Il diminue avec la hauteur d'eau $e$ au-dessus des étranguillons.

La tension du pèse-vent $h$ est la chose qui influe le plus sur le rapport $R$ ; vient ensuite $s$ ou la section du canon de bourec ; puis la chute $H$, puis enfin la hauteur de l'eau $e$ au-dessus de l'étranguillou qui entre à la puissance o.4.

J'ai déjà dit (389 et suivants) quels doutes j'avais conçus sur l'évaluation des dépenses d'eau; il en résulte que je n'ai pas une confiance bien entière dans les résultats compris sous les formules ci-dessus. J'ajoute que je ne vois point pourquoi on a substitué à la chute totale la distance du niveau supérieur à la *banquette*.

408. Ce que l'on sait sur les trompes est donc encore assez vague; et il n'est pas étonnant que la théorie de ces machines reste encore à faire. J'ai, pour ma part, fait d'inutiles efforts pour la créer; peu confiant dans mes propres forces, je me suis décidé à soumettre d'assez nombreuses observations qui m'étaient propres à un homme bien haut placé dans la science, à M. Navier, mort récemment; il a pensé *qu'on ne pourrait, quant à présent, ramener les effets de cette singulière machine à dépendre d'une théorie satisfaisante, et que son établissement devait être fondé seulement sur les observations.* J'ai consulté depuis la mort de ce savant professeur, un autre membre de l'Académie des Sciences, que je ne suis point autorisé à nommer, et il m'a répondu qu'*il ne se sentait pas de force à attaquer une pareille question.* On ne s'étonnera pas qu'en présence de ces avis, je n'aie pas poussé plus loin mes premières tentatives; et cependant cette théorie de la trompe serait d'une grande importance pour une multitude d'usines; quelques personnes prétendent que c'est là une recherche fort insignifiante : elles se basent sur ce que la trompe est une fort mauvaise machine, sur ce qu'elle n'utilise que $\frac{1}{10}$ de la quantité de travail dépensée. Mais c'est tourner dans un cercle vicieux, car on ne sait pas quel pourrait être l'effet utile des trompes si elles étaient convenablement établies, et ces conditions d'établissement dépendent, à leur tour, de la théorie de la machine. Il ne faut point oublier, d'ailleurs, que la trompe est la seule de toutes les machines soufflantes qui donne un vent parfaitement fixe, « qu'elle est la plus simple et la plus facile à « construire parmi toutes ces machines, qu'elle exige le moins de frais « d'entretien ; qu'elle est celle dont l'action se modère et se régularise « le plus aisément; enfin qu'elle est susceptible de donner autant de vent « et un vent aussi fort que peuvent l'exiger les divers feux des usines mé- « tallurgiques alimentées avec du charbon de bois. » (*D'Aubuisson.*)

Sur la théorie<br>de la trompe.

409. Je donne ici quelques observations que je crois neuves; bien qu'elles n'aient pas été faites avec une grande précision, je pense qu'elles offriront quelques données qui pourront être mises à profit par les ingénieurs qui se sentiraient le courage d'entreprendre une théorie de la trompe.

410. Il existait, à la tine que j'ai décrite (331), quatre aspirateurs si-

Remarques sur<br>l'aspiration.

tués vers le milieu de la hauteur de l'arbre. Ces aspirateurs vomissaient de l'eau par intermittence; en plaçant dans chacun d'eux un tube de verre recourbé, en communication avec l'intérieur de l'arbre par une de ses extrémités, et plongeant par l'autre dans l'eau d'un verre, je vis des bulles d'air s'élever, par intermittence, à la surface de l'eau du verre à peu près comme si l'on avait soufflé par l'extrémité introduite dans l'arbre. Je crus augmenter la tension de l'air dans la trompe en les bouchant; *il n'en fut rien;* le mercure du manomètre ne bougea pas.

J'ai répété cette expérience sur une autre trompe, et j'ai obtenu les mêmes résultats.

Mesure de l'aspiration. 411. J'ai introduit l'extrémité de ce même tube de verre dans un des aspirateurs supérieurs *e*, fig. 6, l'autre extrémité plongeant dans un verre plein d'eau. L'aspiration s'est trouvée mesurée par $0.^m02$ d'eau à fort peu près.

412. Cela fait, j'ai bouché un des aspirateurs *e*, fig 6 de l'un des arbres ; mon tube de verre recourbé étant placé dans celui *e* qui était en face, l'aspiration est restée sensiblement la même à ce dernier $= 0.^m02$ d'eau, et le mercure du manomètre n'a pas indiqué que la tension eût baissé.

413. Que l'on débouche complètement les étranguillons en soulevant les corps comme dans la figure 6, ou au contraire qu'on les débouche assez peu pour que la tension dans la caisse à vent ne soit plus que $0.^m02707$, l'aspiration reste la même, et $= 0.^m02$ d'eau; cependant, plus ces étranguillons sont débouchés, plus la tension augmente dans la caisse à vent.

414. Dans les essais que j'ai faits pour appliquer l'air chaud à ces forges, j'ai mis la sentinelle *H*, fig. 13, en communication avec l'appareil de chauffe par un tuyau de $0.^m1$ de diamètre, et $1^m$ de longueur. La trompe sur laquelle j'opérais avait une tension maximum en mercure $= 0.^m0677$ avant que l'appareil fût chauffé. Lorsque l'air eut acquis une température de 120°, je remarquai avec étonnement que le mercure du manomètre indiquait toujours la même tension.

415. Lorsque les eaux sont troubles, la tension diminue dans la caisse à vent. Ainsi telle trompe, qui peut faire monter le mercure à $0.^m0812$ lorsque l'eau est claire, n'est plus capable que de $0.^m0722$ après un orage qui a troublé le ruisseau. J'ai vérifié ce fait sur la trompe de Montgaillard.

416. Les charpentiers affirment que lorsqu'une trompe ne donne point toute la tension dont elle est capable, on augmente souvent cette tension en élevant de 3 à 4 *millimètres* les plaques de fonte ou les pierres *y y* de la banquette sur laquelle l'eau vient se briser.

417. Partant de ce principe qui me paraissait évident, qu'il entrait pré-

cisément autant d'air par les aspirateurs qu'il en sortait par la buse, j'ai calculé le poids d'air qui entrait par les quatre aspirateurs à l'aide des formules (9) et (a) en faisant $\Omega = \Omega' = $ o.$^{mm}$o16 ; $P =$ pression atmosphérique ; $P' = P$ moins l'aspiration. Je suis arrivé à des poids entrans trente fois plus considérables que le poids sortant par la buse ; il paraît donc extrêmement probable que l'eau qui sort par le canal $q$ emporte avec elle une grande quantité d'air (19).

418. La hauteur des arbres paraît avoir beaucoup plus d'influence que la pression sur l'orifice des étranguillons pour augmenter la puissance (tension) de la trompe. J'ai vu deux trompes qui n'avaient que o.$^m$73 de pression sur les orifices, et qui donnaient des tensions de o.$^m$o812. J'ai vu d'autres trompes qui avaient plus de 2$^m$ de pression, et qui ne pouvaient donner que o.$^m$o677, l'ouverture des étranguillons et les sections des buses étant les mêmes. J'ajoute ici quelques observations singulières dues à feu Mercadier.

419. Suivant cet ingénieur, le poids spécifique de l'eau ne varie pas en passant par la trompe ; cela ne me paraît probable qu'autant que l'expérience se fait avec un modèle en petit ; il en est, je crois, tout autrement dans les trompes de nos forges.



420. M. Mercadier a fait couler, dans un modèle de trompe, du sable fin au lieu d'eau ; il a obtenu un vent *très* fort. Il a répété l'expérience avec du froment, du seigle, du millet, du sel, du mercure, de la grenaille de plomb ; il a obtenu *beaucoup* de vent.

421. L'inclinaison des arbres diminue considérablement le vent ; une inclinaison de dix degrés a suffi pour rendre le vent très faible ; et de plus intermittent.

Le vent a cessé complètement lorsque l'inclinaison a été de 25 à 3o degrés, bien que l'eau coulât parfaitement et sous la même pression.

422. En faisant couler de la grenaille sous les mêmes angles, et même sous des angles plus grands, il a obtenu des effets fort différents.

423. Je reviens ici, en terminant, sur un problème qui embarrasse beaucoup les charpentiers ; ce problème consiste à régler, d'une manière convenable, la sortie de l'eau $q$ de la caisse à vent, fig 5 et 7.



La quantité d'eau qui entre dans les arbres est donnée par la formule suivante :

Soit $S$ la somme des sections des étranguillons,

La charge sur ces étranguillons $H$,

La dépense sera $S\sqrt{2gH}$, lorsque ces étranguillons sont complètement débouchés, et c'est surtout pour ce cas particulier qu'il importe de régler l'ouverture $q$

Généralement l'eau sort par un petit canal en bois qui forme le prolongement de l'orifice, et l'on sait que cette disposition influe sur l'écoulement ;

Soit $h$ la hauteur de l'eau au-dessus du fond de la caisse ; $t$, la tension maximum du pèse-vent exprimé en mètre de mercure ; $13.6\,t$ sera la hauteur de la colonne d'eau qui produirait la même pression ;

Soit $L$ la base de l'orifice de sortie qui est quadrangulaire, qu'on peut régler à volonté, mais qui ne devra pas s'éloigner sensiblement de $0.^m25$ ;

$x$, la hauteur qu'il convient de donner à cet orifice ;

$h - x + 13.6\,t$ sera la pression exercée sur la partie supérieure de l'orifice ;

$h + 13.6\,t$, celle qui a lieu sur le seuil.

Dans ces approximations il suffit de calculer la dépense à l'aide de la charge sur le milieu de l'orifice, charge égale à $13.6\,t + h - \frac{1}{2}x$.

La dépense théorique par cet orifice, abstraction faite du canal additionnel, serait donnée par

$$L\,x\,\sqrt{2g\left\{13.6\,t + h - \tfrac{1}{2}x\right\}}$$

Le coefficient de réduction dépend de la charge ; or, cette charge $13.6\,t + h - \frac{1}{2}x$ peut être évaluée par approximation. On voit d'abord que $13.6\,t$ pour 17 degrés du pèse-vent par exemple est $1.04312$, c'est-à-dire diffère très peu de $1$ ; $h$, d'après mes observations, diffère lui-même assez peu de $0.35$ ; et comme en conservant pour $L$ la valeur que cette dimension a dans la pratique $=$ environ $0.25$, la valeur de $x$ est peu différente de $0.20$, on a, par approximation, $h - \frac{1}{2}x = 0.25$ ; la charge sur le centre $13.6\,t + h - \frac{1}{2}x$ s'approche donc beaucoup de $1.^m25$.

Le coefficient à appliquer à la formule théorique ci-dessus sera donc un peu plus grand que $0.6$ ; nous prendrons cependant cette valeur, afin de tenir compte de l'influence du canal en bois de sortie.

Cela posé, on a évidemment pour régler l'orifice de sortie la condition :

$$L\,x \times 0.6\,\sqrt{2g\left\{13.6\,t + h - \tfrac{1}{2}x\right\}} = S\,\sqrt{2gH}$$

qui revient à

$$L\,x \times 0.6\,\sqrt{13.6\,t + h - \tfrac{1}{2}x} = S\,\sqrt{H}$$

d'où l'on tire

$$L\,x = \frac{S\,\sqrt{H}}{0.6\,\sqrt{13.6\,t + h - \tfrac{1}{2}x}}$$

Pour calculer cette expression, on fera d'abord abstraction de $x$ dans le dénominateur du second membre, puis en se donnant $L$ on calculera une première valeur de $x$, en supposant $h = 0.35$; on mettra ensuite cette valeur de $x$ sous le radical du dénominateur; on calculera ainsi une deuxième valeur de $x$; enfin, si l'on veut une plus grande approximation, on calculera de la même manière une troisième valeur de la hauteur de l'orifice de sortie.

Toutefois, il me paraît tout aussi sûr et beaucoup plus simple de faire $13.6\,t + h - \frac{1}{2}\,x = 1.25$, et l'on a ainsi approximativement

$$L\,x = \frac{S\sqrt{H}}{0.7} = 1.43 \times S\sqrt{H} \quad \ldots \ldots \ldots (a)$$

424. *Ainsi, l'on aura par approximation les dimensions à donner à l'ouverture de sortie en multipliant la section des deux étranguillons par la racine carrée de la charge et par le nombre* 1.43. Rien ne sera ensuite plus facile que de la régler définitivement au moyen d'une planche glissant dans des coulisses, et se mouvant verticalement sur la paroi extérieure de la caisse à vent. Pour les trompes construites de telle sorte que la pression sur les étranguillons est d'environ 6 pieds, et il y en a beaucoup, on a à fort peu près

$$L\,x = 1.43 \times S \times 1.4 = 2 \times S$$

ce qui explique la règle adoptée par quelques charpentiers, de donner à l'orifice de sortie une section égale au double de la section des étranguillons. Je crois, qu'en général, ils obtiendront une plus grande approximation à l'aide de la formule $a$; toutefois, il est bon de remarquer qu'elle donnera plutôt des dimensions trop grandes que trop petites, car elle a été calculée dans l'hypothèse que l'eau qui entre par les étranguillons doit passer tout entière par l'orifice de sortie, ce qui n'a jamais lieu, puisque les aspirateurs, placés vers le milieu de l'arbre, en vomissent une quantité notable.

425. Je ferai remarquer qu'on pourrait peut-être mettre à profit la masse d'eau qui sort de l'orifice $q$. Il y a là une force dynamique d'environ trois chevaux, dont on tirera probablement quelque parti.

426. Je terminerai ces études sur les trompes, par la recherche de la quantité de travail nécessaire pour faire marcher une soufflerie à pistons qui produirait le même effet qu'une trompe.

Il convient, dans ce genre de calcul, d'exagérer un peu l'effet utile qu'on désire obtenir. Au lieu de $9^k 432$ d'air par minute avec 126 mètres de vitesse par seconde qu'on emploie au maximum à la fin de l'opération, cours d'eau qui ferait marcher une machine à pistons d'un effet utile au moins égal à celui de la trompe.

supposons qu'il s'agisse de fournir constamment au fourneau $10^k$ d'air par minute avec 126 mètres de vitesse par seconde.

On sait que $V$ désignant le volume d'air supposé à la pression atmosphérique 0.76 et à la température 0, qu'il s'agit de pousser en une seconde par une buse dont l'orifice de sortie est $\Omega'$ $(= 0.000962)$; la vitesse moyenne à la sortie sera $\frac{V}{\Omega'}$ $(=$ ici $126^m)$. $\Delta$ étant la densité du gaz $(= 1.^m 3$ au plus$)$ $\Delta V \left(= \text{ici } \frac{10^k}{60''}\right)$ sera le poids de ce volume, $\frac{\Delta V}{g}$ sa masse; on aura donc pour la force vive du fluide

$$\frac{V}{g} \times \frac{V^2}{\Omega'^2} \text{ ou } \frac{\Delta V^3}{g \Omega'^2}$$

or la moitié de cette force vive exprime la quantité de travail à dépenser; cette quantité sera donc

$$\frac{\Delta V^3}{2 g \Omega'^2}$$

Mais l'expérience a démontré qu'avec des ajutages cylindriques ou légèrement coniques comme nos canons de bourec, il convenait d'augmenter ce travail moteur ou mieux la vitesse qui entre dans son expression dans le rapport de 1 à 1.07; cette vitesse moyenne $\frac{V}{\Omega'}$ entrant au carré, la valeur ci-dessus devra être multipliée par $(1.07)^2 = 1.14$; on aura donc

$$1.14 \frac{\Delta V^3}{2 g \Omega'^2}$$

pour l'expression qui donne le minimum de travail moteur au-dessous duquel il est certain qu'on ne chassera pas le volume $V$ en une seconde; elle suppose de plus qu'il n'y a aucune perte d'air. Substituant aux lettres les valeurs numériques qui conviennent au cas actuel, on a

$$1.14 \frac{\Delta V^3}{2 g \Omega'^2} = \frac{1.14 \times 1.^k 3}{19.617} \times \frac{V^3}{\Omega'^2} = \frac{0.0755 \, V^3}{\Omega'^2}$$

$$\text{mais } V = \frac{10^k}{1.3 \times 60} = \frac{7.^{mmm}692}{60''} = 0.^{mmm}1282 \text{ d'où}$$

$$V^3 = 0.002106997 \text{ ou à très peu près} = 0.00211$$

$$\Omega' = 0.000962 \text{ d'où } \Omega'^2 = 0.000000925444$$

on a donc définitivement $81621.6 \times V^3 = 81621.6 \times 0.00211 = 172.^{k\,m}22$

427. Il faut donc au minimum un travail moteur capable d'élever 172 kilogr. à 1 mètre de hauteur par seconde; c'est $\frac{172}{75} =$ un peu moins de 2 chevaux $\frac{3}{10}$.

428. Afin de tenir compte de toutes les pertes et de toutes les résistances, il convient, d'après les observations de M. d'Aubuisson, sur les machines soufflantes à pistons, de quadrupler cette force dynamique pour avoir celle que le cours d'eau devrait fournir, en supposant la roue motrice mue par le poids de l'eau et non par le choc (comme les roues de marteaux), et supposant, en outre, la machine soufflante d'une construction moyennement bonne. Le travail moteur de la chute d'eau devrait donc s'élever à 688.$^{km}$88 soit 690.$^{km}$ ou un peu plus de 9 chevaux. On peut donc être certain avec un cours d'eau d'une force de 10 chevaux, de fournir à un fourneau catalan une quantité d'air bien suffisante à sa marche, en employant une machine à pistons assez ordinaire, mue par une roue hydraulique sur laquelle l'eau agit par son poids.

Donc aussi, avec une chute de 6 mètres par exemple, on obtiendrait tout autant et plus de vent qu'il ne serait nécessaire en établissant une roue à augets qui ne dépenserait que $\frac{690}{6} = 115^k$ d'eau ou 115 litres par seconde ; en d'autres termes, deux feux pourraient souvent marcher là où un seul marche aujourd'hui. Nous avons vu en effet que si la trompe de Montgaillard, qui a une chute de près de 9 mètres, ne dépense que 0.$^{mmm}$153 d'eau (402), celle de Rabat, dont la chute n'est pas de 7 mètres, en dépense 0.$^{mmm}$233 (393) ; et celle de Niaux, 0.$^{mmm}$237, lorsqu'elles donnent leur tension maximum. De plus, les machines à pistons, indépendamment de l'économie de force qu'elles procurent relativement aux trompes, n'exigent point comme celles-ci des chutes de 4, 5, 6, 7, 8 mètres, et elles donnent un vent sec.

429. En établissant une roue du système Poncelet sur une chute de 1.$^{m}$5, par exemple, on voit qu'il suffirait que le cours d'eau fournît 460 litres ou kilogrammes d'eau par seconde, ou 0.$^{mmm}$460, c'est-à-dire moins de demi-mètre cube ; réciproquement un volume d'eau $=$ demi-mètre cube $=$ 0.500 par seconde suffirait et au-delà sur une chute de $\frac{690}{500} =$ 1.$^{m}$38, pourvu que le vent n'eût pas à parcourir de trop longs tuyaux, et surtout des tuyaux trop étroits depuis la machine soufflante jusqu'au creuset.

430. Au surplus, on peut tenir compte, en général, de cette influence de la longueur et du diamètre des tuyaux en employant les relations suivantes établies par M. d'Aubuisson, après des expériences très nombreuses.

$p$ étant le nombre de kilogrammes d'air à donner au fourneau par seconde,

$L$ la longueur développée des tuyaux qui conduisent l'air (les coudes de ces tuyaux devant être très adoucis),

$D$ leur diamètre,

$d$ celui du canon de bourec,

$P$ le nombre de litres que doit fournir le cours d'eau en une seconde;

$C$ la chute du cours d'eau,

$m$ un co-efficient qui dépend de la machine et de la roue employée,
on a

$$0.001406\,p^3\left(\frac{L}{D^5}+\frac{42}{d^4}\right)=m\,P\,C$$

Pour une machine à pistons ordinaires, mue par une roue à augets bien établie, y compris les pertes inévitables d'air, il faudrait prendre $m = 0.24$.

Si l'eau agissait sur une roue par le choc (comme celle de nos marteaux), et non par le poids, la valeur à donner à $m$ serait $0.14$ seulement.

Il est probable qu'une roue Poncelet très bien construite, et une bonne machine à pistons, consistant en des cylindres de fonte bien alésés, permettraient d'élever les valeurs de $m$ à $0.40$.

Cette formule peut servir également à l'établissement des trompes; on y fera alors $m = 0.10$. (Voyez n° 402.)

431. Soit qu'on emploie une soufflerie à pistons, soit qu'on préfère la trompe, il peut être, dans certaines circonstances de position, avantageux d'éloigner la machine soufflante du creuset; il est bon de savoir alors de quelle quantité la tension du pèse-vent s'abaissera à l'extrémité des tuyaux de conduite située du côté du feu. M. d'Aubuisson a donné une relation très commode pour calculer cet affaiblissement de tension; bien que cette formule ne soit pas très rigoureuse, elle suffit amplement aux besoins de la pratique.

$H$ étant la tension du pèse-vent, à l'origine de la conduite, exprimée en mètres de mercure;

$h'$ la tension qui aura lieu à l'extrémité du côté du feu, exprimée de la même manière;

$D$ le diamètre constant du tuyau de conduite qui sera rectiligne ou qui, tout au moins, devra tourner par des courbes extrêmement adoucies.

$L$ la longueur développée de ce tuyau;

$d$ le diamètre de l'orifice de sortie du canon de bourec;

On a

$$H - h' = 0.0238\,\frac{h'\,L\,d^4}{D^5}\quad\text{d'où}$$

$$h' = \frac{H}{1+0.0238\dfrac{L\,d^4}{D^5}} = \frac{42\,H\,D^5}{L\,d^4 + 42\,D^5}$$

432. On tire facilement de ces formules les résultats suivants : En donnant aux tuyaux de conduite un diamètre de $0.^m1$ au moins, conservant à la buse ses dimensions ordinaires, on peut être certain de ne pas perdre plus de 1 degré du pèse-vent ($0.^m004512$) sur 15 degrés ($0.^m0677$) en éloignant la machine soufflante du creuset de moins de 15 mètres. Ainsi un pèse-vent placé sur la sentinelle d'une trompe, et qui y marquerait 15 degrés, marquerait encore 14 degrés à 15 mètres de distance en ligne droite de cette sentinelle, le diamètre du tuyau de conduite pour l'air n'étant pas au dessous de $0.^m1$.

433. Si tout restant comme ci-dessus, on avait une machine soufflante qui pût faire marquer au pèse-vent 18 degrés ($0.^m0812$), et que l'on consentît à travailler à 15 ($0.^m677$), on pourrait éloigner le creuset de la machine soufflante d'environ 45 mètres.

Les résultats seraient fort différents s'il y avait des coudes et surtout des coudes brusques.

434. On peut résumer ici les avantages et les inconvénients des machines à pistons ; elles coûtent beaucoup plus que les trompes ; elles exigent plus de frais d'entretien ; elles donnent un vent *variable*, mais il n'est point chargé d'humidité comme celui des trompes ; enfin, elles peuvent être établies sur de très basses chutes. Les avantages d'un vent sec sont pour moi incontestables ; quant à la variabilité de tension, elle ne me paraît point avoir les graves inconvénients qu'on lui attribue ; de sorte que si l'on pouvait faire abstraction de la dépense, les machines soufflantes à pistons me paraîtraient en somme bien préférables aux trompes. Je sais qu'une pareille opinion trouvera de nombreux contradicteurs dans l'Ariége, mais cela tient à ce qu'on y juge les machines soufflantes à pistons d'après les résultats des misérables bahuts qu'on y a établis.

*Avantages des machines à pistons.*

## LES FOURNEAUX OU FEUX.

435. Le fourneau a reçu dans les forges le nom de *feu ;* on y appelle aussi feu l'opération qui produit *un* massé ; c'est ainsi qu'on dit *faire quatre feux par jour, un feu dure six heures.* Le sens général du discours suffira, le plus souvent, pour distinguer si nous parlons d'un feu (fourneau) ou d'un feu (opération).

436. Le fourneau catalan a été déjà décrit dans une foule d'ouvrages, mais soit que les dimensions et même les formes en aient changé avec le temps, soit que l'excessive grossièreté de cet appareil s'oppose à ce qu'on

obtienne avec quelque exactitude les relations de distance et d'inclinaison de ses diverses parties, il m'a été impossible, malgré toute la bonne volonté que j'y ai mise, de tomber d'accord avec la plupart des auteurs qui en ont parlé jusqu'ici, et de faire concorder avec leur description un seul des fourneaux que j'ai eu l'occasion de lever de 1832 à 1836. Lapeirouse, toutefois, mérite une exception; il avait certainement étudié nos forges avec beaucoup de zèle; et si, dans la description qu'il nous en a laissée, il est facile de remarquer qu'il n'a point vu les choses d'assez près, il est certain du moins qu'il avait été généralement bien renseigné et qu'il ne lui a manqué pour être très exact que des rapports plus intimes avec les ouvriers des forges, et peut-être aussi un peu de ce courage plus rare qu'on ne pense, qui fait affronter avec patience, l'eau, le feu, la boue, la poussière de charbon, etc. Celui-là en effet qui n'est point résigné d'avance à se mouiller, à se brûler et à se couvrir de brasque des pieds à la tête, n'obtiendra jamais que des notions assez imparfaites sur ces usines; et pour ne parler que du fourneau qui fait l'objet de ce chapitre, le foyé (304) qui l'a construit en donnera très volontiers les dimensions au premier visiteur venu, il lui détaillera même les *règles* qui le dirigent dans la construction de cet appareil; cependant, que ce visiteur attende un jour de chômage, que sans crainte de se salir, il entre dans le fourneau le mètre à la main, qu'il en mesure toutes les parties, et il verra que, de fait, aucune des règles n'a été suivie, et qu'il y a, du principe à l'exécution, des différences qu'il n'aurait jamais soupçonnées. D'où provient cette énorme distance entre la loi et le fait? de ce que, dans ces usines (et pour me servir de l'expression des ouvriers) tout se fait *au coup d'œil*, de ce que ces ouvriers mettent un certain amour-propre à n'employer aucun instrument de mesure. C'est *à l'œil*, au sentiment qu'on y détermine les inclinaisons des diverses faces du creuset, leur distance, souvent leurs dimensions, etc. N'y a-t-il pas même une foule de foyés ( 304 ) qui n'évaluent la tension du vent qu'en présentant la main à une certaine distance de l'extrémité de la tuyère. Si le vent fait éprouver un certain picotement, la tension est suffisante, elle ne l'est pas dans le cas contraire; ce picotement leur paraît une mesure tout aussi sûre au moins que les indications du pèse-vent (335). Avec une telle latitude dans l'exécution, on prévoit qu'en dépit des dimensions *théoriques* presque généralement admises, les fourneaux devront être et seront en effet assez différents les uns des autres.

437. Cette variété me paraît, du reste, prouver une chose; c'est que la forme et les dimensions des feux n'ont point toute l'importance qu'on leur a attribuée, et que, toutes choses restant égales d'ailleurs, cette forme et ces dimensions peuvent varier sans danger entre des limites assez vastes.

Les tableaux que je donnerai plus loin mettront peut-être ce fait en évidence.

438. Parmi les divers *feux* que j'ai eu l'occasion de lever ou de construire et dont le tableau n° 462 fournira les dimensions, je donne planche IV, fig. 29, 30, 31, 32, celui de tous qui s'est trouvé le plus rapproché des dimensions théoriques : il existait à la forge de Montgaillard en 1834, donnait tantôt de bons tantôt de mauvais produits; il a peut-être vingt fois changé de forme depuis cette époque, car dès qu'un foyé (304) entre dans une forge, il démolit le feu de son prédécesseur pour le reconstruire à sa guise (1). Je le désignerai sous le nom de *feu de Montgaillard* 1834; et dans la description que je vais en faire, j'introduirai toutes les généralités relatives à ces fourneaux.

439. Tous ces fourneaux (planche III et surtout planche IV) sont établis $\quad$ Le massif. dans l'angle antérieur de gauche d'un grand massif en terre et en grosses pierres *A A A A* (fig. 29, 30, 31, 32, planche III, fig. 13 et 16, et planche I, fig. 2) ayant de 2.50 à 3 mèt. en carré, quelquefois davantage. Ce massif s'élève dans sa plus grande hauteur d'environ 0.$^m$75 à 0.$^m$80 au-dessus du sol général de l'usine. On y monte généralement par des marches grossières *a a*, fig. 30, 31 et 16 placées en avant et construites en grosses pierres simplement superposées. Ce massif se termine quelquefois aussi, à droite ainsi que en arrière, par un talus facile à gravir ; je n'ai pas rencontré un seul de ces massifs dans la construction duquel on n'ait pas fait entrer un vieux marteau *m m*, fig. 30, 31 et planche I, qui sert à la fois de degré pour monter sur le massif, et de pièce de résistance sur laquelle on frappe les ringards pour les débarrasser des scories qui adhèrent à leur extrémité, au moment où on les retire du feu. Le massif en terre *A A A*, est destiné à soutenir et à consolider les parois latérales du creuset ; il porte en outre une partie du minerai ; enfin, c'est monté sur ce massif que, armé de son ringard, l'escolas (fig. 2) fait successivement descendre toutes les couches de minerai vers le fond du feu ; ce qui suit en fera comprendre encore mieux l'utilité.

440. Tous les feux, sans exception aucune, s'appuient contre un gros mur $\quad$ Piech del foc. *M M M*, fig. 29, 30, 31, planche IV, fig. 13 et 16, planche III, toujours placé à gauche de l'ouvrier qui fait face au feu (planche I), c'est le *fousi-nal*. Il y a entre ce mur et la paroi gauche du creuset un mureau *b b b*, fig. 29, 30, 31, 32, qu'on appelle le *piech del foc*. Dans le mur *M*, fig. 29, et planche III, fig. 13, on a pratiqué une embrasure dont la partie

(1) Il paraît que cette coutume est fort ancienne. Lapeirouse écrivait en 1786. « Lorsqu'un foyé entre « dans une forge, pour si bien qu'elle aille, il croit son honneur intéressé à y faire quelques changements « principalement dans le creuset ; il ne veut point travailler *sur le point* d'un autre. »

inférieure *c c,* fig. 29 et fig. 13, est à peu près de niveau avec la partie supérieure de la caisse à vent de la trompe ; l'intervalle qui sépare le mur *M*
de la caisse à vent, est comblé par de la terre, fig. 13 ; ou bien encore on
jette un petit pont volant en planches pour réunir la naissance de la voûte
du mur *M* et la partie supérieure de la caisse à vent de la trompe ; c'est sur
ce sol ou sur ce plancher que monte l'ouvrier pour aller visiter la tuyère
*i i i*. Cette tuyère *i i i i*, planche III, et fig. 13, 16, 23, 29, 30, 32, traverse le mureau *b* et le dépasse. Ainsi le vent entre toujours par la gauche
dans ces feux ; cela est absolument sans exception , et je crois que si, retournant le creuset, on tentait de faire entrer le vent par la droite, les ouvriers seraient déroutés à ce point que tout bon travail serait pour long-
temps impossible.



441. Aucun de ces feux ou fourneaux n'a de cheminée ni de hotte qui
conduise au dehors les produits de la combustion ; on se contente d'ouvrir , dans le toit de l'usine, un trou quadrangulaire de quatre à cinq
mètres carrés environ, juste au-dessus du creuset et par lequel s'échappent la fumée, les gaz, etc., etc. J'insiste sur cette absence de cheminée,
parce que, ne s'expliquant point comment on se débarrassait des produits
de la combustion, une administration publique, spécialement consacrée à
l'avancement des arts industriels, me demanda, il y a environ trois ans,
quelques croquis des cheminées de forges catalanes, en me priant d'indiquer *très exactement* leur hauteur et leur section.



442. Les fondations de ces feux sont toutes fort mal entendues ; quelques grosses pierres tout simplement placées les unes contre les autres,
sans aucune espèce de liaison, en font souvent tous les frais. Il est des
maîtres de forge plus soigneux qui ont établi des aquéducs autour de la base
de leurs feux. Cette disposition serait avantageuse si ces aquéducs étaient
mieux maçonnés ; tels qu'ils existent dans la plupart des forges, ils rendent
fort peu de service : ils dirigent au dehors, il est vrai, les eaux souterraines
toujours fort abondantes dans des usines placées à six, huit ou même dix
mètres au-dessous des cours d'eau qui les font marcher ; mais des aquéducs
souterrains en pierres sèches ne peuvent s'opposer aux infiltrations ; fus-
sent-ils même contruits en bonne maçonnerie ordinaire , ils n'y résiste-
raient point long-temps ; des fondations en briques liées entre elles par du
mortier de chaux hydraulique coûteraient certes beaucoup plus que des
fondations en pierres sèches ; mais ce serait-là une dépense très produc-
tive devant laquelle un maître de forges ne doit jamais reculer. J'ai la
conviction que l'humidité est le plus grand fléau de nos forges, et je n'hé-
siterais point, pour ma part, à faire des dépenses même très considérables
pour mettre le fourneau à l'abri de sa terrible influence. Ainsi j'élèverais

le fond du fourneau au-dessus du sol général de la forge autant que cela serait possible sans gêner les manœuvres ; j'isolerais le massif $A\,A\,A$ des gros murs de la forge, qui sont toujours inondés par l'eau des bassins supérieurs, toutes les fois que la disposition de l'usine le permettrait ; je ferais reposer la pierre de fond $p\,p$ sur une voûte en briques construite comme je l'ai dit plus haut, et que je préserverais elle-même de l'humidité du sol inférieur par tous les moyens connus ; en un mot aucun soin, aucune dépense ne seraient négligés pour obtenir un fourneau parfaitement sec.

443. Je citerai un fait qui me paraît propre à donner une idée approximative de l'influence de l'humidité. J'avais établi un petit fourneau d'essai dans lequel je traitais à la fois environ vingt kil. de mine ; comme il ne travaillait jamais que par intermittence, les parois n'en étaient que très peu échauffées et la consommation de combustible y était relativement assez considérable ; elle s'élevait généralement de 30 à 32 kilogrammes. Lorsque j'y appliquai l'emploi de l'air chaud, je fus obligé de faire usage d'une tuyère à courant d'eau. Pendant les six premiers feux, la consommation de charbon, malgré l'intermittence, s'abaissa à 27 kil. ; au septième feu, la tuyère perdit beaucoup d'eau par sa face postérieure ; il se forma en arrière d'un petit mur en briques bien maçonné de o.$^{m}$15 d'épaisseur et correspondant au mur $M$ des grandes forges ; il se forma, dis-je, une mare d'eau bouillante d'environ o.$^{m}$08 de hauteur et dont le niveau se maintint constamment un peu au-dessus de celui du fond du creuset ; malgré les o.$^{m}$15 de briques qui séparaient le creuset de la flaque d'eau, la consommation en charbon s'éleva de 27 à 42 kil. pour un même produit en fer. Sans doute il n'existe point dans les grandes forges d'amas d'eau proportionnellement aussi considérables autour du creuset ; cependant, en démolissant le massif $A\,A\,A$ dans quelques forges, j'ai pu me convaincre que, malgré l'ardeur et la continuité du feu, la terre de ce massif est souvent détrempée à des distances assez faibles des parois du creuset ; ainsi en démolissant ce massif au feu dit *d'en bas*, des forges de la Mouline, j'ai trouvé la terre très visiblement humide à moins de 1 mètre de distance horizontale de la face postérieure $C\,C$ de ce feu, et cette distance de 1 mètre diminuait de plus en plus à mesure que la hauteur du massif au-dessus du sol décroissait elle-même par les progrès de la démolition ; j'ajouterai qu'il y avait cependant un aquéduc de ce côté ; je le répète donc, aucune dépense ne me paraît plus utile que celle qui serait faite dans le but d'assainir le creuset (1).

Influence de<br>l'humidité.

---

(1) Aujourd'hui, comme au temps de Lapeirouse, « lorsqu'une forge va mal et que le foyé ne sait en donner aucune raison plausible, il a coutume de dire que *l'eau est au feu.* » On voit qu'il n'a pas toujours

Description générale des feux.

**444.** Je passe à la description générale de ces feux. Les fondations, aquéducs, etc., une fois établis, on place la pierre de fond $pp\,p$, fig. 29, 30, 32 ou 13; cette pierre remplit toute la capacité du fond du creuset, de manière, toutefois, à laisser entre son contour et les parois du fourneau un intervalle suffisant pour qu'elle puisse être enlevée sans qu'on soit obligé de le démolir; cet intervalle est ensuite rempli par de la terre à fourneau, et au besoin par de petites pierres. Je ne m'arrêterai pas sur les moyens à prendre pour disposer cette pierre de fond dans des rapports convenables avec l'inclinaison de l'axe du burle (327), la hauteur de la sentinelle au-dessus du sol de la forge, sa distance du mur $MM$, etc., etc., fig. 13 et 16. Ce sont là des questions de géométrie pratique du genre de celles que les enfants apprennent aujourd'hui à résoudre dans les écoles primaires, et dont les foyés (304) croient toutefois posséder seuls le secret.

La pierre de fond.

Quant au choix de cette pierre, c'est sa forme surtout, ce sont ses dimensions, bien plus que sa nature chimique, qui dirigent le constructeur. Lapeirouse prétend « qu'on emploie, lorsque cela se peut commodément, « le granit commun, et qu'on doit préférer celui qui abonde le plus en « *mica*. » Suivant Dietrich, « on se sert du granit le moins dur »; d'autres auteurs affirment « que le fond du creuset est formé d'une pierre de grès « réfractaire. » Le fait est que cette pierre de fond est en granit, en grès, ou même en calcaire, suivant le terrain sur lequel est située la forge, ou suivant la nature des pierres roulées par le torrent sur lequel elle est établie. Le foyé choisit cette pierre sans s'inquiéter le moins du monde du terrain auquel elle a appartenu, et pour lui, la pierre la plus voisine de la forge est la meilleure, pourvu qu'elle ait à peu près les dimensions requises. Ce choix, au reste, n'a pas toute l'importance qu'on pourrait croire, car c'est bien plus par la maladresse du fondeur ( l'escola 306 ) que la pierre se brûle, qu'en vertu de sa composition chimique, et il n'y a d'ailleurs aucune pierre réellement réfractaire en présence de l'oxide de fer en fusion. Lorsque cette pierre se brûle, et elle se brûle toujours à la longue, on la remplace; mais si elle a assez d'épaisseur pour résister encore, bien qu'elle ait été trop profondément creusée par le feu, on abaisse la tuyère parallèlement à sa première position, ce qu'on appelle abaisser la tuyère *en corps*. Il est convenable que cette pierre ait une certaine concavité, fig. 29, 32, 13; en conséquence le foyé préférera, de deux pierres également

<hr>

tort. Le feu dont j'ai parlé dans le texte a toujours marché d'une manière déplorable, quelque changement qu'on y ait fait; on s'en est pris aux foyés, aux escolas, à la trompe, etc, etc., et l'on ne veut point voir que la paichère du marteau, qui est en fort mauvais état, inonde sans cesse, et dans toute sa longueur, le gros mur contre lequel s'appuie le massif $A\,A\,A$, massif qui se trouve ainsi continuellement imbibé par l'infiltration des eaux supérieures.

bonnes, celle qui sera légèrement creusée vers son milieu ; si cette concavité n'existe pas, il la formera quelquefois en entamant la pierre avec le
marteau ; mais comme il court ainsi le risque de la briser, il s'en rapportera généralement à l'action du feu du soin de la creuser convenablement, *la tuyère fera son gîte*, dit-il ; aussi ai-je vu grand nombre de
pierres, absolument plates, former le fond de creusets neufs. La durée
de ces pierres varie de six heures à trois mois, six mois, quelquefois plus ;
elle dépend surtout, ainsi que je l'ai dit, de l'adresse du fondeur ; s'il
pousse la mine à temps, la pierre est garantie ; s'il tarde trop à *donner la
mine*, ou à jeter de la greillade, la pierre se brûle infailliblement.

La pierre *p* placée de telle sorte que sa partie supérieure se trouve à
peu près au niveau du sol général de l'usine, on élève les quatre faces du
creuset dont il importe de retenir les noms.

La face de devant *L* s'appelle le *laitairol* ;

La face de gauche *P* est *le côté des porges* ;

La face d'arrière *C* est *la cave* ;

La face de droite *O* est l'*ore*.

Les faces du<br>feu.

Voyez fig. 13, 16, 29, 30, 31, 32, où les mêmes lettres désignent les
mêmes parties du feu.

445. Avant de reprendre chacune de ces faces en détail, je ferai connaître le petit instrument qui m'a servi à relever tous les angles à l'horizon : c'est tout simplement un quart de cercle en laiton, fig. 28, muni
d'un fil à plomb ; on voit l'instrument réduit à $\frac{1}{7}$ de sa grandeur, en élévation *A*, en plan *B*. Le quart de cercle est détaché de son pied dans la
figure *C* qui montre ce pied en plan.

Mesure<br>des angles<br>verticaux.

Le pied est une lame de laiton bien dressée qu'on applique sur les
surfaces planes dont on veut assurer l'inclinaison à l'horizon. Cette lame
porte quatre lamelles *l l l l*, fig. 28, qui y sont fixées par de petites vis ;
ces lamelles sont taillées d'un côté en biseau, comme on le voit en *D* ;
celles de derrière reçoivent entre elles une petite masse *m* demi-cylin-
drique, qui, épatée inférieurement, glisse entre les lamelles, et s'y trouve
ainsi retenue ; les lamelles antérieures retiennent de la même manière
l'épatement du pied *p* du quart de cercle gradué *c c* ; le rayon vertical du
quart de cercle *c* est parfaitement perpendiculaire à la lame qui sert de
pied à l'instrument. Ce petit quart de cercle *c c* porte un bouton *o o*,
fig. *A* et *B* 28, auquel on suspend un fil de soie portant à son extrémité
inférieure une balle de laiton *z z*. On voit qu'en appliquant la face inférieure du pied de l'instrument sur une surface plane inclinée à l'horizon,
le fil à plomb marquera sur le quart de cercle gradué la valeur de l'angle
aigu compris entre l'horizon et la face dont on veut connaître l'in-

clinaison ; on en déduit immédiatement la valeur de l'angle obtus qui, comme on sait, est égal à 180 degrés moins l'angle marqué par le fil. Il convient, en général, pour mesurer l'inclinaison d'une même face, de placer l'instrument en divers points, et de prendre la moyenne des valeurs des angles marqués par le fil dans ces différents points. Si la face est mal terminée comme celle de la *cave C C*, par exemple, qui est formée de pierres brutes, on applique contre cette face une planche bien dressée qui la touche par le plus grand nombre de points possibles, et l'on place alors l'instrument de l'autre côté de la planche. On parvient ainsi à obtenir, avec une approximation suffisante, les inclinaisons à l'horizon.

J'ai fait usage du même instrument pour mesurer l'inclinaison des tuyères, comme je le dirai plus loin. Je reviens aux quatre faces du creuset.

*Le laitairol.* 446. Le laitairol est généralement formé de deux fortes pièces en fer de $0.^m07$ à $0.08$ d'épaisseur, de $0.^m15$ à $0.^m20$ de largeur $L\,L$, fig. 31 et 32, placées verticalement ; elles s'enfoncent en terre au-dessous du sol général de l'usine d'environ $0.^m20$ à $0.^m25$, et s'élèvent au-dessus de ce sol d'une hauteur qui dépend de celle qu'on veut donner à cette face. Dans le fourneau de la planche IV, cette élévation est de $0.^m52$, fig. 31. Ces deux pièces laissent entre elles un intervalle d'environ $0.^m06$ qui reçoit inférieurement une autre pièce de fer $r$, fig. 31 et 32 qu'on appelle *La respalme.* la *respalme*. Cette pièce s'enfonce au-dessous du sol un peu moins que les pièces $L\,L$, et elle ne s'élève au-dessus du sol que de quelques centimètres ; tout le reste de l'intervalle est rempli par de la terre à fourneau, et l'on recouvre ordinairement de la même terre les pièces $L\,L$ du côté extérieur au feu. C'est dans la partie inférieure de cet intervalle que l'escola (306) perce avec son ringard des trous par lesquels les scories s'échappent du fourneau, et viennent couler à ses pieds sur le sol de l'usine. *Le chio.* Un trou de cette nature *le chio o o* est ouvert dans les fig. 31 et 32 et dans la planche 1, fig. 2, juste au-dessus de la *respalme r*. Cette respalme *r* est destinée à servir de point d'appui au ringard lorsque l'escola fouille le fourneau à l'aide de cet outil pour en faire sortir les scories, ou lorsque l'on soulève le massé pour le retirer du fourneau quand l'opération est terminée. A droite et à gauche des pièces $L\,L$, la face intérieure du laitairol se trouve complètement fermée par les murs d'appui $b\,b\,d\,d$ construits en pierres brutes liées entre elles par de la terre à fourneau.

*La plie.* 447. Sur les faces horizontales supérieures des pièces $L\,L$ pose une forte pièce horizontale en fer $e\,e\,e$, qu'on appelle la *plie*, fig. 30, 31, 32 ; cette pièce, qui a une assez grande longueur, entre à gauche dans le mureau $b$, à droite elle est soutenue par le mur $d\,d$ ; elle va le plus souvent s'enfoncer d'environ o.$^m$10 sous les pièces de fer *O O O* de l'ore ; elle pénètre à peu près d'autant dans le mureau *b b* ; enfin, en arrière de la *plie*, sont placées deux et quelquefois trois larges bandes de fer portant également sur *b b d d*. Toutes ces pièces forment un plan incliné vers l'intérieur du creuset dont l'angle aigu ne dépasse jamais 10 degrés, et dont la longueur totale de l'avant à l'arrière est assez généralement d'environ o.$^m$40.

La largeur de ce plan dans le fourneau de la planche IV est, du côté extérieur, de 1.$^m$15 environ, et, du côté intérieur au fourneau, de o.$^m$805.

448. Ce plan incliné s'appelle *la banquette* ; cette banquette sert, à droite du côté de la pierre *q*, à soutenir une partie de la charge du fourneau, comme nous le verrons plus loin ; à gauche, du côté des porges, à chauffer le fer pour l'étirage ; c'est, en effet, sur la gauche de cette banquette qu'on fait glisser les tenailles qui embrassent la pièce à chauffer, laquelle plonge dans le charbon du fourneau dans toute sa longueur, les tenailles restant en dehors posées sur la banquette. Le bord intérieur de la plie, fig. 32, s'élève au-dessus des bords supérieurs de la pierre de fonds de o.$^m$59 dans ce fourneau. Cette hauteur varie de o.$^m$50 à o.$^m$60 environ dans les divers fourneaux. Dans un creuset que j'ai construit, j'ai essayé de porter cette hauteur à o.$^m$72 ; mais cette disposition, qui aurait pu être avantageuse, devenait fort gênante lorsqu'il fallait tirer le massé (planche 1, fig. 2.), et les ouvriers avaient alors beaucoup de peine à le faire monter d'une aussi grande profondeur jusqu'à la banquette. Je pense donc que o.$^m$60 est une limite qu'il ne convient jamais de dépasser. La base intérieure du laitairol ou la distance du pied des *porges* au pied de l'*ore*, est dans ce fourneau (fig. 29) de o.$^m$57 environ ; il en résulte que si, placé dans l'intérieur du creuset, on faisait face au laitairol, cette face verticale présenterait la figure d'un grand trapèze, ayant des bases horizontales parallèles, savoir : l'inférieure $=$ o.$^m$57, la supérieure $=$ o.81 environ ; le côté droit de ce trapèze serait vertical, et $=$ o.$^m$59 et le côté gauche serait une ligne brisée représentée exactement par la plus grande partie du contour intérieur de l'*ore O O* fig. 29 et 30. — Vers le milieu de la base inférieure se trouverait le chio *o* fig. 31 et 32 et planche I *c* (fig. 2.)

Je ferai remarquer que c'est toujours en prenant les bords de la pierre de fond pour origine que je donnerai les distances verticales ou les hauteurs. Beaucoup d'auteurs ont exprimé ces distances en partant du fond même du creuset ; il en résulte des incertitudes moyennes de o.$^m$07 à o.$^m$12 sur des hauteurs de moins de 1$^m$, car on ne sait pas précisément ce qu'ils appellent le fond du creuset : si c'est le centre de la pierre, cette origine est très variable ; elle dépend en effet du degré d'usure de cette pierre, de la profondeur dont elle a été creusée par le feu dans ce centre, profondeur qui peut varier de o à o.$^m$12, et même o.$^m$15 sans grand inconvénient et sans qu'on puisse dire que les proportions importantes du fourneau aient changé. De plus, lorsqu'on entre dans un fourneau, on trouve toujours au centre de cette pierre une couche de brasque de fraisil, de poussière de mine qui élève de toute son épaisseur le fond réel du creuset ; cette épaisseur est souvent de o.$^m$o7 à o.$^m$o8, et l'on se demande à chaque évaluation s'ils ont tenu compte de cette épaisseur ou s'ils en ont fait abstraction ; c'est afin d'éviter autant que possible ces incertitudes que j'ai constamment supposé un plan horizontal passant par le pied des quatre faces du creuset au-dessus et au-dessous duquel j'ai mesuré les distances verticales ; j'ai d'ailleurs toujours sondé la brasque de la pierre jusqu'au ferme. Ainsi, les o.$^m$o8 et o.$^m$o7, fig. 29, 32 et 13, expriment la flèche vraie de la pierre, la profondeur réelle de son centre au-dessous de ses bords. Quant au plan origine passant par le pied des quatre faces, je l'ai réalisé dans la pratique à l'aide d'une planche, et ce moyen est déjà assez grossier. Ceci une fois convenu, je reviens à la description du fourneau.

449. $qq$, fig. 30, 31, 16, est une grosse pierre ordinairement cerclée en fer, placée sur la banquette pour maintenir, par son poids, les plaques $ii$, mais surtout destinée à recevoir le choc des ringards lorsqu'on veut les débarrasser des scories qui y adhèrent au moment où ils sortent du creuset. Cette pierre $q$ est quelquefois remplacée par un morceau de fonte ou de fer, débris de quelque ancienne *demme* ou d'un coussinet hors de service (planche 1, fig. 2.).

La cave. 450. Laissant de côté pour le moment les *porges* et l'*ore*, qui sont en contact avec le *laitairol*, je passe au côté de la *cave* qui fait face à ce dernier. *La cave C C*, fig. 16, 29, 30, 31, 32, a son pied sensiblement parallèle à celui du *laitairol ;* la distance de la base de ces faces dans le creuset de la planche IV $=$ o.$^m$6o. La cave n'est point verticale comme e laitairol ; elle est au contraire toujours renversée en arrière, fig. 32, depuis son pied jusque vers la partie supérieure de l'ore *O O*, fig. 29 ; elle se relève ensuite sensiblement suivant la verticale, depuis le plan passant par le sommet de l'ore jusqu'à sa limite qu'on distingue dans l'élévation, fig. 31. La hauteur totale de cette face est de peu d'importance ; elle peut varier de 1.$^m$5o à 2$^m$ environ ; elle est ici de 1.$^m$8o ; quant à l'inclinaison de sa partie inférieure, elle est d'environ 8o degrés (445) ; toute cette face est construite en pierres quelconques liées entre elles par de la terre à fourneau ; son épaisseur, fig. 3o, varie de o.$^m$6o à 1$^m$ et plus ; toute sa partie inférieure est soutenue en arrière ainsi qu'à droite par la terre du massif *A A A ;* elle s'appuie à gauche contre le prolongement du *piech del foc, b b.*

La cave est la seule des faces du creuset dont la partie inférieure au moins ne soit pas revêtue de fer. On donne pour raison de cette exception que le massé s'y attacherait. J'ai, pour ma part, doublé en fer le côté de la cave dans deux creusets, exactement comme les *porges,* et le massé n'a jamais contracté d'adhérence (10ᵉ creuset n° 462).

451. L'ore est la face du creuset la plus renversée en arrière. Cette face L'ore. est formée de très fortes pièces de fer *O O O,* (fig. 29, 30, 13 et 16) qui s'appuient sur la terre du massif *A A* (fig. 29), et dont les extrémités pénètrent plus ou moins et alternativement dans le prolongement de la cave et dans le mur *d d* du *laitairol ;* c'est en *clavant* ainsi les diverses pièces de fer du creuset qu'on rend toutes ses faces solidaires les unes des autres, et que l'on augmente la solidité de l'ensemble. Le plan, fig. 30, montre que les pièces de l'ore les plus élevées (ou quelquefois la dernière pièce seulement) viennent passer par-dessus la banquette pour se terminer près de la masse *q.* J'appellerai généralement cette partie les *dernières* pièces de l'ore, réservant le nom de *premières* pièces à celles qui se rapprochent le plus du fond du creuset. La base de l'ore est sensiblement parallèle à celles des porges, et sensiblement aussi perpendiculaire à la base du *laitairol* et de la *cave.* La distance du pied des porges au pied de l'ore, est ici de 0.56 environ, fig. 29 ; elle est de 0.ᵐ61, fig. 13. Le fond du creuset forme, à peu de chose près, un rectangle dont les côtés parallèles aux porges excèdent *toujours* de quelques centimètres ceux qui leur sont perpendiculaires. Toutefois, il ne faut pas prendre ce mot de rectangle dans toute sa rigueur. Il n'y a en effet rien de rigoureux dans ces constructions dont je n'ai pas pu parvenir à rendre la grossièreté dans les dessins de la planche IV. Ces dessins doivent donc être corrigés par la pensée en substituant aux angles rentrants du creuset des courbes concaves, et à toutes les surfaces maçonnées ou à leurs sections, des faces fortement accidentées ou des lignes dont les ondulations auraient 0.ᵐ10 ou 0.ᵐ12 de flèche. Les faces revêtues de fer ne sont point dans le même cas ; telles sont intérieurement le *laitairol,* les *porges* et l'*ore.*

452 Il y a de creuset à creuset d'assez fortes différences dans l'incli- Inclinaison naison ou même dans *les* inclinaisons de l'ore ; j'insiste sur cette distinction, de l'ore. car Lapeirouse, Dietrich, et tous les auteurs qui ont écrit après eux sur les forges à la catalane, ne font aucune espèce de mention de ces diverses inclinaisons ; tous ont regardé la face importante de l'*ore* comme un seul et unique *plan.* Je ne sais ce qu'il en était à l'époque où les premiers pu-

blièrent leurs traités (1786), mais il est certain que je n'ai encore vu aucune *ore* plane. Toutes les *ores* sont très sensiblement convexes vers l'intérieur du feu, et sans exception aucune, car cela est admis en principe, leurs pièces *O O* sont disposées de telle sorte que la pente vers le feu diminue depuis les premières pièces jusqu'aux dernières, c'est-à-dire depuis les pièces inférieures jusqu'aux supérieures. Quant à l'inclinaison de chacune de ces pièces, elle varie suivant les idées théoriques des foyés; ainsi, les uns placeront la première pièce verticalement, d'autres la renverseront un peu vers le massif; mais tous renverseront un peu plus la seconde, plus encore la troisième, et ainsi de suite jusqu'aux dernières; de sorte que la section de l'ore présentera, fig. 13 et 29, un polygone convexe sur lequel on remarquera, en jetant les yeux dans un fourneau, tout au moins trois inclinaisons très sensiblement différentes. Ainsi, dans la fig. 13, la première pièce est un peu rejetée en arrière ou presque verticale; les secondes forment un angle aigu de 70 degrés; les dernières un de 65 degrés (445); il résulte de cette disposition que le minerai porté par l'*ore*, comme nous le verrons plus loin, tend à descendre vers le fond d'autant plus vite qu'il est dans un état plus avancé. Dans la fig. 29, la première pièce est inclinée à 82 degrés, la seconde et la troisième à 74, la quatrième à 65, la cinquième à 58, les deux dernières, qui posent sur la banquette (fig. 30), à 57 degrés. Cette ore peut passer pour une *ore* très renversée dans sa partie supérieure. En général on renverse l'ore d'autant plus qu'on travaille avec des charbons plus légers.

La hauteur de l'ore est à peu près partout comme ici d'environ o.$^m$75; sa longueur développée est (fig. 29) o.$^m$84; on a également o.$^m$84 pour le développement de l'ore du creuset de la fig. 13.

*Les porges.*    453. On appelle proprement *porges* les taques de fer *P P*, placées verticalement au-dessous de la tuyère, fig. 29 et 32, d'où est venu le nom de côté des porges donné à la face gauche du creuset. Toutefois, cette face se trouve ainsi naturellement divisée en deux parties, 1° celle située au-dessous de la tuyère, et que nous venons de désigner; 2° celle située au-dessus et qui se nomme *parédou*. Les porges sont des taques de fer toutes semblables aux pièces de l'ore; elles ont o.$^m$12 et même quelquefois o.$^m$15 d'équarrissage, et une longueur suffisante pour entrer quelque peu d'une part dans le prolongement de la cave, de l'autre dans la partie *b* inférieure du *piech del foc* en passant par-dessous la *plie*. Un peu au-dessus de la tuyère, le *parédou* s'incline quelque peu en arrière, ainsi que le montrent les fig. 31 et 30; mais la valeur de cette inclinaison n'a aucune espèce d'importance. Le *parédou* est construit en pierres grossières, comme la *cave*; il se termine à peu près à la même hauteur qu'elle. On y ménage une petite galerie voûtée et inclinée qui vient déboucher à environ 0.^m50 au-dessus du bas des porges, fig. 32; c'est par cette galerie qu'on fait passer la tuyère I.

454. J'ai déjà décrit la tuyère considérée isolément (330) ; je n'ai donc plus à m'occuper ici que de sa position, relativement aux diverses faces du creuset. Cette position dépend principalement, 1° de l'inclinaison de cette tuyère ; 2° de la hauteur à laquelle elle se trouve placée au-dessus du bas des porges ; 3° de la quantité dont elle pénètre dans le creuset, et que j'appellerai sa *sortie*, afin que le sens de ce mot ne soit pas confondu avec celui que les auteurs ont attaché au mot *saillie*. La tuyère.

455. Lorsqu'on parcourt les mémoires publiés sur les forges à la catalane, on est étonné de la diversité des valeurs attribuées à l'inclinaison de la tuyère dans ces forges. Les uns l'ont évaluée à 30 degrés, d'autres à 31, d'autres à 35, d'autres à 40. Il y a là un malentendu qui me paraît provenir de ce que les uns et les autres ont pris pour cette inclinaison des choses assez différentes. Son inclinaison.

Ainsi, et bien que cela ne soit pas exprimé très clairement, il paraîtrait que l'on a pris pour la valeur de l'inclinaison l'angle formé par l'horizontale, tantôt avec l'axe de la tuyère, tantôt avec sa génératrice supérieure, fig. 29, tantôt enfin avec sa génératrice inférieure. Or, la forme conique de la tuyère montre évidemment que ces trois droites ne peuvent nullement être considérées comme parallèles ; c'est donc une nécessité de définir, une fois pour toutes, de quel angle on veut parler. Lapeirouse est le seul auteur qui se soit expliqué nettement à ce sujet. L'inclinaison de la tuyère est, pour lui, l'angle formé par l'horizontale avec l'axe, et cet angle, selon lui, doit être *rigoureusement* de 35 degrés (1) ; or, il y a ici une très grande difficulté pratique à obtenir cet angle, car l'axe de la tuyère est une ligne imaginaire, une véritable ligne géométrique sans aucune épaisseur, invisible, insaisissable ; il est donc matériellement impossible d'évaluer, à *un* ni même à deux degrés près, l'angle que cette ligne forme avec

---

(1) Lapeirouse cite le fait suivant pour montrer l'extrême rigueur avec laquelle, suivant lui, cette inclinaison de la tuyère doit être réglée. « Dans le mois de décembre 1785, la forge de *Guille* faisait un « bon travail, quatre-vingt-dix quintaux (3600 k.), par semaine. En reprenant le fondage, on fit neuf feux, « et les massés allaient encore à 3 q. 75, mais ils étaient mal faits et l'escola travaillait avec peine : on fit « cinq autres feux, les massés furent encore plus vilains ; le dernier ne donna que 335 livres. Le proprié- « taire de la forge fit reconnaître toutes les proportions du creuset ; les ayant trouvées bonnes, il fit me- « surer l'inclinaison de la tuyère ; *elle était presque de 36 degrés* : on ôta une hausse ; l'inclinaison, véri- « fiée de nouveau, fut de 35° *moins quelques minutes* ; on assura la tuyère à ce point : les deux feux « suivants ont produit 808 livres sur lesquelles 630 d'acier supérieur. Le travail s'est soutenu et a été excel- « lent les semaines suivantes. » On voit que d'après cet auteur une déviation d'*un* seul degré pouvait produire de notables changements dans l'allure d'un feu.

l'horizontale. Il est vrai que Lapeirouse a considéré les génératrices de la surface conique de la tuyère comme parallèles à cet axe, mais la forme de la tuyère autorisait d'autant moins cette hypothèse qu'une déviation de *quelques minutes* suffit, d'après cet auteur, pour changer l'allure du feu. Il en résulte qu'en employant, de la manière indiquée par lui, l'instrument qu'il a désigné sous le nom de *tuyéromètre, on peut être certain que l'axe de la tuyère ne sera jamais incliné de 35 degrés;* cela est une conséquence nécessaire de la forme de la tuyère, dont il a fait abstraction.

En effet (fig. 29), les génératrices supérieures et inférieures des tuyères forment entre elles un angle móyen d'environ 5 degrés, angle qu'on peut regarder comme coupé en deux parties à peu près égales par l'axe imaginaire de la tuyère, c'est-à-dire par la droite qui passerait par le centre des moyennes distances de toutes ces sections; donc, en plaçant le tuyéromètre en dessus de la tuyère jusqu'à ce que le fil à plomb marque 35 degrés, l'axe sera réellement incliné à l'horizon de *moins* de 35 degrés; en le plaçant en dessous dans l'angle $\alpha$ fig. 29 jusqu'à ce que $\alpha$ soit de 55 degrés, complément de 35, comme l'indique Lapeirouse, l'axe sera incliné de *plus* de 35 degrés. Voilà donc qu'en employant indifféremment les deux modes de mesure proposés par cet auteur, on peut obtenir des inclinaisons de l'axe différant entre elles d'environ 5 degrés. Bien que je ne partage pas l'opinion de Lapeirouse sur l'excessive rigueur avec laquelle il prétend que cette inclinaison doit être réglée, il me paraît cependant que des variations de 5 degrés sont par trop fortes. Voyons comment on pourra en général les éviter.

456. En considérant la forme générale des tuyères et la position du canon de bourec, on peut admettre qu'à un angle aigu de l'axe de la veine fluide (1) que nous nommerons $A$ correspond un angle *en dessus* $\delta = (A + 3)$ degrés et un angle *en dedans* $\gamma = (A - 1)$ degrés; voyez fig. 29 à l'arrière de la tuyère; l'excès $\delta - \gamma$ (qui s'élève souvent à 5°) sera donc tout au moins $= A + 3 - A + 1 = 4$ degrés. Ce sont ces deux angles seulement que je considérerai par la suite en ayant toujours soin de les désigner par les mots angle en *dedans* ou angle en *dessus*.

Ce que j'appelle inclinaison de la tuyère. L'un ou l'autre de ces angles sera pour nous la *mesure de l'inclinaison de la tuyère*, et il sera toujours facile de passer de l'un à l'autre par les relations suivantes qu'on ne devra toutefois employer que lorsqu'on sera bien certain que la tuyère n'a point été ployée ni trop tourmentée.

---

(1) Je fais ici une distinction entre l'axe de la veine de vent et l'axe de la tuyère, car la position du canon de bourec dans celle-ci montre que l'axe de la veine fluide est plus voisin de l'axe de ce canon que de celui de la tuyère elle-même.

Angle en dessus $=$ angle en dedans, plus 4 degrés à fort peu près ;

Angle en dedans $=$ angle en dessus diminué de 4 degrés à fort peu près ;

Angle de la veine fluide $=\begin{cases} \text{Angle en dessus moins 3 degrés.} \\ \text{Angle en dedans plus 1 degré.} \end{cases}$

La nécessité de mesurer tantôt l'*angle en dedans*, tantôt l'*angle en dessus*, et celle d'établir la relation qui existe entre eux et avec celui de la veine fluide, paraîtra évidente si l'on veut remarquer que, pendant la durée de l'opération, il est impossible de mesurer $\delta$ ; il est au contraire facile, avec quelques précautions, de disposer l'instrument (445) en arrière de la tuyère, même pendant le feu, dût-on, pendant quelques secondes, tirer quelque peu le canon de bourec en arrière en le relevant afin de placer commodément le petit quart de cercle vers le sommet de l'angle $\gamma$, fig. 29.

Lorsque j'emploierai dans le cours de cet ouvrage le mot *inclinaison de la tuyère* sans autre désignation , on devra entendre par là l'angle $\delta$, fig. 29, formé par l'horizontale et la partie supérieure de cette pièce. Cette inclinaison est ici de 41 degrés ; je l'ai rarement vue s'élever à 42 ou s'abaisser au-dessous de 40.

En général, on fait *piquer* ou plonger la tuyère plus avec les charbons de bois dur, moins avec les charbons légers, plus avec les mines dures qu'avec les mines tendres. Il y a ainsi une certaine correspondance entre le renversement de l'ore (452) et l'inclinaison de la tuyère ; je reviendrai tout à l'heure sur sa *déclinaison*.

457. J'appelle hauteur de la tuyère la hauteur au-dessus du bas des porges du *milieu* de son épaisseur à l'endroit même où elle commence à pénétrer dans le creuset. Cette mesure m'a paru prêter moins à l'arbitraire que celle qui a été appelée le *saut de la tuyère*, et qui était la distance verticale de la partie interne de la lèvre inférieure de la tuyère au-dessus du fond du creuset, fond assez variable comme on sait (448). Cette distance, par exemple, aurait été donnée par un fil à plomb qu'on aurait laissé glisser par la tuyère jusqu'à ce qu'il touchât le fond du creuset. Lapeirouse, d'après des observations faites à la forge de Guille, avait fixé la valeur de ce *saut* à 14 pouces $\frac{1}{2}$ ou $0.^{m}392$ à fort peu près ; on déduit de la valeur de ce saut, par un calcul facile, une hauteur $= 0.^{m}51$ au moins. Les hauteurs de tuyère que j'ai observées cinquante ans après Lapeirouse, ne diffèrent pas de trois centimètres en plus ou en moins de la valeur $0.^{m}51$. Ainsi, par exemple, la hauteur de la tuyère, fig. 29, est d'un peu plus de $0.^{m}50$ ; dans le creuset de la fig. 13, elle est de $0.^{m}48$ (1).

Hauteur<br>de la tuyère.

(1) Un ingénieur des mines a donné (Annales des mines, 1835) les dimensions d'un creuset ; il a fixé la

Sortie<br>de la tuyère.

**458.** Il ne faut point confondre ce que j'appellerai ici la *sortie* de la tuyère avec ce qu'on a nommé la *saillie*. La sortie de la tuyère est la distance de l'extrémité de la lèvre supérieure de la tuyère au mureau *b b*, distance mesurée suivant l'inclinaison.

La *saillie* de la tuyère est au contraire la distance horizontale de l'extrémité de la tuyère à la face des porges; mais ce mot de saillie se trouve ne pas exprimer la même chose chez tous les auteurs, car les uns ont mesuré la distance horizontale des porges à l'extrémité de la lèvre inférieure, et d'autres à l'extrémité de la lèvre supérieure, ce qui produit des différences de 3 à 4 centimètres sur une longueur d'environ $0.^m17$. Lapeirouse avait adopté la première mesure pour celle de la saillie qui dans l'état moyen, devait être $= 0.^m17$; ajoutant $0.^m03$ pour obtenir la saillie de la lèvre supérieure, on a pour cette saillie $0.^m20$; cette dernière saillie *n* est, comme l'on voit, la projection de ce que j'ai appelé la *sortie s*, de sorte qu'on passera facilement de *s* à *n* ou réciproquement par la relation $n = s \times$ cosinus de l'inclinaison $=$ à très peu près $0.75\,s = \frac{3}{4}\,s$, le cosinus de l'inclinaison différant très peu de $\frac{3}{4}$ qui est à peu près le cosinus de 41 degrés; on a donc par approximation

$$\text{Sortie} = \tfrac{4}{3}\,\text{saillie;} \qquad \text{saillie} = \tfrac{3}{4}\,\text{sortie.}$$

ce qui montre qu'à la saillie de Lapeirouse correspond une sortie $= 0.^m266$; cette valeur surpasse quelque peu la sortie de la tuyère, fig. 13, qui est $= 0.26$; elle est inférieure à celle de la fig. 29 qui s'élève à $0.^m28$. J'ai observé plus de dix tuyères neuves ou ayant peu servi, dont la sortie s'est trouvée être pour toutes $= 0.^m225$; c'est qu'en général on donne plus de sortie aux vieilles tuyères qu'aux neuves.

Déclinaison de<br>la tuyère

**459.** La tuyère, outre son inclinaison, dévie presque toujours plus ou moins vers la cave ; c'est cette déviation que nous appelons la *déclinaison de la tuyère*. Cette déclinaison paraît être fondée sur la différence de hauteur de la charge du côté de la cave et du côté du laitairol. La charge étant plus faible de ce dernier côté, le vent s'échappe plus facilement du creuset vers cette face; de là, nécessité de dévier un peu la tuyère vers la cave. Lorsque cette déviation n'existe pas, l'escola dit que le vent donne trop du côté de la *main*. En général, la déclinaison est suffisante lorsque l'axe de la veine de vent est dirigé vers les deux tiers du feu à partir de la face du chio. Il y a deux moyens d'obtenir cette déclinaison : le premier consiste à tourner la tuyère *en corps* dans cette direction ; c'est la méthode des

---

hauteur du col de la tuyère à $0.^m39$ au-dessus du fond. Cette hauteur n'atteint même pas celle du *saut* ordinaire ; il me paraît qu'il y a ici une erreur évidente (*Voyez* n. 462, creuset, n. 12).

mauvais *foyés*. On voit en effet que l'axe du canon de bourec faisant un angle sensible avec celui de la tuyère, le vent *croise* comme l'on dit ; il choque la paroi interne de la tuyère, et perd ainsi beaucoup de la vitesse qu'il aurait eue à son entrée dans le feu. Lapeirouse a proposé, il y a plus de cinquante ans, un moyen fort simple d'éviter ces chocs ; il consiste à tourner non la tuyère, dont l'axe doit rester invariablement dans le plan vertical de celui du canon, mais le creuset lui-même ; ce procédé a été adopté par tous les *foyés* intelligents. On en voit une application fig. 16 et fig. 3o, dans lesquelles on peut remarquer que le rectangle formé par le fond du creuset a tourné quelque peu sur son angle $L$, de telle sorte que l'extrémité du bas du laitairol se trouve portée en avant d'environ o.$^m$o3, et l'extrémité $P$ du bas des porges s'est avancée, d'à peu près la même quantité, de la gauche vers la droite. Eu égard aux dimensions ordinaires des creusets, cela équivaut à une déclinaison de l'axe de la tuyère d'environ 3 à 4 degrés ; j'ai presque toujours mesuré cette déclinaison à l'aide d'une fausse équerre en laiton portant un demi-cercle divisé en degrés, en appliquant l'un des côtés de l'instrument le long de la face latérale de la tuyère, et l'autre le long d'une planchette placée contre le mur des porges ; et sans toutefois corriger cet angle de ce qu'on appelle en géodésie la réduction à l'horizon qui est ici de nulle importance. J'avais ainsi, avec assez d'approximation, l'angle obtus formé par les deux directions ; en en retranchant un angle droit ou 9o degrés, j'avais précisément ce que j'appellerai la déclinaison de la tuyère. Pour en déduire la déclinaison de *l'axe*, il faudra généralement en retrancher 2 degrés $\frac{1}{2}$ à cause de la conicité ; de même en ajoutant 2 degrés $\frac{1}{2}$ à la déclinaison de l'axe, on aura la déclinaison de la tuyère. Cette déclinaison, mesurée comme je viens de le dire. et que j'ai quelquefois exprimée fig. 3o, sans en retrancher 9o degrés, varie de 5 à 8 degrés au maximum, d'après mes observations. Dans le Mémoire publié par les ingénieurs des mines, et auquel j'ai plusieurs fois renvoyé, il est question d'une déclinaison de 17 degrés observée sur un fourneau dont l'allure avait été bonne. Pour peu que la tuyère avec cette déclinaison ait été plus rapprochée de la cave que du laitairol, ainsi que cela a lieu presque toujours (460), le prolongement de son axe devait rencontrer le creuset très près de l'angle formé par la cave et les porges. Au contraire, dans un autre fourneau, dont ils ont indiqué toutes les dimensions, la déclinaison de la tuyère était nulle. Il paraîtrait, d'après ces données, que la déclinaison pourrait varier depuis o degré jusqu'à 17. Je n'ai. pour ma part, encore mesuré aucune déclinaison aussi forte ni aussi faible, ce qui ne veut point dire que les observations de ces messieurs m'inspirent le moindre doute.

Il arrive quelquefois que la tuyère décline réellement vers la cave, et que, cependant, l'angle formé par son axe avec le côté des porges est égal à un angle droit ; c'est qu'alors les intersections des quatre faces du creuset ne sont pas perpendiculaires l'une à l'autre ; la fausse équerre ne pouvant plus alors donner la déclinaison, il convient de mesurer les quatre angles du creuset pour déduire ensuite sa valeur ; cependant, on peut se contenter, comme je l'ai souvent fait, de passer un long rondin de fer dans la tuyère jusqu'à ce que son extrémité inférieure repose dans le fourneau ; on prend ensuite la distance au pied de la cave et au pied du laitairol, de l'intersection avec le fond du plan vertical qui passerait par le rondin. C'est une autre mesure de la déclinaison de la tuyère que j'ap-

*Déviation de la tuyère.* — pellerai sa *déviation*, et que j'exprimerai comme fig. 16 par deux nombres (o.$^m$36, o.$^m$3o) ; le premier donnant toujours la distance au pied du *laitairol* ; le second la distance à celui de la cave.

*Position de la tuyère par rapport aux faces.* — 460. La position de la tuyère n'est pas encore complètement déterminée par sa hauteur, sa saillie et son inclinaison ; il faut encore connaître la distance horizontale du plan vertical passant par son axe ou par son milieu, soit à la *cave*, soit au laitairol. J'ai toujours pris pour cette mesure la distance au laitairol, parce que cette face est toujours verticale et assez bien terminée intérieurement, tandis que la cave a une inclinaison un peu variable, et qu'elle est d'ailleurs fortement accidentée (451). J'appel-

*Distance du milieu de la tuyère au laitairol.* — lerai cette valeur *distance du milieu de la tuyère au laitairol ;* elle se mesure directement en appliquant horizontalement le mètre sur le paré-dou entre la face interne du laitairol, fig. 32, et le milieu de la tuyère qui se trouve un peu à droite de la couture, milieu que l'œil saisit assez bien. Cette distance au laitairol ne me paraît point avoir été considérée par Lapeirouse, ni par les autres auteurs ; il semblerait, d'après leur description, que le plan vertical, passant par l'axe de la tuyère, coupait la pierre de fond en deux parties égales ; or, il n'en est *jamais* ainsi : ce plan se rapproche toujours plus du pied de la cave que du laitairol, ce qu'il faut sans doute attribuer comme la déclinaison aux différentes hauteurs de la charge vers ces deux faces. Cependant, si l'on considère la cave et le laitairol à la hauteur où l'axe de la tuyère commence à pénétrer dans le creuset, on trouvera quelquefois que ces deux faces, à cette hauteur seulement, sont à peu près également distantes de l'axe ; c'est le cas du creuset de la fig. 32, où la distance au laitairol et à la cave est d'environ o.$^m$33 ; mais ce n'est pas le cas de tous les creusets, il s'en faut bien.

On voit que, si l'on voulait construire un creuset d'après un autre, la *hauteur de la tuyère* et la distance au laitairol seraient les coordonnées du centre de l'ouvreau par lequel la tuyère devrait passer.

**461.** Il ne nous reste plus, pour terminer la description du creuset, qu'à faire connaître la distance de l'extrémité du canon de bourec à celle de la tuyère ou son *reculement;* cette distance diminue à mesure que la tuyère s'use. Je l'ai trouvée au minimum $= 0.^{m}30$ ; au maximum $= 0.53$. Cette distance se mesure facilement à l'aide de deux verges en fer glissant l'une sur l'autre, et portant chacune à leur extrémité une petite saillie qui s'applique l'une contre l'extrémité du canon de bourec, l'autre contre l'extrémité de la tuyère. Cet instrument a été proposé par Lapeirouse ; il est aujourd'hui en usage dans toutes les forges dirigées avec quelque soin.

Distance du<br>canon de<br>bourec à<br>l'extrémité de<br>la tuyère.

Cette distance est, fig. 29, de $0.^{m}39$ ; elle est de $0.^{m}51$ dans la fig. 13. En général, la consommation de charbon augmente en raison inverse de cette distance pour une même durée ; mais pour un même produit, le contraire a lieu assez souvent. Il y a, de reste, un très grand danger à augmenter le reculement outre mesure, surtout si la trompe donne peu de vent, car alors la tuyère, n'étant plus assez rafraîchie, entre bientôt en fusion.

On trouve dans Dietrich que le reculement était autrefois de 7 pouces ou $0.^{m}189$ ; ce reculement est excessivement faible ; je n'en ai vu aucun exemple.

Lorsque, par suite d'un trop grand reculement ou par toute autre cause, la tuyère se brûle, le foyer en recoupe l'extrémité. Pour cela, il l'enlève puis il y introduit par derrière une barre de fer dont le bout antérieur a à peu près la forme de l'œil, c'est l'*espine ;* cette pièce en soutient les bords, pendant qu'à l'aide d'un ciseau en fer, sur lequel on frappe avec un marteau à main, on détache de la tuyère toute la partie déformée par la fusion. Ces fragments de cuivre, qui ne laissent pas que d'avoir une certaine valeur, deviennent, dans plusieurs forges, l'un des profits du foyé qui se trouve ainsi intéressé à ce genre d'accidents.

**462.** Je donne ci-contre toutes les dimensions de quelques-uns des fourneaux que j'ai levés ou construits ; j'aurais voulu, à ces résultats d'observations, ajouter ceux qui ont pu être recueillis avant moi sur ce sujet ; je me suis malheureusement convaincu, en rédigeant ce travail, que la plupart de ces matériaux (ceux transmis par Lapeirouse exceptés), étaient fort incomplets et souvent même contradictoires.

Ce tableau résume et complète la description générale du fourneau catalan ; il contient toutes les données importantes qu'on doit chercher à obtenir dans les levés, et ne contient qu'elles. Bien que je me sois attaché à obtenir toute l'exactitude possible, la grossièreté de ces fourneaux est telle que je ne puis répondre de certaines dimensions qu'à un ou deux centimètres près. J'ai joint à ce tableau les dimensions du creuset que Lapeirouse regardait en 1785 comme un creuset normal, ainsi qu'un autre creuset levé en 1835 par un ingénieur des mines. (Voir le tableau qui précède.)

Observations sur ce tableau. 463. Le creuset n°1 est celui dont j'ai donné le dessin dans la planche IV.

Le creuset, n° 2, est celui qui existait dans la même forge une année avant le n° 1 ; on peut remarquer, dans l'un comme dans l'autre, que le fond du creuset ne formait point un rectangle, mais un quadrilatère tel que le bas de l'ore est plus grand que le bas des porges; la disposition contraire se rencontre quelquefois.

Le creuset de Labarre, n° 3, est sensiblement plus grand que les n°s 1 et 2. La soufflerie n'est pas une trompe comme dans les autres forges : mais une machine soufflante à pistons en bois et carrés; le manomètre oscille continuellement, ce qui n'empêche pas qu'on ait quelquefois fait un bon travail dans cette usine. J'ai indiqué 0.$^m$058 pour tension moyenne du vent. On l'obtient en remarquant que, lorsque le premier piston marche, le manomètre s'élève tantôt à 0.$^m$045, tantôt à 0.$^m$063, puis il s'abaisse à 0.$^m$040; puis vient l'autre piston qui fait monter le mercure à 0.$^m$081, de sorte qu'on voit le mercure marquer successivement 0.045, 0.063, 0.040, 0.081; 0.045, 0.063, et ainsi de suite.

Le creuset n°4 diffère assez peu des n°s 1 et 2 ; on peut remarquer toutefois une plus grande distance au laitairol, et, en même temps, une moindre déclinaison de la tuyère. Cette relation entre l'augmentation de distance au laitairol et une moindre déviation de la tuyère, se remarque presque toujours; et elle est fondée en raison, car il est évident qu'on parviendra à diriger plus de vent du côté de la cave, où la charge est plus forte, que de celui de la main, soit en portant la tuyère en corps vers la première face sans la dévier sensiblement, soit au contraire en la déviant sans augmenter sa distance au laitairol.

Le creuset n° 5 diffère des précédents en ce que son ore est fort relevée ; il a été détruit avant d'avoir servi, et je l'ai remplacé par le n° 6, avec lequel j'ai fait mes premiers essais en grand à l'air chaud. Je reviendrai plus tard sur ce n° 6, où l'on peut remarquer que la hauteur du laitairol est excessive (448).

Le n° 7, qui marchait fort mal, a été transformé en 8, qui marcha un peu moins mal pendant quelque temps. Mais les ouvriers ayant été renouvelés en même temps que le fourneau, on ne sait guère à quel changement il faut attribuer la légère amélioration qu'on a remarquée. Le 8 est un peu plus grand que le 7 ; son ore est très sensiblement moins renversée, sa tuyère un peu moins inclinée, plus déviée ; mais la distance de celle-ci au laitairol paraîtra considérablement diminuée, si l'on considère surtout que le pied de l'ore dans le 8 est beaucoup plus grand que dans le 7. On voit aussi que le 7 a ses faces divergentes de l'ore vers les porges, tandis que le contraire a lieu dans le 8. J'ai démoli ce creuset (7-8), et j'ai construit sur son sol le n° 10, sur lequel je reviendrai lorsque je parlerai des essais à l'air chaud.

Le n° 9, dont les dimensions transversales (0.<sup>m</sup>61 et 0.<sup>m</sup>73), sont très différentes et en dehors des proportions ordinaires, qui se trouve un peu renflé vers son milieu, dont la tuyère, excessivement plongeante, est d'ailleurs placée très haut, dont le canon de bourec est fort éloigné, qui emploie d'ailleurs les mêmes matériaux, minerai et charbon, que 7 et 8, a toujours marché beaucoup moins mal que ces derniers. Cette différence d'allure tient beaucoup moins, je crois, à la différence des dimensions ou à la vitesse du vent, qu'à ce que 7 et 8 a toujours été plus humide.

Le n° 11 est le creuset modèle de Lapeirouse ; il est généralement plus petit que tous ceux que j'ai vus. On peut remarquer que la distance du laitairol à la cave 0.<sup>m</sup>61 est plus petite que celle du pied des porges au pied de l'ore. Cette disposition est, pour moi, sans exemple, et j'ai certainement levé ou construit quarante creusets différents. L'ore n'a qu'une seule inclinaison, 78 degrés ; j'ai déjà dit quelles raisons j'avais de croire que la convexité de cette face n'avait pas été remarquée par cet habile observateur.

Enfin, j'ai donné le n° 12 dans le but unique de faire la part aux travaux d'autrui, dans des études consacrées avant tout au progrès de la métallurgie du fer. J'ai déjà dit que je soupçonnais quelques erreurs dans ses côtes. En effet, 1° la tuyère de ce creuset est extraordinairement rasante ; 2° sa hauteur est de *dix* centimètres inférieure à toutes les hauteurs que j'ai pu observer, et qui sont très peu variables ; elle est de 0.<sup>m</sup>12 plus faible que celle du creuset Lapeirouse ; 3° sa distance au laitairol n'est que de 0.<sup>m</sup>24 ; or, la plus grande largeur au fond du creuset étant = 0.<sup>m</sup>60, et la cave étant fort renversée ( 80 degrés ) l'axe de la tuyère, au point où il entre dans le creuset, se trouve à peu de chose près à 0.<sup>m</sup>40 de la cave. Ainsi, la distance à cette dernière face est *beaucoup* plus grande que la distance au laitairol, disposition qu'on n'avait, je crois, jamais vue, qui est même l'inverse de celle qu'on a adoptée, et que les foyés ne manqueront pas de regarder comme une erreur très grave ; au surplus, si ces côtes ont été relevées avec soin, elles confirment les conclusions que je vais résumer ici sur l'influence de la forme et des dimensions de ces feux.

464. J'ai suivi, avec beaucoup de soin, la marche des feux 1 et 2 pen- Observations<br>générales

32

dant près de deux années ; celle du n° 3 avec moins d'assiduité, celle de 4 encore un peu moins régulièrement, 7 ou 8 pendant deux mois, et 9 pendant environ trois mois avec beaucoup de soin ; j'ai, en outre, connu ou suivi, plus ou moins exactement, celle d'autres feux dont je n'ai point jugé à propos de donner les proportions parce qu'elles rentrent à fort peu près dans celles de 1, 2, 3, 4, 5, 7, 8 ou 9 ; or, à l'exception de 7-8, qui a constamment fait un mauvais travail, sans doute par l'effet de l'humidité de ses fondations, tous les autres ont marché tantôt bien, tantôt mal, et j'entends par là que, sans trop dépasser la consommation ordinaire en charbon, ils ont produit en moyenne par massé, tantôt 3 quintaux $\frac{1}{2}$ au moins, tantôt 3 quintaux $\frac{1}{2}$ au plus. Ces études et une foule d'autres observations de détails trop multipliées pour être reproduites ici, m'ont fait penser que

1° Les fourneaux pouvaient varier, quant à leur capacité, entre les limites comprises dans le tableau précédent sans aucun inconvénient. Cependant, j'ai peut-être quelque raison de soupçonner que, toutes choses restant égales d'ailleurs, les fourneaux les plus vastes ont un léger avantage sur ceux qui le sont moins, pourvu que la machine soufflante donne au vent assez de vitesse ;

2° Quelle que soit la capacité du fourneau, la hauteur et l'inclinaison de la tuyère ne doivent point s'éloigner sensiblement, la première de o.$^{m}$50, et la seconde de 40 à 42 degrés, angle en dessus (456) ;

3° Il est réellement important que le vent soit dirigé plus vers la cave que sur la main, conformément à l'opinion des escolas, ce qu'on obtient par la déviation du creuset, ou en rapprochant un peu plus la tuyère de la première face que de la seconde. Il n'est pas moins important que l'orifice de la tuyère soit bien coupé, c'est-à-dire que cet orifice ne soit point égueulé ;

4° La première de toutes les conditions pour que l'allure d'un creuset soit bonne, la condition *sine quâ non* pour qu'il donne le plus fort produit avec la plus petite dépense en charbon, c'est que toutes les parois de ce creuset aient acquis une très haute température; cette condition une fois remplie, tout le reste dépend de l'habileté de l'escola. Le chomage du dimanche, en laissant refroidir le creuset pendant vingt-quatre heures, l'humidité des fondations qui s'oppose sans cesse à l'échauffement des parties inférieures du fourneau, causent donc d'énormes préjudices aux maîtres de forges.

3° La partie de la science des *foyés* qui se borne à la pratique de la construction de ces fourneaux, au placement de la tuyère etc. (304), est d'une importance fort minime. Ces ouvriers reçoivent (je ne dis point *gagnent*) jusqu'à 6 et 7 fr. par jour, et cela pendant une campagne entière, pour un travail que le premier maçon venu exécuterait beaucoup mieux qu'eux en une seule journée. Ces prétendus ouvriers sont de véritables oisifs qu'on remplacera toujours avec avantage par de simples *étireurs* (estiraires) pour la partie de l'étirage dont ils sont chargés. Les petites réparations ou modifications à faire au fourneau devraient être confiées aux escolas, qui recevraient pour ce supplément de travail une gratification (306).

465. J'ai été curieux de voir comment le vent se distribuait dans un creuset vide ; j'ai profité en conséquence du chomage de la forge de Saint-Pierre, dont le creuset se rapproche beaucoup du n° 4. J'ai rempli ce creuset de sable fin et très sec jusqu'à la hauteur de o.$^m$22 au-dessus du point le plus bas de la pierre, et je l'ai disposé de manière à former une surface horizontale, dont j'ai tracé les limites sur les faces du creuset avec un morceau de charbon. Cette surface était ainsi placée à environ o.$^m$18 du centre de l'œil de la tuyère. J'ai donné le vent d'abord sous une faible tension, et ainsi qu'on aurait pu le prévoir, j'ai vu le sable poussé par ce vent remonter, d'une manière continue, tout le long de l'ore ; j'ai porté la tension du vent à 12 degrés ou o.$^m$054 ; la section de la veine fluide s'est de fort peu plus épanouie ; on pouvait facilement voir et sentir que le vent ne s'échappait du creuset qu'après avoir léché une partie du fond et toute la hauteur de l'ore ; du reste, le plus léger obstacle placé à quatre ou cinq centimètres de la tuyère répartissait le vent dans les angles du creuset, même ceux qui sont en arrière de son orifice. Lorsqu'on n'opposait point d'obstacles, la surface conique de la veine ne paraissait point rencontrer la cave ni le laitairol ; toutefois, le sable était poussé dans les angles formés par ces deux faces avec l'ore, le sable remontait dans ces angles ; mais malgré la déclinaison de la tuyère, il s'en échappait plus du côté de la main que du côté de la cave ; il s'accumulait en moins grande abondance sur les bords de l'ore placés du côté de la cave que sur la droite de la banquette qui est d'ailleurs moins élevée. C'est vers la partie des bords supérieurs de l'ore placée dans le plan de l'axe de la tuyère qu'il y avait le plus de sable.

Enfin, la surface conique de la veine fluide, lorsqu'elle ne rencontrait pas d'obstacles, passait à peu près, 1° par un point du fond situé à environ o.$^m$20 du pied de l'ore dans le plan vertical de l'axe de la tuyère ; 2° par un point du pied de l'ore situé à o.$^m$15 du laitairol ; 3° par un autre point du pied de l'ore placé à o.$^m$10 de la cave ; 4° enfin, elle montait peu sur l'ore ; sa plus grande hauteur s'élevant à peine à o.$^m$12 au-dessus du pied de cette face.

Je passe au chargement du fourneau et à la conduite d'un *feu* (435).

Chargement<br>du fourneau;<br>préliminaires. 466. Pendant la durée du feu précédent, 12 quintaux de minerai ou 489 kilog. (8) ont été pesés (210); ce minerai n'est point en entier composé de blocs de mine; il y entre une quantité de terre plus ou moins ferrugineuse et de menus morceaux de minerai dans la proportion d'un tiers à un quart. Les 12 quintaux de mine et de *graise* ont été apportés près du marteau. Après avoir levé celui-ci on a passé par-dessous les plus gros blocs, l'on a remis la graise autour de ceux-ci, et alors le marteau a commencé à agir. Les fragments de mine, qui se trouvent convenablement Bocardage du<br>minerai. placés sous la panne, sont à l'instant réduits en poudre; les autres, choqués latéralement, s'échappent plus ou moins mutilés. Deux ouvriers, à l'aide de pelles, les rejettent sous le marteau, qui ne doit jamais battre à vide, et, au bout de quelques minutes, toute la masse se trouve réduite, 1° en poudre plus ou moins grossière; 2° en fragments dont les plus gros ont 5 à 6 centimètres de diamètre; cela fait, le valet d'escola passe le tout à travers un crible formé de cercles concentriques en fils de fer espacés d'un peu moins de 1 centimètre, et attachés par quelques rayons également en fils de fer à un cylindre de bois, à la manière des tamis. Les plus gros morceaux restent sur le crible, une poudre très grossière le traverse; les morceaux sont jetés dans trois ou au plus quatre caisses (1); ils forment la *mine* proprement dite; la poussière forme un tas conique de o.$^m$5o de hauteur environ, dont la base a 1 mètre de diamètre à peu près; ce tas est la *greillade*, qui n'est point, comme on le voit, du minerai grillé, ainsi que quelques personnes l'ont avancé. Ce tas de greillade est fortement détrempé avec de l'eau, puis bien remué avec une espèce de houe, fig. 34, afin de l'humecter également dans toutes ses parties, et enfin il est réuni de nouveau sur la droite de l'ouvrier qui fait face au creuset, et à 1 ou 2 mètres en arrière, fig. 1. Les auteurs ont évalué à environ $\frac{1}{3}$ du poids total de la charge ou 163 kilog. celui de la greillade; il est extrêmement variable, et peut aller jusqu'à près de moitié; cela se concevra facilement si l'on considère la manière dont on l'obtient; cette *greillade* est beaucoup plus chargée de terres que la mine (207-209).

Chargement<br>de fourneau. 467. Je suppose qu'on vient de tirer le massé précédent (fig. 2); une masse de charbons incandescents et de débris de ce massé, est réunie sur l'aire *A A*. Les blocs de fer des *porges*, jusqu'à la hauteur de la tuyère, sont complètement rouges; il en est de même de ceux de *l'ore*; jusqu'à la moitié de sa hauteur environ; le fond, la cave et le laitairol sont

---

(1) Ces caisses sont en bois, on les consolide par d'assez fortes bandes de fer; elles sont munies d'oreilles qui permettent à deux hommes de les saisir et de les porter sur l'aire *AA*. Leur capacité est d'environ o.$^m$7o × o.2o × o.$^m$23.

également incandescents. Il n'en est point toujours ainsi cependant, mais alors ou le creuset est mal construit, ou la forge commence à travailler, et le produit qu'on obtient est loin de compenser les frais de fabrication. On calcule généralement qu'il faut une semaine de travail non interrompu pour amener un creuset neuf à bon point. Après avoir nettoyé le feu, *dès-enroula le foc*, le charbon réuni sur l'aire, et les débris qu'on a pu en retirer sont rejetés dans le creuset ; on jette immédiatement par-dessus du charbon frais que l'ouvrier tasse à tour de bras , aidé d'une pelle qui tantôt frappe de son plat, tantôt de son tranchant, de manière à briser les plus gros morceaux de charbon en même temps qu'on les presse les uns contre les autres. Arrivé un peu au-dessous du niveau de l'extrémité de la tuyère, on partage verticalement le creuset en deux parties à l'aide d'une longue et large pelle en fer, ou tout simplement à l'aide d'une planche qui butte en avant contre la cave et s'appuie en arrière contre la face intérieure du laitairol. Cette planche se trouve alors placée un peu en avant du plan vertical qui passerait par l'intersection de l'ore avec la pierre de fond aux $\frac{2}{3}$ du creuset environ à partir des porges. Du côté de la face gauche de cette pelle ou du côté des porges, un valet verse du charbon que l'on continue à tasser ; du côté droit on en jette aussi à la main quelques morceaux, puis un ouvrier monté sur l'aire *A*, et tenant à la main un *bascou*, espèce de rateau plein en fer, fig. 33, foule fortement tout ce qui se trouve entre la pelle et l'ore. C'est une base très solide en charbon qu'on veut donner au mur de minerai ; cela fait, on approche une des caisses de l'intersection de l'ore et de l'aire *A* ; on la vide en faisant glisser son contenu le long de l'ore, on le tasse ; on verse encore du charbon du côté gauche toujours en tassant, puis la seconde caisse du côté droit ; enfin, l'on verse la troisième caisse de la même manière que la seconde, et l'ouvrier fait adroitement glisser la pelle en l'inclinant à peu près parallèlement à l'ore, de manière, en la dégageant, à renverser un peu le mur de mine du côté de l'aire *A*, sur laquelle cette mine se dispose suivant son talus naturel. Le minerai forme alors un massif terminé par un grand talus à gauche, par un beaucoup plus petit à droite, et l'arête de ces deux talus, qui s'élève du côté de la cave à près de 3 décimètres au-dessus et un peu à gauche du bord de l'ore, vient aboutir sur la banquette vers le milieu de la longueur du plan incliné ; le talus de gauche ou intérieur est recouvert en entier de fraisil qu'on mouille et qu'on bat ensuite fortement avec la pelle, fig. 35 ; par-dessus ce fraisil on met du menu charbon jusqu'à l'arête , par-dessus ce charbon encore du fraisil mouillé ; on bat le tout à grands coups de pelle, de manière à rendre ce mur parfaitement solide, et l'on donne un bon coup de vent ; tout cela est l'affaire de quelques minutes.

Conduite du feu.

468. A peine ce coup de vent est-il donné que toute la partie du mur située du côté de l'aire et non recouverte de charbon, laisse échapper une infinité de jets de flamme bleue de 6 à 10 centimètres de hauteur. Si ces jets de flamme se montrent sur le talus du côté gauche, on se hâte de boucher les trous d'où ils sortent avec du fraisil mouillé, et l'on bat fortement par-dessus; si, au contraire, ces jets de flamme ne sortent point à droite, le creuset est froid, ou il est mal construit, ou l'on a mal chargé ; quelques minutes s'écoulent pendant lesquelles on bouche le chio avec de la terre glaise ; l'on diminue alors le vent, le manomètre doit marquer environ 6° ou 0.$^m$027 ; au reste, je donne ci-dessous la description complète de la conduite d'un des feux que j'ai suivis du commencement à la fin.

Dans ce procès-verbal du travail de l'escola, rédigé tout entier *d'après nature*, j'ai indiqué, toutes les fois que cela était utile, les mouvements relatifs au chauffage des parties du massé précédent ; mais je ne l'ai point toujours fait, trop occupé que j'étais de la surveillance de la fusion. Nous reviendrons sur ce chauffage lorsque je décrirai le travail du marteau; je me contenterai de faire remarquer ici que, dans cette méthode, le même fourneau et le même combustible qui servent à la fusion d'un massé servent en même temps au chauffage des parties du massé précédent, et que deux ouvriers, l'escola et son valet, suffisent à cette double opération. Toutefois, afin de rendre cette description plus intelligible, je dois donner la signification de quelques termes que j'y ai employés , bien qu'ils se rapportent au travail du marteau ; on les trouvera en notes.

Avantage de la méthode directe.

*Procès-verbal d'une opération. — Travail au feu.*

| | Temps écoulé depuis l'orig. | | Tension du pèse-vent. | Eau projetée en litres. | Charbon ajouté eu litres. |
|---|---|---|---|---|---|
| Travail de l'escola ou fondeur. | | 469. Le feu est chargé, comme je l'ai indiqué ; la greillade prête , des corbeilles de charbon sont disposées par le valet à une petite distance du feu ; on tire la chaîne qui, agissant sur le lévier, débouche complètement les arbres de la trompe ; la tension du pèse-vent s'élève alors à | 18$^d$ ou 0.$^m$0812 | | |
| | | On ajoute un peu de charbon, de manière que le combustible s'élève dans l'angle du creuset compris entre le côté de la cave et celui des porges, à peu près au niveau de la partie supérieure du minerai, formant un plan incliné qui descend d'environ 0.$^m$25 au-dessous de la crête du mur | | | |
| | 8' | de mine. Après 8 minutes | | | |
| | | Il a été introduit un volume de charbon = . . . . | | | 0.255 |
| | | Les additions successives de charbon qui vont être faites maintiendront le niveau actuel du combustible à peu près constant pendant la première époque du *feu*. | | | |

| Temps écoulé | On abaisse le pèse-vent à | Tension: 8$^d$ ou 0.$^m$0361 | Eau: | Charbon: |
|---|---|---|---|---|
| | | | | mmm |
| 10′ | dix minutes environ après le commencement de l'opération | | | |
| 26′ | L'escola ajoute une corbeille de charbon $=$ . . . . | | | 0.035 |
| | puis une corbeille de greillade, qu'il arrose d'une quantité d'eau $=$ . . . . | | 1 | |
| | Il retire du feu une massoquette, y place la première à laquelle on a déjà fait une queue (1). | | | |
| 27′ | Ajoute une corbeille de charbon, une de greillade, projette avec l'*écope* de l'eau par-dessus. | | 1.5 | 0.035 |
| | 31 minutes après le commencement de l'opération, ajoute une corbeille de charbon, une de greillade, et toujours de l'eau par-dessus celle-ci, eau qu'il projette de loin | | | |
| 31′ | avec l'*écope* (2). | | 2 | 0.035 |
| 38′ | Retire une des queues | | | |
| 41′ | Ajoute charbon, greillade et eau | | 2 | 0.070 |
| | Retire une queue (j'appelle ainsi une massouquette à laquelle on a fait une queue) (2). | | | |
| 46′ | | | | |
| 47′ | Ajoute charbon, greillade et eau | | 1.5 | 0.035 |
| | Il pousse son charbon dans l'angle des porges et de la cave à l'aide de *basque* ou *bascou*, fig. 33. | | | |
| 51′ | Nouvelle addition de charbon, greillade et eau | | 1.5 | 0.035 |
| 57′ | Verse une quantité d'eau | | 2.5 | |
| | sur les pinces et les queues des pièces qui chauffent. | | | |
| 60′ | Retire une des queues et la livre aux ouvriers du marteau | | | |
| | Il ajoute charbon, greillade et eau, ci | | 1.5 | 0.070 |
| 63′ | Les ouvriers du marteau lui rendent une pièce à chauffer | | | |
| | qu'il plonge dans le feu | | | |
| 66′ | Ajoute eau pour rafraîchir le bout des pièces qui chauffent, retire une de ces pièces, ajoute charbon | | 1.5 | mmm 0.035 |
| 70′ | L'escola met la grande massoque à chauffer. | | | |

(1) Le massé précédent a été coupé sous le marteau en trois parties, savoir : la *massoque* qui forme la moitié de ce massé, deux *massoquettes* qui en forment chacune le quart. La massoque et les massoquettes ont reçu sous le marteau la forme de parallélipipèdes rectangles. Dans cet état, les mâchoires de pinces proportionnées au poids et au volume de ces pièces les embrassent fortement. On fait glisser le long de la banquette du côté opposé au minerai, c'est-à-dire du côté de la tuyère, chacun de ces systèmes, de manière que la pièce à chauffer et quelquefois une partie de la mâchoire des pinces plongent de haut en bas dans le charbon, jusqu'à en être recouvertes ; les branches des pinces restent en dehors, et l'escola leur fait décrire de temps à autre un quart de cercle, de manière que les quatre faces latérales de la pièce viennent successivement se présenter du côté de la tuyère. Dès qu'une massoquette a été chauffée, on l'étire par une de ses extrémités, on lui fait une *queue* ; c'est cette queue qui sera embrassée par les pinces lorsqu'elle reviendra au feu. A l'instant indiqué dans le texte, l'une des massoquettes a déjà subi cette opération, l'autre va la subir.

(2) *L'écope* est un vaisseau de bois qui a à peu près la forme et la grandeur d'un sabot. L'escola puise l'eau à l'aide de cette *écope* dans la *nave b*, fig. I, et la projette de loin sur le charbon du creuset.

*Temps écoulé.*

## Observations.

Après 73 minutes, il tirera la chaîne de manière à élever la tension du pèse-vent à 10 degrés ou $0.^m 0451$.

Le niveau du charbon s'étant peu élevé dans le creuset depuis le commencement de l'opération, on peut admettre que la quantité de charbon introduite lorsqu'on a chargé s'y trouve encore, et qu'il a été brûlé un volume de ce combustible égal à la somme des additions successives $= 6 \times 0.035 + 2 \times 0.07 = 0.^{mmm} 550$ en 73 minutes; cela donne à très peu près 4 litres ou $\frac{8}{10} 0.^{mmm} 0048$ par minute.

Faisant abstraction des premiers instants pendant lesquels on a soufflé sous une tension de 18 degrés ou $0.^m 0812$, nous admettrons, sans craindre d'erreur sensible dans ces approximations, qu'on a soufflé pendant 73 minutes sous une tension de 8 degrés ou $0.0361$; on a donc fourni au creuset ( 381 et 379 ) au plus $5.^k 976$ d'air par minute; or, $0.^{mmm} 0048$ charbon de forge pèsent $0.0048 \times 225^k = 1.^k 08$; ôtant de $1.^k 08$ de charbon, les $0.12$ pour l'eau qu'il contient, et les $0.03$ pour les matières incombustibles, il reste $1.^k 08 - 1.08 \times 0.15 = 0.^k 92$ carbone brûlé par minute; mais, pour transformer un kilogramme de carbone en acide carbonique, il faut $11.^k 44$ d'air; la trompe n'ayant donné que $5.^k 976$, il est donc de toute impossibilité que pendant cette première partie de l'opération le carbone ait été totalement transformé en acide carbonique par le vent de la trompe. On voit, au contraire, que la transformation en oxide de carbone devient très probable, car pour cette transformation, $0.^k 92$ carbone exigerait $0.92 \times 5.72^k = 5.^k 262$ air atmosphérique, poids d'air qui se rapproche très sensiblement de $5.^k 976$ que la trompe a donné *tout au plus* ; il est vrai que le minerai ou la greillade ont fourni de l'oxigène : mais nous reviendrons plus tard sur cette influence.

470. Entrons dans la deuxième période.

L'escola donne dix degrés de vent, jette sur le feu du côté du mur de minerai une corbeille de scories grossièrement pulvérisées, et une autre de scories plus fines en guise de greillade ; elles proviennent du massé précédent : il ajoute deux corbeilles de charbon, une de greillade, trois écopées d'eau par-dessus celle-ci, d'où

Le valet verse une écopée d'eau sur le bout d'une pièce qui chauffe et retire celle-ci

Nouvelle addition toujours faite de la même manière de deux corbeilles de charbon, une de greillade, quatre écopées d'eau

| Temps écoulé. | Tension. | Eau. | Charbon. |
|---|---|---|---|
| 73' | $10^d$ ou $0.^m 0451$ | 1.5 | $^{mmm}$ 0.070 |
| 78' | | 0.5 | |
| 80' | | 2 | 0.070 |

| Temps écoulé. | | Tension. | Eau. | Charbon. |
|---|---|---|---|---|
| 88' | Le valet verse une écopée d'eau sur le bout d'une pièce qui chauffe et retire celle-ci. L'escola ajoute deux corbeilles charbon, une de greillade, quatre écopées d'eau, ci | | 2.5 | 0.070 |
| 92' | Le valet et l'escola font en avant du trou du chio un lit de fraisil bien battu à la pelle; c'est le lit sur lequel les scories s'écouleront plus tard; presque au même moment le valet coule une écopée sur le bout d'une pièce au feu | | 0.5 | |
| 95' | Il retire cette pièce, et la livre à celui qui étire. | | | |
| 99' | Nouvelle addition de deux corbeilles charbon, une de greillade, trois écopées d'eau. | | 1.5 | 0.070 |
| 101' | L'ouvrier verse une écopée sur le bout d'une pièce qui chauffe. | | 0.5 | |
| 106' | On jette en guise de greillade une petite corbeille de scories grossièrement concassées, et provenant de la fin du dernier massé.<br><br>On retire du feu ce qui restait à chauffer de la seconde massoquette, et on le livre à l'ouvrier du marteau; les deux massoquettes sont donc étirées. | | | |
| 109' | Addition de deux corbeilles charbon, une greillade, trois écopées d'eau. | | 1.5 | 0.070 |
| 116' | On retire du feu la grande massoque qui dès lors a mis 116' — 70' = 46' à chauffer; (ses dimensions étaient : longueur 0.$^m$85, largeur 0.$^m$15, hauteur 0.$^m$16).<br><br>On ajoute une corbeille charbon et une petite corbeille de bourres (battitures et scories grasses) qui restaient encore. | | | 0.035 |
| 119' | La massoque est coupée en deux par les ouvriers du marteau.<br><br>On remet la moitié la moins chaude au feu, pendant qu'on fait une queue à l'autre moitié. (Voyez le travail du marteau); on ajoute deux corbeilles charbon. | | | 0.070 |
| 121' | On perce le trou du chio pour la première fois; cette opération se fait en enfonçant à coups de pointe de palenque ou ringard l'argile qui bouche ce trou; les premières scories coulent; elles forment une plaque qui se tient, on les arrose; ce sont des scories lourdes (277). | | | |
| 126' | On retire la demi-massoque qu'on livre à l'ouvrier du marteau qui va lui faire une queue; il rend en échange l'autre demi-massoque dont la queue est faite, et qu'il faut chauffer; — ou ajoute charbon.<br><br>Le valet ramasse toutes les scories qui viennent de couler; elles sont trop lourdes; on les rejette sur le feu en guise de greillade; elles forment deux corbeilles.<br><br>L'escola les recouvre d'une corbeille de charbon; par-dessus celui-ci il jette une corbeille de greillade, puis, sur cette dernière deux écopées d'eau. | | | 0.035<br><br>0.035 |
| 132' | On remet une pièce à chauffer. | | 1 , | 0.035 |

**Temps écoulé.**

**136′** On verse une écopée sur la queue de cette pièce; on la retire et on ajoute une corbeille de charbon. — Eau 0.35, Charbon 0.035

**139′** On ajoute une corbeille charbon, une de greillade, trois écopées d'eau. — Eau 1.5, Charbon 0.035

**142′** On perce une seconde fois le chio pour faire écouler les scories; l'escola tire la chaîne et élève d'un seul coup le pèse-vent à 14 degrés ou $0.^{m}0632$.

OBSERVATION.

Pendant cette deuxième période, dont la durée a été de $142' — 73' = 69'$, il a donc été ajouté $0.^{mmm}595$ charbon, mais le niveau du charbon s'étant notablement élevé, nous admettrons que, pendant ces 69 minutes, on a brûlé $0.^{mmm}500$ charbon seulement, de sorte qu'au moment actuel il y a au feu un volume de charbon $= 0.095 + 0.253 = 0.^{mmm}348$; on a donc brûlé $0.^{mmm}500$ charbon ou $0.^{mmm}500 \times 225^k = 112.^k5$ charbon de forge en 69 minutes, soit $\dfrac{112.^k5}{69} = 1.^k63$ par minute; cela revient à $1.^k63 \times 0.85 = 1.^k385$ carbone pur en 1 minute.

Or, $1.^k385$ carbone pur exigeront, pour se transformer en acide carbonique, $11.^k44 \times 1.385 = 15.^k844$ air atmosphérique.

Pour se transformer en oxide de carbone il n'en faudrait que moitié ou $7.^k922$; et nos tables de vent nous indiquent que, sous la tension de 10 degrés la trompe a donné $6.^k684$ d'air par minute; donc, abstraction faite pour le moment de l'oxigène qu'a pu fournir le minerai, ce charbon n'a pu se transformer entièrement en acide carbonique, et tout au plus a-t-il passé à l'état d'oxide de carbone.

**471. Continuons.**

**142′** L'escola ayant élevé la tension du vent à 14 degrés ou 0.0632, donne la mine pour la première fois, c'est-à-dire qu'il la fait descendre en introduisant son ringard ou sa palenque, fig. 36, entre les ferrures de l'ore et le mur de minerai. Il pousse sa palenque droit au fond sans qu'aucun des points de la partie plongée de l'outil cesse d'être en contact avec l'ore, et cela vers le milieu du mur de minerai, c'est-à-dire dans le plan vertical qui contiendrait l'axe de la tuyère; il répète la même opération dans l'angle du creuset formé par l'ore et le laitairol; il ne la donne point encore dans l'angle formé par l'ore et la cave. — Tension $14^d$ ou $0.^m0632$

**148′** Il ajoute deux corbeilles charbon, une greillade, trois écopées d'eau. — Eau 1.5, Charbon 0.070

**156′** La mine s'étant un peu affaissée après l'opération faite tout à l'heure, l'escola pousse sur la pente de l'ore à l'aide

| Temps écoulé. | | Tension: | Eau. | Charbon |
|---|---|---|---|---|
| | du bascou, fig. 33, la mine qui était restée sur l'aire A A ; il ajoute deux corbeilles charbon, une greillade, trois écopées d'eau. | | 1.5 | 0.070 |
| 159′ | Il perce le chio une troisième fois pour faire sortir les scories. | | | |
| 160′ | L'escola donne la mine de nouveau ; cette fois il commence par l'angle de la cave, passe au milieu du mur, et ne la donne point dans l'angle du laitairol. | | | |
| 164′ | Il ajoute une corbeille de charbon. | | | 0.035 |
| 165′ | Puis une autre corbeille de charbon , une de greillade, trois écopées d'eau, puis une écopée sur la queue d'une pièce qui chauffe. | | 2 | 0.035 |
| 170′ | Il ouvre le chio pour la quatrième fois, les scories coulent ; il ne referme pas le chio immédiatement ; ce trou reste ouvert ; il ajoute deux corbeilles charbon, une de greillade, trois écopées d'eau. | | 1.5 | 0.070 |
| | Le trou du chio étant toujours ouvert, il y fouille avec la palenque à droite, à gauche ; il cherche à faire écouler les scories qui ne sortent pas assez abondamment d'après lui. | | | |
| 176′ | A cet instant la flamme du creuset blanchit et rappelle l'éclat que le fer acquiert lorsque dans les laboratoires on brûle ce métal dans l'oxigène pur (13). L'escola referme alors précipitamment le trou du chio. | | | |
| 178′ | Il ajoute une corbeille de charbon. | | | 0.035 |
| 180′ | Puis une nouvelle, et de plus une corbeille de greillade et trois écopées d'eau. | | 1.5 | 0.035 |
| 181′ | Il donne la mine de nouveau d'un coup de palenque au milieu de l'ore. L'extrémité inférieure de l'outil restant fixe, il imprime à celui-ci un mouvement de va et vient parallèlement à l'ore, et l'outil restant toujours en contact avec les ferrures de cette face. | | | |
| 184′ | L'escola tire la chaîne et élève la tension du pèse-vent à 15 ou 16 degrés ou 0.$^{m}$0722. | | | |

OBSERVATIONS SUR LA TROISIÈME PÉRIODE.

Pendant cette troisième période, dont la durée a été d'environ 184′ — 142′ = 42′, il a été fait une addition de 0.$^{mm}$350 charbon. Le niveau du combustible n'ayant point sensiblement varié , on peut admettre qu'au moment actuel il reste au creuset un volume de 0.$^{mm}$348 charbon, comme à la fin de la seconde période, et que dès lors il a été brûlé pendant la troisième $\dfrac{0.350 \times 225^{k}}{42'} = 1.^{k}875$ charbon de forge par minute, équivalent à $1.^{k}875 \times 0.85 = 1.^{k}594$ carbone.

| Temps écoulé. | | Tension. | Eau. | Charbon. |
|---|---|---|---|---|
| | Or, pour se transformer en acide carbonique, cette quantité de carbone exigerait $1.594 \times 11.44 = 18.^{k}235$ air atmosphérique. | | | |
| | Pour se transformer en oxide de carbone $9.^{k}1175$ ou moitié seulement, et, d'après nos tables de vent, sous une tension de 14 degrés ou $0.^{m}0632$, la trompe a donné au plus $7.886$. | | | |
| | Donc encore ici et abstraction faite de l'oxigène qu'a pu fournir le minerai, le charbon n'a pu se transformer en entier en acide carbonique, et tout au plus a-t-il passé à l'état d'oxide de carbone. | | | |

**472. QUATRIÈME PÉRIODE.**

| Temps écoulé. | | Tension. | Eau. | Charbon. |
|---|---|---|---|---|
| 184′ | L'escola porte le pèse-vent à 16 degrés ou $0.0722$. | 16 ou $0.^{m}0722$ | | |
| 189′ | Il remet au feu les scories de la dernière coulée qu'il trouve trop lourdes ; il ajoute une corbeille de charbon, une de greillade, trois écopées d'eau. | | 1.5 | 0.035 |
| | Il pousse la mine avec le *bascou* ; elle a tout à fait cessé de fumer ou de fournir des vapeurs. | | | |
| 193′ | Il perce le chio, fait écouler les scories ; il laisse le chio ouvert, jette deux corbeilles de charbon, une de greillade, trois écopées d'eau ; *il referme le chio*. | | 1.5 | 0.070 |
| 198′ | Je remarque à cette époque que le minerai est couvert de flammes d'un bleu azur. Le valet donne la mine, mais seulement dans l'angle de l'ore et de la cave ; à l'endroit où il a enfoncé la palenque, apparaît une flamme rouge jaune ; les flammes bleues qui flottaient sur la mine prennent elles-mêmes une teinte un peu plus rougeâtre. Au bout de quelques minutes la teinte rouge disparaît dans toute cette partie, la flamme y revient au bleu. On pousse la mine avec le *bascou*, cette flamme bleue persiste. | | | |
| 203′ | On ajoute une corbeille charbon, une de greillade, trois écopées d'eau ; *on remet au feu les scories trop lourdes* de la dernière coulée. | | 1.5 | 0.035 |
| 205′ | A cette époque, l'étirage est complètement terminé ; on ne chauffera plus de fer ; on rejette encore quelques scories lourdes sur le charbon, et l'on perce le chio de nouveau. | | | |
| | Le chio reste ouvert, la flamme se colore partout en jaune rouge, la teinte bleue a partout complètement disparu ; elle reparaît du côté du minerai à l'instant où l'on ferme le chio et y persiste. | | | |
| 213′ | L'on donne la mine de nouveau par deux coups ; l'un au milieu de l'ore, l'autre dans l'angle de cette face et de la cave. La pointe de la palenque revient du fond revêtue d'une croûte incandescente d'un blanc éclatant. En frappant violemment la palenque contre un corps dur, la pièce $q$ | | | |

Temps écoulé

perpendiculairement à la longueur de l'outil et à une cer- taine distance de l'extrémité inférieure, elle est fortement ébranlée ; la croûte qui y adhérait se détache ; je la recueille et l'examine après l'avoir plongée dans l'eau pour la refroi- dir ; c'est du fer très peu souillé ; il est grenu, ne présente aucune espèce de nerf ; il est gris bleu à la surface ; raclé avec un couteau, la raclure est d'un blanc très brillant. Ce fer s'est complètement *moulé* sur la pointe du ringard en une espèce de cornet arrondi inférieurement, dont la longueur est de plus de o.<sup>m</sup>o5, et l'épaisseur variable de o.<sup>m</sup>oo4 à o.<sup>m</sup>oo8. Je n'ai pu parvenir que très difficilement à le briser en m'aidant d'un fort marteau à deux mains ; il s'est ou- vert en deux parties ; j'ai frappé fortement sur la convexité de l'une d'elles, elle a résisté à ce choc.

**215′** On ajoute une corbeille de charbon, une de greillade, trois écopées d'eau.

**219′** On perce le chio de nouveau ; de nouvelles scories cou- lent, la flamme rougit ; celle du côté de la mine revient au bleu dès que le chio est fermé.

**220′** Addition d'une corbeille charbon, une de greillade, trois écopées d'eau.

**224′** On donne la mine dans l'angle, puis au milieu de l'orc. Le charbon commence à se couvrir d'une poussière jaune que j'ai constamment remarquée vers la quatrième heure de l'opération, et dont je ne me suis jamais expliqué la pré- sence. Je n'ai assisté à *aucune* opération, et j'en ai vu beaucoup, où je n'aie remarqué ce phénomène bizarre. Il s'est également présenté dans tous les essais que j'ai faits à ma petite forge catalane. Il a lieu sans exception, quelle que soit la qualité du charbon employé ou celle de la mine, et c'est toujours vers la quatrième heure qu'il se présente. Toute la surface des charbons incandescents situés à la partie supérieure, sont recouverts d'une espèce de cendre d'un jaune de soufre parfaitement distinct et quelquefois éclatant. J'ai consulté quelques escolas sur ce phénomène qui ne paraît nullement les embarrasser. Ils l'attribuent unanimement au *soufre* qui se dégage de la mine. On pense bien que je ne discuterai pas cette explication ; s'il est facile toutefois d'en montrer l'absurdité, il n'est pas aussi facile d'en trouver une autre qui puisse lui être substituée. J'ai cru quelque temps à une illusion, mais j'ai recueilli des morceaux de charbon couverts de cette poussière ; je les ai laissés refroidir à l'abri de l'agitation de l'air ; ils se sont éteints, et m'ont encore montré cette poudre jaune soufre ou citrine, qui paraît du reste superposée à la cendre en une couche assez mince. Je recommande cette substance

| | Tension: | Eau | Charbon |
|---|---|---|---|
| 215′ | | 1.5 | 0.035 |
| 220′ | | 1.5 | 0.035 |

| Temps écoulé. | | Tension. | Eau. | Charbon. |
|---|---|---|---|---|

à ceux qui s'occupent de la chimie comme science (1).

**230′** On perce le chio pour faire écouler les scories ; la flamme change de couleur pendant qu'il est ouvert, comme nous l'avons vu plus haut : on le referme ; on ajoute une corbeille charbon, une de greillade, trois écopées.      **1.5**   **0.035**

Alors la greillade peut être considérée comme épuisée ; l'escola va tirer la chaîne, il donne le vent ; le pèse-vent s'élève à 18 degrés francs ou 0.$^m$0812.

OBSERVATIONS SUR CETTE QUATRIÈME PÉRIODE.

Le niveau du charbon s'est peu élevé pendant cette période ; on peut admettre qu'on a brûlé un volume de charbon égal aux additions faites = 0.$^{mmm}$280 qui revient à 63$^k$ ; la période a eu une durée = 230′ — 184′ = 46′ ; c'est $\frac{63}{46}$ = à très peu près 1.$^k$37 charbon de forge par minute : cela donne 1.$^k$37 × 0.85 = 1.$^k$16 carbone par minute ; or, 1.$^k$16 carbone, pour passer à l'état d'acide carbonique, exige 1.$^k$16 × 11.44 = 13.$^k$27 air atmosphérique, et moitié ou 6.$^k$635 pour se transformer en oxide de carbone.

La machine soufflante a donné, sous une tension de 0.0722 ou 16 degrés, 8.$^k$403 air atmosphérique par minute au plus ; c'est 2$^k$ de plus qu'il n'en faut pour former de l'oxide de carbone, et abstraction faite de l'oxigène du minerai 5$^k$ environ de moins que ce qu'exigerait la transformation en acide carbonique.

Il reste au creuset 0.$^{mmm}$348 charbon.

**230′** **473. CINQUIÈME PÉRIODE.**      18$^d$ ou 0.$^m$0812

A cette époque les flammes ont perdu un peu de leur teinte bleue ; le charbon est presque partout enflammé à la surface du creuset ; on n'y voit presque plus de charbon noir ; de plus, il ne reste pas de minerai apparent ; tout le le mur de mine a disparu sous le charbon.

**239′** On perce de nouveau pour les scories ; la flamme sort du chio avec un fracas qui rappelle le bruit du tonnerre à distance ; on referme le chio.

**244′** Le valet donne encore la mine dans l'angle de l'ore et de la cave, puis vers le milieu de l'ore.

A cette époque, les ouvriers du marteau placent le harnachement pour casser la mine destinée à l'opération suivante.

**249′** A l'aide du *bascou* on presse mine et charbon de l'ore vers le milieu du creuset ; la flamme bleue reparaît un peu après cette poussée, mais du côté de l'ore seulement.

---

(1) Il paraît que ce phénomène n'avait pas échappé à Dietrich, et que cette poussière jaune provient du minerai de Viedessos ; il ne l'a point remarquée du moins en traitant, dans le creuset catalan, des minerais en grains du Berry. Il dit, page 80, à propos du traitement de ces minerais « les charbons n'étaient point enduits de *soufre* comme quand on fond de la mine de Viedessos. »

| Temps écoulé. | | Tension. | Eau. | Charbon. |
|---|---|---|---|---|
| 250′ | A cette époque on jette sur le feu tout ce qui reste de charbon dans le parson. J'ai relevé la capacité de cette mesure ; elle présente les dimensions suivantes : longueur $2.^m07$, largeur $1.^m16$, hauteur $0.81$ ; capacité $= 2.07 \times 1.16 \times 0.81 = 1.^{mmm}944972$, soit $1.^{mmm}945$ ; le volume mis au feu jusqu'ici et depuis le commencement s'élève à $1.^m793$ ; on y jette donc $1.945 - 1.793 = 0.^{mmm}152$ (1), cela fait à peu près quatre corbeilles ; on ramasse encore quelque peu de greillade sur le sol et on la jette par-dessus le combustible ; alors la masse de charbon qui surmonte le creuset est très élevée ; elle dépasse le niveau du haut de l'ore d'une quantité que j'évalue à vue d'œil à la profondeur du creuset depuis ce niveau. Le charbon forme ainsi une pyramide quadrangulaire dont le sommet est dans l'angle de la cave et du parédou à la hauteur que je viens de fixer, et dont la base a pour limite l'intersection des quatre faces du creuset, par un plan à peu près horizontal passant un peu au-dessous de la partie supérieure de l'ore. | | | $^{mmm}$ 0.152 |
| 254′ | On perce encore pour les scories. | | | |
| 259′ | On donne la mine au milieu de l'ore et dans l'angle de cette face et du laitairol. Il devient évident ici que le massé occupe une place considérable sous le charbon ; la palenque, lorsqu'on donne la mine, s'enfonce considérablement moins que lorsqu'on la donnait les premières fois. Je sonde moi-même avec la palenque, et je sens distinctement le massé au bout de l'outil.<br><br>À l'aide du *bascou*, on pousse le charbon de tous les côtés vers l'angle de la cave et des porges. | | | |
| 265′ | On commence à avoir recours au charbon supplémentaire ; une immense corbeille pleine-comble est apportée et jetée sur le feu, ces corbeilles sont celles dont il entre 18 au parson, d'où<br>On perce encore pour les scories. | | | 0.108 |
| 272′ | On donne encore la mine, la palenque s'enfonçant toujours beaucoup moins qu'en commençant, et ne servant guère qu'à pousser le minerai en le faisant glisser sur la surface du massé de manière à le rapprocher de la tuyère. La chaleur étant extrême, et le rayonnement très considérable, le valet jette de l'eau sur le feu pendant que le maître donne la mine. | | 1.5 | |

(1) Je ferai remarquer ici que la capacité des corbeilles, ou plutôt du charbon qu'elles pouvaient contenir, a été évaluée après l'opération en divisant la capacité du pars n par le nombre de corbeilles ajoutées déduction faite de la quantité qui a servi à charger. Il est certain que ces corbeilles, ne contenaient pas toutes exactement $0.^{mmm}035$ ; mais il est également certain qu'il n'y a pas d'erreur sensible à craindre en évaluant le volume de charbon brûlé pendant chaque période par le produit de $0.^{mmm}035$ et du nombre de corbeilles ajoutées pendant cette période.

| Temps écoulé. | | Tension. | Eau. | Charbon. |
|---|---|---|---|---|
| 275′ | On jette une deuxième grande corbeille supplémentaire de charbon. | | | mmm<br>0.108 |
| 279′ | On perce de nouveau pour les scories ; elles sont très maigres. | | | |
| 281′ | On donne de nouveau la mine. | | 1.5 | |
| 290′ | On perce encore pour les scories. | | | |
| 293′ | On donne encore la mine au milieu de l'ore et dans l'angle de cette face et du laitairol, mais toujours peu profondément. | | 1.6 | |
| 295′ | L'escola, à l'aide de la palenque, commence à briser les crêtes ou aspérités de son massé, et surtout du côté de la banquette ; il agit ensuite avec le bascou. | | | |
| 296′ | Il perce pour les scories. | | | |
| 304′ | On sonde par la tuyère à l'aide d'une tige en fer ( le silladou) parce que son œil menace de se fermer. Je recueille ce qui s'est attaché à l'extrémité du silladou ; je le plonge dans l'eau ; c'est une espèce de dé en fer souillé de cuivre (la tuyère est en cuivre) ; ce dé ne s'est point moulé sur le silladou, mais il présente deux couches bien distinctes de o.<sup>m</sup>001 d'épaisseur chacune qui se sont enroulées l'une sur l'autre, comme le ferait une lame de tôle à laquelle on ferait faire deux tours entiers sur l'extrémité d'une règle, en faisant tourner celle-ci sur son axe ; ce qui du reste est le mouvement de torsion qu'on imprime au silladou lorsque son extrémité a dépassé l'œil de la tuyère. | | | |
| 307′ | On jette encore une grande corbeille supplémentaire de charbon. | | | 0.108 |
| 309′ | On perce de nouveau pour les scories. | | | |
| 312′ | Les ouvriers du marteau commencent à casser la mine pour le massé suivant.<br>Cette opération dure 6 minutes. | | | |
| 313′ | On donne encore la mine dans l'angle de l'ore et de la cave ; l'escola pousse de tous côtés le charbon dans l'angle à l'aide du bascou. | | 1.5 | |
| 318′ | Il perce pour les scories. | | | |
| 321′ | L'escola travaille du côté de la banquette à briser les angles du massé ; il pousse vers le centre du feu les morceaux qui ne se sont pas soudés et qui peuvent flotter dans le charbon, c'est-à-dire qu'il commence la *baléjade*. Un dé en fer s'est moulé sur le lingard ; je le recueille et l'examine après l'avoir éteint dans l'eau ; c'est un fer à gros grains un peu poreux et sans aucune apparence de nerf ; il est noir bleuâtre. | | | |
| 327′ | Il perce encore pour les scories. | | | |
| 329′ | Il jette encore sur le feu une grande corbeille supplémentaire, puis fouille encore avec la palenque pour rassembler les morceaux épars de minerai qu'il cherche à accumuler | | | 0.108 |

| Temps écoulé. | | Tensions. | Eau. | Charbon. |
|---|---|---|---|---|
| | sous l'extrémité de la tuyère ; il brise les crêtes du massé à l'aide de la palenque qui lui sert de lévier, les bords du creuset fournissant eux-mêmes les points d'appui. A l'aide d'un ringard plus petit il opère de même du côté des porges sous la tuyère. | | | |
| 333′ | Il perce encore pour les scories, fouille le chio avec la palenque et en dessous du massé. | | | |
| 338′ | L'escola travaille de nouveau à briser les crêtes et les aspérités du massé. On peut dire qu'il met la dernière main à son œuvre ; il commence à l'angle de l'ore et de la cave sonde, brise et pousse au milieu du massé les débris des crêtes pour qu'ils se soudent ; il parcourt ainsi et successivement toute la longueur de l'ore, puis celle de la banquette. L'eau ruissèle sur tout son corps ; bien que la visière de sa casquette soit abaissée pour protéger ses yeux et ses joues, il ne peut se soustraire à l'énorme rayonnement qui se fait de bas en haut. Je porte un thermomètre à environ un mètre et demi en arrière de la position qu'il occupe ; il dépasse quarante degrés centigrades en peu d'instants. | | | |
| 343′ | La flamme blanchit subitement et prend beaucoup d'éclat. L'escola, à qui ce phénomène n'échappe pas, me dit que c'est un signe que *cela se mange* (13). | | | |
| | Je lui demande à quoi il attribue que la flamme ne glisse pas bien le long de l'ore ; il me répond que la tuyère est très vieille et de plus entamée du côté de la banquette, ce qui fait qu'elle souffle de ce côté plus qu'elle ne devrait et empêche le vent d'arriver jusqu'à l'ore. C'est à ce défaut réellement capital qu'il attribue aussi la consommation un peu forte de combustible pendant cette opération, et aussi sa durée qui dépassera un peu la durée légale. | | | |
| 350′ | Il perce pour les scories. | | | |
| 353′ | Il fouille le creuset avec la palenque, brise encore les crêtes du massé qu'il rencontre, puis ramène le charbon de l'ore vers la tuyère avec la pelle, fig. 35, par une manœuvre difficile à décrire et qui consiste à prendre la banquette pour point d'appui et à chasser le charbon vers le mur de tuyère en agitant la pelle à peu près comme si l'on ramait avec cet outil. | | | |
| | A cette époque on prépare un lit de fraisil sous le marteau pour recevoir le massé qui va être tiré dans peu d'instants. | | | |
| 358′ | Le valet essaie encore de briser quelques angles du massé. | | | |
| 359′ | On ramène le peu de charbon qui recouvre le massé vers le mur de tuyère, comme nous l'avons indiqué ; on perce | | | |

Temps
écoulé.

le chio pour la dernière coulée de scories ; le chio reste ouvert.

363'    On lâche la chaîne ; les étranguillons sont bouchés, le vent cesse ; l'opération est terminée.

Je dirai tout à l'heure comment on tire le massé ; arrêtons-nous un moment sur cette dernière période et résumons l'ensemble.

### OBSERVATIONS SUR CETTE CINQUIÈME PÉRIODE.

La durée de cette période, qui a quelque peu dépassé la durée légale, a été de 363' — 230 = 133'.

Bien qu'il reste du charbon incandescent dans le creuset, il n'y a pas à en tenir compte ; on sait en effet qu'il provient du massé précédent et qu'il retournera au massé suivant. La dépense en combustible, pendant cette période, est donc la somme des additions faites, plus ce qui restait au creuset à la fin de la quatrième et qui provenait originairement du pärson ; or, il restait $0.^{mmm}348$ ; on a ajouté $0.^{mmm}584$ ; donc il a été brûlé $0.^{mmm}932$ en 133' ; soit $209.^k7$ en 133' ; soit $\frac{209.7}{133} = 1.^k351$ par minute, charbon de forge, donnant $1.^k351 \times 0.85 = 1.^k148$ carbone qui à son tour exigera $1.^k148 \times 11.44 = 13.^k13$ air atmosphérique pour passer à l'état d'acide carbonique, et $6.^k565$ seulement pour former de l'oxide de carbone.

Or, sous la tension de $0.^m0812$ ou 18 degrés, la trompe, d'après nos tables, a donné *tout au plus* $8.^k901$ ; c'est $2.^k336$ de plus qu'il n'en faut pour passer au second état, et $4.^k23$ de moins que ce qu'exige le premier.

Tension.    Eau.    Charbon

474. Pendant 73' on a soufflé à 8$^d$

ou 0.$^m$o361, fourni 5.$^k$976 air par minute ou en tout   436.$^k$25

On a brûlé. . . .   1.$^k$o8  charbon par minute ou en tout . .   78.$^k$75 ou 0.$\overset{mmm}{350}$.

Ou transformé en gaz. . . . . . . . . . .   66.$^k$94 carbone,

Et vaporisé. . . . . . . . . . . .   9.$^k$45 eau.

Plus. . . . . . . . . . . . . .   15.$^k$oo eau jetée dans le feu.

Ce n'est qu'après 2 heures de feu ou 121' qu'on a fait couler les premières scories.

Pendant 69' on a soufflé à 10$^d$

ou 0.$^m$o451, fourni 6.$^k$684 air par minute ou en tout 462.$^k$20.

On a brûlé. . . .   1.$^k$63  charbon par minute en tout. . . . 112.$^k$50 ou 0.$\overset{mmm}{500}$.

Ou transformé en gaz. . . . . . . . . . .   95.$^k$62 carbone,

Et vaporisé. . . . . . . . . . . .   13.$^k$50 eau.

Plus introduit dans le feu . . . . . .   13.$^k$50.

Ce n'est qu'après 2 heures 22' qu'on a donné la mine pour la première fois.

Pendant 42' on a soufflé à 14$^d$

ou 0.$^m$o632, fourni 7.$^k$886 air par minute ou en tout   331.$^k$21

On a brûlé. . . .   1.$^k$875 charbon par minute ou en tout . .   78.$^k$75 ou 0.$\overset{mmm}{350}$.

Ou transformé en gaz. . . . . . . . . . .   66.$^k$94 carbone,

Et vaporisé. . . . . . . . . . . .   9.$^k$45 eau.

Plus eau introduite. . . . . . . . .   8.$^k$oo eau.

Le chauffage des pièces est terminé après 3.$^h$25'; la poussière jaune apparaît après 3.$^h\frac{3}{4}$ de feu.

Pendant 46' on a soufflé à 16$^d$

ou 0.$^m$o722, fourni 8.$^k$4o3 air par minute ou en tout   386.$^k$54.

On a brûlé. . . .   1.$^k$37  charbon par minute ou en tout . .   63.$^k$ ou 0.$\overset{mmm}{280}$.

Ou a transformé en gaz. . . . . . . . . .   53.$^k$55 carbone,

Et vaporisé. . . . . . . . . . . .   7.$^k$56 eau.

Plus introduit dans le feu . . . . . .   9.$^k$oo

Tout le minerai a disparu sous le charbon après 3.$^h$5o' ou environ 4$^h$ de feu; après 4$^h$ 1o' il ne reste plus de greillade.

Pendant 133' on a soufflé 18$^d$ ou

0.$^m$o812 (1), fourni 8.$^k$9o1 air par minute ou en tout 1183.$^k$83.

On a brûlé. . . .   1.$^k$351 charbon par minute ou en tout . . 2o9.$^k$7o ou 0.$\overset{mmm}{932}$.

On a transformé en gaz carbonés . . . . . . 178.$^k$27

Et vaporisé. . . . . . . . . . . 25.$^k$16.

Plus eau introduite. . . . . . . . . 6.$^k$oo

Il en résulte :

*Durée* 363' ou 6 heures 3 minutes.

*Eau vaporisée.* . . . . . . . 106$^k$.62.

*Poids d'air total fourni par la trompe.* . . 2800.$^k$o3.

*Poids moyen d'air par minute.* 7.$^k$71.

Carbone total passé à l'état de gaz. 461.$^k$32.

Carbone par minute et moyennement. 1.$^k$27,

qui pour passer à l'état d'oxide exigerait (voyez n° 84) 7.$^k$264 air atmo.sphérique.

On a enfin, charbon brûlé en poids et en volume. . 544.$^k$7 ou 2.$\overset{slum}{412}$.

Quelques heures après, le massé étiré

avait fourni fer en barres               3.$^{qr}$79 ou 151.$^k$6;

il provenait de 12.$^{qr}$ mine ou 487.$^k$ environ.

_______

(1) On voit par ce tableau dans quelle erreur est tombé ape'rouse lorsqu'il écrivait, page 161 : « Envi-

Comment on
tire le massé.

**475.** Au moment où la trompe a cessé de souffler, les ouvriers des deux brigades (303) se sont réunis ; on a tiré le canon de bourec en arrière ; puis, à l'aide de la pelle, fig. 35, on a découvert le massé en rejetant sur l'aire *A A* tout le charbon incandescent placé au-dessus de lui ; ce charbon a été éteint en grande partie à grand renfort *d'écopées ;* le massé lui-même en a reçu quelques-unes ; le chio étant ouvert, fig. 2, planche I, le foyé a placé un appui devant cette ouverture en avant de la *respalme ;* il a introduit par le chio un ringard très fort de o.$^m$o7 à o.$^m$o8 de diamètre destiné à servir de lévier. Le petit bras de ce lévier a passé entre la pierre de fonds et le cul du massé ; alors, monté debout sur l'extrémité du grand bras, et s'appuyant sur l'épaule d'un ouvrier, le foyé a pesé sur cette extrémité en lui imprimant des secousses violentes avec ses pieds ; bientôt un second ouvrier est monté sur le ringard en avant du *foyé ;* en agissant ensemble, le massé s'est détaché de toutes parts et le grand bras du lévier s'est abaissé jusqu'à terre avec les ouvriers qu'il portait.

Dès que le massé a été détaché, l'escola, monté sur l'aire *A*, fig. 2, a engagé son ringard entre l'ore et le massé en essayant de retourner celui-ci le cul en l'air ; deux valets, également armés de ringards, sont bientôt venus à son aide du côté de la banquette et sans toucher à la tuyère, ils sont tous trois parvenus à retourner le massé sur les ringards *bira le massé su las palenques ;* c'est précisément à cet instant que le feu, fig. 2 a été *croqué*.

Arrivé à ce point, deux valets armés de crochets ( piquots ) sont venus se placer à côté des deux autres en avant du feu ; ils ont accroché la masse, puis faisant effort tous les cinq, ils l'ont renversée en avant du chio, en la faisant passer par-dessus la banquette. Le massé s'est trouvé ainsi renversé le cul à terre. En le faisant tourner à l'aide des crochets sur le sol, on le conduit bientôt auprès du marteau ; c'est là que nous le reprendrons lorsque nous parlerons du cinglage et de l'étirage.

Entre le moment où la trompe a cessé d'agir et celui où le massé est tombé à terre, il s'est écoulé six minutes ; huit minutes après ce dernier instant, on tirait la chaîne de la trompe pour commencer le massé suivant ; le fourneau était chargé comme nous l'avons dit (467) ; il n'y a donc guère que 14' ou $\frac{1}{4}$ d'heure d'intervalle de la fin d'un massé au commen-

---

ron une heure après que le feu est allumé, on lâche tout le vent des trompes. » J'ai lu cette phrase dans une foule d'autres Mémoires, dont les auteurs ne paraissent pas se douter qu'une effroyable consommation de charbon et un produit fort minime seraient la conséquence nécessaire d'un pareil excès de vent. L'opération que je viens de décrire pèche un peu par ce même excès.

cement du suivant, et la durée véritable de la réduction et de la fusion est de 5 heures $\frac{3}{4}$.

476. Dans l'opération que je viens de décrire, 487 kilogram. de minerai et greillade ont exigé 2.$^{mmm}$412 ou 544.$^k$7 de charbon de forge pour produire 151$^k$6 de fer étiré en barres ; on en déduit, en prenant les résultats de ce *feu* unique comme résultats moyens, que par l'emploi de la méthode catalane et *avec les matériaux actuels,*

100$^k$ minerai exigent 111.$^k$66 ou 0.$^{mmm}$495 charbon de forge, et donnent 31.$^k$08 fer en barres ;

Que pour obtenir 100$^k$ fer il faut 320.$^k$9 minerai, et 358.$^k$95 ou 1.$^{mmm}$589 charbon ;

Que 100$^k$ charbon traiteront 89.$^k$4 minerai, et produiront 27.$^k$831 fer en barres ;

Ou enfin que 1.$^{mmm}$000 charbon traitera 201.$^k$9 minerai, et produira 62.$^k$85 fer en barres.

477. Ces résultats sont quelque peu différents des bonnes moyennes que j'ai obtenues et que je donne ci-dessous. Le *feu* décrit a donné un très bon produit en fer ; mais la durée a excédé d'environ 17 minutes la durée légale, et la consommation en charbon a par conséquent été elle-même un peu plus considérable qu'à l'ordinaire, ce qu'on peut aussi attribuer à un certain excès de vent. J'ai de très bonnes raisons pour croire que, dans l'état actuel du minerai, les données ci-dessous sont plus rapprochées de la vérité. Bien que dans quelques cas, qui ne sont pas extrêmement rares, on obtienne avec 2.$^{mmm}$ de charbon ou 450$^k$ jusqu'à 4 quintaux ou 160$^k$ de fer de 487$^k$ de mine, il convient de regarder aujourd'hui les rapports ci-dessous comme des résultats qu'on ne dépassera que par le perfectionnement des méthodes, par une amélioration du minerai, par une surveillance plus active de la part des commis, et surtout plus d'instruction professionnelle chez les maîtres de forge.

J'admets que sur la durée d'une campagne entière et dans la forge la mieux conduite aujourd'hui,

487$^k$ minerai exigent *au moins* 2.$^{mmm}$300 ou 517.$^k$5 charbon, et rendent *au plus* 150$^k$ fer en barres ; on en déduit

100$^k$ minerai exigent 0.$^{mmm}$472 ou 106$^k$14 charbon, et rendent au plus 30.75 fer en barres ;

Que pour obtenir 100$^k$ fer, il faut 324.$^k$66 minerai et 1.$^{mmm}$533 ou 344.$^k$92 charbon ;

Que 100$^k$ charbon traiteront 94.$^k$21 minerai et produiront 28.$^k$969 fer en barres ;

Ou enfin que 1.<sup>mmm</sup>ooo charbon traitera 211. 73 minerai, et produira 65. 11 fer en barres.

478. Il n'est peut-être pas sans intérêt de rapprocher de ce dernier tableau les produits et consommations qui avaient lieu au temps des Dietrich et des Lapeirouse, c'est-à-dire il y a environ un demi-siècle. Lapeirouse a été fort peu explicite sur ce sujet, Dietrich l'a été beaucoup plus. Le premier, page 169 de son ouvrage, nous apprend que 900 livres de mine grillée (car on grillait à cette époque), dont $\frac{1}{3}$ en greillade, exigeaient 11 à 12 quintaux de charbon lorsque la forge était en bon train, et que le massé donnait alors de 350 à 400 livres de fer forgé, ou en moyenne 375 livres ; toutefois, Lapeirouse ne nous dit point quelle quantité de minerai cru produisait 900 livres de minerai grillé, ni si dans les 11 à 12 quintaux de charbon il comprenait celui qui avait servi au grillage. Dietrich a rendu ces données moins incomplètes ; suivant lui (page 39 de son Mémoire), 1280 livres poids de marc, minerai cru, rendaient environ 900 livres poids de marc de mine grillée ; c'est-à-dire que le minerai perdait 29 pour cent de son poids par le grillage. Pour griller 1280 livres on passait un sac de charbon, et le sac de charbon avait une capacité de 5 pieds cubes (page 40), et pesait moyennement 70 livres.

Je trouve en outre, page 65, le renseignement qui suit : « Ces 9 quin- « taux (mine grillée) doivent produire constamment, dans les forges où le « charbon n'est pas mauvais, un massé de quatre quintaux rendant trois « quintaux et demi de fer étiré, et *même* quatorze quarterons et demi, « c'est-à-dire 362 livres à très peu près. On emploie douze et demi à « treize sacs de charbons par massé ; il n'en faut pas même douze lorsque « le charbon est très bon ; mais, pour ne pas se tromper, il faut *au moins* « compter treize sacs l'un dans l'autre et quatorze sacs en y comprenant « celui du recuit (grillage). »

Il résulte de ces documents que

1280 minerai cru exigeaient au moins 980 charbon, et donnaient *même* 362 fer étiré, ou que

100 minerai exigeaient au moins 76.5 charbon, et donnaient au plus 28.28 fer en barres ;

Que pour obtenir 100 fer, il fallait 353.6 minerai, et 270.5 charbon ;

Et qu'enfin 100 charbon traitaient 138.7 minerai, et produisaient 36.96 fer étiré.

479. Si l'on pouvait compter sur l'exactitude de ces résultats, il faudrait en conclure que

100 parties de fer qui exigent aujourd'hui 345 charbon environ, s'ob- tenaient autrefois avec 270 ; le minerai, il est vrai, rendait environ 2 o/o

de moins, mais cette légère perte n'est nullement comparable à celle qui résulte de l'énorme excédant de charbon qu'on brûlerait aujourd'hui.

Ces différences dans les consommations proviendraient-elles de ce qu'on a renoncé au grillage? Faut-il au contraire les attribuer à l'état actuel du minerai vendu aux forges aujourd'hui? ou enfin l'art aurait-il dégénéré à ce point dans l'Ariége? La composition moyenne du minerai qu'on employait autrefois dans ces forges éclairerait ces questions; mais cette composition ne nous a pas été transmise.

480. Je dois faire observer cependant qu'il me reste plus que des doutes sur ces évaluations. En effet, Dietrich, qui nous les a fournies, laisse percer dans tout son Mémoire une sorte d'incertitude peu faite pour inspirer confiance aux résultats énoncés ci-dessus.

Ainsi, on lit, page 225 :

« *Le terme moyen de la consommation du charbon dans les forges du comté de Foix* « *est de 35 sacs ( 70 livres chaque ) par millier de fer forgé.* »

Voilà 100 parties de fer pour 245 charbon au lieu de 270; ce n'est pas tout.

On trouve, dans une lettre de 1785, page 77, adressée à M. Dietrich, par M. Vergnies, maître de forges instruit, les mots suivants : ainsi, « avec « trois livres un quart de charbon nous faisons une livre de fer; » d'où maintenant 100 fer exigent 325 charbon.

Enfin, page 35, Dietrich donne un calcul et une note que je vais transcrire textuellement, et qui sont en contradiction entre eux et avec les données qu'il a admises ailleurs.

« *Je calculai, dit-il, que la totalité de la fabrication du fer dans le comté de Foix* « *étant de 5,550,000 livres, celle du charbon de 295,200 sacs, à raison de quatorze* « *sacs au massé , était de 350 livres; le sac de cinq pieds cubes pesant l'un dans* « *l'autre 70 livres.* »

Il résulte clairement de ces données cette autre évaluation :

100 fer exigent 372 charbon; cependant, la note, qui accompagne le calcul ci-dessus, est conçue ainsi :

« *Selon ce calcul, la livre de fer ne coûterait pas tout-à-fait trois livres de charbon,* « *mais en tenant compte d'un dixième de déchet dans les halles, ce calcul se trouve* « *d'accord avec l'évaluation ordinaire de la consommation de charbon dans le comté* « *de Foix.* »

Au milieu de ces contradictions et de ces faux calculs, je crois qu'il faut s'en tenir à l'évaluation de M. Vergnies qui a laissé dans ces pays une réputation de maître de forges instruit et de bonne foi. Je regarderai donc d'abord comme probable que 100 fer exigeaient autrefois 325 charbon ; et Dietrich lui-même viendrait au besoin confirmer cette dernière évaluation, car après avoir trouvé que 100 livres exigent tantôt 245, tantôt 270, tantôt 372, il ajoute, page 35 : « En général, on ne compte que 3 livres à 3 livres $\frac{1}{4}$ de charbon à la livre de fer forgé ; » ce qui fait au plus 325.

Conclusions sur les consommations

481. On consommerait donc aujourd'hui 20 parties de charbon de plus qu'on n'en brûlait autrefois pour obtenir 100 livres de fer ; mais cette dernière conclusion ne paraîtra pas elle-même fort rigoureuse si l'on veut bien remarquer que la consommation de charbon exprimée ci-dessus en poids est constamment évaluée au volume dans ces forges, et qu'elle repose entièrement sur la supposition admise autrefois dans ces usines, que 5 pieds cubes de charbon pesaient 70 livres, ce qui porte le poids du mètre cube à environ 204 kilogrammes (7) ; or, nous avons évalué le poids de ce mètre cube de charbon à 225 kilogrammes. Si le charbon, comme il est assez probable, n'a pas changé de nature depuis cinquante ans, l'un de ces deux poids spécifiques est faux ; si c'est le premier, il faut évidemment pour obtenir la consommation réelle en poids, multiplier le résultat de M. Vergnies par $\frac{225}{204}$ ; si, au contraire, c'est le second, il faut multiplier les poids de charbon du n° 477 par $\frac{204}{225}$ ; on arrive ainsi aux résultats suivants : 100 fer, exigeant aujourd'hui 345 charbon, en exigeaient autrefois 358 ; ou bien 100 fer, qui exigeaient autrefois 325 charbon, en exigent aujourd'hui 312 environ. J'avoue que le premier résultat me paraît plus probable, et, si on l'admet avec moi, l'art, au lieu d'avoir dégénéré, aura fait un progrès d'autant plus sensible que, outre l'économie en charbon, on obtient aujourd'hui 2 p. c. de plus qu'autrefois d'un minerai qui a très certainement beaucoup perdu de sa qualité depuis cinquante ans (104-107).

Économie de la méthode directe.

482. Il résulte au moins de cette discussion qu'on obtient aujourd'hui par la méthode catalane, et dans l'état déplorable où se trouve le minerai, une partie de fer marchand avec moins de trois parties et demie de charbon. Il faudrait, pour comparer ce mode de fabrication avec le mode indirect qui consiste à obtenir de la fonte qu'on transforme ensuite en fer par une seconde opération, il faudrait, dis-je, que ces deux traitements différents eussent été appliqués à un même minerai à l'aide d'un même combustible ; or, c'est ce qui n'a pas eu lieu, à ma connaissance du moins, et ce qui rend dès lors toute comparaison exacte impossible. Cependant, si l'on se borne à rapprocher entre eux les minerais de Rancié, et ceux

qui, traités au charbon de bois dans les hauts-fourneaux, ont avec ceux-ci le plus d'analogie ; il me paraît *certain* que le haut-fourneau au charbon de bois le mieux conduit, mais marchant à l'air froid, ne peut lutter d'économie de combustible avec ces forges en apparence si grossières, et en réalité si mal conduites.

483. Mais la méthode directe présente bien d'autres avantages que nous ne manquerons point de mettre successivement en évidence. Motif de<br>préférence<br>de la méthode<br>directe.

Parmi tous ceux qui la distinguent, et qui la feront souvent préférer à la méthode indirecte des hauts fourneaux, indépendamment de l'économie, il en est un d'une très haute importance , dont il convient peut-être de s'occuper immédiatement ; je veux parler de la formation de l'acier naturel, acier qui se produit souvent en même temps que le fer en vertu de causes encore fort obscures, et dont la proportion, souvent assez notable, devient une source abondante de profits pour le maître de forges.

484. Cet acier se divise en deux classes dans nos forges : le *fer fort* et le fer *cédat;* le dernier a une valeur beaucoup plus grande que l'autre, Production de<br>l'acier naturel. qui se vend lui-même plus cher que le fer doux. La différence principale entre ces deux aciers, c'est que le fer fort casse à blanc, tandis que le fer cédat casse à noir ou à violet. Lapeirouse remarque fort judicieusement à ce sujet qu'il se trouve ainsi un très grand nombre de *plattes* qui sont fer *fort* d'un côté, et fer *cédat* de l'autre. Cependant, il suffit que l'une des cassures présente des taches plus ou moins colorées pour que le fer soit réputé *cédat*, et qu'il acquière un assez haut prix. Il n'y a presque point de forge qui n'ait la prétention de produire plus de fer fort que toutes les autres ; je n'ai point trouvé cependant de très grandes différences des unes aux autres sous ce rapport ; au contraire, cette différence m'a paru assez grande quant à la proportion relative du fer *cédat* au fer fort ; mais je crains bien que les magnifiques échantillons qui m'ont été montrés dans certaines forges n'aient été obtenus par des moyens chimiques ; on sait, en effet, que rien n'est plus facile que de développer des taches noires et plus ou moins colorées à la surface de la cassure d'une barre d'acier, et l'on conviendra que la fraude deviendrait extrêmement probable pour celui qui, dans le magasin même où l'on place ces aciers, aurait trouvé le réactif capable de faire naître ces taches, et la probabilité augmenterait encore si ce réactif n'avait aucune espèce d'emploi dans l'usine. Quoi qu'il en soit, s'il est facile de transformer du fer fort en fer cédat, il ne l'est point d'obtenir à volonté le premier, il s'en faut de beaucoup (229). Nous allons exposer avec soin les méthodes qui ont paru jusqu'ici déterminer la production du fer fort dans ces forges ; nous passerons ensuite de cette

35

étude particulière à celle des phénomènes généraux qui m'ont *semblé* régir le travail entier de la fusion (474), soit qu'il se forme du fer doux, soit qu'il se forme de l'acier dans le creuset.

**Faits relatifs à la production de l'acier.** 485. Lapeirouse et Dietrich en 1786, les ingénieurs des mines en 1835, (voyez les Annales des Mines déjà citées), ont consacré une notable partie de leurs mémoires respectifs à la question de la production de l'acier ; chacun d'eux a présenté les faits à sa manière ; mais entre tous Lapeirouse est le seul qui ait réellement connu les méthodes qui dirigent les ouvriers dans leurs efforts pour obtenir l'acier. Cinquante ans après ce judicieux observateur, j'ai retrouvé, presque identiquement dans ces usines, les mêmes procédés, les mêmes règles, les mêmes opinions en ce qui tient à ce singulier produit.

**Où se trouve l'acier.** 486. Les ingénieurs des mines, Dietrich et Lapeirouse, s'accordent à reconnaître que le fer fort se trouve communément à la partie supérieure du massé, vers son contour et plus particulièrement à cette partie qui correspond au chio et qu'on appelle la *poupe;* mais tant s'en faut que ce soit une loi constante, ajoute avec beaucoup de raison le dernier ; « elle « a des exceptions trop fréquentes et trop considérables pour qu'on puisse « en faire un principe invariable. C'est aussi l'opinion des ouvriers. »

**Influence de la manipulation.** 487. Les ingénieurs des mines ne paraissent point avoir reconnu toute l'influence de la manipulation sur la production du fer fort ; du moins elle n'est point indiquée explicitement parmi les six causes de cette production qu'ils ont signalées, page 496, de leur Mémoire. Dietrich, Lapeirouse et tous les ouvriers forgeurs, au contraire, admettent que « la « manipulation, le mode de travail de l'escola doit être regardé comme un « des agents les plus efficaces de la formation de l'acier ; car, disent-ils, on « voit, et la chose n'est pas rare, qu'un massé fondu par un escola donne « beaucoup d'acier, tandis que celui de son camarade n'en donne que peu « ou point du tout ; et quoiqu'ils travaillent avec les mêmes matériaux, la « différence se soutient quelquefois des semaines entières. »

**Mode de travail de l'escola.** 488. En général, voici comment, d'après Lapeirouse, Dietrich et les forgeurs, d'accord entre eux, il faut que l'escola opère pour obtenir de l'acier ; il doit :

1° Répandre sur le charbon moins de greillade : les ingénieurs des mines ont reconnu cette condition;

2° Pousser plus fréquemment la mine vers la tuyère et avec moins de force ;

3° Donner plus de charbon au fourneau : cette condition est également reconnue par les ingénieurs des mines, et avec raison;

4° Multiplier les percées du chio ;

5° Sur toutes choses employer plus de temps pour faire le massé, car on a toujours plus de fer fort lorsqu'on travaille lentement.

Cette cinquième condition n'a point échappé, comme 2° et 4°, aux ingénieurs des mines ; et ils étaient bien renseignés lorsqu'ils écrivaient « que, dans les forges où l'on cherche à obtenir de l'acier, on prolonge l'o-« pération de telle sorte qu'au lieu de vingt-quatre massés par semaine, « on n'en fait guère plus de vingt. »

489. Tous conviennent du reste que, pour un même poids de métal, la consommation de charbon, en suivant les procédés indiqués, deviendra plus forte.

490. De son côté, ajoute Lapeyrouse seul, le foyé contribuera à la production de l'acier en tenant la tuyère plus horizontale et l'ore plus renversée. Il y a en effet beaucoup d'ouvriers qui partagent cette opinion, mais il y en a d'autres, en petit nombre, qui sont d'un avis tout opposé, et qui prétendent au contraire, et à tort selon moi, que la tuyère doit *piquer* davantage. Influence du fourneau sur la production de l'acier.

491. Quant à l'influence du vent, les ingénieurs des mines prétendent, (page 497) que « certaines forges donnent plus de fer fort, et que leurs « trompes ont plus de chute que les autres. La plus grande hauteur des « trompes (page 498) est regardée par eux comme une des causes de la « production de l'acier. » Je n'hésite point à avancer qu'ils ont été trompés sur ce point comme sur tant d'autres ; à tort ou à raison, l'opinion, le préjugé, si l'on veut, des ouvriers forgeurs est au contraire en faveur des trompes basses, et Lapeirouse ne l'ignorait pas. « Les trompes les plus « *basses*, dit-il, donnent plus de fer fort que les autres, et l'on peut en « donner pour raison que le travail se fait plus lentement » (5). Il reconnaît toutefois qu'on a vu l'acier se produire sous le vent de trompes élevées, et il cite entre autres exemples les forges de Caponta et de Lacombe. Dietrich, de son côté, regarde un vent *sec* comme une cause de la production de l'acier. Influence du vent sur la production de l'acier.

492. Relativement à l'influence du charbon, tout le monde admet que les charbons durs, ceux de chêne surtout, favorisent plutôt la formation de l'acier que les charbons légers. Toutefois Lapeirouse seul, qui connaissait fort bien ces forges, après avoir conseillé de rejeter l'emploi des charbons de bois résineux, convient avec bonne foi que l'on a obtenu dans la forge de Guille, jusqu'à 1080 kilogrammes d'acier en une semaine avec des charbons de hêtre mêlés d'un bon tiers de pin et de sapin. « Ce qui, dit-il, « déroute la théorie et toutes les observations sur l'influence de la qualité « des charbons. » Influence de la qualité des charbons.

493. Les ingénieurs des mines seuls attribuent au grillage du minerai Influence

de l'état<br>du minerai.

une assez forte influence sur la production de l'acier. « Il y a cinquante
« ans, disent-ils, page 496, les forges de l'Ariége employaient le minerai
« grillé; elles consommaient plus de charbon et moins de minerai qu'on
« ne fait maintenant, on obtenait beaucoup plus de fer fort et d'acier na-
« turel (1). » Puis, page 497 : « Dans les forges où l'on cherche à obtenir et où
« l'on obtient réellement encore beaucoup d'acier naturel, on continue à
« griller le minerai. » Il est clair que Dietrich et Lapeirouse ont dû négliger
l'influence du grillage sur la production de l'acier, puisqu'à l'époque où ils
écrivaient, tout le minerai était préalablement soumis à cette opération.

Influence<br>de la<br>qualité de la<br>mine.

494. Enfin, quant à la qualité de la mine, Lapeirouse affirme comme un fait
d'observation que les mines spathiques, traitées dans les forges catalanes,
ne donnent généralement qu'un fer très doux et très nerveux; il est très
rare, suivant lui, lorsque ces mines abondent, que les massés donnent de
l'acier; tout au contraire, on n'en fabrique jamais autant que lorsque l'hématite domine, non qu'il croie que l'hématite, par elle-même, soit plus
propre à donner de l'acier que la mine spathique noire ou brune; mais
comme les hématites de Rancié portent presque toujours avec elles une
forte dose de manganèse dont les mines spathiques sont le plus souvent

Influence<br>du<br>manganèse.

privées, *le manganèse doit être regardé comme une des causes principales de la formation de l'acier.* A l'appui de cette influence du manganèse, Lapeirouse rapporte une observation fort curieuse de M. Vergnies. « De 1766 à 1771, lui disait ce maître de forges, homme instruit et
« surtout observateur, on fit si peu d'acier, qu'à cette dernière époque
« je n'en trouvai point à Vicdessos, où il y a cinq forges, pour aciérer
« quatre ou cinq pioches. On exploitait alors les belles mines spathiques
« noires du *Tartié.* Je fis percer la montagne, le *Tartié* s'épuisa; nous
« eûmes de riches veines d'hématite abondamment chargées de man-
« ganèse et de ces mines terreuses et spongieuses qui en sont si fortement
« imprégnées. Ma seule forge, depuis cette époque jusqu'à ce jour (27
« mars 1780), a fait plus de 2400 quintaux de fer fort ou d'acier excellent.
« A ce fait, poursuit Lapeirouse, je pourrais en ajouter une foule d'autres
« tout aussi probans; mais il suffira, je pense, de rappeler que déjà un peu
« avant 1766, on ne faisait presque plus d'acier dans les forges alimentées
« par la mine de Rancié, ce qui dura jusqu'en 1775; que, depuis cette
« époque, qui est celle où le manganèse reparut, jusqu'en 1781 où il de-
« vint rare, non seulement le fer a été excellent, mais encore les massés

---

(1) On peut voir par les nᵒˢ 478 à 481 que cela n'est nullement prouvé; la quantité de minerai crû
paraît avoir été sensiblement la même et il est difficile d'obtenir des notions précises sur la quantité de
charbon employée.

On verra bientôt aussi, nᵒ 494, qu'on n'obtenait pas toujours, malgré le grillage, beaucoup plus de fer fort
qu'aujourd'hui.

« ont été riches en acier. Le manganèse disparut de nouveau, et l'on re-
« tomba dans l'état où l'on était avant 1766 ; on en a extrait encore en
« 1783, 1784, et avec abondance sur la fin de 1785 ; et avec les mines
« manganésées, on a obtenu beaucoup d'acier......, de telle sorte que *les*
« *vicissitudes du manganèse sont la mesure de celles du produit des massés*
« *en fer doux ou en fer fort.* »

495. Les ingénieurs des mines ont *adopté* cette opinion de Lapeirouse,
de M. Vergnies, et de tous les forgeurs qui ne savent trop ce qu'est le
manganèse, mais qui reconnaissent fort bien, comme propres à produire
l'acier, les mines qui en contiennent ; et l'on vient de voir que depuis
plus de cinquante ans, et non depuis la publication de leur Mémoire,
« il paraît établi, d'une manière incontestable, que c'est surtout la pré-
« sence du manganèse qui facilite la carburation du fer.» *Suum cuique.* Ce
fait important n'a donc point été récemment *mis hors de doute;* il date
au moins d'un demi-siècle : toutefois, il a été récemment *confirmé* par
M. François, à la forge d'Orgeix. Je donne ici, d'après lui-même, le résultat de ses essais.

« On y a traité des minerais de fer oxidulé provenant de la vallée de
« Carol, compacts et très réfractaires. Seuls, ils n'ont rendu qu'un peu
« plus de 25 o/o ; en ajoutant à la charge ordinaire diminuée de 20 kil.,
« pareil poids de fondant manganésien, le produit a dépassé 33 o/o ; mais
« en outre la moitié de l'*excédant* de produit a été du fer fort, et la con-
« sommation en charbon a été moindre. De semblables essais, exécutés
« sur les minerais de Rancié, ont donné des résultats encore plus pronon-
« cés. Le minerai traité sans addition rendait environ 30 o/o (477); le
« fondant maganésien étant introduit comme ci-dessus, le produit n'a pas
« toujours subi une grande augmentation, mais on a obtenu un tiers et
« même moitié en fer fort ou plutôt en acier (1). »

496. Si nous résumons les faits les moins douteux relatifs à la production de l'acier, nous trouvons,

1° Que ce produit se rencontre plutôt à la surface du massé que dans
son intérieur, plutôt au contour de cette surface que vers son centre,
plutôt du côté du laitairol que du côté de la cave ;

2° Que pour obtenir ce produit, il convient d'employer moins de greillade ;

*Résumé des faits relatifs à la formation de l'acier.*

(1) L'emploi de fondans manganésiens avait également été recommandé par M. Karsten ( Annales des
mines, 1827, 2ᵐᵉ série, tome I, p. 477). Cet illustre métallurgiste pensait qu'on devait parvenir à retirer
plus de fer du minerai en présentant à la silice une base qui forme un silicate plus fusible que le silicate de
fer... L'oxide de manganèse remplirait peut-être, disait-il, toutes les conditions nécessaires à cet effet, en
ajouter une certaine quantité serait sans doute le meilleur moyen d'augmenter le produit lorsqu'on veut obtenir à une basse température un fer aciéré.

3° De pousser plus fréquemment la mine vers la tuyère et avec moins de force ;

4° De donner plus de charbon au fourneau ;

5° De multiplier les percées du chio ;

6° Sur toutes choses de prolonger le travail ;

7° De renverser l'ore et de rendre la tuyère plus rasante ;

8° De donner moins de vent à la fin de l'opération que lors de la production du fer. La condition des trompes basses en effet ne signifie rien autre chose ; car la seule différence qui existe entre une trompe haute et une trompe basse, c'est que celle-ci souffle par exemple à 14 degrés, tandis que l'autre souffle à 18 ; mais ces hautes tensions ne s'emploient que vers la fin du massé ; que la trompe soit haute ou basse, on sait que le massé commence et s'achève en partie dans toutes les forges avec des conditions de tension et d'ouverture de buse extrêmement peu différentes.

Il convient encore

9° D'employer des charbons lourds plutôt que des charbons légers ;

10° Enfin, et c'est la condition la plus importante peut-être, il faut employer des minerais manganésifères.

On voit que je laisse de côté, dans ce résumé, l'influence du grillage ; ce n'est pas que je regarde cette opération comme devant nuire à la production de l'acier ; elle me paraît seulement assez indifférente, on a vu en effet qu'avant 1766, que de 1766 à 1771, que de 1781 à 1783, il avait été produit fort peu d'acier, bien qu'à ces diverses époques on grillât partout le minerai (493).

Études sur la fusion et la réduction. 497. Avant de passer à la recherche des phénomènes généraux qui se manifestent dans la production, soit du fer, soit de l'acier, pendant le travail de l'escola, constatons quelques *faits* de plus.

Après avoir longtemps suivi pas à pas la marche apparente de la fusion ; après avoir moi-même, et de mes propres mains, reproduit le travail entier de l'escola dans un fourneau d'essai, où je traitais à la fois jusqu'à 20 kilogrammes de mine, je m'aperçus que je serais long-temps réduit à des hypothèses plus ou moins probables, si je ne parvenais à voir par mes propres yeux comment se disposait le minerai dans l'intérieur du fourneau, quelles modifications il avait subi à telle ou telle époque de l'opération. J'étais alors quelque peu sous l'empire des théories de l'école (238) ; je ne croyais la réduction des oxides de fer possible qu'à *l'aide du contact immédiat entre l'oxide et le charbon ;* cependant, je *voyais* tous les jours le minerai se réduire sans contact apparent. Cent fois, dans les grandes forges, j'avais tiré du mur de minerai, pendant le feu, des mor-

ceaux de mine, qui sans aucune espèce d'action sur l'aiguille aimantée,
avant d'être introduits dans le creuset, déviaient considérablement cette aiguille après une heure, une demi-heure même de séjour sur l'ore ; cent
fois peut-être, remarquant que l'influence magnétique s'était développée
après que le minerai avait été léché par les gaz de la combustion, et qu'il
me suffisait pour la faire naître d'exposer à la flamme d'une modeste chan-
delle le premier morceau de mine qui me tombait sous la main ; cent fois,
dis-je, je m'étais surpris blasphémant contre la science, et me demandant
si, malgré toutes les assertions contraires, les gaz de la combustion ne
suffisaient pas avec le concours de la chaleur pour réduire les oxides de
fer. Bientôt, comme effrayé de cette abominable hérésie, je me fortifiais
contre elle par la lecture des saines doctrines, et revenant peu à peu à de
meilleurs sentiments, burlesque Galilée, moi directeur temporaire des
essais dont il s'agit (1), j'abjurais cependant, je maudissais, je détestais
l'erreur et l'hérésie de la réduction des oxides de fer par les gaz carbonés.
Toutefois, le doute était né, il me fallut l'éclaircir. Je fis cinq feux à
quelques jours d'intervalle les uns des autres ; j'arrêtai le premier après
une heure, le second après deux heures, le troisième après trois heures
de chauffe, et ainsi de suite. Je laissai chaque fois refroidir le creuset sans
rien changer à l'état où il se trouvait au moment où le travail avait été interrompu ; puis j'enlevai, avec beaucoup de soin, le combustible, recueil-
lant ainsi de haut en bas d'une part les morceaux du minerai qui formait
le mur, de l'autre, les fragments de greillade, et les mettant tous à part
avec des numéros d'ordre pour les examiner plus tard à loisir. Ce sont
les résultats de ces études que je vais résumer ; ils ont été confirmés par
l'autopsie de deux autres fourneaux en feu, que d'heureux accidents m'ont
permis d'ouvrir. L'un (forge de Saint-Pierre) fut ouvert après trois heures
de feu environ ; j'y traitais 100 kilogrammes de minerai à la fois ; l'autre
est le feu n° 6 (463) que j'avais construit à Niaux pour mes essais à l'air chaud;
on y traitait la charge ordinaire, c'est-à-dire 487 kilogrammes ; il fut ouvert 1 heure $\frac{1}{4}$ environ après le commencement de l'opération ; mon examen a porté, pour chaque autopsie, sur 40 à 50 morceaux de minerai ou
de greillade recueillis à diverses hauteurs au-dessus du fond, et pour
les sept autopsies sur autant de *principes* ou de massés plus ou moins
avancés.

(1) C'est le titre dont M. le ministre du commerce et des travaux publics avait jugé à propos de m'affu-
bler, sur la proposition de M. *Legrand*, directeur-général des ponts-et-chaussées et des mines. Voici la
copie textuelle d'une partie du § 4 de cette curieuse décision ministérielle : « 4° L'exécution des essais sera
« l'objet d'une mission... confiée par le préfet à un homme de l'art, de la capacité duquel ce magistrat se sera
« convenablement assuré,... et qui *ne pourra* prendre d'autre titre que celui de directeur temporaire des
« essais *dont il s'agit*. »

498. Les études de ce genre sont d'une très haute importance ; les progrès de la métallurgie du fer exigeraient qu'elles fussent reprises avec plus de soin, plus de sévérité et plus de rigueur que je n'ai pu en mettre, vu les moyens que j'avais alors à ma disposition, et vu aussi les obstacles et les tracasseries qu'opposait sans cesse à ma marche le corps royal des mines. Tout imparfaites que soient cependant ces ébauches, je n'hésite point à les publier parce que je les crois de nature à préparer la véritable théorie de la méthode directe.

499. Je rapporterai les résultats généraux de ces autopsies à trois périodes principales : la première comprend toute la durée écoulée depuis le commencement de l'opération jusqu'au moment où l'escola est sur le point de donner la mine pour la première fois ; la seconde commence où finit la première et s'étend jusque vers la fin de la quatrième heure, alors que toute la greillade a passé au feu, et que le minerai en morceaux a entièrement disparu sous le charbon ; la troisième commence où finit la seconde, et s'étend jusqu'à la fin du massé.

500. Dès avant la fin de la première heure, si le creuset est chaud, et surtout convenablement chargé, tous les morceaux de la partie du mur de minerai comprise entre le fond du creuset et la hauteur de la banquette, sont devenus magnétiques, et leur action sur l'aiguille ou celle du barreau aimantée sur leur poussière, est d'autant plus sensible, qu'ils sont plus profondément situés dans le creuset. On trouve même toujours contre les parties de l'ore qui dépassent la banquette, des morceaux de minerai qui agissent très sensiblement sur l'aiguille ; il y a donc eu commencement de réduction, et si l'on veut bien se reporter à la manière dont la charge est disposée, il paraîtra évident que tout contact immédiat entre le minerai et le charbon, a été impossible ; du reste, l'action sur l'aimant d'un morceau de minerai, pour une position quelconque, augmentera de plus en plus avec la durée.

*Faits relatifs à la première période.*

501. En général, à l'exception de ceux qui, s'appuyant sur le massif $AA$, sont comme en dehors du fourneau, les morceaux du mur de minerai ont tous changé d'aspect et de propriétés physiques ; ils sont devenus plus tendres, plus friables, plus poreux ; la plupart ont pris une teinte noire bleue, quelquefois un peu rougeâtre ; on les brise assez facilement avec les mains ; une pointe d'acier, qui les rayait en jaune rouille, les raye en rouge lie de vin.

502. Quant à la greillade, elle est aussi devenue magnétique, et presque tous les morceaux qu'on en rencontre mêlés au charbon depuis les premières couches jusqu'au fond du creuset, ont éprouvé un commencement de réduction, mais il y a une différence entre le minerai et la greillade,

car celle-ci porte des traces de fusion d'autant plus évidentes qu'elle est plus profondément située, et son action sur l'aiguille ne paraît pas suivre la même progression; en arrivant au fond du creuset, elle a d'ailleurs formé ce qu'on appelle le *principe* du massé ; j'ai recueilli quelques-uns de ces fœtus ou principes de massé plus ou moins avancés.

503. Ce *principe* est une espèce de culot très aplati qui occupe le fond du creuset, et qu'on pourrait comparer, lorsqu'il a acquis tout son développement, à une grande coupelle formée extérieurement de greillade fondue et d'un très grand nombre de petits fragments de charbon ; cette croûte extérieure est intérieurement remplie d'une matière spongieuse, caverneuse, assez semblable aux scories, mais se brisant beaucoup moins facilement qu'elles. Cette matière est très magnétique ; on distingue dans ses anfractuosités une foule de points très brillants, et souvent aussi des grains de fonte en assez grande quantité. Ce principe, ayant à peu près la forme et les dimensions de la cavité de la pierre de fond, doit contribuer à empêcher celle-ci de se brûler sous le vent·de la tuyère dès le commencement de l'opération. La mine qui viendra plus tard s'attacher à ce principe protégera encore mieux cette pierre.

Le principe<br>du massé.

504. Un peu avant ou un peu après la fin de la première heure, suivant la température que le creuset a acquise, et suivant la qualité de la mine, les morceaux de la partie inférieure du mur de minerai ont commencé à s'attacher les uns aux autres; un peu plus tard, ces morceaux se seront complètement agglutinés à peu près tout le long de la partie inférieure de l'ore, ce que les ouvriers expriment en disant *la mene es agaffade.* La masse agglutinée augmentera de volume avec la durée, et cette agglutination progressera de bas en haut. L'escola attend toujours pour donner la mine que cette coagulation ait eu lieu au moins dans les parties inférieures ; on a vu que cela exigeait environ deux heures. D'après une observation de M. Vergnies, « on n'obtient jamais un bien bon pro- « duit que lorsque les mines se coagulent bien fort ; si l'agglutination est « prompte, on peut plus tôt pousser dans le feu la mine qui restait sur le « massif; il se forme alors une voûte de cette mine agglutinée qui s'é- « tend aux deux tiers du feu. La flamme concentrée sous cette voûte fait « tomber la *fonte* en larmes, et empêche une grande consommation de « charbon. » Mes autopsies ne m'ont point montré *jusqu'ici* l'existence d'une pareille voûte s'étendant jusqu'au deux tiers du feu, ni la fonte tomber en larmes; j'ai cru voir au contraire un certain affaissement des parties inférieures du mur, sous le poids des couches supérieures, et comme un glissement des couches inclinées et situées du côté de la tuyère sur les couches les plus rapprochées des pièces de l'ore. Ainsi, j'ai toujours

Agglutination<br>du minerai.

36

trouvé que l'angle de l'ore avec le fond était pendant la première époque plus ou moins rempli par du minerai agglutiné, de sorte que le bas du mur de minerai semblait venir se rapprocher du principe par une courbe concave au côté de la tuyère. Quant à la masse agglutinée, elle se compose de fragments de minerai, tous noir-bleu, dont les arêtes ne paraissent point s'être arrondies, mais qui se sont très fortement attachés les uns aux autres par leurs faces ; cette adhérence est généralement considérable ; je ne suis que rarement parvenu à la vaincre, lorsque ces morceaux étaient refroidis, en faisant effort de mes deux mains. On distingue cependant entre certains fragments une matière qui a fondu et qui leur sert de ciment ; ceux-là se détachent facilement les uns des autres par la rupture de ce ciment qui est assez semblable aux scories.

505. Dans l'état d'agglutination, les morceaux de minerai agissent fortement sur l'aiguille ; la pointe d'acier qui les rayait en rouge, il y a un moment, développe maintenant à leur surface une trace métallique brillante ; le frottement d'un corps poli sur une de leurs faces donne bientôt à celle-ci un certain éclat métallique. Enfin, ceux d'entre eux qui ne sont point recouverts de cette espèce de ciment dont j'ai parlé, sont très avides d'eau ; mouillés par la langue ils en absorbent promptement l'humidité.

<table><tr><td>Deuxième<br>période.</td></tr></table>

506. En donnant la mine pour la première fois, l'escola paraît avoir réuni au *principe* du massé la mine agglutinée qui était au bas de l'ore ; le mur de minerai s'est un peu affaissé par le haut ; il forme en bas, et dans le plan vertical, une courbe concave à la tuyère, qui, partant d'un point situé à o.$^m$15 environ au-dessus du fond et du côté des porges, irait se raccorder avec le talus intérieur que ce mur avait primitivement ; dans le plan horizontal, la courbure du mur de minerai est également concave à la tuyère, mais beaucoup moins sensiblement. Tout l'angle du fond et de l'ore est rempli de mine agglutinée qui se soude au principe ; la courbe verticale concave forme comme un plan incliné sur lequel la greillade en fusion, à mesure qu'elle parviendra vers le fond, glissera de manière à se réunir plutôt vers les porges que vers l'ore ; aussi la partie du massé située de ce côté paraît-elle toujours moins avancée que celle qui est plus rapprochée de l'ore. Le vent de la tuyère semble creuser cependant le centre de la masse qui occupe le fond du creuset, et éparpiller les scories, qui ne sont autre chose que la greillade en fusion, vers les porges, la cave et le laitairol ; ce vent remonte ensuite à travers les interstices de la partie restante du mur de minerai ; petit à petit la masse du fond se durcit en s'épurant : on dirait que cette masse *sue* les matières non métalliques mélangées ou combinées avec le fer dans le minerai. Arrivée à ce point, la masse du fond va s'accroître absolument de la même manière

que nous venons de le voir. A l'époque où nous sommes, et où l'escola va donner de nouveau la mine, on pourrait dire que les choses sont ce qu'elles étaient avant qu'il la donnât pour la première fois, si ce n'est qu'au lieu d'un *principe*, il y a au fond du creuset un commencement de massé dont l'épuration, déjà assez avancée, va marcher de plus en plus rapidement. Sur ce commencement de massé s'appuie, et se soude plus ou moins parfaitement, du côté de l'ore, une masse de minerai agglutinée, mais beaucoup moins élevée que la première ; au-dessus d'elle se trouve du minerai très magnétique mais non agglutiné. A cet instant on pourrait dire encore que le fond du creuset s'est élevé de toute l'épaisseur de la masse, et par conséquent moins du côté des porges que du côté de l'ore, et que ce commencement de massé est comme une nouvelle pierre de fond sur laquelle vont se reproduire des phénomènes semblables à ceux que nous avons observés, à l'exception toutefois de la formation d'un nouveau *principe*.

507. Cependant, si l'escola tardait beaucoup trop à donner la mine de nouveau, sans cesser de jeter de la greillade, un nouveau principe se formerait encore ; puis quand il pousserait la mine agglutinée, ce nouveau principe la recevrait ; il se formerait comme un second petit massé pardessus l'autre, et ces deux massés ne se souderaient point l'un à l'autre. C'est ainsi qu'à la forge de Montgaillard, il a été tiré devant moi deux massés l'un sur l'autre, par suite de l'extrême lenteur d'un escola. Il m'est quelquefois arrivé à moi-même d'en tirer deux de ma forge d'essai. Ce phénomène peut d'ailleurs se produire par d'autres causes, parmi lesquelles on peut signaler ce que les ouvriers appellent la *froideur du feu*. *[Formation de plusieurs principes.]*

508. Quant à la greillade, elle recouvre en partie la masse, excepté vers le centre, elle se niche dans les angles libres ; on dirait qu'elle est destinée à *laver* le massé, et à entraîner les matières étrangères qui en transsudent. Ces autopsies et quelques essais de laboratoire semblent me démontrer qu'elle arrive au plus bas de sa course sans que l'oxide de fer qui entre dans sa composition soit *jamais* ramené à l'état métallique (1).

509. A partir de l'instant actuel jusqu'à celui où tout le minerai aura

(1) En admettant qu'elle forme le tiers du poids de la charge, ce qui est sensiblement vrai, et qu'au lieu de contenir 62 pour 100 de peroxide comme la moyenne du minerai et de la greillade pris ensemble, elle ne renferme que 54 pour 100 de peroxide, ce qui, d'après mes analyses de la greillade, peut très bien être admis ; le calcul montre ( en supposant que tout le fer du minerai en morceaux entre au massé) que le poids des scories et leur composition seraient identiquement tels que nous les avons trouvés plus haut. Ce résultat m'a souvent fait penser que c'était à la greillade *seule* que les scories empruntaient le fer dont elles étaient chargées, et je suis presque convaincu aujourd'hui que c'est là la véritable source du déchet de la méthode directe.

disparu sous le charbon et où il n'y aura plus de greillade, l'escola poussera la masse du fond vers les porges, et en même temps il fera avancer successivement les différentes parties du mur de minerai sur cette masse de fond, de sorte que vers la fin de la quatrième heure, on trouverait sous le charbon un énorme culot ou massé non achevé, plus étendu et plus relevé du côté de l'ore que des porges, un peu creusé en son milieu, très mal terminé à son contour supérieur, et présentant çà et là, surtout du côté de l'ore, des appendices ou ailes (*ales*) qui y adhèrent très fortement lorsqu'on a laissé refroidir la masse, et qu'on n'en détache que très difficilement avec un marteau à main. J'ai à peine besoin de dire que cette masse est extrêmement magnétique ; c'est du fer dont les molécules cependant ne se sont point encore parfaitement soudées les unes aux autres dans les couches supérieures ; toute la masse, mais la partie supérieure surtout, renferme encore beaucoup de matières étrangères en fusion, qui transsudent peu à peu, et s'échappent ensuite en scories, avec la greillade en fusion, lorsque l'escola ouvre le chio.

**Troisième période.** 510. Cette troisième période ne présente, à un examen superficiel du moins, aucun phénomène véritablement intéressant ; elle paraît destinée à laisser ressuer le massé, à lui permettre, sous l'action d'une forte chaleur, de resserrer ses molécules, et d'en expulser les matières étrangères dont il ne se débarrasse cependant qu'imparfaitement ; aussi en contient-il encore considérablement lorsqu'il est traîné sous le marteau ; le martelage me paraît donc absolument indispensable à la méthode directe ; c'est **Nécessité du martelage.** le martelage seul ou mieux ce sont des martelages successifs qui épurent définitivement le massé ou ses diverses parties ; et tout me porte à croire qu'aucune machine connue ne remplacerait avantageusement le marteau dans nos forges (1). Pendant cette période les ailes ou appendices du massé disparaissent ; c'est l'objet principal de la partie du travail de l'escola que l'on appelle *baléjade*.

Le massé terminé, mais non encore battu, a la forme d'un énorme culot arrondi ; le vent de la tuyère y a marqué sa trace vers le centre de la partie supérieure ; et l'hémisphère situé du côté de l'ore est un peu plus fort et plus alongé dans le sens horizontal que l'hémisphère situé du côté des porges.

511. Nous sommes maintenant en mesure de tenter la *théorie* de la

(1) Je ne veux point blâmer ici l'établissement nouvellement créé dans l'Ariége, et où l'on se propose d'étirer, par la méthode anglaise, le fer obtenu par la méthode directe. Cet établissement est d'une très haute utilité pour le pays, on y donnera aux fers de l'Ariége, après qu'ils auront subi le martelage, des formes qui les feront préférer à beaucoup d'autres fers sur les marchés. Les créateurs de l'usine de Saint-Antoine ont d'autant plus de droits à la reconnaissance publique, que leurs bénéfices seront probablement fort minimes.

méthode directe, c'est-à-dire l'explication, le développement des phé- Essai d'une
nomènes successifs qui président à la transformation du minerai, soit en théorie
fer métallique, soit en acier. Cette théorie n'a pas même été ébauchée de la méthode
par Dietrich ni Lapeirouse ; elle ne pouvait l'être à l'époque où ils écri- directe.
vaient. Plus avancés que ces judicieux observateurs, MM. Marrot et
François, ingénieurs des mines, ont présenté ce qu'ils ont appelé *quelques
conjectures* sur cette théorie, dans un Mémoire qui leur est commun (1),
et où, suivant l'expression de leur ingénieur en chef, « les procédés des
« forges catalanes sont présentés avec une *théorie* mise au niveau des
« connaissances actuelles (2). » Toutefois, cette théorie ou ces conjectures
reposant entièrement sur le fait de la réduction par le seul contact immédiat du charbon, je puis me croire dispensé de la discuter ici, me bornant
simplement à faire observer que, soit à tort soit à raison, je regarde
comme un fort mauvais moyen d'obtenir de l'acier, de faciliter, comme
ils le proposent, le *contact* du minerai et du charbon (239). Voici maintenant les *conjectures* qui me sont propres, c'est-à-dire l'ensemble des
idées théoriques auxquelles je me suis trouvé naturellement conduit,
idées que j'aurais mis tous mes soins à vérifier s'il m'avait été permis de
continuer plus long-temps ces études.

512. C'est un fait certain, à ce qu'il me paraît, un fait définitivement Le minerai se
acquis à l'art, que le minerai se réduit de plus en plus sur l'ore de nos réduit sans
fourneaux ; or, dans cette position, il est très évident qu'il n'y a eu aucun contact avec
contact possible entre ce minerai et le charbon. Les nᵒˢ 63, 240, 242, 243, le charbon.
246 et d'autres, montrent, non moins évidemment, que les gaz de la
combustion suffisent pour opérer cette réduction, et que parmi ces gaz,
d'après M. Leplay, le principal agent réducteur, est le gaz oxide de
carbone ( 77 et 78 ) *, l'agent de carburation ou d'*aciération* étant, d'a-

(1) Annales des mines, VIᵉ livraison de 1835.

(2) Mémoire sur les forges de l'Ariége, par M. d'Aubuisson, ingénieur en chef des mines. Annuaire du
département de l'Ariége, 1834.

* 513. Depuis la publication du mémoire de M. Leplay, nᵒ 246, cet ingénieur ainsi que M. Laurent ont
donné quelques développements à cette doctrine de la réduction et    la carburation par les gaz, doctrine
à laquelle les observations m'avaient conduit, ainsi que d'autres, mais qu'ils ont seuls mise en évidence et
proclamée. Dans les derniers mémoires qu'ils ont publiés en commun, ils ont étudié séparément l'influence
de chaque gaz, et il semble résulter de leurs expériences que si l'oxide de carbone est l'agent de la réduction, l'hydrogène carboné serait, lui, l'agent principal de la carburation, de sorte qu'il y aurait plus de
chances d'obtenir de l'acier dans nos creusets, en employant les charbons les plus hydrogénés. Voici une
partie du rapport fait à l'Institut :

« . . . Ainsi les phénomènes de la réduction des métaux et de la carburation du fer s'opèrent par l'en-
tremise de gaz; elles ne se produisent pas par le contact des métaux avec le charbon solide; bien loin de
là, pour qu'elles se produisent, il faut qu'il y ait une séparation complète entre le charbon et les métaux. »

MM. Leplay et Laurent ont démontré ce qui précède par une expérience directe, qui ne permet plus de
douter que les choses ne se passent comme nous venons de l'exposer (246). En effet, ils ont placé dans un

près la note ci-dessous, soit le charbon en vapeur, soit l'hydrogène carboné, soit tous les deux. Nous désignerons tous ces gaz produits de la
combustion sous le nom de gaz *réducteurs* et *carburants*, laissant à la
science le soin de décider ultérieurement quels de ces gaz réduisent ou
carburent.

514. Voici donc, suivant moi, ce qui se passe dans la méthode directe : le vent, à la sortie de la tuyère, s'échauffe de plus en plus et se charge de plus en plus de molécules de carbone à mesure qu'il s'éloigne de la tuyère et se rapproche du pied de l'ore. L'inclinaison de cette tuyère, l'in- clinaison de l'ore, la distance de son pied à la tuyère, la disposition bi- zarre de la charge et jusqu'à la quantité du vent, *tout* enfin paraît avoir été calculé par les anciens inventeurs de la méthode directe, pour que des gaz réducteurs et carburants puissent prendre naissance entre l'extrémité

tube de platine fermé par un bout, deux capsules aussi de platine, et renfermant, l'une un cristal de per- oxide de fer, l'autre un morceau de charbon ; puis le tout a été élevé à une température de 3o°, du pyro- mètre de Wedgewood, et quoiqu'il n'y ait eu aucun contact, le peroxide de fer a été parfaitement réduit.

Ainsi la réduction des oxides métalliques s'explique très bien par la présence de l'oxide de carbone, c'est-à-dire d'un corps gazeux ; mais la carburation des métaux par cémentation s'opère-t-elle de même ? Pro- bablement, ou mieux, sûrement elle a lieu aussi par l'intermédiaire d'un gaz, et non pas par le contact du fer avec le charbon solide : mais ce n'est pas par la présence de l'oxide de carbone ; car dans plusieurs ex- périences, ou n'a point réussi à transformer en acier un morceau de fer en le mettant en contact avec de l'oxide de carbone, ou en le chauffant avec du charbon calciné, et par conséquent privé de tout son hydro- gène. Il resterait encore le cyanogène pour expliquer la carburation du fer, et nous aurons ainsi passé en revue les trois seuls gaz qui se développent dans les opérations métallurgiques. Mais ce dernier gaz, qui pourrait sans doute fort bien carburer le fer, ne se dégage pas quand on emploie les creusets brasqués ; on ne peut donc pas le considérer comme agent général de la cémentation, rôle qui paraît fort bien convenir à l'hydrogène carboné.

De toutes leurs expériences, dont nous n'avons pu indiquer que quelques-unes, nos auteurs ont conclu :

1° Que du fer chauffé à distance ordinaire se carbure ;

2° Que du fer chauffé à distance du charbon fortement calciné ne se carbure pas ;

3° Que les oxides de fer se réduisent à distance du charbon calciné ou non calciné.

D'où l'on peut conclure que *l'hydrogène carboné est la cause de la carburation* et que *l'oxide de carbone est celle de la désoxidation.*

MM. Leplay et Laurent n'ont pas dissimulé les objections qu'on peut faire contre leur théorie : mais elle aura toujours quelque valeur, jusqu'à ce que de nouveaux faits viennent la renverser, surtout jusqu'à ce qu'on ait prouvé que l'hydrogène carboné, que la chaleur décompose, se trouve entièrement décomposé avant qu'il n'ait eu le temps d'opérer la cémentation.

Dans la séance suivante, M. A. Laurent a dressé une note complémentaire du travail que nous venons d'analyser, et il croit pour cette fois avoir reconnu :

1° Que le charbon n'est pas un corps fixe, comme on l'a cru jusqu'à ce jour, mais qu'il peut, à de hautes températures, répandre des vapeurs ;

2° Qu'il en est de même de plusieurs autres corps regardés comme fixes, tel que le fer ;

3° Que dans les hauts-fourneaux et dans les caisses de cémentation, la carburation se fait non seulement par l'hydrogène carboné, mais encore par le charbon en vapeur ;

4° Que le transport de divers corps solides dans l'intérieur d'autres corps solides ne se fait pas de molé- cule à molécule, sous l'influence d'un courant électrique, mais bien parce que l'un des deux, se trouvant vaporisé, pénètre dans les pores de l'autre.

de la tuyère et le pied de la charge, et pour que, une fois formés, ces gaz remontent en grande partie à travers les interstices que laissent entre eux les fragments du mur de minerai depuis le bas jusqu'au haut de l'ore. Ainsi s'explique la nécessité de couvrir d'une couche épaisse de brasque et de fraisil mouillé, le talus intérieur du mur de minerai ; ainsi s'explique le soin extrême qu'apporte l'escola à ne point laisser s'opérer, dans cette couche, des solutions de continuité par lesquelles les gaz réducteurs s'échapperaient avant d'avoir agi sur toute la hauteur de la charge du minerai (1).

515. Il me paraît également évident que c'est surtout l'oxide de carbone qui opère la réduction des fragments du mur de minerai. Nous avons montré en effet que pendant les premières heures de l'opération, la quantité de vent *maxima* (469), injectée dans le fourneau, était telle qu'il pouvait se former au plus de l'oxide de carbone (73), le charbon en vapeur ou l'hydrogène carboné pouvant d'ailleurs coexister avec lui. En vain prétendrait-on que l'oxigène du minerai s'ajoute à celui qui est mélangé à l'air atmosphérique, et que, en vertu de ce supplément d'oxigène, il s'est formé de l'acide carbonique dans le creuset. La disposition de la charge suffit pour montrer que l'oxide de carbone, après s'être plus ou moins suroxigéné dans l'intérieur du mur par son contact avec la mine (246), ne rentre point dans le feu, mais qu'il s'échappe au contraire dans l'atmosphère, en sortant du creuset par la partie supérieure et par le talus de droite du mur de minerai. Ce sont ces gaz qui s'allument et brûlent d'une flamme bleue pendant les premières heures de l'opération à la surface de ce talus (78).

516. Il est vrai que la greillade pourrait fournir de l'oxigène ; mais la greillade ne forme guère que le tiers de la charge, environ 160$^k$. Très chargée de silice, elle contient environ 54 p. c. de peroxide de fer ou 86$^k$ qui se réduisent en partie avant d'arriver à la hauteur de la tuyère, et qui, même après avoir dépassé celle-ci, ne se réduisent jamais complètement. 86$^k$ de peroxide de fer contiennent environ $86 \times 0.7 = 60^k$ fer, plus 26 oxigène ; mais j'ai tout lieu de croire que c'est le fer de la greillade surtout qui passe aux scories (508) ; celles-ci contenant le fer à l'état de protoxide qui renferme environ 0.22 oxigène ou 16$^k$ pour 60$^k$ de fer, il en résulterait que la greillade en quatre heures abandonnerait tout au plus $26 - 16 = 10^k$ oxigène au creuset, quantité qu'on peut d'autant mieux négliger que la quantité de vent a été évaluée un peu trop haut (378).

L'oxide de carbone produit la réduction.

Action de la greillade.

(1) Je m'étonne que les partisans du contact immédiat n'aient point conseillé la suppression de cette couche de fraisil qui *sépare* le minerai du charbon.

517. Toutefois si la masse de greillade était considérable, et si surtout cette matière était *fort riche* en peroxide de fer ou de manganèse, il ne me paraît pas douteux qu'en passant du degré d'oxidation le plus élevé au plus faible, ces deux oxides abandonneraient une quantité d'oxigène assez notable, qui, poussée par le vent de la tuyère, entre les interstices du minerai placé contre l'ore, retarderait la réduction de celui-ci, et par suite sa carburation ; et c'est là sans doute un des motifs pour lesquels on recommande d'éviter un excès de greillade lorsqu'on veut faire de l'acier (488). Voilà aussi pourquoi les fondants manganésiens mêlés à la greillade ont quelquefois produit des résultats si minimes, et *peut-être* pourquoi le maître de forge, chez lequel ils ont été essayés, avait renoncé à leur emploi, lorsque je quittai l'Ariége, malgré les avantages incontestables que ces fondants présenteraient s'ils étaient convenablement dosés et dis- tribués dans la charge (495).

518. Au reste, s'il me paraît en général avantageux, soit qu'on veuille obtenir du fer, soit qu'on veuille obtenir de l'acier, de diminuer *jusqu'à un certain point* la quantité de greillade, c'est moins à cause de l'effet que je viens de signaler, et qui ne deviendrait sensible que par un grand excès de greillade riche, que parce que je suis convaincu que les oxides métalliques de cette greillade ne se réduisent jamais complètement, et qu'ils sont infailliblement entraînés dans les scories, ce qui est la cause principale de l'énorme déchet en minerai de la méthode directe. Au sur- plus, on remédierait en partie à l'action oxidante d'un excès de greillade, soit en chargeant très haut en charbon, soit en diminuant un peu le vent. Dans le premier cas, la greillade se réduirait partiellement avant d'arriver jusqu'à la tuyère, et la portion d'oxigène, que ses oxides métalliques abandonneraient, ne serait point poussée sur la charge ; dans le second cas, cette portion d'oxigène suppléerait avantageusement au défaut de vent, et servirait à la formation des gaz réducteurs et carburants. Des deux moyens je préférerais la diminution de vent ; mais aucun d'eux ne remé- dierait au déchet.

519. La greillade est-elle donc une matière inutile ? Non, tant sans faut, comme nous allons le voir ; son excès seul peut nuire et nuire d'au- tant plus qu'elle sera plus riche.

520. Je ferai remarquer d'abord qu'on n'est point tout-à-fait le maître d'en régler la quantité ; on sait en effet qu'elle se compose de ce sable ferrugineux qu'il faut, bon gré mal gré, acheter avec la mine, et qu'on cherche naturellement à employer ; elle est encore formée de la poudre des blocs de minerai brisés par le marteau ; or, ce mode de bocarde- ment donne des résultats fort variables. Si le marteau frappe un bloc de

de mine perpendiculairement, il le pulvérise souvent tout entier, si au contraire le choc est plus ou moins indirect, le bloc se partage en fragmens plus ou moins gros, et en poudre plus ou moins abondante. Il en résulte que ce mélange de fragments et de poussière une fois tamisé, donne des quantités de greillade qui quelquefois forment à peine le quart de la charge entière (120 kil. environ), et quelquefois aussi s'élèvent à environ moitié ou 240 kil. Or, toutes choses restant égales d'ailleurs, il est pour moi du moins presque évident que le produit d'un feu diminuera entre ces limites *à peu près* proportionnellement à la quantité de greillade introduite, *car les oxides de la greillade ne se réduisent point complètement.* C'est ainsi, par exemple, que si à $\frac{1}{3}$ greillade correspond un produit de 3 quint. 75 ou 150 kil. fer en barres, on aura au plus 3 quint. ou 120 kil., si la moitié de la charge totale se compose de greillade, et que ce produit pourra s'élever à environ 4 quint. ou 160 kil., si la greillade forme seulement le quart du tout. C'est, de fait, entre ces limites que varient les produits des forges catalanes et les rapports de la greillade à la charge totale.

521. Quelle est donc l'utilité de la greillade ? elle me paraît presque uniquement destinée à protéger les matières déjà réduites et carburées contre l'oxidation et la décarburation, lorsque l'escola rapproche successivement ces matières de l'extrémité de la tuyère, pour les souder définitivement les unes aux autres. 

J'ai dit, en effet, que le vent de la tuyère se chargeait de plus en plus de molécules de carbone, à mesure qu'il traversait des masses de charbon enflammé plus considérables, et qu'il acquérait ainsi les qualités réductives et carburantes avant d'arriver au contact avec le minerai en morceaux placé contre l'ore. Dès lors, ce vent est d'autant moins carburé qu'il est pris dans des points plus rapprochés de la tuyère, de telle sorte qu'à sa sortie même il ne l'est absolument pas ; donc à la sortie de la tuyère et même jusqu'à une certaine distance de son orifice, ce vent oxidera et décarburera le fer ou le minerai qui pourront se trouver sur sa route ; il faut même remarquer que, pour une même surface prise sur la direction de l'axe du cône de vent, son action sera d'autant plus vive, abstraction faite de la température, que cette surface sera plus rapprochée de l'orifice de la tuyère ; si aucun obstacle mécanique, tel que le charbon, ne brisait sa vitesse, cette intensité pour des surfaces égales serait en raison inverse du carré de leurs distances à l'orifice.

522. La tuyère peut donc, jusqu'à un certain point, être considérée comme un chalumeau, ayant son feu d'oxidation et son feu de réduction ; le premier plus rapproché de l'orifice, le second plus éloigné, et ceci n'est point une pure hypothèse ; l'observation, en effet, nous a prouvé 

l'existence du feu de réduction et de carburation ; la pratique des forges me paraît prouver également l'existence du feu d'oxidation et de décarburation, et montrer en même temps que ce feu s'étend dans un certain rayon, à partir de l'orifice de la tuyère.

523. Ainsi : lorsque le massé a déjà acquis un certain volume, sa surface s'oxide évidemment sous le vent de la tuyère, toutes les fois que l'escola laisse le chio ouvert un peu trop long-temps ; on voit du moins la flamme blanchir tout-à-coup (13), et l'ouvrier *se hâter* de fermer l'issue par lequel les scories s'échappaient. Pourquoi cette flamme, qui rappelle la couleur du fer brûlant dans l'oxigène, apparaît-elle au moment où les scories qui ne sont guère que de la greillade en fusion, cessent de recouvrir la partie supérieure du massé ? Pourquoi cette flamme reprend-elle sa couleur ordinaire quelques instans après que le chio est refermé ? Pourquoi enfin l'escola a-t-il pour principe de ne jamais dégarnir entièrement le creuset de ses scories (1), si ce n'est parce qu'elles protégent la surface du massé contre l'oxidation.

Influence oxidante du vent dans une certaine distance de l'extrémité de la tuyère.

524. Mais cette oxidation est tellement évidente qu'elle n'a pas échappé à quelques escolas. Il en est même qui la mettent à profit avec adresse pour se rehausser aux yeux du maître de forges, aux dépens de leur camarade le second escola. Comme ces ouvriers sont réciproquement chargés de chauffer le fer qui provient du massé précédent, il arrive que par jalousie le premier escola, s'il connaît la *rubrique*, brûle le fer du second que nous supposerons ne point la connaître, car il lui rendrait certainement la pareille ; c'est un moyen plus ou moins honnête de conserver sa réputation de supériorité. Pour opérer cette combustion, l'escola disposera tout simplement la pièce à chauffer dans la sphère d'oxidation du vent de la tuyère, lorsqu'elle aura acquis une très haute température, et non avant cet instant ; le vent lui enlèvera alors des quantités de fer assez notables, pour qu'elle pèse sensiblement moins qu'avant d'être chauffée (2). En ré-

---

(1) A chaque percée du chio, dit avec raison Lapeirouse p. 165, l'escola prend garde de ne point épuiser en entier le laitier. Il en laisse toujours une certaine quantité.

(2) 525. Je trouve dans le *Philosophical Magazine*, octobre et novembre 1837, des faits assez curieux sur ce mode d'oxidation, faits que je crois devoir traduire ici.

« Peu de personnes paraissent connaître l'emploi que les cloutiers font de l'air froid pour maintenir la « haute température du fer pendant qu'ils le forgent sur l'enclume. J'eus récemment l'occasion de vérifier « par mes yeux cette curieuse pratique dans les environs de Birmingham ; elle consiste à diriger le vent du « soufflet sur le fer porté d'abord à une très haute température ; cette condition est nécessaire et si elle n'avait « pas lieu, le fer se refroidirait au lieu de s'échauffer. » Cette observation, de M. Richard Phillips, ayant appelé sur ce sujet l'attention de M. R. Adams, ce dernier envoya au journal les faits suivants :

« J'étais à Sheffield au mois de décembre 1836, et j'eus l'occasion d'assister aux expériences suivantes, « chez un M. Linley, fabricant de soufflets dans cette ville.

« Un rondin de fer d'environ un pouce de diamètre fut chauffé par un bout jusqu'à ce qu'il eût acquis bien

pétant cette petite manœuvre pour toutes les massoques et parties de massoque du massé précédent, il en réduira le poids de manière à le rendre
inférieur à celui de son propre massé ; son but est ainsi atteint ; on n'a
point à craindre du reste qu'il abuse de ce moyen : la manière dont le salaire est réglé (306) pose une limite aux effets de ces petites jalousies qui
deviendraient sans cela désastreuses.

526. Ces faits, et tant d'autres que la pratique de ces forges décelera à
ceux qui les étudieront, me paraissent démontrer l'existence d'un véritable feu d'oxidation, s'étendant jusqu'à une certaine distance de la tuyère,
et suivi un peu plus loin d'un feu de réduction. Si cette théorie est vraie,
il y aurait un grand danger à abaisser la tuyère, plus qu'elle ne l'est aujour-
d'hui, et à rendre les fourneaux plus petits. Cependant j'ai quelquefois
entendu proposer ces imprudentes améliorations, dans le but, disait-on,
*de concentrer la chaleur ;* elles n'auraient point obtenu l'assentiment de
Lapeirouse, qui avait fait une étude consciencieuse de la méthode directe.
« Vers 1750, écrivait-il, on croyait avoir obtenu un produit extraordi-
« naire lorsqu'on avait retiré trois quintaux de fer d'un massé (120 kil.)
« le travail ordinaire était vingt-cinq livres de fer par sachée de charbon ;
« douze sacs donnaient trois quintaux de fer. Aujourd'hui (1786), avec
« cette même quantité, le produit le plus ordinaire est de trois cent
« soixante-quinze livres (150 kil.)... Un changement aussi avantageux s'est
« opéré par une gradation lente et insensible ; parmi les causes qui y ont
« concouru, *la première est l'élévation de la tuyère ;* on ne lui donnait
« qu'un pied de saut (457) au-dessus du fond du creuset ; aujourd'hui
« (1786) elle va jusqu'à quinze pouces..... Enfin on a élargi le creuset
« et étendu toutes ses dimensions. » Ces judicieuses observations et mes
conjectures sur la théorie de la méthode directe se confirment les unes

Danger<br>d'abaisser<br>la tuyère et<br>de rétrécir<br>les feux.

---

« complètement la chaleur blanche ; on le retira alors promptement du feu et on le présenta à un fort cou-
« rant d'air sortant d'un soufflet de forge ; le fer acquit alors immédiatement une température assez élevée
« pour entrer en fusion, et je vis la matière liquéfiée, projetée par le vent du soufflet, brûler dans l'air avec
« toutes *les* apparences du fer brûlant dans l'oxigène ; l'expérience dura jusqu'à ce qu'une livre et plus de
« métal eût été ainsi liquéfiée et emportée par le vent. » C'est un phénomène tout semblable qui a lieu lorsque
l'escola brûle le fer qu'il devrait se contenter de chauffer.

« Au lieu d'employer un soufflet de forge pour produire cette oxidation, on peut se contenter d'attacher
« à une corde le fer porté à la chaleur blanche ; on imprime ensuite au système un mouvement de rotation
« très rapide dans un plan vertical, de magnifiques scintillations s'échappent alors dans tous les sens tangen-
« tiellement à la circonférence décrite par le métal. »

Ce sont là des exemples frappants de la haute température que développe le fer en passant à l'état d'oxide ;
l'action chimique l'emporte ici sur le refroidissement causé par le contact de l'air. Il est du reste absólument
nécessaire, pour que ces expériences réussissent, que le fer ait été primitivement porté à une très haute
température, et que l'oxide formé puisse se détacher, afin que de nouvelles surfaces s'oxident à leur tour.
Lorsqu'on emploie un soufflet, le vent creuse dans la barre de fer des canaux profonds du côté où il le
frappe.

par les autres. Il est clair, en effet, qu'en rétrécissant le creuset, et surtout en abaissant la tuyère, on rapproche toute la masse des matières de
celle-ci, on diminue le volume de combustible que le vent traverserait,
on augmente l'étendue du feu d'oxidation, on diminue celle du feu de réduction, on oxide plus et l'on réduit moins, d'où un produit moindre
pour une même quantité de charbon brûlé. On comprendra même, avec
un peu d'attention, comment une quantité de charbon fort considérable
pourrait être brûlée dans un creuset étroit, et avec une tuyère basse et
plongeante, sans augmenter le produit d'une seule livre, souvent même
en le diminuant.

527. Enfin si je ne savais avec quelle défiance il faut accepter les théories qui paraissent avoir pour elles le plus de probabilité, j'oserais avancer
que celle que je propose *me paraît* relier entre eux tous les faits, toutes
les pratiques, toutes les observations qui se rapportent à la méthode
directe, et qu'en outre, je ne connais rien *jusqu'ici* qui lui soit contraire.

Cette théorie 528. C'est ainsi que les observations même les plus indifférentes en ap-
explique
d'autres faits. parence viennent s'y rattacher. Elle explique, par exemple, pourquoi il
faut des creusets plus grands avec des charbons légers, qu'avec ceux de
chêne et de hêtre (1), car à volume égal un charbon léger contient moins
de carbone qu'un charbon lourd, et pour que les gaz réducteurs et carburans se forment avant le pied du mur de mine, il faut que le vent traverse une plus grande épaisseur de charbon de sapin, par exemple, que de
charbon de chêne, ou que le creuset soit plus grand. Le feu d'oxidation
de la tuyère explique encore pourquoi « le fer fort réchauffé dans le four-
« neau, se rend plus doux, acquiert plus de nerf et perd son grain. (1) »

L'on voit encore pourquoi l'on brûle plus de charbon lorsque l'on n'a
point de fer à réchauffer pour l'étirage. (Cela arrive par exemple, dans les
circonstances rares, où le fer est acheté au maître de forges à l'état de
massoques.) En effet, ce chauffage se fait au commencement de l'opération,
pendant le temps où la trompe fournit à peine assez de vent pour transformer le carbone en oxide, c'est-à-dire en gaz réducteurs et carburans.
Placées un peu au-dessus et en avant de la tuyère, les pièces à réchauffer
s'opposent en partie à ce que le vent s'élève vers la partie supérieure de
la charge en charbon, où il brûlerait inutilement du combustible, et elles
dirigent au contraire ce vent très chargé de carbone sur le mur de minerai (2).

529. Je n'entreprendrai point de montrer tous les points de contact

(1) Dietrich, p. 53 et 69.
(2) On peut apprécier par l'extrait ci-dessous de la lettre de M. Legrand, directeur-général des ponts-et-
chaussés et des mines, jusqu'à quel point cette administration, qui prétend régenter l'industrie des forges,

entre les faits et la théorie que je propose; ceux qui ont la pratique des forges suppléeront très facilement à tous les développemens qui manquent ici. Cependant je crois utile, en résumant ces conjectures, de m'arrêter un instant sur leur application à la formation de l'acier dans nos creusets.

530. En première ligne, et comme cause principale de la formation de l'acier, il faut placer la présence du manganèse; c'est un fait d'expérience constaté depuis un temps immémorial, et dont tous les procédés de fabrication fournissent à la fois une confirmation. Ainsi « les fontes manga- « nésées et qu'on affine se décarburent bien plus difficilement que les « autres. Il semble que le manganèse rende la combinaison du carbone « et du fer plus intime. Dans l'affinage des fontes manganésées, lors « même que la totalité du manganèse a passé dans les scories, le carbone « est encore retenu bien plus fortement par le fer, que si le minerai n'eût « pas renfermé ce métal. » Voilà pourquoi sans aucun doute les minerais manganésifères ont reçu dans quelques pays le nom de *mines d'acier*.

Tant qu'on a obtenu de l'acier dans nos forges en quantité notable, on a travaillé sur des mines manganésées; au contraire on n'a plus obtenu de fer fort lorsque ces minerais ont fait défaut. Les minerais manganésés sont donc, indépendamment de tout procédé de fusion, une condition indispensable de la formation du fer fort. Nous avons vu cependant que, si cette condition était indispensable, on ne la regardait pas comme suffisante.

Théorie de la<br>formation<br>de l'acier.

---

est novice en pareille matière. Jaloux de montrer au préfet et au conseil-général du département qui m'avait spécialement choisi pour diriger les essais métallurgiques, combien ce choix était absurde, et combien il eût été convenable que cette honorable mission fût confiée à un *ingénieur des mines,* plutôt qu'à un *ingénieur de forges,* M. Legrand rappelle ainsi « les avantages que l'industrie du département de l'Ariége a retirés des travaux des ingénieurs des mines. » « *C'est à eux,* dit-il, *qu'est due l'indication du mode actuel « de forgeage du fer qui a fait appliquer au cinglage et à l'étirage des massets l'excès de chaleur qui était « autrefois inutilement dégagé du foyer de fusion.* »

Eh, monsieur le directeur-général des ponts-et-chaussées et des mines, pareil mode de chauffage n'a jamais existé que dans vos bureaux; et si neufs, en matières métallurgiques, que soient réellement ceux de vos ingénieurs qui n'ont point quitté le corps royal des mines pour étudier les forges, il n'en est pas un seul qui voulût revendiquer un aussi singulier perfectionnement. Le chauffage du fer ne coûte rien dans les forges catalanes, monsieur le directeur des *mines;* peut-être même y produit-il une certaine économie. Vous prétendez maintenant que vos ingénieurs ont indiqué un mode de chauffage qui consisterait à appliquer l'excès de chaleur, inutilement dégagé du foyer de fusion; c'est de la flamme sans doute que vous voulez parler. Prenez donc la peine de jeter les yeux sur un fourneau en feu, vous vous apercevrez facilement qu'on ne peut guère recueillir cette flamme qu'à un mètre et demi ou deux mètres au-dessus du niveau de l'enclume. Je puis vous affirmer qu'à cette hauteur des massoques n'acquerraient qu'après un temps fort long, peut-être même jamais, la température nécessaire à leur étirage. Mais admettons cette possibilité, ne voyez-vous pas qu'il faudrait élever à environ deux mètres de hauteur toutes les pièces à chauffer; ce serait un travail inutile, et peut-être nuisible, équivalant à environ 1000 $^{k.m.}$ qu'il faudrait ajouter au travail déjà assez pénible des ouvriers.

531. Il faut en outre ( 496, 2° ), employer peu de greillade ; en effet, des mines manganésées donneront de la greillade plus chargée de manganèse ; si l'on employait une grande quantité de greillade, les oxides de manganèse, en passant à l'état de protoxide, rendraient libre une plus grande quantité d'oxigène qui retarderait la réduction et la carburation du minerai placé à l'ore ; mais si l'on réfléchit à la manière dont s'obtient la greillade (520); on remarquera que moins on formera de greillade, plus les silicates qui naîtront d'elle seront chargés de silice, plus ils seront acides ; or, la théorie enseigne ( Dumas, III, p. 130 ), qu'à cet état ils faciliteraient à pure perte l'oxidation d'une partie du fer qu'ils sont destinés à protéger, d'où nécessité de s'en défaire aussitôt qu'ils ont épuré la surface du massé, et entraîné toutes les terres qui en transsudent ; on multiplie donc les percées du chio (496, 5°), afin que ces silicates acides se rapprochent le moins possible de l'état neutre aux dépens du fer déjà formé, et par un contact prolongé avec celui-ci.

532. Cependant le fer déjà formé, n'étant plus protégé par les scories neutres qui le recouvrent dans l'état ordinaire, il a fallu atténuer autant que possible l'influence oxidante de la tuyère ; pour cela on a rendu celle-ci plus rasante (496, 7°), et comme sa *hauteur* (457) est restée la même, son extrémité s'est trouvée plus élevée au-dessus de la masse de fer déjà formée, ce qui concourt encore à diminuer l'oxidation. Mais une tuyère plus rasante exige une ore plus renversée ( 496, 7° ), et réciproquement. Cela est de principe ; et quand le principe n'existerait pas, il conviendrait encore de renverser l'ore (496, 7°), afin que le minerai descende moins vite, c'est-à-dire, en d'autres termes, afin qu'il reste plus long-temps soumis à l'influence des gaz réducteurs et carburans. Il est vrai qu'ainsi l'escola emploiera plus de temps à faire son massé ; mais c'est précisément ce qu'il doit faire (496, 6°), et à son tour, l'ore ne fût-elle pas plus renversée, l'ouvrier devrait encore, *sur toutes choses*, prolonger le séjour du minerai sur cette face, afin que le fer de ce minerai soit le plus possible chargé de carbone avant d'être poussé vers la tuyère. Et qu'il ne craigne point pour cela de perdre *beaucoup* de temps : plus ce minerai aura été carburé, plus il sera devenu fusible, de sorte que le temps qu'on a cru perdre au commencement de l'opération, se retrouve en partie vers la fin. On dit généralement que, pour obtenir de l'acier, il faut prolonger l'opération, l'on a raison, mais il faut s'entendre. C'est le *commencement* de l'opération surtout qu'il faut prolonger, et non la fin ; c'est le temps de la réduction et de la carburation, et non celui où l'on court risque d'oxider la surface du massé. L'ouvrier devra donc redouter cette oxidation et ménager beau-

coup le vent à la fin du massé, s'il veut obtenir de l'acier ($496, 8_o$), à moins que la trompe ne soit basse, ou que sa tension maximum soit suffisamment affaiblie ; dans ce dernier cas, il est certain de ne point pécher par excès de vent. J'estime qu'une trompe qui fait marquer douze à quatorze degrés au pèse-vent, remplit cette dernière condition.

533. Quant au charbon, on admet ($496, 9°$) qu'on doit préférer les charbons lourds aux charbons légers, celui de chêne à celui de sapin. Or, qu'il s'agisse de la production du fer ou de celle de l'acier, les charbons lourds sont toujours préférables, car, à volumes égaux, les premiers contiennent plus de carbone que les derniers ; ils favorisent donc plutôt la formation de l'oxide de carbone qui réduit, que celle de l'acide carbonique qui ne réduit pas. Le charbon de chêne est d'ailleurs plus hydrogéné que celui de sapin, et sa combustion donne naissance à plus d'hydrogène carboné, gaz éminemment réducteur et carburant. On recommande encore de donner plus de charbon au fourneau ($496, 4°$), ce qui, pour des fourneaux de capacité égale, exige que la charge en charbon soit plus *élevée*. Cette sur-élévation de la charge de combustible permettra en effet à la greillade de perdre une grande partie de son oxigène, avant d'arriver à la hauteur de la tuyère, et dès lors cet oxigène libre ne pouvant plus passer dans le mur de minerai, ne retardera point sa réduction ; toutefois, comme il se dégagera au-dessus de la tuyère, il y brûlera une certaine quantité de charbon ; et comme d'ailleurs la surface du combustible enflammé qui est en contact avec l'air extérieur, augmentera avec la hauteur de la charge en combustible, la consommation du charbon sera toujours plus grande ($496$), elle le serait même sans cela, puisque sur toutes choses il faut employer plus de temps pour faire le massé ($496, 6°$).

534. Enfin, pendant le cours de l'opération, l'ouvrier devra pousser plus fréquemment la mine vers la tuyère et avec moins de force ($496, 3°$). Cela doit être, car la masse déjà formée, n'étant plus ou étant moins protégée par les scories, si on laissait sa surface long-temps découverte, le vent de la tuyère l'oxiderait, ou la décarburerait complètement, et l'on aurait du fer doux au lieu d'acier, et même un produit plus faible qu'à l'ordinaire. C'est pour éviter ce déchet et cette décarburation complète, qu'on a laissé le minerai se surcarburer contre l'ore, ce qui l'a rendu en même temps plus fusible ; alors, c'est-à-dire plus tard qu'à l'ordinaire, on le pousse vers la tuyère pour déterminer sa fusion et le débarrasser de ses terres, mais on le pousse avec moins de force, c'est-à-dire qu'on fait tous ses efforts pour que la fusion s'opère dans le feu de réduction et de carburation, s'il est possible, ou tout au moins dans la partie la moins vive du feu d'oxidation. Cependant malgré une tuyère plus

rasante, malgré que son extrémité soit plus élevée au-dessus de la masse qui se trouve au fond, il n'est pas douteux que, si la même surface restait long-temps exposée au vent de cette tuyère, il y aurait une décarburation plus lente, il est vrai, mais qui s'opérerait cependant ; il faut donc se hâter de recouvrir cette surface par une nouvelle couche de minerai surcarburé, qui se décarburera à son tour, mais incomplètement, si on la recouvre elle-même d'une autre couche, aussitôt qu'elle se sera soudée sur la précédente, et ainsi de suite jusqu'à la dernière, sur laquelle on soufflera le moins possible (496, 8°); de là, la nécessité de pousser plus fréquemment la mine vers la tuyère, mais avec moins de force (496, 3°).

535. Après tant de soins plus ou moins heureux, on tirera un massé plus aciéré à sa surface supérieure que dans son intérieur, plus au contour que vers le centre de cette partie supérieure, plus enfin du côté du laitairol que vers la cave (496, 1°); or, comment n'en serait-il pas généralement ainsi? La partie supérieure du massé est le produit des parties supérieures du mur de minerai, c'est-à-dire des parties qui sont entre toutes restées le plus tôt long-temps exposées à l'influence des gaz réducteurs et carburans; ce sont donc les plus carburées. Toutefois le centre de la surface ayant été plus directement sous le vent d'oxidation de la tuyère, cette partie a dû perdre son carbone en grande partie ou même en totalité, tandis que le contour aura conservé le sien, si même il n'en a pas acquis; car ce contour a été léché par le vent de la tuyère, après que celui-ci avait déjà perdu de l'oxigène en oxidant le centre de la surface, et après s'être plus ou moins chargé de carbone en rayonnant du centre vers la circonférence, trajet pendant lequel il a peut-être passé à l'état de gaz carburant.

Et pourquoi, dira-t-on, plus d'acier du côté du laitairol que du côté de la cave ? mais cela est tout simple, la tuyère ne décline-t-elle pas du côté de la cave ? n'est-elle pas même plus rapprochée de cette face que de celle du laitairol ? et puisqu'il en est ainsi, son feu d'oxidation ne brûlera-t-il pas le carbone du fer du côté de la cave, en attaquant à peine celui du fer situé du côté du laitairol.

536. Mais en voilà assez, et beaucoup trop peut-être sur cette théorie que je n'ai exposée avec quelque détail, je le répète, que pour qu'elle fût vérifiée par ceux qui auront le bonheur de continuer des études que je n'aurais jamais laissées incomplètes sans les mesquines tracasseries de l'administration des mines. Ces conjectures forment la somme des idées que j'avais acquises après cinq années d'observations très assidues; je ne doute point cependant qu'elles n'eussent reçu quelques modifications, si ces observations avaient pu être prolongées.

537. Prévenir l'oxidation du fer déjà formé, favoriser en même temps la réduction du minerai, tel est donc le principe le plus général de la méthode directe. Son application offrira sans doute de nombreuses difficultés pratiques, mais, j'en ai presque la certitude, avec du soin, de l'intelligence et surtout de la bonne volonté, ces difficultés disparaîtront peu à peu, et cette limite supérieure de quatre quintaux, qu'on atteint rarement dans nos forges, pourra devenir leur produit moyen, lorsque ceux qui les exploitent ou qui les dirigent auront acquis cette instruction professionnelle, sans laquelle on ne réussit dans aucun art. *Principe général de la méthode directe.*

538. Mais faut-il donc conclure de ce que les procédés de la fusion paraissent confirmés par la théorie, que rien ne reste à faire pour le perfectionnement de la méthode directe? bien loin de là, car, quand bien même un produit de quatre quintaux viendrait couronner les efforts d'un escola intelligent, il passerait encore près de 5o kil. de fer aux scories par massé; c'est là un épouvantable déchet qu'il faut absolument chercher à réduire, et l'on y parviendra, j'en ai l'espoir. D'un autre côté, le prix croissant des charbons appelle des recherches bien dirigées sur les moyens d'économiser, s'il se peut, le combustible. Que faire pour obtenir ce double résultat? j'ai déjà indiqué plusieurs essais à tenter dans ce but (95, 294 à 298); je vais en examiner quelques autres; savoir: 1° le grillage ; 2° l'emploi des fondants; 3° celui de l'air chaud ; 4° celui de l'appareil à gaz réducteurs de M. Cabrol. Je terminerai cet examen par quelques aperçus sur les minerais qu'il est possible de traiter avec avantage par la méthode directe. *Perfectionnements possibles.*

539. « Les minerais de fer sont accompagnés de silice ( 267 à 270 ), et quand cet acide manque, on est obligé d'en ajouter pour déterminer la fusion des matières terreuses qui se trouvent toujours avec l'oxide de fer. La silice possède la propriété de former, avec le protoxide de fer, un silicate qui ne se laisse pas réduire par le charbon quand il renferme assez d'acide pour former un silicate neutre, et à plus forte raison un silicate acide. Il est donc essentiel d'éviter la production de ce silicate de fer. Parmi les moyens que l'on peut mettre en usage pour cela, le grillage des minerais n'est pas le moins efficace ; à l'aide de ce grillage, les minerais perdent l'eau, l'acide carbonique et en général les matières volatiles qu'ils renferment; ils sont ramenés ainsi à un état poreux ( 501 ), qui les rend propres à se laisser pénétrer par les gaz. Placés dans le fourneau de réduction et enveloppés par la flamme, ils sont en contact par chacune de leurs molécules avec l'hydrogène carboné qui fait partie de la flamme, et se réduisent dès qu'ils ont atteint la chaleur rouge naissant. Le fer est donc ramené à l'état métallique, long-temps avant que les silicates puissent prendre naissance, et *Du grillage.*

lorsque ceux-ci se forment, le fer, déjà désoxidé, ne peut plus rentrer en combinaison avec la silice, si cet acide trouve d'ailleurs des bases puissantes qui le saturent. (Chimie de Dumas, nᵒ 2788.) Voilà ce que la science et l'observation nous apprennent sur le but et la théorie du grillage des minerais. »

*Inutilité d'un grillage séparé.*

540. Or cette théorie, qui se trouve si parfaitement d'accord avec mes observations précédentes, me paraît montrer en même temps que c'est un véritable grillage que subit le minerai sur l'ore pendant les premiers instants de l'opération. S'il en est ainsi, et cela n'est pas pour moi un doute, il m'est impossible de voir aucune utilité à griller nos minerais dans un autre fourneau que le creuset lui-même. L'expérience semble même avoir fait justice de cette opération préliminaire qui, de quelque manière qu'elle se fasse, entraîne toujours assez d'embarras. Certes, on n'accusera point les maîtres de forges de l'Ariége d'être fanatiques en fait d'innovations. Eh bien ! tous grillaient autrefois leurs minerais ; plus de neuf sur dix ont renoncé depuis long-temps au grillage, et ils ne veulent point y revenir. N'en faut-il pas conclure que le grillage est au moins inutile en tant qu'il serait appliqué aux minerais de Rancié, et qu'il vaut tout autant, sinon beaucoup mieux, consommer dans le creuset de fusion le charbon qu'on employait autrefois au grillage dans un fourneau séparé.

*Emploi de la flamme.*

541. Mais ne peut-on point utiliser pour cette opération la flamme qui s'échappe inutilement du creuset ? à cela, je ne vois qu'un inconvénient, c'est l'embarras que causent, au commencement et à la fin de chaque massé, la descente du minerai déjà grillé, et l'élévation de la charge de minerai qui va subir l'opération. M. *Moisson-Desroches*, ingénieur des mines, avait, il y a peu d'années, cherché à utiliser de cette manière la flamme du creuset à la forge de Labarre ; son appareil était, dit-on, fort commode ; cependant on a complètement renoncé depuis à cette méthode, qui, je le crois, sera encore tentée maintes fois, puis autant de fois abandonnée, car ses inconvénients sont manifestes, et ses avantages n'ont pas le même degré d'évidence. On assure qu'en chargeant immédiatement sur l'ore le minerai qui, rouge encore, vient de séjourner près de six heures en contact avec la flamme, il y a lieu d'espérer une notable économie en combustible, cela paraît en effet rationnel. Mais on ne remarque point que cette température est très faible, que la prodigieuse quantité de brasque emportée par la flamme se dépose sur le minerai, et l'empêche de s'échauffer à un très haut degré. Enfin, le dirai-je, quand bien même le minerai pourrait acquérir, dans ces conduits à flamme, la température à laquelle on le portait autrefois dans les véritables fourneaux de grillage, il me resterait encore des doutes sur les résultats économi-

ques de la méthode. J'ai, en effet, un grand respect pour les opinions que je retrouve chez *tous* les ouvriers à la fois, or « ils assurent qu'il ne faut « pas se servir de la mine grillée avant qu'elle soit refroidie; ils préten- « dent qu'en employant la mine toute chaude, la qualité du fer en souffre « *considérablement*. » ( Dietrich, p. 42.)

542. En somme, je suis porté à regarder le grillage des minerais de Rancié (147, 169) comme une opération tout au moins inutile, même pour la production de l'acier.

543. J'ai déjà donné ( n° 262, 270 à 276, 296 à 298 ) un aperçu de la théorie des fondants; je vais en résumer ici les parties principales. A l'oxide de fer qui forme la base de tout minerai de fer, se trouvent mêlés ou com- binés de la silice, de la chaux, de la magnésie, de l'alumine, des oxides de manganèse en diverses proportions , substances dont il faut parvenir à se débarrasser complètement pour obtenir le fer métallique; c'est par la fusion que l'on élimine ces matières étrangères; or, cette opération développe entre ces matières et l'oxide de fer des affinités d'où peuvent résulter des combinaisons fort désavantageuses. La silice, par exemple, qui joue le rôle d'acide, s'emparera de toutes les autres terres qui jouent le rôle de bases; mais si ces terres ne sont point en proportions convenables par rapport à la silice, celle-ci entraînera une plus ou moins grande quantité d'oxide de fer en scories, d'où résultera comme dans nos forges, un déchet plus ou moins considérable sur le minerai. Afin de diminuer ce déchet, on emploie dans la méthode indirecte, ce que l'on a appelé des *fondants*; c'est-à-dire qu'on ajoute au minerai des substances d'un prix fort minime, et ayant pour la silice plus d'affinité qu'elle n'en a pour l'oxide de fer; cet oxide reste alors dans le fourneau au lieu d'être entraîné dans les scories, et il passe ensuite à l'état de métal sous l'influence des gaz réducteurs. Le fondant le plus généralement employé est la *pierre calcaire*, qui a reçu dans les hauts-fourneaux le nom de custine. En vertu de la théorie ci-dessus, on admet que ce sous-carbonate de chaux abandonne son acide carbonique, et se combine à l'état de chaux avec la silice, remplaçant ainsi l'oxide de fer dans la combinaison qui aurait eu lieu sans son emploi.

544. Il peut arriver encore que le minerai, au lieu de pécher par défaut de bases, pèche au contraire par défaut de silice; on y ajoute alors des matières siliceuses, qui hâtent la fusion des matières étrangères mêlées ou combinées au métal. Ce fondant siliceux ou argileux s'appelle vulgaire- ment *herbue*.

545. En somme, on cherche à former des mélanges qui puissent de- venir très fusibles sans se charger d'oxide de fer, tel est le but des *flux* ou *fondants*. Si le minerai de fer est très chargé de chaux, il faut y ajouter,

dit-on, un fondant siliceux ou argileux ; s'il est chargé d'argile ou de silice, il exige une addition de fondant calcaire dans des proportions que des essais en grand seuls peuvent déterminer sûrement.

Aperçu sur la théorie des fondants calcaires.

**546.** Cependant ces préceptes théoriques n'ont été jusqu'ici acceptés par les hommes de pratique qu'avec une certaine défiance, beaucoup même refusent de s'y soumettre, et il est encore en France et en Angleterre une foule de fourneaux, où, n'ayant aucun égard pour la composition du minerai, on fait usage d'un fondant universel, la *castine* ou pierre calcaire. D'où viennent et cette obstination et cet esprit de révolte contre les principes ? Serait-ce par hasard que la théorie est fausse ? je n'oserais le dire encore ; toutefois je ne rougirai point d'avouer dès aujourd'hui, qu'elle me paraît au moins incomplète. Il se pourrait que les matières stériles, quelles qu'elles soient, n'eussent d'autre fonction que de protéger le fer en fusion contre une réoxidation partielle, et que le carbonate calcaire méritât entre tous les fondants une préférence que le raisonnement justifierait jusqu'à un certain point. En effet, il n'est point douteux que ce carbonate ne dégage sous l'influence de la chaleur tout l'acide carbonique dont il est chargé ; il paraît non moins certain qu'en traversant des masses de charbon incandescens, cet acide carbonique passera en partie à l'état d'oxide de carbone, c'est-à-dire de gaz réducteurs. Ce serait donc autant à l'acide carbonique qu'il renferme, qu'à la chaux combinée avec lui, qu'il faudrait attribuer les bons effets du calcaire ; et ce calcaire, par l'acide qu'il dégage, viendrait en aide à la machine soufflante pour former dans le fourneau les gaz nécessaires à la réduction ; et dans le dosage de la castine, il ne faudrait plus avoir seulement égard à la composition du minerai, mais il deviendrait nécessaire de prendre en considération et la masse du minerai à réduire, et la quantité de charbon brûlé dans un temps donné, et le poids d'air lancé dans le fourneau par la machine soufflante. Je me borne pour le moment à ces aperçus ; je reviendrai sur la théorie des fondants dans les études que je publierai plus tard sur le travail des hauts-fourneaux. Pour le moment, je regarde l'emploi du calcaire dans les forges catalanes, comme propre à former plus de gaz réducteurs par son acide carbonique, qui se transforme en oxide de carbone en présence du charbon en excès, et surtout comme propre à protéger le massé contre le feu d'oxidation de la tuyère par la chaux qu'il renferme.

Essais des fondants calcaires.

**547.** J'ai fait un assez grand nombre d'essais sur l'emploi du calcaire dans les forges catalanes ; ces essais ont porté tantôt sur des charges de 18 kil. de minerai, tantôt sur 100 kil., tantôt enfin sur la charge totale ; savoir, 487 kil. Je n'entrerai point dans le détail de tous ces essais, je me bornerai à en présenter les résultats utiles ou curieux.

548. Il m'a semblé qu'il n'y avait ni avantage, ni grand inconvénient  à mêler au minerai placé sur l'ore des quantités de pierre à chaux qui se sont élevées de $\frac{1}{10}$ à $\frac{2}{10}$ de son poids. Ces pierres à chaux étaient concassées en morceaux beaucoup plus petits que ceux du minerai, et répandus depuis le bas jusqu'au haut de l'ore.

549. Mêlée à la quantité ordinaire de greillade, la pierre à chaux, réduite en poudre, a produit des résultats qui ont été quelquefois avantageux, quelquefois nuls, quelquefois nuisibles. Les proportions pour ces essais ont été constantes et égales à $\frac{1}{3}$ du poids de la greillade, c'est-à-dire que la castine formait le $\frac{1}{4}$ du mélange. J'ai quelquefois obtenu, surtout au commencement de l'opération, des scories semblables à celles des hauts-fourneaux.

550. En ajoutant à la quantité ordinaire de greillade poids égal de castine en poudre, le massé a duré huit heures, et n'a produit qu'un fort mauvais résultat, 26o livres environ. J'ai fait cet essai à la forge de M. Saint-André qui n'a point voulu être remboursé des frais dans lesquels cet essai l'avait entraîné.

551. J'ai essayé à la forge du Ressecq, affermée par MM. Espy, d'ajouter à la quantité ordinaire de greillade, pesant 16o kil. environ, 19 kil. de sable de rivière, plus 58 kil. de pierre à chaux en poudre; ce mélange a passé comme inaperçu : l'effet a été presque complètement nul. Le massé a donné 38o livres, celui qui avait précédé avait donné 385 livres, et celui qui suivit, donna 382. Le fer du massé d'essai était cependant un peu pailleux.

552. J'ai fait encore à la forge de M. Sabardu, à Montgaillard, quelques essais de fondants calcaires; mais, à cette époque, la forge était en mauvais train, et quoique, dans un de ces essais, j'aie obtenu, avec l'addition de 5o kil. de calcaire à la greillade, 4o liv. de fer en plus que n'avait donné le massé précédent, il m'est impossible de rien conclure de cet essai. M. Sabardu, dans aucune circonstance, n'a voulu être remboursé de ses frais ; nul maître de forges n'a montré plus de dévouement et n'a fait plus de sacrifices pour le progrès de l'art.

553. Mais c'est surtout à la forge de Saint-Pierre que j'ai fait le plus d'études sur l'emploi des fondants calcaires; j'ai déjà dit que j'y traitais 1oo kil. tant minerai que greillade. En mêlant toujours à la greillade diverses proportions de pierre à chaux, et répétant plusieurs fois les essais sur la même proportion, j'ai obtenu des résultats contradictoires. Au contraire, j'ai *presque* toujours obtenu de très beaux résultats en bocardant le minerai avec précaution, et de manière à réduire autant que possible la quantité de greillade, enfin, en ajoutant ensuite à cette greillade

des proportions variables de pierre à chaux. J'ai pu obtenir ainsi 35.5, 38, 39. 1, et même 42 pour cent de fer en *massoques*, et, fait très remarquable, dans un creuset qui travaillait par intermittence, puisque nous ne faisions qu'un feu par vingt-quatre heures.

554. Les proportions qui ont le mieux et le plus constamment réussi, sont les suivantes: charge en minerai sur l'ore, 75 kil., greillade, 25 kil., pierre à chaux en poudre ajoutée à la greillade, 20 kil. J'ai ainsi obtenu des scories porcelanisées d'une couleur vert-poireau, qui causèrent la première fois un bien vif étonnement à l'escola que j'employais. Pour reproduire ces essais en grand, on voit qu'il faudrait tâcher de n'obtenir que 120 kil. de greillade, y ajouter 100 kil. de pierre à chaux en poudre, et placer sur l'ore 360 kil. environ de minerai en morceaux. Je n'ai pas encore eu l'occasion de répéter cet essai dans une grande forge.

555. En somme, je pense que l'emploi du calcaire mêlé à la greillade, sera généralement avantageux (1); mais qu'il convient en même temps de diminuer la quantité de cette greillade. J'ai dit plus haut quels avantages on pouvait retirer de l'emploi des fondants manganésiens; il conviendrait, je crois, pour la production de l'acier, de les mêler au minerai plutôt qu'à la greillade.

557. Je passe à l'emploi de l'air chaud que j'ai tenté à plusieurs reprises, sans qu'il me soit possible de dire même aujourd'hui si cet emploi est décidément nuisible ou avantageux dans ces forges.

J'ai déjà exposé, n° 51, ce qui m'a paru être la véritable théorie de l'emploi de cet agent; je n'y reviendrai point ici, me bornant à faire connaître les résultats heureux et malheureux qu'ont amenés les quelques essais en grand que j'ai été à même de faire. J'avais d'abord eu l'intention de donner un dessin complet de mon appareil; mais, comme je le modifierai très certainement lorsque je reprendrai ces essais, j'ai renvoyé la publication de ce dessin à une époque plus éloignée.

Voici à peu près le compte que j'avais rendu des premiers essais aux maîtres de forges intéressés; j'en ai résumé les détails relatifs à l'emploi

---

(1) (556) J'avais *depuis long-temps* rendu compte à l'administration départementale d'une partie de ces essais, et mon rapport avait été transmis à M. l'ingénieur en chef des mines, lorsque ce dernier publia, dans l'Annuaire de l'Ariége, une notice intéressante sur les forges de ce département.

On lit p. 281 de cette notice :

« D'après des observations qui ont déjà été faites, des minerais décomposés et chargés d'un peu de calcaire, « rendent proportionnellement plus de fer que les autres. » M. l'ingénieur en chef des mines aurait pu dire, sans rien ôter à l'intérêt de sa notice, par *qui* ces observations avaient été faites; mais c'est un parti pris, à ce qu'il paraît, dans le corps royal des mines, de ne jamais nommer les ingénieurs qui n'en font point partie. *Je dois loyalement vous prévenir que nous ne citons jamais...*, me disait un ingénieur des mines, en me demandant des renseignements sur les forges que je fus assez heureux pour lui fournir. Il a tenu parole.

des fonds, et j'ai éclairci par des notes les parties qui pouvaient laisser quelque obscurité.

558. Le 22 novembre 1833, puis le 28 janvier 1834, une partie des propriétaires de forges de l'Ariége, convoqués par M. De Monicault, préfet de l'Ariége, se rendirent à la Préfecture. *(Premiers essais à l'air chaud. Compte rendu. Procès-verbal de la réunion des propriétaires de forges.)*

A la seconde réunion, présidée par M. le préfet, on arrêta la délibération suivante :

« Les soussignés, propriétaires de forges dans le département de l'Ariége, réunis pour s'entendre sur les améliorations à introduire dans la fabrication du fer, sont convenus que des expériences seraient faites sous la surveillance d'une commission choisie parmi eux.

Pour subvenir aux frais qu'entraîneront ces essais, les soussignés prennent l'engagement de payer, entre les mains de la commission, la somme de *cent francs* pour chaque feu qu'ils possèdent dans le département de l'Ariége (1).

Ladite souscription ne sera valable qu'autant qu'elle réunira la soumission des propriétaires des trois quarts des forges du département.

559. Ont signé : MM. Lasvigne, 3 feux ; Berthomieu frères 2 ; Rousse Julien 2 ; Ruffié 2 ; Tersac 2. *(Liste des souscripteurs.)*

Astrié de Celles 1 ; Avignon 1 ; Biallé 1 ; Capdeville 1 ; Dax 1 ; Deguilhem 1 ; Denjean 1 ; Deramond 1 ; Espy 1 ; Faure 1 ; Gomma 1 ; Jauze 1 ; Lafont-Sentenac 1 ; Lordat 1 ; Roussillou 1 ; Sabardu 1 ;

Iché $\frac{1}{2}$ ; Rousse aîné $\frac{1}{2}$ ; Saint-André $\frac{1}{2}$.

En tout 28 feux et demi. »

560. Séance tenante, la commission de surveillance fut élue au scrutin par les maîtres de forges présents ; elle se trouva composée de MM. *Astrié de Celles, Espy, Rousse Julien, Ruffié, Saint-André.* *(Commission de surveillance.)*

Je fus seul chargé des essais.

561. M. Julien Rousse offrit un de ses feux pour les expériences, et séance tenante, le fermage en fut fixé à 12 francs par jour, à partir du moment où les travaux qu'on allait entreprendre l'empêcheraient de l'utiliser. *(Choix de la forge et prix du fermage.)*

Afin de mettre quelque ordre dans ce compte rendu, je le diviserai en deux parties : 1° l'emploi des fonds ; 2° le travail d'art.

562. Je me bornerai à dire à ce sujet que le montant des recettes, ainsi que celui des dépenses, s'est élevé à environ 5ooo fr. *(Emploi des fonds.)*

563. La délibération des maîtres de forges a été signée le 28 janvier 1834. Dès le 29 je me rendis à Niaux pour y prendre les dimensions nécessaires à l'établissement de mon appareil. *(Travail d'art.)*

(1) M. le directeur-général des ponts-et-chaussées et des mines s'est permis d'introduire la disposition suivante dans la singulière décision qu'il a fait rendre à M. le ministre du commerce, à propos de mes essais :

« 8° Dans le cas où les maîtres de forges de l'Ariége viendraient à se cotiser pour augmenter la somme « votée par le conseil-général du département, le montant de la cotisation sera appliqué conformément aux « dispositions qui précèdent... »

M. le directeur des mines a pu s'apercevoir ici que les maîtres de forges de l'Ariége ne lui avaient nullement abandonné le droit de régler l'emploi de leurs fonds, et que toutes les dispositions qu'il voudrait prescrire à cet égard seraient considérées comme non avenues.

Idée sommaire de l'appareil de chauffe.

J'en donnerai une idée sommaire, afin de rendre cette exposition un peu moins obscure pour ceux qui ne l'ont point vu.

Qu'on se figure dans le fousinal et le mur de la tuyère une ouverture demi-circulaire dont le diamètre horizontal serait placé à environ 1.<sup>m</sup>20 au-dessus du fond du creuset ; à cette même hauteur et en arrière du fousinal une plate-forme d'environ 2.<sup>m</sup>5o de long sur 2.<sup>m</sup> de large ; sur cette plate-forme une caisse en tôle (on n'avait pas assez de fonds pour l'établir en fonte) ; cette caisse formée de deux enveloppes demi-circulaires et concentriques réunies en arrière et en avant par deux faces planes, serait assez exactement représentée par une petite arche de pont très surbaissée, dont l'ouverture, au niveau de la plate-forme, serait égale à la distance intérieure de la face de laitairol à la face de la cave. Entre la plate-forme et l'enveloppe interne passait la flamme du creuset qui y était d'ailleurs dirigée par une capote en tôle qui dominait le feu, mais à une hauteur suffisante pour ne pas gêner le travail de l'escola. L'air froid était amené de la trompe entre l'enveloppe interne et l'enveloppe externe ; il s'échauffait par son contact avec la première, puis se rendait au feu en passant, 1° par un porte-vent en cuivre d'une courbure très adoucie et chauffé par la flamme ; 2° par un canon de bourec très court qui n'était point chauffé. Tout l'appareil de chauffe était recouvert par une maçonnerie en brique ; quelques centimètres d'intervalle avaient été laissés entre cette maçonnerie et l'enveloppe externe de la caisse ; enfin, une cheminée, située à la partie la plus éloignée du creuset, conduisait la fumée au-dessus du bassin des trompes. Tel est l'appareil réduit à ses éléments les plus essentiels : de plus grands détails ne pourraient être compris qu'à l'aide d'un dessin (1).

Cause de l'énormité des dépenses.

564. Le feu qui fut affermé par M. Julien Rousse a un battant extraordinaire. La distance des porges à la sentinelle est d'environ quatre mètres. Cette disposition malheureuse a entraîné la société dans des dépenses considérables et sans profit pour personne. Là où le creuset eût été rapproché de la trompe, il eût suffi de percer le mur qui les sépare d'un

---

(1) J'avais d'abord eu l'intention de publier ce dessin ; mais l'expérience m'ayant indiqué de notables modifications à faire à mon appareil, j'en ai remis la publication à une époque plus éloignée. Et qu'on veuille bien ne pas voir ici le désir de tenir secret, et d'exploiter à mon profit, un moyen de perfectionnement. J'ai pris un brevet de cinq ans pour cet appareil ; mais j'ai déclaré à qui a voulu l'entendre et je déclare encore aujourd'hui qu'il n'est jamais entré un seul instant dans ma pensée de faire payer un droit de brevet quelconque aux maîtres de forges qui auraient voulu en faire usage ; et, puisqu'il faut le dire, si j'ai payé 3 12 f. à l'état pour m'assurer la propriété de *mon* appareil, c'est qu'en vertu d'une loi absurde on délivre des brevets d'invention non à ceux qui inventent, mais à ceux qui demandent et paient ces brevets, et qu'enfin j'ai été menacé de voir *autrui* prendre l'avance sur moi, s'emparer de mon travail, et me faire payer plus tard un droit de brevet pour mon propre appareil, lorque j'aurais pris la liberté de m'en servir.

trou d'environ o.^m15 pour y faire passer le tuyau porte-*vent froid ;* de pratiquer un peu au-dessous de ce trou une petite ouverture quadrangulaire. Tout l'appareil de chauffe eût été établi *en avant* du mur sur un terrain solide, et le creuset rejeté plus loin. Ici il a fallu établir l'appareil en arrière, et par conséquent ouvrir dans le mur un arceau (563) qui permît à la flamme de passer sous la caisse; enfin, au lieu d'un plancher pourri, il a fallu construire un plancher neuf assez solide pour supporter le poids de la maçonnerie. L'arceau seul a coûté environ 3oo francs; vingt-deux jours de travail ont été employés à sa construction. Chaque jour de fermage absorbant 12 francs, il faut ajouter 264 aux 3oo déjà trouvés ; enfin il est entré pour 37 francs 5o centimes de bois dans le plancher, puis la main-d'œuvre d'une infinité de détails; tout cela forme un total d'environ 6oo francs, c'est près du quart des fonds versés. A ces causes de dépenses il n'y avait aucun remède ; sur une trentaine de maîtres de forge réunis le 28 janvier, M. Julien Rousse est le seul qui ait offert sa forge, il a bien fallu l'accepter.

565. Des essais antérieurs (essais entièrement entrepris à mes frais au mois de novembre 1833) m'avaient montré avec quelle étonnante rapidité les tuyères se brûlaient sous l'action de l'air chaud. J'avais revêtu une tuyère en cuivre fort épaisse d'un lut infusible; en 20 minutes elle avait complètement fondu, et le canon de bourec en fer très doux avait été lui-même attaqué. Je fis faire des tuyères en fer forgé d'une épaisseur considérable, aucune ne dura plus d'une heure ; je voulus essayer alors des tuyères en terre cuite qui avaient parfaitement réussi dans les hauts fourneaux à *air chaud* de l'Allemagne ; pressé par le temps, je me contentai de terre à potier ordinaire, et, au lieu de les cuire, je les fis seulement dessécher : elles résistèrent plus de deux heures.

566. Enfin, malgré ma répugnance pour les tuyères à courant d'eau qui refroidissent toujours l'air au passage, j'en esssayai ; elles seules réussirent complètement. J'ai fait trois feux dans ma petite forge d'essai avec une de ces tuyères que j'avais fait construire à Foix. Le cuivre n'avait qu'une ligne d'épaisseur, les différentes parties de cette pièce étaient simplement brasées; l'air avec lequel je travaillais avait une température tellement élevée qu'en exposant une balle de fusil à sa seule action, elle entrait en fusion ; cette tuyère n'a cependant nullement souffert, on peut encore la voir chez moi. Eclairé par ces essais, je partis pour Toulouse afin de faire bien comprendre au fondeur le dessin de cette pièce importante. Je m'adressai à celui que la commission me désigna ; cet artiste me demanda 15 jours *au plus* ; me fiant à cette promesse, je revins à Niaux pour y commencer les travaux ; mais le fondeur, au lieu de 15 jours,

Tuyères.

Tuyères à courant d'eau.

Autre cause de dépense extraordinaire.

nous fit attendre environ trois mois : cette circonstance a encore fait perdre à la société la valeur de 8 semaines de fermage, qui, à raison de 72 francs par semaine, font 576 francs.

Voilà donc de 11 à 1200 francs, c'est-à-dire près de la moitié des fonds versés, inutilement dépensés ; on eût pu établir avec cette somme un appareil en fonte bien ajusté, et dont la durée aurait pu peut-être se prolonger pendant plusieurs années.

Défaut de la tuyère à courant d'eau. Cependant cette tuyère, qui devait nous parvenir vers le milieu ou au plus tard vers la fin de mars, arriva à Niaux le 2 juin. Elle était mal fondue ; son œil, qui devait avoir la forme ordinaire, présentait une difformité très nuisible ; son grand axe, au lieu d'être horizontal, se relevait du côté de la main. Il a fallu placer la tuyère sur le flanc pour que cet œil prît une position convenable ; cette pièce a coûté 360 francs ; elle a du reste bien fonctionné et résisté au feu sans être sensiblement endommagée, bien que sa saillie dans le creuset s'élevât jusqu'à $0.^{m}31$ mesurés à sa partie supérieure et suivant sa pente.

Tuyères en terre cuite. 567. On a vu plus haut que les tuyères en terre cuite m'avaient laissé quelque espoir de succès ; ces espérances s'étaient accrues par les essais entrepris aux hauts-fourneaux de Hausen et d'Albruck, fourneaux marchant aussi à l'air chaud et où de telles tuyères avaient fait un bon service *pendant quatorze mois*. Je crus devoir tenter l'emploi de ces tuyères concurremment avec celles à courant d'eau. Je priai en conséquence MM. Fouque et Arnoux de Toulouse de vouloir bien en établir deux pour essais : ces messieurs y consentirent. Cette fabrication présentait de très grandes difficultés. Grâces au zèle et à la persévérance de ces habiles manufacturiers, elles avaient été très heureusement vaincues. Sans être très lourdes ni très épaisses, leurs tuyères étaient assez solides pour résister à des chocs. Elles se laissaient tailler comme la pierre tendre, ce qui permettait d'en réparer le bout avec autant de facilité que nos tuyères ordinaires. N'eussent-elles duré que deux semaines, le bas prix auquel on eût pu les livrer si l'usage s'en était introduit (9 fr.), aurait apporté une nouvelle économie dans la fabrication du fer ; ces tuyères d'ailleurs, ainsi que je l'ai dit, ont des avantages incontestables sur toutes les autres lorsqu'on emploie l'air chaud. Tout cela n'a pas été compris, et ces tuyères, restées chez M. Julien Rousse, y ont été *brisées* ; j'en ai demandé les débris dans l'espoir d'y trouver au moins un tronçon que j'eusse essayé chez moi ; je ne l'ai jamais reçu.

Défaut de l'appareil de chauffe. 568. La construction de l'appareil de chauffe eût exigé une surveillance continuelle. River à la main, et sans le secours d'aucune machine, une pièce en tôle de cette dimension présentait des difficultés qui n'ont pu être surmontées malgré l'habileté de l'artiste. Obligé de me partager entre Foix où la caisse se fabriquait et Niaux, où l'on travaillait à l'arceau et aux maçonneries, j'ai cru bien faire en passant la plus grande partie de mon temps à la forge. Je calculais en effet que le temps perdu à Niaux avait une valeur bien plus grande que celui qu'on perdrait à Foix, puisque, outre la main-d'œuvre des ouvriers, chaque jour absorbait 12 francs de fermage. Il résulta de là que l'appareil, lorsqu'il arriva à Niaux, n'était point conforme à mes dessins, qu'il n'était pas même symétrique, que les tuyaux n'étaient point placés comme je l'avais indiqué, qu'il était si mal rivé qu'il perdait l'air par une infinité de points, et, chose bien essentielle, que la capote qu'on m'avait formellement assuré de pouvoir exécuter telle que je le voulais, ne put pas l'être avec les moyens que l'artiste avait à sa disposition. Il fallut, tant bien que mal, en construire une sur place d'un tout autre modèle. On verra par la suite qu'elle fonctionna assez mal. Tout cela eût été évité avec un appareil en fonte.

569. Pour comble de malheur, l'avant-veille du jour où l'on pouvait espérer de commencer ces essais, je fus frappé en entrant dans la forge de la déformation qu'avait soufferte, pendant la nuit ou dans la matinée, la partie antérieure de l'appareil. Cette caisse déjà si faible avait reçu un choc assez violent pour que la tôle se trouvât déprimée de plus de six centimètres, quelques clous de la rivure avaient même sauté ; il s'était établi en ce point une fuite qu'on n'a jamais bien réparée. J'aimerais à me persuader que cet accident ne fut pas le résultat de la malveillance ; cela me serait facile si le choc eût été vertical, il s'expliquerait naturellement par la chute d'une pierre qu'un malheureux hasard aurait détachée du mur ; mais outre qu'aucune pierre n'était détachée, le choc était *horizontal* et dirigé de l'ore vers le côté des porges.

570. A la suite de cet accident, je vérifiai la tension du pèse-vent, le mercure ne donna que six degrés ou o.$^{m}$o27 de mercure. Cette tension me parut tout-à-fait insuffisante. J'avais compté sur des pertes de vent, mais une telle réduction m'effraya. Je fis enlever l'appareil, il fut visité dans tous les sens, réparé avec tout le soin possible. Toutefois lorsqu'il fut replacé, le pèse-vent ne donna que dix degrés et demi. C'était bien faible, c'eût été insuffisant en travaillant à l'air froid ; cependant l'expérience ayant appris que l'air chaud permettait une diminution de vent, je me décidai à commencer les essais avec de si faibles moyens.

571. En conséquence je fis construire le feu. Les changemens que j'y ai fait faire sont très peu importans, toutefois je les indiquerai. L'ore avait une inclinaison de 68 degrés au lieu de 61 ; de plus cette partie avait été élevée suivant sa pente d'environ o.$^{m}$15 ; j'ai porté la banquette

à o.^m72 au lieu de o.^m5o au-dessus du fond du creuset; enfin j'ai placé moi-même la tuyère de telle sorte que son axe rencontrait le fond du creuset sous un angle de 4o degrés, le centre de l'ouverture par lequel elle passait étant placé près de lui-même à o.^m5o au-dessus de ce même fonds; j'ai indiqué n° 6 du tableau, page 248, les autres dimensions de ce feu.

Premier essai.

**572.** Le 9 juin à midi 20 minutes, on commença le premier feu. La maçonnerie n'avait été achevée que la veille au soir, il avait plu dans le creuset pendant la nuit entière; enfin la forge n'avait pas travaillé depuis plus de six mois. On échauffa quelque peu le creuset avec du charbon qu'on y brûla, puis on chargea la mine. Pendant près de deux heures, toutes les parties de l'appareil *fumèrent;* la vapeur d'eau se dégageait de la maçonnerie à mesure que la chaleur la pénétrait. Ce premier essai ne pouvait apprendre que peu de choses, puisqu'il se faisait partie à l'air froid, partie à l'air chaud. Cependant voici ce qu'on put remarquer : la flamme, après avoir comme hésité pendant quelques secondes, s'engouffra tout d'un coup sous l'appareil et le tirage s'établit parfaitement. A une heure et demie l'eau sortait de la tuyère sensiblement froide : il n'y avait donc aucun danger qu'elle se brûlât; et en effet elle a parfaitement résisté à tous les essais. J'ouvris à la même heure le robinet qui communiquait avec l'appareil de chauffe, la température de l'air était telle que la main ne pouvait y rester exposée plus de quelques secondes. Plus tard on remarqua que le fer s'échauffait plus vite et qu'il était convenable de laisser les massoques moins long-temps dans le feu. A trois heures il était tout-à-fait impossible de laisser la main exposée au jet d'air du robinet; je présentai un gros morceau de soufre, les angles entrèrent en fusion; la température de l'air était donc déjà au moins égale à celle de l'eau bouillante. Malheureusement les fuites d'air augmentaient. Il était impossible de faire dépasser 8 degrés et demi ou 9 degrés au pèse-vent. On brûla, en six heures, 2.^{mmm}3o5 de charbon; c'est la moyenne de ce qu'on emploie quand la forge est en bon train; mais le produit n'alla pas à 3 quintaux.

L'emploi de l'air chaud n'est pas un obstacle à la production du fer fort.

**573.** Je ferai encore une remarque sur cet essai : c'est un préjugé assez général (parmi beaucoup d'autres) qu'on ne peut obtenir d'acier dans le creuset catalan pendant les chaleurs de l'été; cette opinion admise en principe, on avait bientôt conclu que l'emploi de l'air fortement échauffé nuirait bien plus encore à sa production.

Certes, il y a loin de la température de l'air en été à celle qu'il avait acquise dans l'appareil, même pendant ce premier massé; hé bien, il a donné plusieurs plates de fer fort d'un grain très remarquable. C'est la seule réponse à faire aux partisans de cette singulière opinion.

574. J'ai dit plus haut que le pèse-vent, par suite des pertes de l'appa-reil, s'était abaissé à 8 ou 9 degrés. Je voulais faire faire une nouvelle ré-paration, si elle était possible ; on me persuada que les premiers massés ne devaient servir qu'à chauffer le feu, et l'on continua. J'assistai au commencement du second feu, la nuit vint, je me retirai. Ce fut une faute ; mais il était impossible que je passasse les jours et les nuits à la forge, sans nourriture et sans sommeil, pendant le temps que devaient durer ces essais ? Il avait été convenu ( *voyez procès-verbal de la réunion* ) que *ces expériences seraient faites sous la surveillance d'une commission choisie parmi les maîtres de forges.* J'avais dû espérer que MM. les membres de la commission assisteraient aux divers feux ; j'avais eu l'honneur de prévenir M. le président, afin qu'il eût ( qu'on me passe cette expression ) à répartir entre eux les tours de garde ; je lui offrais en même temps de laisser les jours à ces messieurs et de faire les factions de nuit. Tout cela m'a rien produit, personne ne s'est présenté. J'ignore donc absolument ce qui a pu être fait pendant cette nuit de désastre ; mais lorsque le lendemain je revins à la forge, je trouvai, 1° que la capote qui dirigeait la flamme sous l'appareil avait été arrachée ; 2° que le porte-vent chaud présentait en deux endroits des fractures telles que la main entière pouvait y passer ; aussi le pèse-vent ne donnait-il plus que 6 degrés, et encore le peu de vent qu'on obtenait était-il froid. Cependant un quatrième feu avait été commencé : je pris sur moi de faire cesser immédiatement le travail ; car certes l'intention de la société ne pouvait être qu'on fît des feux à l'air froid avec des circonstances aussi désavantageuses.

Deuxième, troisième et quatrième feu,

575. Il fallut deux jours pour réparer le porte-vent, fermer les fuites les plus apparentes et replacer, tant bien que mal, la capote, pièce très importante, ainsi que je l'ai dit, puisqu'elle seule conduisait la flamme sous l'appareil de chauffe. Ces réparations furent faites très à la hâte et par des ouvriers de Tarascon.

Reparations.

576. Je vérifiai de nouveau la tension du pèse-vent, nous n'eûmes encore que 8 degrés : c'était insuffisant. Je voulais faire venir de Foix l'ouvrier qui avait construit l'appareil et le lui faire réparer avec plus de soin. On ne m'en laissa pas le temps, *parce que* M. le préfet devait assister aux essais de ce jour. M. le préfet ne vint pas, mais nous nous trouvâmes réunis en grand nombre. Les témoins qui assistèrent à ce dernier et très important essai, sont MM. Espy (Jean), Saint-André, Julien Rousse, propriétaires de forges, M. Lamarque, officier d'artillerie, M. Vic, notaire, M. Claverie, propriétaire à Tarascon, et moi-même. La conduite du feu fut beaucoup mieux dirigée, grâces à l'influence de tous. Chacun prit soin que la capote restât en place ; que la flamme passât constamment sous

Dernier essai. et résultats.

l'appareil. On obligea les ouvriers à baisser cette capote chaque fois qu'on avait jeté du charbon. Sans doute le vent manquait, mais on voulait voir ce que l'air chaud produirait dans des circonstances même très désavantageuses. La température de l'air monta en peu d'instants à la chaleur de l'eau bouillante, mais les fuites augmentant, le feu qui avait commencé avec six degrés, $0.^m027$ de vent, s'acheva avec *sept degrés et demi*, $0.^m033$ environ. C'est un fait auquel je ne croirais pas encore si je ne l'avais vérifié dix fois, et si chacun des témoins cités plus haut ne l'avait individuellement vérifié après moi. Lorsque ce feu fut terminé, je les priai tous de nouveau de mesurer eux-mêmes le degré de vent; on donna toute l'eau, et il demeura bien constant que nous n'avions pas eu plus de 7 degrés et demi (le canon de bourec ayant d'ailleurs les dimensions ordinaires). Malgré tous ces obstacles, *on ne brûla point le parson*, une corbeille entière y resta, et après un peu moins de six heures, on tira un massé d'une très belle apparence. Il fut placé sous le marteau, il était d'une dureté peu ordinaire, il fallut vingt minutes pour le couper et cingler les massoques. Rien ne s'en détacha. On pesa les massoques en présence de tous ces Messieurs ainsi que des ouvriers de l'autre feu, stupéfaits de ce résultat (1).

Leur poids s'éleva à 459 livres. Tout le monde fut d'avis qu'il donnerait plus de 4 quintaux. Malheureusement il ne fut étiré que huit jours après; M. Rousse m'a appris qu'il n'avait donné que 385 livres. Si je n'hésite point à dire qu'il a été maladroitement chauffé (525), c'est que telle est l'opinion de quelques-uns des témoins.

**Qualité du charbon et de la mine.** 577. On pourrait croire que la qualité de la mine et du charbon ont eu une grande influence sur un résultat aussi extraordinaire obtenu avec 7 degrés et demi de vent : il importe donc d'apprécier cette double cause.

La mine qui a servi aux essais était de la plus mauvaise qualité, *selon moi*. Mon opinion étant peu de chose, je ne puis qu'engager les personnes que ces essais intéressent à consulter, à cet égard, M. Saint-André; ce propriétaire de forges se rappellera, sans doute, la remarque que lui arracha, ce jour-là même, la vue des tas de minerai de 12 quintaux chacun, exactement pesés et disposés autour des murs de la forge. M. Julien Rousse lui-même n'aura pas oublié mes réclamations à ce sujet, et le consentement qu'il me donna de prendre le minerai, *à l'avenir*, au tas de l'autre feu.

(1) Les ouvriers de ce second feu s'étaient engagés à *manger* tout le fer qui sortirait du creuset travaillant à l'air chaud. Rien ne peut peindre l'expression de dépit mêlé d'étonnement empreinte sur ces huit figures, lorsque le massé tomba à leurs pieds sans se briser.

578. Quant au charbon, si on en jugeait sur le prix d'achat, on se trom- Charbon.
perait étrangement. Voici au surplus un renseignement qui se trouve parmi
les pièces comptables qui m'ont été remises, c'est un reçu du commis de
la forge de Niaux; je le transcris textuellement avec l'observation qui l'accompagne.

« J'ai reçu par deux chars, savoir :

« Sept parsons trois quarts de mesure et un huitième de mesure de
charbon pour servir les expériences, ci 7 p. m. 3 quarts 1 huitième.

« Ledit charbon se trouve mêlé de plusieurs qualités de bois et même
de sapin et quelque peu de bois passé.

« Signé CARBONNE. »

Je ne prétends point que ce soit ce charbon qui ait servi au dernier feu,
mais il m'est également impossible d'affirmer le contraire.

579. Veut-on se faire une idée de l'action de l'air chaud ? Résumé<br>et conclusions.
Il me semble que rien n'est plus logique que de se demander ce qu'on
obtiendrait avec l'air froid en se donnant pour condition, 1° de ne pas
brûler le parson; 2° d'employer de mauvaise mine; 3° de ne mettre que
six heures au feu; 4° enfin de commencer avec six degrés de vent et
d'achever l'opération avec sept degrés et demi.

Mais, dira-t-on, c'est là un fait isolé, ce peut être un indice, une légère
probabilité de succès; aujourd'hui, en effet, je n'y vois rien autre chose;
c'est un essai encourageant (1) et qui méritait par cela même d'être repris.
Il le fut en effet une année plus tard, mais avec des moyens presque aussi im-
parfaits que la première fois ; de sorte que, ainsi que je l'ai déjà dit, je ne
sais encore si l'emploi de l'air chaud est utile ou nuisible à ces forges.

(1) M. Guenyveau, ingénieur en chef et professeur à l'École des mines, a rendu compte de mes essais,
ainsi qu'il suit : (Annales des mines, 1<sup>re</sup> livraison, 1835, p. 76).

« Ayant presque assisté aux expériences qu'une société de maîtres de forges de l'Ariége a fait faire et fait
« suivre avec le plus grand soin, sur une forge de l'usine de M. Julien Rousse..., je puis dire que cette ap-
« plication de l'air chauffé n'a eu aucun succès, et qu'on n'a pas même pu prévoir ce qu'il faudrait pour en
« obtenir. Dans la dernière expérience on était parvenu à ne pas consommer plus de charbon qu'à l'ordi-
« naire, mais la qualité du fer était, comme dans les opérations précédentes, de la plus mauvaise qualité:
« ce n'était pas du fer marchand. »

Puis on lit dans une note : « J'ai visité la forge de M. Julien Rousse, quatre jours après la dernière expé-
« rience qui a été faite; l'appareil de chauffage de l'air était en tôle avec une tuyère à eau en cuivre; il était
« chauffé par la flamme du foyer. Le travail de l'escola n'était point gêné sur le devant, mais il ne pouvait
« déboucher la tuyère, ce qui était un grand inconvénient. »

Si l'on rapproche ce jugement du compte que je viens de rendre de ces mêmes essais, il paraîtra évident
qu'entre M. Guenyveau et moi, il y a quelqu'un qui se trompe. Mais qui? C'est la question que j'adressai à
M. Guenyveau aussitôt que j'eus connaissance de son mémoire, en lui soumettant avec déférence les quel-

Je n'insisterai pas long-temps sur le deuxième essai en grand; il avait d'abord été formellement promis qu'on le pousserait jusqu'à décision complète; c'est à cette condition que j'avais consenti à diriger ces nouveaux essais ; mais la malveillance des ouvriers, leur mutinerie, leurs menaces même, changèrent bientôt les dispositions du maître de forges qui avait entrepris ces expériences avec moi ; et le creuset était à peine échauffé qu'on y renonça. Ce fut parmi les ouvriers une joie difficile à décrire ; chacun, armé d'un marteau, monta comme à l'assaut du fourneau de chauffage ; l'appa-

ques raisons que j'avais de penser que moi aussi, j'avais *presque* assisté à ces essais. *M. Guenyveau* s'est cru dispensé de me répondre ; je ne me plaindrai pas de ce manque d'égards ; mais, comme ingénieur des mines chargé d'une mission métallurgique, il devait examiner ma réclamation, et revenir publiquement sur ses premières assertions, si toutefois ma réclamation était fondée; M. l'ingénieur des mines, n'ayant point voulu avouer qu'il s'était trompé ou qu'il avait été trompé, je vais de nouveau essayer de le lui montrer ici.

| Suivant M. Guenyveau qui a *presque* assisté | *Observations.* |
|---|---|
| Aux expériences qu'une société de maîtres de forges a fait faire et fait suivre avec le plus grand soin. | Ces expériences n'ont pu être faites avec soin ; un appareil de chauffe, fabriqué avec la tôle qu'on emploie pour les tuyaux de poêle, et par un chaudronnier qui en avait rivé les diverses parties au marteau à main, est peu propre à ce genre d'essai; il a fallu s'en contenter faute de mieux. Ces expériences n'ont pas même pu être *suivies* avec soin, car les membres de la commission m'ont laissé seul, et je ne pouvais (574) passer les jours et les nuits à la forge, sans nourriture et sans sommeil. |
| Je puis dire que cette application de l'air chauffé n'a eu aucun succès et qu'on n'a pas même pu prévoir ce qu'il faudrait pour en obtenir. | On pouvait au contraire, et sans trop d'efforts, croire que le vent avait manqué par suite des fuites de l'appareil. La tension du vent quand on travaille à l'air froid s'élève progressivement de 6 à 18 degrés, de $0.^{m}027$ à $0.^{m}081$. Nous n'avons jamais obtenu plus de $0.^{m}034$ dans la dernière expérience, l'ouverture de buse étant restée la même et $= 0.^{m}035$, et il est *certain* qu'à l'air froid le massé ne s'achèverait pas sous une si faible tension. |
| Dans la dernière expérience, on était parvenu à ne pas consommer plus de charbon qu'à l'ordinaire. | On en a consommé beaucoup moins. On ne brûla pas le parson (576), une corbeille entière y resta ; il y a sept personnes prêtes à attester ce fait (576), je les ai citées dans le texte. |
| La qualité du fer était, comme dans les opérations précédentes, de la plus mauvaise qualité. Ce n'était pas du fer marchand. | J'ai obtenu du fer fort dans les opérations précédentes; et le fer de la dernière était si bien du fer marchand. que le maître de forges chez qui ces es-ais ont malheureusement été entrepris, n'a pas hésité à le payer 19 fr. le quintal. Cela du moins résulte de ses comptes que j'ai adressés à M. Guenyveau. |
| Mais il (l'escola) ne pouvait déboucher la tuyère, ce qui était un grand inconvénient. | La tuyère, au contraire, était entièrement ouverte par derrière; c'était même un défaut. L'escola pouvait si bien la déboucher qu'il l'a fait à plusieurs reprises et qu'un *silladou* spécial avait été fabriqué pour ce feu. |

Pourquoi M. Guenyveau n'a-t-il pas ajouté qu'une *enclume* avait été subtilement jetée dans le fourneau pour augmenter le poids du massé ; c'est un bruit général qui court encore aujourd'hui parmi les ouvriers de ces forges, tant ils se croient intéressés à repousser tout changement à leur méthode. M. Guenyveau, j'aime à me le persuader, n'a pas agi avec l'intention de compromettre des essais qui n'étaient point dirigés par un ingénieur des mines ; toutefois, il faut le dire, il y a dans sa conduite une extrême légèreté, vu surtout le caractère quasi-officiel de son rapport.

reil en fonte vola en éclats sous leurs coups, et deux heures suffirent pour qu'il ne restât plus aucune trace d'un travail auquel j'avais consacré tant de soins. On m'a appris, depuis cette époque, que ces ouvriers avaient fait valoir leurs titres à la reconnaissance de leurs camarades, en se vantant de leurs efforts pour faire échouer ces expériences. Blessé à la jambe et retenu au lit dès les premiers feux, il m'a été impossible de déjouer ces manœuvres (ı). Quoi qu'il en soit, je donne ici le compte-rendu de ces *tentatives* d'essais, tel à peu près que je l'adressai à M. le président de la Société des Arts, du département de l'Ariége.

1<sup>er</sup> décembre 1835.

581. « Monsieur le président, vous me faites l'honneur de me demander « une petite note explicative des motifs qui nous ont fait suspendre nos « expériences sur l'application de l'air chaud aux forges à la catalane. » Je vous adresse cette note avec d'autant plus de plaisir que nous éprouvons, M. de Tersac et moi, le plus vif désir de fixer l'opinion publique à cet égard. *[Compte rendu des seconds essais en grand.]*

« Les motifs qui nous ont fait suspendre nos travaux, Monsieur, ne sont autres que les résultats mêmes que nous avons obtenus : je vous demande donc la permission de vous en présenter le résumé.

« Nos expériences se divisent en quatre séries. Elles ont été faites à l'aide d'un appareil en fonte fort mal monté, chauffé par la flamme de la forge, et qui élevait la température de l'air à 100 degrés au moins ou à celle de l'eau bouillante environ.

582. « La première série comprend 8 expériences faites dans un creuset encore humide. La consommation en charbon a varié depuis ı parson plus 9 corbeilles jusqu'à ı parson plus une corbeille, et le produit en fer de 200 livres à 370. La moyenne consommation des 8 massés a été de ı parson plus 3 corbeilles, et le produit en fer de 278 livres. Mais un fait assez curieux c'est que les plus grands produits correspondent à peu près aux plus faibles consommations. Le dernier massé de cette série a d'ailleurs présenté un phénomène fort remarquable dont j'avais déjà été témoin lors de mes essais de Niaux. Une partie de l'appareil de chauffe avait été assemblé avec du plomb ; au 8<sup>e</sup> massé, le plomb des doublures entra en fusion, d'énormes fuites d'air s'établirent en plusieurs points ; par suite le pèse-vent, qui marquait 16 à 17 degrés, n'en donna plus que 9. Cependant, le massé s'acheva ; on ne brûla que ı parson plus 2 cor-

---

(ı) Ils allaient réussir, disait un forgeur à l'un de ses camarades, dans un café de Tarascon, mais je suis arrivé à temps, et *j'y ai mis ce que tu sais bien.* Aurait-il mêlé une notable quantité de sable à la greillade? mon absence aurait rendu cette fraude très facile, et certains forgeurs n'ignorent point que le sable entraîne avec lui de fortes quantités d'oxide de fer.

beilles, et l'on obtint 370 livres de bon fer, résultat de beaucoup supérieur à tous les autres, et d'autant plus curieux qu'il fallut 8 heures pour terminer cette opération. On a pu voir un résultat tout-à-fait analogue dans le compte-rendu de mes expériences de Niaux. Là aussi les fuites abaissèrent le pèse-vent à 7 degrés et demi ; et l'on obtint en 6 heures et sans brûler le parson des massoques qui pesèrent ensemble 459 livres, et produisirent (suivant M. J. Rousse) 385 livres (Voyez n. 576).

« 583. La deuxième série comprend 11 feux. Avant de l'entreprendre on remplaça les doublures en plomb par des doublures en cuivre, et le pèse-vent remonta à 16 degrés. Cédant aux observations fausses ou justes des ouvriers, on ramena le creuset à la forme et aux dimensions ordinaires que j'avais un peu modifiées. La moyenne consommation de ces 11 feux s'éleva à 1 parson plus 3 corbeilles, et le produit moyen à 290 livres.

« 584. La troisième série comprend 2 massés à *l'air froid*, toutes choses restant égales d'ailleurs. Pour opérer à l'air froid, sans rien changer au fourneau, on intercepta le passage de la flamme sous l'appareil de chauffe à l'aide d'une maçonnerie grossière. Le premier massé à l'air froid exigea le parson plus 10 corbeilles, près de 7 heures, et ne donna que 260 liv.; le second produisit 325 livres en 6 heures, et consomma le parson plus 4 corbeilles ; d'où consommation moyenne à l'air froid 1 parson plus 7 corbeilles, et produit moyen 292 livres et demie.

« 585. La quatrième série comprend 2 massés à l'air chaud. Le diamètre du canon de bourec, qui était originairement de 0.$^m$034, fut porté à 0.$^m$040; en même temps ce canon fut reculé à 0.$^m$50 environ. Les deux massés exigèrent chacun 1 parson plus 3 corbeilles ; le premier donna 245 livres, le second environ 300.

« 586. Si l'on voulait conclure quelque chose de tous ces faits en s'en rapportant purement et simplement aux chiffres, voici à quelle conséquence on arriverait :

« En employant l'air à 100 degrés, on brûle le parson plus 2 corbeilles et demie, et l'on obtient 284 livres de fer.

« En employant l'air froid, on brûle le parson plus 7 corbeilles, et l'on obtient 297 livres et demie.

« Or, admettant qu'il entre 27 corbeilles dans le parson, et que la quantité de fer qu'on doit obtenir est proportionnelle à la quantité de charbon qu'on brûle, si 292 livres et demie exigent 34 corbeilles, 284 livres devraient en exiger 33 ; or on n'en a brûlé à l'air chaud que 29 et demie : l'emploi de l'air chaud aurait donc apporté une économie de 33 moins 29 et demi ou trois corbeilles et demie, c'est-à-dire de plus d'un sac. Je me hâte de dire que je suis bien loin de me prévaloir d'un pareil résultat.

car un tel avantage serait un moyen infaillible de se ruiner. Que conclure donc? rien, Monsieur, sinon que les feux à l'air froid et à l'air chaud ont été également mal conduits. Il faudrait, pour vous mettre à même de bien apprécier ces expériences, entrer dans de très grands détails; ce que je ne puis faire. Je me bornerai à dire que le problème a changé de face, et qu'il me paraît absolument réduit à modifier le travail de l'escola, et sans doute aussi quelque peu la forme et les dimensions du creuset et la position de la tuyère.

587. « On nous demandera sans doute pourquoi nous n'avons pas tenté ces essais, et comment nous répondrons aux reproches qu'on nous adresse d'avoir suspendu nos travaux après cinq jours de travail seulement. Je suis la seule cause de cette suspension, et mes motifs, les voici:

« M. de Tersac avait dépensé près de 1500 francs pour l'établissement du fourneau et de l'appareil; ce maître de forges avait de nombreuses demandes à satisfaire; il perdait moyennement 14 francs par feu : convaincu, comme je le fus bientôt, que tout dépendait du travail de l'escola; que ces nouvelles études exigeraient beaucoup de temps, surtout beaucoup de bonne volonté; connaissant d'ailleurs parfaitement les mauvaises intentions d'une partie du personnel de la forge; certain que, même avant sa naissance, l'appareil était destiné à périr, j'ai demandé qu'on cessât les travaux. On m'a fait dire que j'y avais renoncé pour toujours; je donne le démenti le plus formel à cette assertion. J'ai épuisé tous mes moyens, mais non tous mes efforts; et je persisterai jusqu'à ce que j'aie acquis la ferme conviction qu'il est impossible d'appliquer l'air chaud à nos forges. J'étais dans le doute et j'y suis encore; moins avancé en cela que M. de Tersac qui a, lui, la certitude du succès, si l'on peut parvenir à vaincre l'inertie et les préjugés des principaux ouvriers (304).

« Quant à ceux qui nous blâment, Monsieur, et qui, tranquilles spectateurs, attendaient prudemment l'issue de cette grande lutte, pour en profiter, si le succès couronnait nos efforts, que n'entraient-ils dans la lice avec nous? que n'apportaient-ils leur part d'efforts et de sacrifices? que n'imitaient-ils M. de Tersac enfin? ces essais se seraient prolongés à Saurat ou ailleurs, et l'on saurait enfin s'il y avait quelque perfectionnement possible. Mais non, en présence d'une réduction de droits sur les fers étrangers, du prix croissant des charbons, de la rareté croissante de bon minerai, ils resteront immobiles, attendant sans doute que le ciel vienne relever leur industrie mourante. Pour ma part, Monsieur, je le répète, je n'ai nullement perdu l'espoir, et si jamais j'en ai les moyens, je reprendrai ces essais avec courage.

« Veuillez agréer, Monsieur, l'assurance de la profonde estime que m'a inspirée votre amour pour le bien. »

La question de
l'emploi de
l'air chaud est
encore sans
solution.
588. La question de l'emploi de l'air chaud dans la méthode directe est donc encore sans solution. Elle doit être tentée de nouveau, et je l'ai dit, je conserve l'espoir de la reprendre un jour; mais, cette fois, sans l'assistance d'aucun maître de forges. Les seules conséquences que je puisse tirer des essais précédents, c'est qu'il me paraît convenable de réduire considérablement la quantité de vent; car le produit en fer a augmenté en raison inverse du poids d'air injecté, et la consommation en charbon a diminué en même temps. Il conviendrait simultanément, je crois, de faire usage des fondants calcaires, en diminuant la greillade conformément au n° 554. Enfin, je renoncerais à chauffer l'appareil avec la flamme de la forge qui peut à peine élever l'air à 120 degrés; je ferais usage de tuyères en terre cuite, car les tuyères à courant d'eau sont d'un grand embarras dans nos forges, et de tous les appareils de chauffe celui que je préférerais est l'appareil à gaz réducteurs de M. Cabrol, parce qu'il occupe fort peu de place, parce qu'il est de la construction la plus facile et la moins dispendieuse, parce qu'il ne nécessite aucune réparation entraînant des chômages, parce qu'enfin, indépendamment de la haute température qu'il donne aux gaz, ces gaz acquièrent dans l'appareil des qualités carburantes et réductives, dont j'ai déjà montré l'immense influence. Je donnerai une idée assez claire de cet appareil en reproduisant ici l'article que je lui ai consacré dans *le National* du 23 mai 1836.

Appareil à gaz
réducteurs de
M. Cabrol.
589. « Il n'y a pas encore vingt ans que la seule idée de substituer l'air chaud, dans les fourneaux de fusion, à l'air pris à la température de l'atmosphère, souleva je dirai presque l'indignation, non seulement des industriels, mais des savants eux-mêmes. On admettait généralement alors que l'air le plus froid était, par sa densité, celui qui était le plus propre à développer les hautes températures, quand survinrent les belles expériences de MM. Neilson et Mackintosh, qui démontrèrent que c'était précisément le contraire qui avait lieu.

« Ce résultat fort imprévu fut d'abord nié, puis, comme l'expérience était là, persistante et entêtée comme un fait, on voulut bien se donner la peine d'examiner, et l'on fut fort étonné de trouver qu'en effet il y avait une foule de motifs pour admettre comme vrai ce qui d'abord avait paru complètement faux. Alors naquirent les théories; les unes expliquèrent les prodigieux effets de l'air chaud en ajoutant à la chaleur, assez mal connue, que le fourneau acquérait lorsqu'il travaillait au vent froid, toute la chaleur que l'air échauffé venait lui apporter. On soumit même le tout à des calculs fort rigoureux, et l'on ne craignit pas de déterminer cette chaleur additionnelle, qui fut trouvée égale à un seizième de la chaleur primitive. Comme cela ne suffisait pas pour expliquer des écononomies de combustible qui s'élevaient à plus d'un tiers, on eut recours aux affinités chimiques, choses extrêmement commodes, comme on sait, parce qu'elles exercent ou n'exercent pas leur action, suivant qu'on peut le désirer. Ainsi, dans le cas actuel, les affinités chimiques, qui produisaient une économie de combustible d'un tiers, ne s'exerçaient pas quand la température du fourneau était, par exemple, 16; mais comme par l'action de l'air chaud, cette température pouvait s'élever jusqu'à 17, alors ces affinités travaillaient et il en résultait les effets que l'on avait signalés. Tout cela ayant paru quelque peu vague, on parla plus clairement et l'on dit que la température de l'air portée à un degré élevé, favorisant les affinités de son oxigène et du carbone du combustible, il en résultait une combustion plus rapide et plus complète dans les parties du fourneau où cet air était introduit, que les gaz hydrogénés y étaient probablement en grande partie brûlés, enfin que l'air, ainsi dépouillé de la majeure partie de son oxigène dès son entrée dans le fourneau, n'exerçait plus ou presque plus d'action sur le combustible situé dans les parties supérieures, ce qui produisait les économies qu'on signalait. ( Voyez n. 51, la théorie que j'ai proposée.) Je ne sais si l'on verra là dedans des raisons suffisantes pour employer l'air chaud, mais il y a, pour moi du moins, un motif de préférence qui domine tous ceux que je viens d'énumérer; il a été parfaitement résumé par M. Clément Desormes, c'est que *tel haut-fourneau* (celui de Vienne, Isère) *qui était en perte d'une douzaine de mille francs par an quand il travaillait au vent froid, trouve un bénéfice de plus d'une centaine de mille francs à travailler au vent chaud.*

« Cette belle conclusion, ainsi que l'appelle le célèbre professeur que nous venons de citer, a paru convaincante. Aussi, fourneaux à la houille, au coke ou au charbon de bois, cubilots, forges de maréchal même, tout *se met* à l'air chaud ; les forges catalanes seules sont restées en arrière de ce mouvement ; mais c'est un fait assez remarquable dans l'histoire de l'industrie qu'un premier perfectionnement soit presque immédiatement suivi d'un second. Ainsi, avant même que les appareils anglais aient complètement acquis droit de cité chez nous, voici que *l'appareil à gaz réducteurs* de M. Cabrol menace de se substituer à eux partout où ils eussent été établis.

« Plus simple dans ses formes, moins dispendieux que les appareils anglais, occupant beaucoup moins de surface sur le sol de l'usine, *l'appareil à gaz réducteurs* a produit aux hauts-fourneaux d'Alais, où il a été essayé sur une très grande échelle, des résultats non moins surprenants.

590. « Cet appareil est une simple chambre quadrangulaire en fonte,

Un aperçu de l'appareil Cabrol.

partagée en trois compartimens, *A, B, C*, par deux cloisons verticales, également en fonte et munies de portes. Le dernier compartiment *C*, tourné du côté du fourneau, est en communication immédiate avec le porte-vent. *Intérieurement* doublé en matériaux réfractaires et peu conducteurs, il porte dans ses flancs une grille et un foyer. C'est sur cette grille qu'on dispose le combustible destiné à engendrer les *gaz réducteurs*. Le compartiment *B* du milieu reçoit le vent de la machine soufflante, et de plus l'ouvrier chargé de l'alimentation du foyer ; enfin, la première chambre *A* permet à cet ouvrier d'entrer et de sortir à volonté, sans qu'il soit nécessaire d'arrêter ni la soufflerie ni le travail. C'est une position assez singulière, pour cet ouvrier, de se trouver ainsi au milieu d'une atmosphère très dense, mais elle n'est pas nouvelle ; ceux qui travaillent sous la cloche à plonger sont soumis à des compressions bien autrement fortes que celles produites par les machines soufflantes, et ils n'en sont nullement incommodés. Aussi l'ouvrier chargé de l'alimentation du foyer à Alais n'a-t-il rien eu à souffrir de cet accroissement de pression ni même de la chaleur.

« Le jeu de cet appareil est facile à concevoir. L'air entre dans la chambre *B*, passe dans la chambre *C*, au-dessous de la grille, traverse celle-ci et le combustible dont elle est chargée, en changeant de nature. Les gaz réducteurs, élevés à leur naissance à une température (416°) qui a dépassé quatre fois celle de l'eau bouillante, traversent le porte-vent et entrent dans le fourneau.

« Disons un mot des résultats produits par cet ingénieux appareil. Ces résultats ont été constatés de la manière la plus authentique, et le résumé que nous croyons utile de publier est extrait d'un rapport officiel adressé au directeur-général des mines.

« Le haut-fourneau sur lequel ces essais ont été tentés exigeait à l'air froid 80 mètres cubes d'air par minute. On a donné le même volume de vent avec l'appareil Cabrol, ce qui a obligé à porter le diamètre des buses de 35 à 45 lignes.

« A l'air froid, la consommation moyenne de coke, lors des essais comparatifs, a été de 3097 k. pour 1000 k. de fonte, et la production journalière du fourneau a été de 5045 de fonte.

« Avec les gaz réducteurs, à 400° de température, la consommation en coke a été réduite à 2037 pour 1000 de fonte, et en même temps la production journalière s'est élevée à 7535 k.

« Mais on ne s'est point borné à l'emploi du coke seul, on l'a mélangé avec la houille en diverses proportions ; nous choisissons le résultat suivant au milieu de la série d'essais faits avec ces mélanges.

« A l'air froid avec $\frac{2}{3}$ houille et $\frac{1}{3}$ coke, on a employé 2100 de combustible évalué en coke pour 1000 de fonte, et la production journalière a été de 5000 kil.

« Par l'emploi des gaz réducteurs la consommation de combustible évalué en coke a été réduite à 1056 pour 1000 de fonte, et l'on a pu obtenir jusqu'à 9532 de fonte par jour.

« Ainsi, dit le rapport, *dans l'état actuel, cet appareil assure* à l'établissement d'Alais *une production double et une économie de moitié dans le combustile* évalué en coke, soit qu'on emploie le coke seul, soit qu'on l'emploie mélangé à la houille. De tels résultats sont concluants, ce nous semble.

« Il est vrai qu'on n'a point tenu compte, dans ce rapprochement, de la houille brûlée par l'appareil. Elle est de 2400 kil. en 22 heures ou de 250 kil. par 1000 de fonte obtenue, ce qui change assez peu les rapports ci-dessus.

« Cette faible consommation de combustible dans l'appareil de réduction des gaz, comparée à la température qu'ils y acquièrent, montre, qu'abstraction faite de l'usage auquel il est destiné, l'appareil Cabrol, considéré comme simple calorifère, est un des plus remarquables qui aient été jusqu'ici employés dans les arts. En effet, il résulte des données ci-dessus qu'un kilogramme de houille y développe plus de 5500 unités de chaleur, c'est-à-dire plus des $\frac{11}{12}$ de la chaleur théorique. Un tel résultat, nous le croyons, n'a été encore jamais atteint. Il y a donc une déperdition de chaleur très faible à travers les parois, ce qui fait que les plaques de fonte qui enveloppent l'appareil sont à peine échauffées, et que la solidité des assemblages est assurée.

« Considéré sous le rapport de la main-d'œuvre, on a trouvé que l'appareil Cabrol facilitait le travail au creuset, que ce travail pouvait y être fait aisément par deux ouvriers, tandis qu'avec l'air froid il en fallait quatre et même cinq.

« Quant à la qualité de la fonte, l'appareil Cabrol n'a pas produit de différences sensibles. Les analyses des produits obtenus par les deux procédés n'ont signalé qu'un peu moins de silicium (268 et 225) dans les fontes aux gaz réducteurs ; ce qui les rendrait préférables pour la fabrication du fer.

« Les avantages de cet appareil paraissent jusqu'ici avoir été mieux et plus promptement sentis en Angleterre qu'en France. Son service facile et économique, le bas prix auquel il peut être établi, la faculté d'y employer toute espèce de combustible, son petit volume, la certitude qu'il ne peut être brûlé, et que dès lors il n'exposera ni à des réparations, ni à des chômages, nous paraissent en effet destinés à lui assurer une préférence méritée sur tous les appareils anglais. Et qu'on ne voie point ici une opinion dictée par la susceptibilité nationale : nous sommes de ceux qui croient que l'industrie comme la science ne reconnaissent qu'une patrie, qui est le monde. »

Avantages de la méthode directe.

591. Nous avons eu l'occasion de démontrer plus d'une fois que de toutes les méthodes connues jusqu'ici pour retirer le fer des minerais qui le contiennent, la méthode directe était celle qui exigeait le moins de charbon. Nous verrons plus loin qu'elle est également celle qui nécessite le plus petit fonds de roulement, et les moindres frais de premier établissement. A tous ces titres, la méthode directe devrait, ce semble, être beaucoup plus répandue, et cependant, il n'existe guère en France qu'une centaine d'usines où cette méthode soit mise en pratique. Pourquoi cela? On assure qu'une infinité de minerais se refusent à être traités avantageusement par la méthode directe; on prétend aussi qu'elle ne comporte point l'emploi de la houille. Cette dernière objection est sans doute fondée, mais il n'est nullement certain que le coke non sulfureux par exemple ne puisse pas y être employé; il me paraît au contraire assez probable qu'il pourrait l'être avec avantage. C'est encore un essai à tenter.

Quant aux minerais, il y a entre eux une distinction à faire. Les minerais en grains, si répandus dans le centre de la France, ne peuvent être traités par la méthode directe, c'est là un fait qui me paraît avoir été mis hors de doute par les expériences de Dietrich (1); mais je ne vois aucune raison pour que la plupart des minerais en roche, qui satisfont aux conditions des n.os 152 et suivants ne soient pas traitables avec plus ou moins d'avantages. Cependant, plusieurs essais en grand (et non pas seulement des analyses chimiques) devront toujours précéder tout projet d'usine fondé sur l'emploi de la méthode directe. On peut toutefois établir d'avance quelques probabilités de succès.

Quels minerais sont ou ne sont pas traitables par la méthode directe.

593. Ainsi, par exemple, tout minerai en roche qui ne sera allié à aucune substance nuisible, qui contiendra environ 50 pour 100 de fer métallique, qui surtout sera poreux ou qu'on aura pu rendre tel par le grillage, me paraît traitable par la méthode directe.

(1) Dietrich a fait, dans les forges de l'Ariége, quinze essais sur des minerais en grains du Berry, provenant d'Issoudun, de Diors, de La Coudrière et de La Villette; voici comment il en a résumé les résultats :

« La fusion a été constamment imparfaite, quelque changement qu'on ait fait aux dimensions du creuset, « à la force et à la direction du vent ; les fondants n'ont produit aucune amélioration. La chaux a rendu le « fer pailleux ; la mine grillée et celle qui ne l'était pas ont donné du fer dans la même proportion. La mine « qui, dans le commencement, refusait de se prendre, formait, vers la fin, une masse tenace que les escolas « ne pouvaient faire descendre vers la tuyère qu'en l'obscurcissant ; soit qu'on ait chargé la mine en greillade, « soit qu'on l'ait placée à l'ore, les produits n'ont pas été meilleurs. Dans aucune expérience le métal n'a été « parfaitement réduit, et jamais l'on n'a obtenu la moitié du fer contenu dans la mine. »

594. Tout minerai dont la composition moyenne se rapprochera de celle du n° 207 , sera très probablement traité avec le même avantage.

595. Entre tous les minerais, les hydrates d'oxide de fer en roche paraissent se prêter éminemment à ce mode d'extraction. Il semble que l'eau, en se dégageant de l'hydrate, le dispose à se laisser pénétrer plus facilement par les gaz réducteurs. Cette idée m'a été suggérée par l'examen de l'ensemble des minerais traités par des méthodes peu différentes au fond de celle qui fait l'objet de ces études.

596. Par exemple, les minerais exploités par les nègres du *Fonta Diallon*, et traités par une méthode qui présente beaucoup d'analogie avec la méthode dite catalane, sont formés, suivant M. Berthier, savoir : l'un compacte, amorphe d'un rouge brun foncé, veiné de blanc jaunâtre à cassure matte, de peroxide fer 77.2 ; eau 11.4, oxide de manganèse o, silice 2.8, alumine, 8.2, plus trace d'oxide de chrôme et de titane.

Le second, plus pauvre, et qu'on trouve avec le précédent en morceaux amorphes, arrondis, d'un rouge brun, nuancé de veinules d'un blanc jaunâtre, à cassure matte et terreuse, poussière rouge, poids spécifique 2.25, est formé de peroxide de fer 33.6, eau 24.7, oxide de manganèse o, silice 2, alumine 40, plus trace d'oxide de chrôme et de titane ; c'est un mélange de peroxide anhydre et d'hydrate d'alumine.

C'est encore par la méthode catalane que sont traités les minerais des Arques (Lot), dont la composition, suivant le même auteur, est : peroxide de fer 75.4, eau 11.8, quarz ou silice 12.8 ; ce minerai donne fonte à l'essai 0.53.

Voici la composition de quelques autres minerais des Arques :

| OXIDE de fer. | EAU. | OXIDE de manganèse. | SILICE. | ALUMINE. | PERTE. |
|---|---|---|---|---|---|
| 80.5 | 15 | 0,5 | 5 | 1 | » |
| 80.5 | 14.5 | trace. | 5 | 1 | » |
| 71.5 | 15.5 | 7.0 | 5.5 | 1.5 | » |
| 74.7 | 11.8 | trace. | 13.0 | » | 0.5 |

Enfin, le minerai de l'île d'Elbe , qui est aussi traité par une méthode très analogue, est formé de : oxide de fer 83, eau 12, silice 5.

On pourrait encore augmenter de beaucoup cette liste.

41

## LE BASSIN.—LA ROUE.—LE MARTEAU.—TRAVAIL DU MAILLÉ.

597. Trois objets principaux vont nous occuper dans ce chapitre ; savoir : 1° la description du marteau, de la roue qui le met en jeu et du bassin qui alimente celle-ci ; 2° la double recherche des quantités de travail dépensées et transmises ; 3° le travail du maillé ou de l'ouvrier chargé du cinglage et de l'étirage du massé.

Description du bassin. 598. Le bassin $E E$, en partie figuré dans la planche 1, est reproduit à l'échelle de $\frac{1}{50}$, dans les figures 42, 43, 44, 45 et 46. La figure 42 est une élévation vue de face de ce bassin et de la roue ; la figure 43 est une élévation vue de côté des mêmes objets ; la fig. 46 en est le plan, on n'y distingue comme dans la fig. 1, qu'une partie du bassin $E E E E$, qu'on appelle la *paichère*. Ce bassin est en bois, les assemblages sont en tout semblables à ceux que nous avons déjà remarqués dans le bassin de la trompe. La paichère $E$ est en communication dans toute sa largeur et dans toute sa hauteur avec un immense bassin $G G$, fig. 1, qui l'entretient à peu près constamment pleine à la hauteur de 2 mètres, du moins pendant le temps de l'étirage.

Le ceutre. 599. Vers l'angle antérieur de cette paichère, situé du côté du mur d'enceinte $B B B B$ de la forge, on a pratiqué à son fond une ouverture quadrangulaire $f f f$, fig. 1, 44, 45, 46. Cette ouverture $f$ de o.$^m$46 sur o.$^m$43, communique à volonté avec une longue buse pyramidale $A A$, formé par quatre madriers épais réunis entre eux par des frettes en fer $a a a$ ; cette buse porte dans ces forges le nom de *ceutre* ( prononcez *céoutré* ), on en ouvre ou on en ferme l'entrée $f$ à volonté, en agissant de l'intérieur de la forge, et à l'aide d'une chaîne sur l'extrémité d'un immense levier que je n'ai donné que dans les fig. 44 et 45. Ce levier tournant sur une forte cheville en fer $c$, entraîne dans son mouvement de rotation, une tige en fer $d$ terminée par un crochet qui s'engage dans l'anneau de la trappe $e e e$ qu'on voit de profil dans la fig. 44, à peu près de face et en dessous dans la fig. 45, et en plan vue en dessus dans la

La pourtanelle. fig. 56. Cette trappe $e$ s'appelle la *pourtanelle*. Le *ceutre* a environ 4.$^m$75 de longueur suivant son axe, cet axe est incliné d'environ 78° à l'horizon ; le *ceutre* se rétrécit de plus en plus à mesure qu'il s'éloigne du bassin ; il entre par son extrémité inférieure dans un coursier

Le coursier, en bois $C$, creusé circulairement dans son intérieur, fig. 45, pour recevoir la roue. Le jeu laissé entre ce coursier et la roue est de o.$^m$o5 au

moins, suivant le rayon ; l'orifice par lequel l'eau sort de ce *ceutre* a une
forme tout-à-fait bizarre ; cette forme pourrait être comparée, fig. 45, à
un bec de flageolet placé sens dessus dessous ; cet orifice a o.^m20 de
largeur, fig. 44, o.^m3o de l'avant à l'arrière, perpendiculairement à l'axe
de la veine fluide ; ainsi la masse d'eau qui se précipite par le ceutre, dès
qu'on ouvre la pourtanelle, ne frappe point les palettes de la roue ;
fig. 42, 44, sur toute leur largeur, mais sur une moitié seulement de cette
largeur, à peu près. Il faut, examiner avec quelque attention les figures 44
et 45, pour comprendre la forme de cet orifice et remarquer que la fig. 45
qui est une coupe de la fig. 42, faite par un plan perpendiculaire et
passant par $X Y$, laisse cependant tout entier le système de la pourtanelle et
de ses leviers, tandis que la fig. 44 n'est autre chose que cette même fig. 42,
dans laquelle on aurait enlevé les madriers et les poutrelles qui ferment
la paichère $E$ par devant, ainsi que la face antérieure $a' a'$ du ceutre seule-
lement.

600. A droite et à gauche du coursier circulaire, on peut remarquer
deux joues en bois $h h h h$, qui s'opposent plus ou moins à l'éparpillement
de l'eau après le choc sur la palette de la roue. Ces joues, fig. 44, sont
distantes intérieurement de o.^m44, la roue n'ayant que o.^m38 de largeur,
il y a à droite et à gauche un jeu de o.^m03 ; quelques charpentiers assurent
que la roue marche d'autant mieux, que ce jeu est plus considérable ; il
semblerait dès lors qu'il y aurait avantage à supprimer ces joues qu'ils appellent *gautiers* ( prononcez *gaoutiers* ).

601. La chute totale de la roue du marteau de cette forge est de 9 mètres
juste, fig. 42, comptée depuis le niveau de l'eau dans la paichère jusqu'au
point le plus bas du coursier ; 7.^m40 environ servent au choc.

602. On peut remarquer sur la face antérieure du *ceutre* une ouverture *o* protégée par un petit toit ; cette disposition existe dans toutes les
forges. Les maillés affirment que l'écoulement par le *ceutre* ne s'opérerait
point convenablement, si cette ouverture *o* était fermée. Il sort souvent
par cet orifice, pendant le travail de la roue, une veine d'eau assez forte
qui, choquant les palettes en sens inverse de leur mouvement, produit
un effet contraire à celui qu'on veut obtenir, tout en diminuant la masse
d'eau qui peut agir utilement sur la roue. J'ai obtenu à la forge de Saurat
qu'on fermât cette ouverture *o* au *ceutre* du marteau *d'en bas*, parce qu'il
se faisait par cette ouverture un énorme jaillissement ; ce marteau n'en
marche pas plus mal.

Les parties du bassin du ceutre et du coursier, dont nous n'avons
point indiqué les dimensions, peuvent être prises avec confiance à l'é-
chelle.

Les joues du
coursier.

La chute.

L'espirail.

**La roue.** 603. Les roues de ces forges sont aussi simples que solides, elles ont en général de 2.$^m$5o à 3.$^m$5o de diamètre, y compris les palettes ; le cercle en est formé par quatre jantes en chêne d'une seule pièce *i i i i*, fig. 43, 45, 52, 53, 54 ; ces jantes s'appellent *gabels*. La fig. 53 est une coupe **Les gabels.** des *gabels* par un plan perpendiculaire à l'axe de la roue, et passant par le milieu de leur largeur suivant cet axe. La fig. 52 montre ces *gabels* du côté de leur convexité, et la fig 54 du côté de la concavité ; ces jantes sont fixées sur les deux bras *k k kk k* de la roue à l'aide de quatre segments cylindriques *n n n n*, fig. 45, 58, 57, qu'on engage avant de fixer les palettes à la roue dans les rainures *m m* pratiquées dans les *gabels*, et qui traversent les vides *u u*, fig. 6o, laissés à l'extrémité des bras ; ces segments, ces rainures et ces vides, ont pour largeur le tiers environ de celle de la roue, et o.$^m$o7 environ dans leur plus grande hauteur.

On consolide ensuite ces segments cylindriques *n*, fig. 58, par des bandelettes de fer *r r*, fig. 57, qu'on fixe sur la roue avec de gros clous.

**Les bras.** 604. Les bras ne sont autre chose que deux forts madriers, ayant la largeur de la roue et o.$^m$11 d'épaisseur ; la figure 59 montre en partie l'un de ces bras dans le sens de l'épaisseur de la roue ; la fig. 6o est une coupe de ce bras par un plan perpendiculaire à la fig. 59 et passant par *U V ;* l'autre bras est en tout semblable à celui de la fig. 59, excepté que l'entaille *s*, qu'on remarque en son milieu, est pratiquée sur la gauche au lieu de l'être comme ici sur la droite.

Pour pouvoir assembler ces bras sur l'arbre, fig. 51, on a pratiqué dans toute l'épaisseur de cet arbre des ouvertures *l l ll*, puis d'autres ouvertures *l' l' l' l'*, perpendiculaires à celles-ci, plus larges que les bras, on engage d'abord l'un d'eux par l'ouverture *l l ll*, puis l'autre bras par *l' l' l' l' ;* les deux entailles *s* des bras se pénètrent mutuellement.

Les bras placés, on les consolide par de gros coins en bois *q q q q*, fig. 45, 42, 46, qu'on chasse à coups de maillet à droite de la roue, fig. 42, dans *l' l' l' l' l l l l.* Il est clair que la pose des bras précède la pose des jantes ou *gabels ;* les bras et les jantes une fois placés sur l'arbre, il ne reste plus qu'à ajuster les palettes sur la roue ; pour cela, on a pratiqué sur les *gabels* des rainures à queues d'hironde, fig. 53, dans lesquelles on fait glisser successivement les palettes.

**Les palettes.** 605. Celles de la roue qui nous occupe sont parfaitement planes, toutefois elles sont plus généralement évidées à mi-bois, fig. 55 ; ces palettes à rebords, dont le bon effet a été signalé en 1812 par M. Morosi, étaient connues depuis des siècles des constructeurs de nos forges.

606. Je n'ai point insisté sur les dimensions de toutes ces parties, parce qu'elles sont suffisamment indiquées dans les figures, et parce qu'elles

seront successivement introduites dans le texte lorsque nous chercherons les poids, les moments d'inertie, etc., du système tournant.

On voit que ces roues agissent presque entièrement, sinon uniquement, par le choc ; l'eau frappant les palettes avec une vitesse due à une pression de plus de 7 mètres, fait tourner la roue dans le sens de la flèche ; ce mouvement de rotation se transmet à l'arbre tournant que nous allons décrire.

607. Afin de montrer cet arbre dans toute sa longueur, on a coupé un segment de la roue dans la figure 46. Cet arbre *M* se termine à ses deux extrémités par des cylindres un peu coniques, ayant chacun o.$^m$44 de longueur, suivant l'axe de l'arbre, et o.$^m$28 de rayon, fig. 43. Entre ces cylindres, l'arbre est quadrangulaire sur une longueur de 4$^m$455 ; sa section, dans cette partie, est de o.$^m$60 sur o.$^m$60, fig. 46 et 45 ; entre la partie quadrangulaire et l'extrémité cylindrique qui renferme le tourillon du côté du marteau, l'arbre est octogonal sur une longueur de o.$^m$955, et le rayon du cercle circonscrit est d'environ o.$^m$32, fig. 49. C'est sur cette partie octogonale qu'on fixe la *bogue D*, fig. 46 et 49, gros cylindre en fonte, intérieurement évidé, ayant o.$^m$428 de rayon extérieur, et o.$^m$485 de longueur, suivant l'axe ; cette bogue est percée de quatre ouvertures quadrangulaires dans lesquelles on engage l'extrémité des quatre cames *t t t t*, fig. 46 et 49. Ces cames sont en fer et non en fonte ni en acier comme on l'a prétendu ; elles entrent d'environ o.$^m$o6 dans la partie octogonale de l'arbre ; elles sont maintenues dans leur position par des coins en bois chassés devant elles entre leur surface antérieure et l'épaisseur de la bogue ; ces cames dépassent la bogue de o.$^m$10, suivant le rayon ; la longueur développée de leur partie extérieure est de o.$^m$15 ; elles ont une largeur de o.$^m$145 dans le sens de l'axe de l'arbre tournant. La bogue est maintenue dans sa position par de forts coins en chêne chassés entre sa surface interne et la partie octogonale de l'arbre.

608. Nous pouvons maintenant passer à la description du marteau et de sa charpente. On voit le marteau et la charpente en élévation et de côté, fig. 47, en élévation et de face, fig. 48, en plan, fig. 46 ; la fig. 49 est une coupe verticale passant par *P Q* du plan, mais dans laquelle on a laissé entiers le marteau, son manche, ses ferrures, à l'exception de l'un des tourillons, ou *poupe p* sur lequel il tourne, et qui est coupé suivant son cercle de contact avec son coussinet *O*.

609. La charpente du marteau diffère tellement de toutes celles qu'on a publiées jusqu'ici, que tout me porte à croire que les auteurs qui en ont fait la description, n'ont jamais vu les parties de cette charpente situées au-dessous du sol, et, il faut bien le dire, leur imagination a suppléé,

d'une manière un peu bizarre, au défaut d'observation. En particulier, la charpente, qu'on trouve dessinée dans la sixième livraison de 1835 des *Annales des mines*, me paraît être un véritable roman sur lequel je ne pouvais me taire sous peine de passer moi-même pour un *conteur*. Ces observations, du reste, s'appliquent aussi bien au *ceutre* et à la roue qu'on trouve planche IX du Mémoire de MM. les ingénieurs des mines.

610. Deux fortes semelles *F F F* en bois de chêne comme tout le reste de la charpente, fig. 46, 47, 48 et 49, placées parallèlement à l'axe du manche, à environ 1.$^m$40 l'une de l'autre, reçoivent chacune un énorme montant vertical *H H*, de 1.$^m$40 environ de largeur, de 0.$^m$32 d'épaisseur, fig. 48, et d'une hauteur de 3.$^m$80 environ au-dessus des semelles; ces montants se composent de deux parties assemblées comme le montre la fig. 46.

Ces montants sont soutenus en avant par des poutrelles inclinées *h h h h ;* le montant placé à la gauche du marteau est également soutenu en arrière par une poutrelle semblable *h*, fig. 49 ; le tout est consolidé par des coins *h' h' h' h'*. Je préviens, une fois pour toutes, qu'on peut prendre avec confiance les dimensions des diverses parties de cette charpente à l'échelle et au compas. Ces montants verticaux *H H* sont réunis entre eux en avant et en arrière par trois autres poutrelles *z z z z' z' z'* entaillées à mi-bois vers leurs extrémités, et pénétrant d'autant dans la largeur des montants *H H* entaillés eux-mêmes de la même quantité. On voit que ces poutrelles *z' z'* de l'avant et de l'arrière, ne sont pas symétriquement disposées. Sur la seconde poutrelle d'arrière *z'*, située d'ailleurs au-dessous du sol, on remarque de chaque côté du marteau un énorme coin *I I*, fig. 49, 48, 46 ; sur ces coins et sur la seconde poutrelle de devant *z* reposent de chaque côté du marteau deux forts parallélipipèdes en chêne *S S*, fig. 49, 47, 48, 46, et qu'on voit encore séparément, fig. 50 ; ces pièces se nomment les *soucs-massés ;* elles ont, fig. 50, environ 2 mètres de longueur, 0.$^m$72 de hauteur, et 0.$^m$36 d'épaisseur, fig. 48 et 50 *bis* ; les gros coins *I I* permettent de les soulever ou de les abaisser quelque peu par derrière ; la partie inférieure de ces *soucs-massés* se trouve à peu près au niveau du sol de la forge, sol qui, entre les montants, *H H*, s'incline en ondulant de l'enclume vers l'arbre tournant. Les *soucs-massés S S* sont fortement consolidés par des ferrures. Vers leur milieu et sur les faces tournées du côté du manche du marteau, on a pratiqué dans chacun un creux quadrangulaire dans lequel on introduit deux pièces en fonte *O O* qu'on nomme les *oubliets*.

611. Ces *oubliets O O*, fig. 50, sont maintenus par des coins en bois

o′ o′ et des ferrures *v v v v*; ces *oubliets* sont eux-mêmes cylindriquement creusés en leur milieu pour recevoir les tourillons ou poupes *p p p*, fig. 49, 46, 48, de la hurasse *U*.

612. Entre les poutrelles supérieures *z z′* et la partie supérieure des *soucs-massés S S*, on chasse à toute volée d'autres coins *m m* qui maintiennent les *soucs-massés* solidement en place. On comprend facilement que par le jeu des coins *I I m m*, il est facile d'élever, d'avancer, d'écarter l'un de l'autre les *soucs-massés S S*; on favorise d'ailleurs leur rapprochement ou leur écartement à l'aide des quatre coins verticaux *x x* qu'on enfonce plus ou moins entre la face postérieure des *soucs-massés* et les montants *H H*, fig. 48.  *Les coins.*

Ces quatre coins verticaux s'opposent encore à l'écartement des *soucs-massés S S* pendant le jeu du marteau.

612. La semelle *F F* placée à la droite du marteau, fig. 46 et 47, reçoit encore une forte pièce inclinée à l'horizon *N N*, qui s'appuie dans la plus grande partie de sa hauteur sur le sol même de la forge, et qui, en outre se trouve consolidée par une poutrelle verticale *n′*, et par une autre pièce inclinée *n*; la grande pièce *N N* est entaillée, ainsi que le montant vertical *H H* de droite, pour recevoir une forte pièce horizontale *V*, fig. 47, dans laquelle est encastré le coussinet sur lequel tourne le tourillon de l'arbre; ce tourillon est recouvert par deux autres pièces *V′ V′* qui s'opposent à ce que l'arbre soit soulevé pendant le mouvement du marteau; toutes ces pièces *N n′, n, V, V′, V′*, sont fortement serrées par un grand nombre de coins en bois, dont les fig. 46 et 47 montrent suffisamment la forme et la disposition.

613. Le marteau s'encastre, comme nous l'avons dit, par les deux *poupes p p* de sa hurasse *U* dans les *soucs-massés SS*, cette hurasse est généralement en fonte, mais pour ce marteau, elle est en fer; toutes ses dimensions sont indiquées sur la fig. 49; au surplus, nous y reviendrons plus tard, lorsque nous ferons le calcul de ce marteau. Le manche du marteau est un arbre en hêtre d'environ 0.^m35 de diamètre moyen, et de 4.^m30 de longueur, fig. 49. Cet arbre est consolidé par des frettes en fer; la partie de sa queue sur laquelle agit la came est entaillée, et reçoit une pièce de bois *T T*, qu'on nomme le *tacoul*, fig. 46 et 49; ce *tacoul* est maintenu en place par un demi-cercle en fer, terminé par des crochets retenus par des chevilles; on a un tacoul pour l'étirage et un autre pour le cinglage; le dernier est de 0.^m10 plus élevé que le premier.  *Le marteau. La hurasse. Le manche, Le tacoul.*

614. On distingue, fig. 49 et 47, une pierre *K* enfoncée jusqu'à fleur de sol, plate en dessus et légèrement inclinée; c'est sur cette pierre appelée la *chappe*, que la queue du manche, rabaissée par les cames, vient  *La chappe et la chapparelle.*

quelquefois frapper pendant l'étirage ; pendant le cinglage, on recouvre cette pierre d'une large plaque de fer $K'$, sur laquelle la queue du marteau vient frapper, et qui empêche celui-ci de *ressauter;* cette pièce se nomme la *chapparelle.*

**Arcs décrits pendant le cinglage et l'étirage.** 615. Toutefois, j'ai trouvé peu de différence entre les amplitudes des arcs décrits par le marteau pendant le cinglage et pendant l'étirage, et si l'on veut faire abstraction de la première levée et tenir compte de la grosseur des pièces à forger, on trouve que l'amplitude de cet arc est un peu moindre pendant le cinglage que pendant l'étirage ; cet angle est de $26 - 17 = 9°$, moyennement pendant le cinglage, et de $24 - 14, 30 = 9°, 30'$, moyennement pendant l'étirage.

**La tête du marteau.** 616. La tête du marteau est en fonte. J'ai relevé ses dimensions avec le plus grand soin, elles sont très clairement indiquées dans la double figure 40. La tête est consolidée sur le manche, savoir, à la partie supérieure pas de gros coins en chêne, retenus eux-mêmes par de fortes chevilles en fer, inférieurement par un autre coin fortement chassé comme les précédents, entre le manche et le marteau. Une forte cheville en fer placée en avant de la tête, s'oppose à l'effet de la force centrifuge. Le marteau, quand il ne travaille pas, repose par toute la surface de sa panne sur une enclume en fer qu'on voit en coupe, en plan et par le bout, fig. 49, $y\,y\,y$.

**L'enclume.** 617. Cette enclume a $0.^m70$ de longueur, $0.^m25$ de largeur en son milieu, $0.^m22$ à chaque extrémité ; elle est plus épaisse en avant qu'en arrière. Cette enclume pénètre par un tenon ( le *couillou* ) d'environ $0.^m13$ de hauteur, et $0.^m13$ de largeur dans une grosse pièce de fonte $R$ qu'on ap-

**La demme.** pelle la *demme*, et cette *demme* entre elle-même dans une énorme pierre $R'$ qu'on cercle quelquefois avec de fortes bandes de fer. Pour fixer la demme dans la pierre, on enfonce d'abord des coins de bois entre celles-ci, puis des coins en fer qu'on y chasse à refus, mais avec quelque précaution, afin de ne pas faire éclater la pierre ; l'enclume est ensuite placée dans la demme, et y est enfoncée à demeure par le marteau lui-même.

618. Nous ne pouvons entreprendre la théorie du marteau avant d'avoir déterminé les poids, masses, centres de gravité, moments d'inertie de tout le système ; occupons-nous de cette recherche.

*Volumes, poids, masses et moments d'inertie de la roue et de l'arbre tournant.*

**Volumes de la partie de la roue extérieure à l'arbre.** 619. Cette roue se compose principalement d'un *anneau* circulaire, formant la différence de deux cylindres droits, ayant épaisseur $= h = 0.38$ ;

Le cylindre intérieur a pour rayon $r = 0.670$ ;

La dimension de l'anneau suivant le rayon de la roue $= R - r \ldots = \underline{\quad 0,525 \quad}$

Le rayon $R$ du cylindre extérieur $=$ $\phantom{xxxxxxxxxxxxxxxxxxxx}$ $1.^{m}195$

d'où $R + r = 1.^{m}865$.

Le volume du cylindre extérieur $= \pi R^{2} h$.

Celui du cylindre intérieur $\phantom{xxx} = \pi r^{2} h$.

Le volume de l'anneau est la différence $\pi h (R^{2} - r^{2}) = \pi h (R + r)(R - r) =$ L'anneau.
$1.^{mmm}169$.

620. Les parties des quatre *bras* à l'intérieur de l'anneau, ont longueur $0.^{m}670$, moins $0.^{m}30$ qui est la demi-épaisseur de l'arbre, largeur $0.^{m}38$, épaisseur $0.^{m}11$, d'où volume de chaque partie $= 0.^{mmm}015466$, et volume des quatre $0.^{mmm}062$.

Les parties de bras extérieures ont, suivant le rayon, $0.^{m}30$, comme les palettes d'où  Les bras. volume des quatre parties extérieures $= 0.^{m}38 \times 0.30 \times 0.11 \times 4 = 0.^{mmm}050$.

Les palettes ont $0.^{m}05$ d'épaisseur, d'où volume de chacune $= 0.^{m}30 \times 0.38 \times 0.05$ Les palettes. $= 0.^{mmm}0057$, et volume des seize palettes $0.^{mmm}091$.

Toute cette partie étant en bon bois de chêne, son poids sera égal à la somme des volumes calculés, ou $1.^{mmm}372$ multiplié par le poids du mètre cube de chêne que je prends $= 1100^{k}$ ; on a donc $1.372 \times 1100^{k} = 1509.^{k}2$.

621. Le centre de gravité de cette masse est évidemment à son centre de figure, c'est-à-dire que ce poids peut être censé appliqué en un point de l'axe de l'arbre tournant, situé à une distance de l'extrémité du tourillon de la roue $=$ à très peu près $1.^{m}$.

622. Le tourillon de la roue est en fonte et à deux ailettes ; comme on n'en voit Tourillon de la point la partie intérieure, il a fallu recourir à des renseignements. Ceux qu'on m'a roue. donnés m'autorisent à évaluer le poids de ce tourillon à $65^{k}$, et à placer son centre de gravité à $0.^{m}30$ de son extrémité.

623. Bien que la partie intérieure du tourillon occupe un certain espace dans ce Arbre cylindre, nous n'en tiendrons aucun compte ; la faute, par excès, que nous commettrons tournant, ainsi, compensera le poids de quelques chevilles qu'on ne peut s'astreindre à calculer partie rigoureusement ; ce cylindre a hauteur $= h = 0.^{m}44$, et pour rayon $r = 0.^{m}28$, d'où cylindrique. volume $\pi r^{2} h = 0.^{mmm}108$, poids $= 0.108 \times 1100^{k} = 119.^{k}64$.

Le centre de gravité de ce cylindre étant au centre de figure, ce poids peut être censé appliqué en un point de l'axe de l'arbre tournant, placé à $0.^{m}40$ de l'extrémité du tourillon de la roue.

624. L'extrémité cylindrique de l'arbre tournant, du côté de la roue, est consolidée Les cercles en par trois cercles en fer de $0.^{m}015$ d'épaisseur, de $0.^{m}11$ de largeur, et dont la circonfé- fer. rence $= 1.^{m}76$. Le volume des trois cercles est donc environ $0.^{mmm}003$ ; prenant $7600^{k}$ pour le poids du mètre cube de fer, on trouve $68.^{k}4$ pour le poids de ces trois cercles, poids qui peut être censé appliqué à $0.^{m}40$ de l'extrémité du tourillon de la roue.

625. L'autre extrémité de l'arbre étant semblable en tout à celle qui vient de nous L'autre occuper, nous aurons encore pour le poids de la partie cylindrique $119.^{k}64$, pour celui extrémité de des frettes en fer $68^{k}$, pour celui du tourillon $65^{k}$ ; ces poids pouvant être censés appli- l'arbre. qués à $6.^{m}25$, $6.^{m}25$ et $6.^{m}30$ de l'extrémité du tourillon de la roue.

626. La partie quadrangulaire de l'arbre tournant a $0.^{m}6$ sur $0.^{m}6$ d'équarrissage, sa Partie longueur est de $4.^{m}455$, d'où volume quadrangulaire de l'arbre tournant.

$$= (0,6)^{2} \times 4.455 = 1.^{mmm}6038, \text{ et poids} = 1.^{m}6038 \times 1100.^{k} = 1764.^{k}18$$

Le centre de gravité de cette partie est évidemment à son centre de figure, et par conséquent à une distance de l'extrémité du tourillon de la roue $= 0.^{m}18 + 0.44 + 2.^{m}2275 = 2.^{m}8475$.



627. Cette partie quadrangulaire porte quatre bandes en fer très fortes de $0.^{m}015$ épaisseur, $0.^{m}11$ largeur, et de $2.^{m}52$ de longueur développée. On a pour le volume de chacune $0.^{m}004$, et pour le poids $0.004 \times 7600^{k} = 31.^{k}6$. Le centre de gravité de chacune d'elles est sensiblement à leur centre de figure, et dès lors, ces centres de gravité sont respectivement à des distances de l'origine des moments pour la première $0.^{m}76$, pour la seconde $1.^{m}81$, pour la troisième $3.^{m}09$, pour la quatrième $4.^{m}69$.



628. Il y a encore huit bandes parallèles à l'axe, à l'extrémité de l'arbre située du côté de la roue; elles ont chacune, longueur $1.^{m}07$, largeur $0.^{m}11$, épaisseur $0.^{m}02$, d'où volume de chacune $= 0.^{mmm}002354$, volume des huit $= 0.^{mmm}018832$, poids des huit $143^{k}12$; le centre de gravité de ce système est à l'intersection de l'axe de l'arbre et d'un plan vertical passant par le milieu de la longueur des bandes; cela donne $1.^{m}29$ environ pour la distance à l'origine.



629. Après la partie quadrangulaire, l'arbre prend une forme octogonale, ayant longueur $0.^{m}955$; le rayon du cercle inscrit $= 0.^{m}3$; le côté de l'octogone $= 0.^{m}25$; le contour $= 2^{m}$; la section de l'octogone $= 0.^{mm}300$; le volume du prisme octogonal $= 0.^{mmm}2865$; son poids $= 0.2865 \times 1100^{k} = 315.^{k}15$; le centre de gravité de ce prisme octogonal est évidemment au milieu de son axe, c'est-à-dire à une distance de l'extrémité du tourillon de la roue $= 5.^{m}552$.



630. La bague qui porte les cames est en fonte; son volume est la différence de deux cylindres, ayant pour hauteur $h = 0.^{m}485$, et pour rayons $R = 0.^{m}428$, $r = 0.^{m}318$; on a donc pour son volume $\pi h (R + r)(R - r) = 0.^{mmm}125$, et prenant $7000^{k}$ pour le poids du mètre cube de fonte, on trouve $875^{k}$ pour le poids de cette pièce; son centre de gravité est évidemment à son centre de figure, c'est-à-dire qu'il est situé à $5.^{m}56$ de l'origine des moments.



631. Nous ne compterons que la partie excédante des cames, elles ont chacune, largeur $0.^{m}145$, épaisseur moyenne $0.^{m}035$; leur longueur développée est extérieurement $0.^{m}15$; elles sont en fer; d'où volume des quatre $= 0.^{mmm}003075$, et poids $= 23.^{k}37$ que nous ferons $= 24^{k}$; le centre de gravité des cames est comme celui de la bague à $5.^{m}56$ de l'origine des moments.



632. En récapitulant ces calculs, il devient facile d'obtenir le poids total du système tournant avec une approximation suffisante; on en déduit la masse de ce système; la distance du centre de gravité à l'extrémité du tourillon de la roue, la pression sur chaque tourillon, etc., etc.

On trouve pour le poids total de ce système $5199.^{k}13$, pour sa masse $529.98$, pour la somme des moments des poids, par rapport à l'extrémité du tourillon de la roue, $15304.33$; divisant la somme des moments des poids par la somme de ces poids, dont les centres de gravité sont tous placés sur l'axe de l'arbre on a $2.^{m}94$, à très peu près pour la distance du centre de gravité $G$ du système tournant à l'extrémité du tourillon de la roue; on en conclut que lorsque la roue ne travaille pas, la pression sur son tourillon est de $2880.^{k}31$, et la pression sur l'autre tourillon $2318.82$.



633. Il nous faut déterminer de la même manière les volumes, les poids, les masses du second système, la position des centres de gravité, etc., etc.



Voici les considérations dont j'ai fait usage pour déterminer le volume, le poids et le centre de gravité de la tête du marteau. Ce centre de gravité de la tête est d'abord très évidemment contenu dans le plan vertical, qui diviserait cette tête en deux parties symétriques, plan dont on voit la trace $AB$, fig. 40 ; pour déterminer la hauteur de ce centre $G$ au-dessus de la panne, j'ai employé les méthodes d'approximation exposées p. 62 et 63 de l'architecture hydraulique, notes de M. Navier, et qui enseignent que : partageant la hauteur totale du marteau en un nombre pair de parties égales, menant par chaque point de division des sections parallèles, dont les aires seront exprimées par $y_1 \, y_2 \, y_3 \ldots \ldots y_n$ le n° $n$ étant nécessairement impair, désignant par $h$ la distance commune de ces plans, on a pour l'expression de ce volume $V$

$$V = \tfrac{1}{3} h \left\{ y_1 + 4 y_2 + 2 y_3 + 4 y_4 + 2 y_5 \ldots \ldots + y_n \right\}$$

Méthodes pour déterminer le volume et le centre de gravité de la tête du marteau.

formule dans laquelle les sections extrêmes $y_1$, $y_n$ sont multipliées par l'unité dans la parenthèse, toutes les autres sections impaires par le nombre 2, et toutes les sections paires par le nombre 4.

On passe immédiatement de ce volume à la position du centre de gravité à l'aide de la relation suivante :

$x$ étant la distance du centre de gravité à la première section $y_1$, on a

$$x = \frac{h \left( 0 \times y_1 + 1 \times 4 y_2 + 2 \times 2 y_3 + 3 \times 4 y_4 \ldots + (n-1) y_n \right)}{y_1 + 4 y_2 + 2 y_3 + 4 y_4 \ldots \ldots y_n}$$

où l'on voit que le dénominateur est la quantité comprise dans la parenthèse de la formule précédente, et que la parenthèse du numérateur est égale au dénominateur dont tous les termes ont été multipliés successivement par 0, 1, 2, 3, 4.....(n.—1). Le premier terme donne un produit nul : on l'a écrit seulement pour la régularité de la formule.

634. Cela posé, j'ai partagé la hauteur totale du marteau $1.^{m}08$ en douze parties égales, ce qui m'a donné $h = \dfrac{1.08}{12} = 0.^{m}09$ et $\tfrac{1}{3} h = 0.03$. J'ai relevé aussi exactement qu'il a été possible les éléments nécessaires pour calculer les sections $y$ ; ces éléments se trouvent sur le croquis, fig. 40 ; j'ai ainsi obtenu le tableau suivant :

| | VALEURS des $y$ qui | Multipliées par | DONNENT | Qui multipliés eux-mêmes par | DONNENT | |
|---|---|---|---|---|---|---|
| | mm | | | | | |
| $y_1$ | 0.058800 | 1 | 0.058800 | 0 | 0 | |
| $y_2$ | 0.0738 | 4 | 0.295200 | 1 | 0.295200 | |
| $y_3$ | 0.086680 | 2 | 0.173360 | 2 | 0.346720 | |
| $y_4$ | 0.106960 | 4 | 0.427840 | 3 | 1.283520 | |
| $y_5$ | 0.119880 | 2 | 0.239760 | 4 | 0.959040 | Il est clair qu'il |
| $y_6$ | 0.075174 | 4 | 0.300696 | 5 | 1.503480 | ne faut prendre |
| $y_7$ | 0.070000 | 2 | 0.14000 | 6 | 0.840000 | que les sections |
| $y_8$ | 0.059500 | 4 | 0.238000 | 7 | 1.666000 | pleines et ne point |
| $y_9$ | 0.052500 | 2 | 0.105000 | 8 | 0.840000 | tenir compte du |
| $y_{10}$ | 0.05600 | 4 | 0.224000 | 9 | 1.016000 | vide de l'œil du |
| $y_{11}$ | 0.05600 | 2 | 0.112000 | 10 | 2.120600 | marteau. |
| $y_{12}$ | 0.157500 | 4 | 0.630000 | 11 | 6.930000 | |
| $y_{13}$ | 0.105000 | 1 | 0.105000 | 12 | 1.260000 | |
| Sommes. | | | 3.049656 | | 19.059960 | |
| $\times \frac{1}{3} h$ | | | 0.03 | | 0.09 $=$ | $h$ |
| Volume du marteau $=$ | | | mmm 0.09148968 | | 1.71539640 | |
| Poids d'un mètre cube de fonte grise. | | | 7000ᵏ | | | |
| Poids de la tête du marteau. | | | 640.ᵏ43 | | | |


635. On a donc pour le volume de la tête du marteau $0.^{mmm}091$, pour son poids $640.^k43$. J'ai vérifié l'évaluation de ce poids sur la facture du fondeur qui avait fourni le marteau; mon évaluation est de $15^k$ inférieure environ; mais ce marteau a été retaillé, et il a très bien pu perdre la différence dans cette opération. Rien de plus facile maintenant que d'obtenir la position de son centre de gravité au-dessus du plan de sa panne; il suffit pour cela de diviser le résultat de la sixième colonne $1.7153\dots$ par la somme de la quatrième $3.049656$; on trouve ainsi que le centre de gravité de la tête du marteau est dans le plan vertical qui la partage en deux parties symétriques et à une hauteur verticale au-dessus de la panne $= \dfrac{1.7153\dots}{3.0496\dots} = 0.^m562$, c'est-à-dire un peu plus haut que la demi-hauteur verticale de cette tête.

Mais le lieu de ce centre de gravité n'est pas encore déterminé par cette double condition; il faudrait encore connaître la distance de ce point à un troisième plan, celui, par exemple, qui forme la face postérieure de la tête; mais l'examen de la figure suffit pour montrer que ce point se trouve quelque peu en avant du plan parallèle à la face postérieure du marteau, et qui couperait en deux parties la face supérieure de la tête. Il se trouverait ainsi vers le point $G$, fig. 40, à environ $0.^m20$ en avant de la face postérieure, cette distance étant mesurée horizontalement à $0.^m562$ au-dessus de la panne ou de l'enclume.


636. Pour déterminer le volume, le poids, le centre de gravité du manche, je fais remarquer que ce manche est à peu près formé de trois cylindres : l'un à gauche s'étendant de la queue à l'axe de rotation, ayant diamètre moyen $0.^m34$, longueur $1.^m53$ ; on a donc pour son volume $(0.^m17)^2 \times \pi \times 1.^m53 = 0.^{mmm}13884138$ ; le bois du manche

étant en hêtre, dont le mètre cube pèse $852^k$, le poids de cette partie sera $118.^k29$ ; son centre de gravité sera placé évidemment à $0.^m765$ de l'axe de rotation mesuré suivant l'inclinaison de cet axe avec l'horizon ; mais en ramenant cet axe dans le plan horizontal, il est évident qu'on ne changerait rien à la position du centre de gravité ; nous le supposerons horizontal dans tout ce qui va suivre, et les résultats n'en seront nullement altérés.

On a donc pour le moment de cette partie de manche, par rapport à l'axe de rotation $118.^m29 \times 0.765 = 90.49$.

637. Nous négligerons la partie du tacoul qui excède le cylindre, comme de peu d'importance, et, par compensation, nous augmenterons quelque peu le poids de la genouillère et des chevilles qui la retiennent. *Tacoul.*

638. Toutes les bandes de fer ont environ $0.^m01$ d'épaisseur ; la largeur de celle-ci est un peu au-dessous de $0.^m05$, que nous adopterons cependant ; sa longueur développée est d'environ $0.^m70$ ; on a donc $0.7 \times 0.05 \times 0.01 = 0.00035$ ; la cheville a environ $0.^m034$ de diamètre ; elle saille de chaque côté d'environ $0.^m05$, pénètre dans le bois d'environ la même longueur ; on a donc pour son volume $0.^m00018$, ce qui, ajouté à $0.00035$, donne volume $0.00053$, et poids $4^k$ environ. Il n'y a pas d'erreur sensible à supposer le centre de gravité de ce système, comme situé sur l'axe à $1.^m34$ de l'axe de rotation ; on a donc pour le moment du poids de cette partie $1.^m34 \times 4 = 5.36$. *Genouillère et chevilles.*

639. La bande de fer qui vient ensuite a longueur développée $1.16$, largeur $0.^m07$, épaisseur $0.^m01$, d'où poids $= 6.^k17$ ; elle est placée à $1.^m04$ de l'axe, d'où moment de ce poids $6.42$. *Bande de fer nº 2.*

640. La hurasse est en fer (et non en fonte pour ce marteau) ; on peut la regarder comme un anneau portant deux espèces de paraboloïdes (les poupes), dont les axes seraient horizontaux ; l'anneau a $0.^m42$ de diamètre intérieur, et $0.^m54$ de diamètre extérieur, et $0.^m18$ de longueur, ce qui donne $0.^{mmm}016272$ pour le volume de l'anneau. *Hurasse.*

641. Les poupes ont hauteur du paraboloïde $0.^m145$, car elles pénètrent d'environ $0.^m1$ dans le souc-massé ; elles ont $0.^m09$ de rayon à leur base, c'est-à-dire à l'endroit où elles se soudent à l'anneau. On sait que le volume de ces corps est moitié du cylindre circonscrit ; on a donc pour le volume des deux poupes $0.^{mmm}003688$, ce qui, ajouté à celui de l'anneau, donne volume total $V$ de la hurasse $0.^{mmm}01996$, poids de la hurasse $= V \times 7600^k = 151.^k696$. *Les poupes.*

642. Les coins qui maintiennent la hurasse contre le manche forment un anneau en bois de chêne de $0.^m122$ de largeur environ, $0.^m03$ d'épaisseur, et de $1.^m256$ de longueur développée ; leur volume total est donc $0.^{mmm}0085$ ; leur poids $9.^k13$ ; cela donne $160.^k83$ pour le poids total du système de la hurasse avec ses coins et ses poupes. *Les coins de la hurasse.*

643. La partie du manche qui s'étend de l'axe de rotation à la face postérieure du marteau a $0.^m18$ de rayon et $2^m$ juste de longueur ; cela donne $0.^{mmm}203472$ pour son volume $V$ et $V \times 852^k = 173.^k36$ pour son poids ; le centre de gravité de cette partie étant sur l'axe de l'arbre à $1^m$ de l'axe de rotation, son moment sera $173.36$. *2ᵉ partie du manche.*

644. Il y a à droite à $0.^m24$ de l'axe de rotation un cercle en fer du poids de $6.^k7$ ; le centre de gravité étant placé sur l'axe, on a pour le moment de ce poids $6.7 \times 0.24 = 1.608$. *1ᵉʳ cercle en fer à droite.*

Le manche est consolidé par une barre de fer parallèle à l'axe, ayant longueur $0.6$, *Barre en long.*

épaisseur 0.o3, largeur 0.o5, d'où poids = 6.84 ; nous prendrons 0.4 × 6.84 = 2.736 pour le moment de ce poids.

**Cercles en fer à droite.** Nous avons encore entre la hurasse et le manche quatre autres cercles en fer qui nous donnent successivement 6.7 × 0.51, 6.78 × 0.87, 6.8 × 1.24, 6.8 × 1.71 pour leurs moments respectifs, ou 3.417, 5.8986, 8.43, 11.628.

**3$^{me}$ partie du manche.** 645. La troisième et dernière partie du manche peut être assimilée à un cylindre ayant 0.$^m$32 pour diamètre moyen, et 0.$^m$77 de longueur ; son volume sera donc 0.$^{mmm}$o619, et son poids 0.o619 × 852$^k$ = 52.$^k$7388 ; son centre de gravité est évidemment à son centre de figure situé à 2$^m$ + 0.385 de l'axe de rotation ; on a donc pour le moment de ce poids 52.74 × 2.385 = 125.78.

**Cheville.** 646. La tête du marteau est encore retenue sur le manche par une forte cheville en fer pesant 6.$^k$o8, coupant à peu près l'axe du marteau, et située à 2.$^m$38 de l'axe de rotation, d'où moment de ce poids = 14.47.

**Dernier cercle.** 647. Enfin, il y a un dernier cercle en fer pesant 6.$^k$8 à 2.$^m$7 de l'axe de rotation, d'où moment = 18.36.

**Résultat.** 648. Formant la somme algébrique des moments qui tendent à faire tourner le marteau en sens contraire, puis divisant cette somme algébrique par la somme des poids, on trouve la distance du centre de gravité du système à l'axe de rotation.

On a ainsi :

Poids total du manche avec toutes ses ferrures et la hurasse = 465.$^k$51, sans les ferrures 344.$^k$39, et distance du centre de gravité du manche et de ses ferrures à l'axe de rotation = 0.$^m$565, cette distance pouvant être prise sur l'axe même du cylindre qui forme le manche, quoiqu'il soit réellement un peu au-dessus.

Il nous reste à calculer le centre commun de gravité des gros coins et de la tête du marteau, que nous composerons ensuite avec celui que nous venons de trouver, afin d'avoir le centre général de gravité de tout le système du marteau.

**Chevilles qui retiennent les gros coins supérieurs.** 649. Bien que les trois chevilles qui retiennent les coins supérieurs ne soient pas de grosseur égale, nous les supposerons également pesantes, et = 3$^k$ chacune ; joignant deux à deux leurs centres de gravité respectifs, on formera un triangle dont la surface aura même centre de gravité que le système des trois chevilles ; ce centre sera donc à peu près aux $\frac{2}{3}$ de la droite qui vient de la cheville d'arrière au milieu de la ligne qui réunirait les centres de gravité respectifs des chevilles d'avant.

**Gros coins supérieurs.** 650. Le gros coin supérieur a pour section verticale un trapèze ; son centre de gravité est évidemment dans le plan vertical qui diviserait sa largeur en deux parties égales ; il se trouvera donc au centre de gravité du trapèze qui figure le coin sur ce dessin ; dès lors il est situé à une distance de la petite base $b$ de ce trapèze $= \frac{1}{3} m \times \frac{2B+b}{B+b} = 0.3 \times$

$\frac{0.4 + 0.04}{0.2 + 0.04} = 0.^m55$ à partir de la petite base.

Quant au volume et au poids de ce coin, on les déterminera en regardant cette pièce comme engendrée par un trapèze se mouvant le long d'une droite perpendiculaire au dessin.

La longueur de cette droite est la dimension du coin perpendiculaire à la figure ; elle est = 0.$^m$26 ; la hauteur du trapèze = 0.$^m$o9, sa surface = $\frac{1}{2} h (B + b) = 0.108$, son volume = 0.108 × 0.26 = 0.$^{mmm}$o28 ; ces coins sont en chêne ; le poids de celui-ci est donc 0.028 × 1100$^k$ = 30.$^k$88.

Le petit coin supérieur est encore un trapèze ayant $B = 0.05$ $b = 0.02$ $h = 0.74$; son centre de gravité est donc dans la figure à $0.^m42$ de la petite base. Petit coin supérieur.

Sa largeur étant $0.^m24$, on trouvera 0.606 pour son volume, et $6.^k84$ pour son poids.

Le coin inférieur a $B = 0.105$ $b = 0.027$ $h = 0.65$; il a $0.^m20$ largeur; son centre de gravité est à $0.^m389$ de $b$; le volume de ce coin $= 0.0091$ ; son poids $= 10.^k$. Coin inférieur.

Si l'on se rappelle que le centre commun de gravité de deux corps $P, p$ se trouve sur la droite $a$ qui réunit leurs centres de gravité respectifs, à une distance $x$ de $P$ telle qu'on ait la relation

$$P x = p (a - x) \text{ d'où } x = \frac{a p}{P + p}$$

on trouvera facilement le centre commun de gravité de tout le système du marteau.

651. On arrivera ainsi aux résultats suivans :

| | |
|---|---|
| Poids du manche et des ferrures, | 465.51 |
| Poids de la tête et des coins, | 697.15 |
| Poids total du système du marteau, | 1162.$^k$66 |

Poids du système entier du marteau.

Masse du système du marteau 118.51.

Le centre de gravité $G$, de tout le système, est situé à $1.^m53$ de l'axe de rotation sur une droite, faisant un angle de 12° avec l'horizontale qui passe par l'axe de rotation. Je ferai remarquer que cette côte $1.^m53$ est précisément égale à la longueur d'axe du manche comprise entre la queue et l'axe de rotation. Centre de gravité.

652. Avant d'entreprendre les calculs relatifs au marteau, nous avons encore à déterminer les moments d'inertie du système tournant et de celui du marteau ; c'est la recherche qui va nous occuper. Recherches du moment d'inertie du syst. tournant.

653. Cette partie forme un solide annulaire, dont l'épaisseur $c = 0.^m38$, le rayon intérieur $R'' = 0.^m67$, et le rayon extérieur $R\prime = 1.195$. Le moment d'inertie de ce volume est donc $\frac{1}{2} \pi c (R'^4 - R''^4) = 1.099$; pour avoir le moment d'inertie de masse, je le multiplie par $\frac{P}{g} = \frac{V D}{g}$; $g$ étant la gravité, $P$ le poids du volume total $V$, $D$ le poids du mètre cube de la matière $= 1100^k$, on trouve ainsi pour le moment d'inertie de masse 143.969 que nous ferons $= 144$. Moment d'inertie de la partie de la roue extér. à l'arbre.

654. Pour avoir le moment d'inertie de chaque palette, je la considère comme réunie à son centre de gravité à $1.^m345$ de l'axe de rotation ; je connais leur volume et leur poids (620), j'obtiens pour les seize palettes 16.32, je considère l'extrémité des quatre bras comme huit palettes, et je néglige les parties des bras qui s'étendent de l'arbre aux jantes, quitte à établir plus tard une compensation ; j'ai ainsi pour les extrémités des quatre bras, moment d'inertie de masse $= 8.16$, ce qui donne 168.48 pour le moment d'inertie de la partie de la roue extérieure à l'arbre. Les 16 palettes et l'extrémité des 4 bras.

655. Les moments d'inertie des deux tourillons réunis ne s'élèvent pas à 0.0001; on peut les négliger. Tourillons.

656. Le moment d'inertie de volume d'un cylindre qui tourne autour de son axe $c = \pi r^2 c \times \frac{1}{2} r^2$, $r$ étant le rayon de ce cylindre, il en résulte 0.103 pour le moment d'inertie de masse de ces deux parties. Les parties cylindriques de l'arbre tournant.

657. Les trois frettes en fer à droite, et les trois frettes à gauche des parties cylindriques donnent 0.00328. Frettes en fer.

Partie quadrangulaire de l'arbre tournant.

Ferrures.

Partie octogonale de l'arbre.

Bague en fonte.

Moment d'inertie total du syst. tournant.

Recherches du moment d'inertie du marteau.
Le manche.

La hurasse.

**658.** Le moment d'inertie de volume d'un parallélipipède tournant comme cette partie de l'arbre, dont la longueur est $a$, et dont la section a $b$ sur $h$ équarrissage (ici $b = h$) est $a b h \times \frac{1}{12}(b^2 + h^2)$, ce qui donne pour le moment d'inertie de masse 17.18.

**659.** Les huit bandes de fer en long et les quatre autres ferrures de consolidation donnent moment d'inertie de masse $= 4$ à très peu près.

**660.** Nous assimilerons la partie octogonale de l'arbre à un cylindre; son moment d'inertie de volume sera donc $\pi r^2 c \times \frac{1}{2} r^2$, ce qui faisant $r = 0.3$, $\frac{1}{2} r^2 = 0.045$, que nous porterons à 0.05, pour n'avoir point à tenir compte des coins qui sont entre cette partie et la bague, donnera 0.458 pour le moment d'inertie de masse.

**661.** Moment d'inertie de volume $= \frac{1}{2} \pi c \left( R'^4 - R''^4 \right)$, d'où moment d'inertie de masse $= 1.52$.

**662.** Faisant la somme de ces moments d'inertie individuels, on obtient pour moment d'inertie total du système tournant 191.74, que nous ferons $= 193^k$ pour compenser quelques chevilles, les cames, etc.; on a donc $193 = \int r^2\, dm$.

**663.** Nous allons rechercher de la même manière le moment d'inertie totale du marteau et de ses ferrures.

**664.** Nous prendrons $0.^m34$ pour diamètre moyen du manche, et $4.^m3o$ pour sa longueur. Le moment d'inertie d'un cylindre droit, dont $2h$ est la longueur, $r$ le rayon de la base, ce moment étant pris par rapport à l'axe qui passe par le centre de gravité, perpendiculairement à la longueur du cylindre, est ( FRANCŒUR, *Mécanique*, n° 253)

$$\pi r^2 h \left( \tfrac{1}{2} r^2 + \tfrac{2}{3} h^2 \right).$$

Ici $r = 0.17$, $h = 2.^m15$, ce qui donne 52.44 pour le moment d'inertie de masse, par rapport à l'axe qui passe par le centre de gravité; mais ce qu'il nous faut obtenir, c'est ce moment, par rapport à l'axe de rotation. Or, l'on sait que pour avoir le moment d'inertie d'un corps par rapport à une droite, quand on connaît la valeur de ce moment par rapport à une autre droite passant par le centre de gravité, il faut, à cette valeur, ajouter le produit de la masse du corps par le carré de la distance entre ces deux axes.

Ici le centre de gravité du manche est à $2.^m15$ de son extrémité.

L'axe de rotation à $\hspace{2cm} 1.53$

La distance des deux axes $= \hspace{1.5cm} \overline{0.^m62}$

Dont le carré est 0.3844.

La masse du corps est $\dfrac{344.39}{9.81} = 35.10$, d'où $0.3844 \times 35.1 = 13.49$, valeur à ajouter à 52.44 déjà trouvé, ce qui donne 65.93 pour le moment d'inertie du manche par rapport à l'axe de rotation.

**665.** La hurasse se compose d'abord de deux *poupes*, engendrées par un arc de parabole, tournant autour de l'axe, puis d'un anneau, différence de deux cylindres. Pour avoir le moment d'inertie des poupes, on remarquera que le moment d'inertie de volume d'un solide de révolution quelconque, pris par rapport à son axe de figure, est exprimé en général par

$$\frac{\pi}{2} \int y^4\, dx$$

En nommant $x$ l'abscisse de la courbe génératrice comptée sur cet axe, et $y$ l'ordonnée perpendiculaire au même axe ; il faudra intégrer cette formule après y avoir substitué $y$ pour sa valeur en $x$, résultant de l'équation de la courbe.

Ici cette équation est $y^2 = 2\,p\,x$ en prenant $2\,p$ pour le demi-paramètre de la parabole ; on a donc pour le moment d'inertie du volume du paraboloïde

$$\frac{\pi}{2} \int 4\,p^2\,x^2\,dx = \tfrac{2}{3}\,\pi\,p^2\,x^3$$

Et $x = 0.145, y = 0.09, p = 0.027$, ce qui montre que le moment d'inertie de masse des deux poupes est tout-à-fait négligeable ; quant au moment d'inertie de la hurasse, c'est la différence des moments d'inertie du cylindre intérieur et du cylindre extérieur ; le calcul effectué donne pour le moment d'inertie de masse de ce système, 0.009282.

666. Nous regarderons toutes les bandes de fer comme des masses réunies sur l'axe du marteau à des distances respectives que nous connaissons déjà ; nous trouverons ainsi pour leur moment d'inertie total de masse $0.72 + 0.65 + 0.04 + 0.17 + 0.47 + 1.01 + 1.98 + 3.47 + 4.96 = 13.47$. Ferrures.

667. Opérant à peu près de même pour la bande en long et pour les coins, prenant toutefois pour ces derniers la distance de leurs centres de gravité à l'axe de rotation, on trouve pour le moment d'inertie total de masse $0.14 + 12.11 + 3.31 + 5.34 + 2.70 = 23.60$. Coins.

668. Il faudrait, pour obtenir assez rigoureusement le moment d'inertie de la tête, par rapport à l'axe de rotation, la partager en tranches, dont on calculerait les masses respectives, et qu'on multiplierait ensuite par la distance de leurs centres de gravité à l'axe de rotation ; mais nous remarquerons que si l'on prend l'axe de rotation pour centre, et que d'un rayon égal à $2.^{m}19$, distance de cet axe au centre de gravité de la tête, on décrive un arc de cercle, cet arc passera au-delà des points milieux de ces tranches pour toute la partie située au-dessus du centre de gravité de la tête, et au contraire, il passera en-deçà de ces points pour toute la partie inférieure ; il s'établit ainsi une espèce de compensation qui autorise le praticien à prendre pour moment d'inertie de la tête le produit de la masse de cette tête par le carré de la distance de son centre de gravité à l'axe de rotation ; on trouve ainsi pour le moment d'inertie de masse de cette partie 313.13. Moment<br>d'inertie de la<br>tête du<br>marteau.

669. Récapitulant toutes ces valeurs, on trouve pour le moment total d'inertie du marteau $65.93 + 0.0092 + 13.47 + 23.60 + 313.13 = 416.14 = \int r'^2\,dm$. Résultat.

670. Nous devons profiter de ces résultats pour déterminer le lieu du centre de percussion du marteau. Centre de<br>percussion du<br>marteau.

On sait que ce point $P$ est placé sur la droite qui passe par le centre de gravité $G$ du système et l'axe de rotation, à une distance de cet axe

$$= \frac{\text{moment d'inertie par rapport à l'axe}}{\text{masse totale} \times \text{distance de l'axe au centre de gravité}} = \frac{416.14}{118.51 \times 1.53} = 2.^{m}29$$

Le centre de percussion $P$ est donc à $2.^{m}29$ de l'axe de rotation, sur la droite qui passe par cet axe et le centre de gravité du système.

Théorie
des marteaux
de forges.

**671.** Nous sommes maintenant en mesure d'entreprendre la théorie de nos marteaux de forge, et d'en faire immédiatement l'application.

La recherche de la quantité d'action consommée par ces marteaux n'a pas encore été rigoureusement calculée, et l'on ne s'étonnera point de cette lacune lorsqu'on saura qu'il y a quelques années seulement, la théorie des marteaux était encore à faire. M. Poncelet, en créant cette théorie, a rendu un immense service à l'industrie métallurgique, et ce n'est pas, on le sait, le seul titre qu'il ait acquis à la reconnaissance des ingénieurs. C'est ce savant illustre qui nous servira de guide dans tout ce qui va suivre, et les résultats auxquels nous nous trouverons conduit devront être acceptés avec d'autant plus de confiance, que l'exactitude de cette théorie des marteaux a été jusqu'ici confirmée par des expériences et des observations nombreuses.

**672.** M. Poncelet considère chaque levée du marteau comme partagée en trois périodes :

La première, relative à la durée du choc ou de la compression réciproque de la came et du manche ;

La deuxième, commençant au moment où, toute réaction ayant cessé, la came et le manche marchent avec une vitesse commune, et finissant à celui où la came quitte le manche ;

La troisième, dont l'origine est à ce même instant, et qui finit quand une autre came rencontre le manche.

En outre, il suppose que le choc de la came contre le manche a lieu dans un plan horizontal passant par l'axe de rotation, ce qui s'éloigne peu de la réalité même pour nos marteaux.

**673.** Cela posé, soient

$N$ l'effort de compression exercé par la came sur le manche du marteau ;

$\omega$ la vitesse angulaire de l'arbre à cames, à l'instant que l'on considère ;

$\omega'$ la vitesse angulaire du manche au même instant ;

$R$ la distance du point de contact de la came à son axe de rotation ;

$R'$ Celle du point de contact de la came et du *tacoul* à l'axe de rotation des pivots de la burasse ;

$f'$ le rapport du frottement à la pression pour ces pivots ou *poupes* roulant dans les oubliets ;

$\rho'$ le rayon du cercle de contact de ces poupes avec les oubliets.

**674.** La force $N$ devra faire à chaque instant équilibre aux forces d'inertie des divers éléments matériels du système et aux résistances passives. Or, si l'on désigne par $dm'$ la masse d'un élément quelconque du marteau par $r'$, sa distance à l'axe de la hurasse, $r'\,\omega'$ sera la vitesse absolue de cet élément à l'instant que l'on considère.

$r'\,d\omega'$ étant l'accroissement de vitesse que la came lui imprime,

$dm'\,\dfrac{r'\,d\omega'}{dt}$ sera la force d'inertie qui se développe, et

$dm'\,\dfrac{r'^2\,d\omega'}{dt}$ le moment de cette force par rapport à l'axe.



La vitesse angulaire étant sensiblement la même pour tous les points du manche au même instant, attendu sa rigidité et ses dimensions, la somme des moments pareils sera :

$$\frac{d\omega'}{dt}\int r'^2\,dm' = \frac{d\omega'}{dt}M'R'^2$$

en désignant par $M'\,R'^2$ l'intégrale $\int r'^2\,dm'$ ou le *moment d'inertie* du marteau, y compris le manche et les ferrures dont il est garni (669).

675. Pour trouver la pression sur les tourillons, désignons par $X'$, $Y'$ les coordonnées rectangulaires de l'élément de masse $dm'$ par rapport à deux axes, l'un horizontal, l'autre vertical, passant par l'axe de rotation du marteau ; il est évident que chacune des forces d'inertie $dm'\,\dfrac{r'\,d\omega'}{dt}$ pourra se décomposer en deux autres, l'une verticale, l'autre horizontale, et que la somme des composantes de chacun des deux groupes, prises avec les signes convenables, donneront les pressions totales produites verticalement et horizontalement.



Mais si $X_{\prime}$ et $Y_{\prime}$ désignent les coordonnées rectangulaires du centre de gravité du marteau $G$,

$l$ étant la distance de ce point à l'axe de rotation $= 1.^{m}53$,

$a$ l'angle formé avec l'horizontale par la droite qui passe par l'axe de rotation et par le centre de gravité,

$m'$ la masse du marteau, de son manche, de ses ferrures, etc.,

on a d'abord :

$$\frac{d\omega'}{dt}\int X'\,dm' = \frac{d\omega'}{dt}\,.\,m'X_{\prime} \quad\text{et}\quad \frac{d\omega'}{dt}\int Y'\,dm' = \frac{d\omega'}{dt}\,.\,m'Y_{\prime}$$

$$\text{et } m'\frac{d\omega'}{dt}\sqrt{X_{\prime}^2 + Y_{\prime}^2} = \frac{d\omega'}{dt}m'l$$

La résultante totale des forces d'inertie est donc $\dfrac{d\omega'}{dt}\,m'l$.

En la décomposant verticalement et horizontalement, on a finalement pour la pression exercée sur les tourillons à un instant quelconque du choc :

$$\sqrt{\left(N + \frac{d\omega'}{dt}\, m'l \cos a\right)^2 + \left(\frac{d\omega'}{dt}\, m'l \sin a\right)^2}$$

Cette expression est de la forme $\sqrt{p^2 + q^2}$, et le même auteur a démontré que lorsqu'on sait d'avance que $p$ est plus grand que $q$, on a à $\frac{1}{25}$ près :

$$\sqrt{p^2 + q^2} = 0.96\, p + 0.4\, q$$

La petitesse de l'angle $a = 12°$ montre évidemment que dans l'expression ci-dessus, le premier terme est plus grand que le second; on peut donc écrire au lieu du radical ci-dessus :

$$0.96\left(N + \frac{d\omega'}{dt}\, m'l \cos a\right) + 0.4\, \frac{d\omega'}{dt}\, m'l \sin a$$

De plus, le cosinus de $12°$ étant $= 0.97$, et le sinus $= 0.2$, en introduisant ces valeurs dans cette dernière expression, il viendrait :

$$0.96\, N + 1.01\, \frac{d\omega'}{dt}\, m'l \text{ qui diffère assez peu}$$

$$\text{de } N + \frac{d\omega'}{dt}\, m'l$$

Pour que celle-ci puisse lui être substituée sans erreur sensible. Il est vrai que la valeur de l'angle $a$ n'est de 12 degrés que pour la première levée du marteau ; car sa tête retombant après cette première levée sur la masse de fer que l'on forge, la braie (le facoul) est saisie, dès la seconde levée, sensiblement plus bas que la première fois, et l'on peut alors évaluer l'angle moyen $a$ à $14°30'$ pendant l'étirage ; cet angle s'élève même jusqu'à $17°$ pendant le cinglage.

Dans ces deux circonstances le radical devient,

Pour l'angle de $14°30$ à peu près :

$$0.96\left\{ N + \frac{d\omega'}{dt}\, m'l \times 0.97 \right\} + 0.4\, \frac{d\omega'}{dt}\, m'l \times 0.25 = 0.96\, N + 1.03\, \frac{d\omega'}{dt}\, m'l$$

Pour l'angle de $17$ degrés :

$$0.96\left\{ N + \frac{d\omega'}{dt}\, m'l \times 0.95 \right\} + 0.4\, \frac{d\omega'}{dt}\, m'l \times 0.29 = 0.96\, N + 1.028\, \frac{d\omega'}{dt}\, m'l$$

Ces légères différences peuvent être négligées dans des recherches de ce genre ; nous admettrons en conséquence pour la pression exercée sur les tourillons à un instant quelconque du choc :

Pression sur les tourillons à un instant quelconque du choc.

$$N + \frac{d\omega'}{dt}\, m'l$$

Et par suite, la relation d'équilibre sera pour un instant quelconque
du choc :

$$N R' = \frac{d\omega'}{dt} M'R'^2 + f'\varrho' \left\{ \dot N + \frac{d\omega'}{dt} m'l \right\}$$

676. D'où

$$N = \frac{d\omega'}{dt} \cdot \frac{M'R'^2 + f'\varrho'm'l}{R' - f'\varrho'}$$

677. Pour former l'équation d'équilibre autour de l'arbre à cames, on
remarquera que chacune des masses élémentaires $dm$ située à la distance
$r$ de l'axe de l'arbre tournant, oppose au changement de vitesse angulaire
$d\omega$, qui se produit pendant le choc, une résistance $dm\,\dfrac{r\,d\omega}{dt}$ dont le moment par rapport à cet axe est $dm\dfrac{r^2 d\omega}{dt}$.

La somme de tous les moments des forces d'inertie des parties maté-
rielles de ce système de rotation, que l'on suppose, et qui sont en réalité
symétriquement réparties autour de l'axe, sera

$$\frac{d\omega}{dt} \int r^2\, dm = \frac{d\omega}{dt} MR^2$$

En posant $MR^2 = $ l'intégrale $\int r^2\, dm = $ moment d'inertie du système
entier de l'arbre (662).

La pression sur les tourillons de l'arbre à cames n'est due qu'à la seule
force $N$.

678. On a donc pour l'équation qui exprime que, à chaque instant
du choc, les forces d'inertie de l'arbre à cames font équilibre aux forces
de compression développées par la came, et au frottement qui en résulte,
la relation :

$$\frac{d\omega}{dt} MR^2 = NR + fN\varrho = N(R + f\varrho)$$

$f$ désignant le rapport du frottement à la pression pour les tourillons et
leurs coussinets, rapport que nous pouvons faire hardiment $= 0.2$ ; car
ces tourillons en fer ou en fonte, frottant généralement sur des coussinets en fonte ou même en bronze, ne sont pas même onctueux ;
$\varrho$ étant le rayon de ces tourillons o $= 0.055$ ;
Eliminant la pression inconnue $N$ entre cette dernière équation et
celle qui exprime la relation d'équilibre autour de l'axe du marteau, il
vient

$$MR^2 \frac{d\omega}{dt} = \frac{R + f\varrho}{R' - f'\varrho'} \left( M'R'^2 + f'\varrho'm'l \right) \frac{d\omega'}{dt}$$

Relation
d'équilibre
pour un instant
quelconque du
choc.

Recherche de
l'équation
d'équilibre
autour de
l'arbre à cames.

ou pour plus de simplicité

$$\frac{d\omega}{dt}\, MR^2 = K.\, M'RR'\, \frac{d\omega'}{dt} \quad \text{en faisant}$$

$$\frac{1+\dfrac{f\rho}{R}}{1-\dfrac{f'\rho'}{R'}}\left\{1+\frac{f'\rho'm'l}{M'R'^2}\right\} = K$$

Appelant $\Omega$ la plus grande vitesse angulaire de l'arbre à cames, $\omega$ la plus petite ; intégrant entre ces deux limites et aussi depuis $\omega' = 0$ jusqu'à $\omega' = \dfrac{\omega R}{R'}$, attendu que le marteau part du repos et marche après le choc avec une vitesse absolue qui, pour le point de contact, est la même que celle de la came, de sorte que $\omega' R' = \omega R$ ; il vient

$$(\Omega - \omega)\, MR^2 = K M' R^2\, \omega$$

de cette équation, on déduit pour la valeur de la vitesse angulaire de l'arbre après le choc

$$\omega = \frac{\Omega M}{M + K M'}$$

Si l'on met dans $K$ les valeurs numériques qui conviennent aux différents cas de la pratique, on verra que, même pour nos marteaux, $K$ diffère toujours très peu de 1 ; ainsi, pour le marteau qui nous occupe, nous avons $\rho = 0.055$ ; $\rho' = 0.075$ ; $l = 1.^{m}53$ ; $m' = 118.51$ ; $M' R'^2 = 416.14$ ; $R' = 1.^{m}50$ ; $R = 0.54$ ; $f = 0.2$ ; quant à $f'$, nous ne craindrons pas de le porter à 0.25, car ces tourillons ou pivots en fonte, frottant dans les *oubliets* en fonte, non seulement ne sont pas onctueux, mais ils éprouvent, outre la pression due au poids du marteau, une pression latérale qui provient du rapprochement des soucs-massés, rapprochement destiné lui-même à empêcher les *poupes* de *barlaquéjer* (voyez le vocabulaire). On a

$$K = \frac{1+\dfrac{0.2 \times 0.055}{0.54}}{1-\dfrac{0.25 \times 0.075}{1.5}}\left\{1 + \frac{0.25 \times 0.075 \times 118.51 \times 1.53}{416.14}\right\}$$

$$K = \frac{1+0.02}{1-0.0125}\left\{1.008\right\} = 1.04$$

679. Cette valeur de $K$ montre que $\omega$ diffère d'autant moins de $\Omega$ que $M$ est plus grand par rapport à $M'$ ; or il arrive toujours dans nos usines

que la masse de l'arbre tournant $M$ excède très sensiblement celle du marteau. On peut même admettre généralement que, dans nos forges et pour nos grands marteaux, $M' = \dfrac{M}{5}$.

S'il en est ainsi, on ne commettra aucune erreur notable en regardant la vitesse moyenne $\Omega'$ de l'arbre à cames comme sensiblement égale à la moyenne arithmétique entre les vitesses $\Omega$ et $\omega$; par $\Omega'$ nous entendons la vitesse observée, celle qu'on déduit du nombre de tours faits dans un temps donné; on peut donc poser

$$\Omega' = \frac{\Omega + \omega}{2}$$

A l'aide de cette relation et de la précédente, on obtient

$$\Omega = \frac{2\,\Omega'\,(M + KM')}{2\,M + KM'} \quad \text{c'est la vitesse avant le choc.}$$

Vitesses avant<br>et après le<br>choc.

$$\omega = \frac{2\,\Omega'\,M}{2\,M + KM'} = \text{vitesse après le choc.}$$

Au moyen de ces valeurs, nous pouvons aisément obtenir celle de la perte de force vive, produite par le choc.

En effet, avant le choc, la force vive du système se réduisait à celle de l'arbre, et était

$$\Omega^2\,MR^2$$

Après le choc, elle se compose de celle que possède encore l'arbre tournant et de celle que le marteau a acquise; elle est donc

$$\omega^2\,MR^2 + \omega'^2\,M'R'^2$$

Mais la came ne quittant pas le tacoul, et marchant après le choc d'une vitesse commune avec lui, on a

$$\omega'\,R' = \omega R \quad \text{ou} \quad \omega' = \frac{\omega R}{R'}$$

ce qui donne

$$\omega^2\,MR^2 + \omega'^2\,M'R'^2 = \omega^2\,MR^2 + \omega^2\,R^2\,M' = \omega^2\,R^2\,(M + M')$$

680. La perte de force vive, produite par le choc, est donc

$$\Omega^2\,MR^2 - \omega^2\,R^2\,(M + M') = \Omega^2\,R^2 \left\{ M - \frac{M^2\,(M + M')}{(M + KM')^2} \right\}$$

$$= \Omega^2\,MR^2 \left\{ \frac{(2K - 1)\,MM' + K^2 M'^2}{(M + KM')^2} \right\}$$

Perte de force<br>vive produite<br>par le choc.

et en substituant pour $\Omega$ sa valeur en $\Omega'$, cette expression devient

$$4\,MM'\Omega'^2\,R^2\,\frac{[(2K-1)M + K^2\,M']}{(2M + KM')^2} = 4\,M'\Omega'^2\,R^2\,\frac{\left[(2K-1) + K^2\cdot\dfrac{M'}{M}\right]}{\left(2 + K\cdot\dfrac{M'}{M}\right)^2}$$

Sous cette dernière forme, on voit facilement que cette perte de force diminuera à mesure que $\dfrac{M'}{M}$ sera plus faible; pour ce cas actuel nous avons

$$M' = \frac{\int r'^2\,dm'}{R'^2} = \frac{416.14}{(1.5)^2} = 180 \left.\right\}$$
$$M = \frac{\int r^2\,dm}{R^2} = \frac{193}{(0.54)^2} = 665 \left.\right\} \quad \text{d'où } \frac{M'}{M} = 0.285$$

$K$ différant très peu de l'unité, si l'on fait $M' = M$; $M' = 0.285\,M$, $M = \infty$, on trouve pour la perte de force vive

Dans le premier cas $\qquad\qquad\qquad\qquad\qquad \frac{8}{9}\,\Omega'^2\,M'\,R^2$

Dans le second $\qquad\qquad\qquad\qquad\qquad 0.98\,\Omega'^2\,M'\,R^2$

Dans le troisième $\qquad\qquad\qquad\qquad\qquad \Omega'^2\,M'\,R^2$

valeurs qui montrent que dans tous les cas de pratique et en particulier dans l'application qu'on peut faire de ces formules aux marteaux de nos forges, il n'y a point d'erreur très notable à craindre en prenant la perte de force vive qui correspond à $M = \infty$, c'est-à-dire en faisant cette perte de force vive

$$= \Omega'^2\,M'\,R^2$$



681. On peut aussi exprimer la perte de force vive produite par le choc en fonction de celle qui a été acquise par le marteau, et qui constitue, à proprement parler, l'effet utile du choc ; en effet, on a après ce choc

$$\omega'R' = \omega R = \frac{2\Omega'MR}{2M + KM'} \quad \text{d'où } \Omega' = \frac{\omega'R'\,(2M + KM')}{2MR}$$

et en substituant cette valeur de $\Omega'$ dans l'expression générale de la perte de force vive, celle-ci devient

$$\omega'^2 M'R^2\left\{(2K-1) + \frac{K^2\,M'}{M}\right\}$$

On voit que pour le cas actuel où

$$K = 1.04 \quad \text{et} \quad \frac{M'}{M} = 0.285$$

cette valeur devient

$$1.387\,\omega'^2\,M'\,R^2$$

d'où il suit que, pour ce marteau en particulier, et pour la plupart de nos marteaux de forge, la perte de force vive due au choc équivaut à $1.387$ fois la force vive possédée par le marteau ; cette perte de force vive se réduirait évidemment à

$$\omega'^2 M' R'^2$$

ou à la force vive acquise par le marteau si $K$ était $= 1$ et $M = \infty$.

682. On voit aussi que, en général, la force vive acquise par le marteau demeurant la même, la perte due au choc sera d'autant plus petite que la masse du marteau sera plus petite par rapport à celle du système de l'arbre tournant, et que, pour le cas de $M = \infty$ et $K = 1$, la consommation *totale* de force vive faite par l'arbre tournant et pour chaque choc, est double de celle qui a été communiquée au marteau.

683. Mais ce n'est pas sous cette forme qu'on peut calculer en général la consommation de force vive de l'arbre à cames, puisque la vitesse angulaire du marteau après le choc ou $\omega'$ n'est pas donnée *à priori*. Toutefois, à l'aide des expressions précédentes, il est facile de trouver cette consommation de force vive ; en effet, elle est évidemment égale à $(\Omega^2 - \omega^2) M R^2$ qui, en substituant à la place de $\Omega$ et $\omega$ leurs valeurs en fonction de $\Omega'$, revient à

$$\frac{4\,\Omega'^2\,M M' R^2 K}{2\,M + K M'}$$

Consommation de force vive faite par l'arbre à cames pour chaque choc.

expression dans laquelle tout est donné par le calcul ou par l'observation.

684. Or, puisqu'à chaque choc, l'arbre à cames consomme cette force vive, il faut que le moteur la lui restitue et lui transmette une quantité de travail qui en soit la moitié ou

$$\frac{2\,\Omega'^2\,M M' R^2 K}{2\,M + K M'}$$

Travail consommé par un choc.

685. Et s'il y a $n$ cames sur l'arbre, et s'il fait $\mu$ révolutions en une *minute*, la quantité de travail consommé par les chocs en une *seconde* sera

$$\frac{n\,\mu}{60} \times \frac{2\,\Omega'^2\,M M' R^2 K}{2\,M + K M'}$$

Travail consommé par les chocs en une seconde

686. Passons maintenant à la deuxième période qui commence à la fin du choc, et se termine quand la came quitte le manche.

La vitesse variant très peu pendant toute la levée, il n'y a pas à tenir compte de l'inertie, et l'on peut établir immédiatement l'équation d'équilibre entre l'effort exercé par la came et les diverses résistances pour une position quelconque.

44

$l$ étant toujours la distance du centre de gravité général du marteau et de son manche à l'axe de la hurasse ;

$a$ l'angle formé avec l'horizontale par la droite qui passe à la fois par ce centre de gravité et par la projection verticale de l'axe de rotation de la hurasse, quand le marteau est au repos ;

$\alpha$ l'angle dont le marteau s'est écarté de sa position initiale à l'instant que l'on considère ;

$S$ l'effort normal que la came doit exercer sur le manche pour vaincre toutes les résistances ;

$Q$ le poids du marteau de son manche et de ses ferrures ;

La pression sur les tourillons du marteau sera exprimé par

$$\sqrt{(Q + S\cos\alpha)^2 + (S\sin\alpha)^2} \text{ ou à cause de } Q + S\cos\alpha > S\sin\alpha$$

$$= 0.96 \left\{ Q + S\cos\alpha \right\} + 0.4\, S\sin\alpha = \text{pression à } \tfrac{1}{25} \text{ près.}$$

D'où résulte par l'équation d'équilibre autour de l'axe de la hurasse

$$S R' = Q l \cos(a + \alpha) + f' \rho' \left\{ 0.96\,(Q + S\cos\alpha) + 0.4\, S\sin\alpha \right\}$$

en observant que, dans les hypothèses actuelles, le moment du frottement de la came contre le manche par rapport à l'axe de la hurasse est nul.

Mais la force $S$ étant variable avec l'angle $\alpha$, on ne peut obtenir sa valeur moyenne qu'en calculant la quantité de travail qu'elle développe pendant toute la durée du contact, multipliant pour cela les deux membres de la relation ci-dessus par $d\alpha$, appelant d'ailleurs $\alpha'$ l'arc total décrit par le marteau pendant la durée du contact, on a entre les quantités de travail élémentaires, l'équation

$$\int_{\alpha\,=\,\alpha'}^{\alpha\,=\,o} S R'\, d\alpha = Q l \int \cos(a + \alpha)\, d\alpha + f' \rho' \left[ 0.96 \int Q\, d\alpha + 0.96 \int S\cos a\, d\alpha + 0.4 \int S\sin a\, d\alpha \right]$$

On observera que dans cette relation on peut, sans erreur sensible, substituer à $S$ sa valeur moyenne $S'$ dans les termes relatifs au frottement, et que le chemin parcouru dans la direction de cet effort moyen étant $R'\alpha'$, on a en intégrant depuis $\alpha = o$ jusqu'à $\alpha = \alpha'$.

$$S' R' \alpha = \int_{\alpha\,=\,\alpha'}^{\alpha\,=\,o} S R'\, d\alpha = Q l \left[ \sin(a + \alpha) + \sin a \right] + f' \rho' \left[ 0.96\, Q \alpha' + 0.96\, S'\sin\alpha' - 0.4\, S'\cos\alpha + 0.4\, S' \right]$$

Ou en appelant $h$ l'élévation totale du centre de gravité pendant la levée et observant que

$$h = l \left[ \sin (a + \alpha) - \sin a \right]$$

$$S' R' \alpha' = \int S R' d\alpha = Q h + f' \rho' \left[ 0.96 \, Q \alpha' + 0.96 \, S' \sin \alpha' - 0.4 \, S' \cos \alpha' + 0.4 \, S' \right]$$

687. On tire de cette équation

$$S' = \frac{Q h + 0.96 \, f' \rho' Q \alpha'}{R' \alpha' - f' \rho' \left[ 0.96 \sin \alpha' + 0.4 \, (1 - \cos \alpha') \right]}$$

D'où l'on déduira facilement la **quantité de travail**

$$S' R' \alpha' = \frac{Q h + 0.96 \, f' \rho' Q \alpha'}{R' \alpha' - f' \rho' \left[ 0.96 \sin \alpha' + 0.4 \, (1 - \cos \alpha') \right]} R' \alpha'$$

Effort<br>moyen exercé<br>par la came<br>pour vaincre<br>toutes les<br>résistances<br>utiles et<br>passives.

imprimée par la came pendant la levée.

688. Le moteur doit à chaque instant développer une quantité de travail égal à celle de toutes les résistances. En désignant par

$P$ l'effort qu'il exerce à la distance $R_{,}$ de l'axe de rotation,

$N_{,}$ étant le poids de l'arbre à came, y compris la roue, la bogue, les fer-rures, les tourillons, etc.,

$f_{,}$ le rapport du frottement à la pression pour la came et la braie, la pe-titesse de l'angle $\alpha =$

$$\left. \begin{array}{l} 24° — 14.°30' \quad \text{pendant l'étirage} \; = 9.030' \\ 26 \; — \; 17 \quad\quad \text{pendant le cinglage} = 9.0 \end{array} \right\} = 9° \text{ environ}$$

abstraction faite de la première levée qui

$$\text{pour l'étirage est } 24 \; — \; 12 \; = \; 12$$
$$\text{et le cinglage} \quad 26 \; — \; 12 \; = \; 14$$

permet d'exprimer la pression sur les tourillons par

$$N_{,} + P - S'$$

En désignant par $\theta$ l'angle décrit par l'arbre à cames à l'instant que l'on considère, on a, entre les quantités de travail élémentaires développées autour de l'axe de cet arbre, la relation

$$\int P R_{,} d\theta = S R d\theta + f_{,} S' . \frac{R + R'}{R'} . \frac{R' \alpha'}{2} R d\theta + f \rho \left[ N_{,} + P' - S' \right] d\theta$$

dans laquelle on introduit de suite dans les termes relatifs aux frotte-ments les valeurs moyennes $P'$ et $S'$ de $P$ et de $S$. En observant que $R \theta = R' \alpha$, et intégrant depuis $\theta = o$ jusqu'à $\theta = \theta' = \dfrac{R' \alpha'}{R}$ il vient

$$P' R_{,} \theta' = \int_{\theta = \theta'}^{\theta = o} P R_{,} d\theta = S' R' \alpha' + f_{,} S' \frac{R + R'}{R'} . \frac{(R' \alpha')^2}{2} + f \rho \left[ N_{,} + P' - S' \right] \theta'$$

689. D'où



$$P' = \frac{S'\left\{ 1 + f_{,} \dfrac{R+R'}{R'} \cdot \dfrac{R'\alpha'}{2} \right\} + f\rho\,(N_{,} - S')}{R_{,} - f\rho}$$

D'où l'on déduira la quantité de travail que le moteur doit développer
pendant la levée,

$$P'R_{,}\theta' = P'R_{,}\,\frac{R'\alpha'}{R}$$

690. Et s'il y a $\dfrac{n\,\mu}{60}$ levées en une seconde, la quantité de travail que le
moteur devra développer par seconde, pour vaincre toutes les résistances
relatives à cette période, sera



$$\frac{n\,\mu}{60}\,P'R_{,}\theta'\,^{\text{k.m.}}$$

691. Enfin, lorsque la came a quitté le manche, l'arbre à cames tourne
sans éprouver d'autre résistance que le frottement sur ses tourillons qui
est dû au poids de l'arbre et à l'effort moteur, et l'on déduira de suite la
valeur de $P''$ que doit exerer la puissance pour vaincre cette résistance en faisant $S' = o$ dans la valeur de $P'$ relative à la levée, on a ainsi



$$P'' = \frac{fN_{,}\rho}{R_{,} - f\rho}$$

692. Quant au chemin décrit par le point d'application de $P''$ pendant
cette marche à vide, on observera que $n$ étant le nombre des cames, l'intervalle qui les sépare à la distance $R$ de l'axe est $\dfrac{2\pi R}{n}$, et que par conséquent l'arc parcouru à vide à cette distance est

$$\frac{2\pi R}{n} - R\theta' = \frac{2\pi R}{n} - R'\alpha'$$

et qu'enfin l'arc décrit à la distance $R_{,}$ ou par le point d'application de
l'effort $P''$ est,

$$\frac{R_{,}}{R}\left[\frac{2\pi R}{n} - R'\alpha'\right]$$

Le travail développé par cet effort $P''$, pour chaque levée, est donc



$$P''\,\frac{R_{,}}{R}\left[\frac{2\pi R}{n} - R'\alpha'\right]^{\text{k.m.}}$$

ou par seconde



$$\frac{n\,\mu}{60}\,P''\,\frac{R_{,}}{R}\left(\frac{2\pi R}{n} - R'\alpha'\right)^{\text{k.m.}}$$

**693.** En récapitulant tout ce qui précède, on voit que la quantité de travail que le moteur doit transmettre à l'arbre à cames dans chaque seconde, celle que la roue doit utiliser par seconde, sera représentée par

Récapitulation des quantités de travail consommées dans les trois périodes et rapportées à la seconde.

$$\frac{n\,\mu}{60}\left[\frac{2\,\Omega'^{2}M\,M'\,R^{2}\,K}{2\,M + K\,M'} + P'\,R_{\prime}\,\theta' + P''\,\frac{R_{\prime}}{R}\left(\frac{2\,\pi\,R}{n} - R'\,\alpha'\right)\right]^{\text{k. m.}}\cdots \cdot (^{*})$$

### *Valeurs numériques. — Pendant le cinglage.*

**694.** Pour tous nos marteaux et dans leurs plus grandes vitesses $n = 4$ $\mu = 30 =$ nombre de tours de roue en une minute.

$$\frac{n\,\mu}{60} = \frac{4 \times 30}{60} = 2$$

$$\Omega' = \frac{2\,\pi \times 30}{60} = \pi = 3.^{m}14159. = \text{vitesse angulaire moyenne de l'arbre déduite du nombre de tours.}$$

$$\Omega'^{2} = \dots \dots \quad 9.86960$$
$$2\,\Omega'^{2} = \dots \dots \quad 19.73920$$
$$K = 1.04$$

$S'$ dépend de $Q$ de $h$ de $R'$, etc., et pour le marteau qui nous occupe, on a moyennement pendant le cinglage et abstraction faite de la première levée.

$$h = l\,[\sin(a + \alpha) - \sin a] = 1.^{m}53\,(\sin 26^{\circ} - \sin 17^{\circ}) = 1.53\,(0.4384 - 0.2924).$$

$h = 1.53 \times 0.146$ ⎫ = élévation totale du centre de gravité pendant les levées (abstraction faite de
$h = 0.223$ ⎭ la première).

$Q = 1162.^{k}66 =$ poids du marteau avec son manche, ses coins, ses ferrures, etc.

$f' = 0.25 =$ rapport du frottement à la pression pour les poupes roulant dans les oubliets ⎫
$\rho' = 0.075 =$ rayon du cercle de contact des poupes dans les oubliets ⎭ $f'\rho' = 0.01875.$

$\alpha'$ . L'arc décrit par le marteau pendant la levée, abstraction faite de la première, est de $26 - 17 = 9$ degrés; pris dans le cercle dont le rayon est 1, sa longueur $\alpha' = \dfrac{2\,\pi \times 9^{\circ}}{360^{\circ}}$

$$= \frac{1}{2} \times \frac{1}{10} \times 3.14159 \quad \alpha' = 0.^{m}157.$$

$\text{Sin}\,\alpha' = \sin 9^{\circ} = 0.1564.$
$\text{Cos}\,\alpha' = \cos 9^{\circ} = 0.9868.$

$R'$ peut être pris moyennement $= 1.^{m}50 =$ distance moyenne du point de contact de la came à l'axe de rotation des pivots de la hurasse.

$$S' = \frac{Q\,h + 0.96\,f'\,\rho'\,Q\,\alpha'}{R'\,\alpha' - f'\,\rho'\,[0.96\,\sin\alpha' + 0.4\,(1 - \cos\alpha')]} =$$

$$= \frac{1162.66 \times 0.223 + 0.96 \times 0.01875 \times 1162.66 \times 0.157}{1.5 \times 0.157 - 0.01875\,[0.96 \times 0.1564 + 0.4\,(1 - 0.9868)]}$$

$$= \frac{259.273 + 3.286}{0.2355 - 0.0029} = \frac{262.559}{0.2326}$$

$S' = 1128.8 =$ effort moyen exercé par la came pendant son contact pour vaincre toutes les résistances utiles et passives.

---

(*) *Cours de mécanique appliqué aux machines*, par M. Poncelet, chef de bataillon du génie. $V^{me}$ sect. décembre 1836.

$R' \alpha' = 0.2355.$

Il faut maintenant déterminer $P'$ qui dépend de $f$, de $N$, de $S'$, etc.

$S'$ est connu et $= 1128.8$.

$f$, est le rapport du frottement à la pression entre la came qui est en fer et le tacoul qui est en chêne ou en orme ; et ces surfaces sont continuellement mouillées d'eau. Or il résulte des expériences de M. Morin qu'il faut prendre $0.25$ ou même $0.26$ pour $f$, (Expériences sur le frottement).

$R =$ au plus $0.528 =$ distance du point de contact de la came, à l'instant du choc, à l'axe de l'arbre ou de la bogue.

$R' = 1.50 =$ distance moyenne du tacoul à l'axe de la hurasse.

$$\frac{R + R'}{R'} = \frac{2.028}{1.5} = 1.352.$$

$$\frac{R' \alpha'}{2} = 0.11775.$$

$f = 0.2 =$ rapport du frottement à la pression pour les tourillons et leurs coussinets $\left.\vphantom{\begin{matrix}a\\b\end{matrix}}\right\}$ $\quad f\rho = 0.011.$

$\rho = 0.055 =$ rayon des tourillons

$N_, = 5199.^{k}13 =$ poids de l'arbre à cames y compris la roue, la bogue, les ferrures, les tourillons, etc.

$R_, =$ rayon extérieur de la roue $= 1.^m 50$.

D'où

$$P' = \frac{S' \left\{ 1 + f_, \dfrac{R + R'}{R'} \cdot \dfrac{R' \alpha'}{2} \right\} + f\rho (N_, - S')}{R_, - f\rho}$$

$$P' = \frac{1128.8 \left\{ 1 + 0.25 \times 1.352 \times 0.11775 \right\} + 0.011 (5199.^{k}13 - 1128.8)}{1.5 - 0.011}$$

$$P' = \frac{1128.8 \times 0.04 + 0.011 \times 4070.33}{1.489} = \frac{45.152 + 44.774}{1.489}$$

$$P' = \frac{89.926}{1.489} = 60.3 = \text{effort moyen exercé par l'eau à la circonférence extérieure de la roue (689).}$$

$$P' R_, \theta' = 60.3 \times 1.5 \times \frac{R' \alpha'}{R} = 90.45 \times \frac{0.2355}{0.528} =$$

$P' R_, \theta' = 40.3$ ; c'est le second terme de la parenthèse.

$$\frac{2 \pi R}{n} = \frac{2 \pi \times 0.528}{4} = \frac{1.6587}{2} = 0.82935$$

$$\left( \frac{2 \pi R}{n} - R' \alpha' \right) = 0.82935 - 0.2355 = 0.594$$

$$\frac{R_,}{R} = \frac{1.5}{0.528} = 2.86$$

$$P'' = \frac{f N_, \rho}{R_, - f\rho} = \frac{5199.13 \times 0.011}{1.5 - 0.011} = \frac{57.190}{1.489} = 38.4 = \text{effort moyen exercé par l'eau et rapporté}$$

à la circonférence extérieure de la roue, pendant la troisième période ou la marche à vide.

$$P'' \frac{R_,}{R} \left( \frac{2 \pi R}{n} - R' \alpha' \right) = 38.4 \times 2.86 \times 0.594 = 65.24 ; \text{c'est le troisième terme de la parenthèse.}$$

Nous savons d'ailleurs que

$$M' = \frac{\int r'^2 \, dm'}{R'^2} = \frac{416.14}{(1.5)^2} = 180 \text{ à très peu près.}$$

$$K M' = 187.2$$

$$M R^2 = \int r^2 \, dm = 193 = \text{moment d'inertie du système tournant.}$$

$$M = \frac{193}{(0.528)^2} = 665.5 \; ; \; 2 M = 1331.0$$

On a donc définitivement pour la quantité de travail consommée par seconde, pendant le cinglage, abstraction faite de la première levée.

$$\frac{n \mu}{60} \left\{ \frac{2 \Omega'^2 M M' R^2 K}{2 M + K M'} + P' R_{,} \theta' + P'' \frac{R_{,}}{R} \left( \frac{2 \pi R}{n} - R' \alpha' \right) \right\} \; \text{kil. mèt.} =$$

$$2 \left[ \frac{19.74 \times 187.2 \times 193}{1331 + 187.2} + 40.3 + 65.24 \right] =$$

$$= 2 \left[ \frac{713198.3}{1518.2} + 105.54 \right] = 2 \, (469.7 + 105.54)$$

**695.** D'où

quantité de travail à développer par seconde pour faire battre ce marteau avec la vitesse convenable au cinglage (120 coups par minute)

Quantité de travail nécessaire au cinglage.

$$1150.^{\text{k.m}}48$$

ou si l'on veut se conformer à cette absurde évaluation connue sous le nom de *force de cheval*, on trouve 15 chevaux $\frac{1}{3}$ en divisant le résultat ci-dessus par $75^{\text{ k. m.}}$, qui équivaut, dit-on, à la force d'un cheval.

**696.** Si, au lieu de prendre $R_{,}$ = rayon extérieur de la roue, on eût pris comme il convient de le faire en général $R_{,}$ = distance du centre des tourillons de la roue au centre d'impression des palettes = 1.345,

$$\text{on aurait trouvé } R_{,} = 1.345 \; ; \; \frac{R_{,}}{R} = 2.54 \; ; \; P' = 67.4$$

$$P' R_{,} \theta' = 40.4 \quad P'' = 42.8$$

$$P'' \frac{R_{,}}{R} \left( \frac{2 \pi R}{n} - R' \alpha' \right) = 64.57 \; ; \; \text{d'où}$$

quantité de travail à développer par seconde.

$$2 \, [469.7 + 40.4 + 64.57] = 2 \, (469.7 + 104.97) = 1149.^{\text{k.m}}34$$

Cette dernière valeur diffère si peu de la première qu'elles peuvent être prises l'une pour l'autre ; et l'on voit que dans nos roues, où les palettes ont fort peu de hauteur, on peut, sans craindre d'erreur, substituer le rayon réel au rayon dynamique.

**697.** Il y a dans cette théorie, et dans l'application que nous venons d'en faire, quelque chose qui a été négligé ; c'est la résistance que l'air oppose au mouvement des palettes de la roue, résistance qui, pour nos roues dont la vitesse est fort grande, peut s'élever jusqu'à $12.^{km}11$ environ ; ajoutant cette quantité d'action à $1150.48$ déjà trouvé, on voit qu'il faut transmettre $1162.^{km}59$ ou $\frac{1162.59}{75} = 15$ chevaux $\frac{1}{2}$ à la circonférence extérieure de nos roues pour faire marcher convenablement le marteau pendant le cinglage. On fera prudemment de calculer sur 16 chevaux dans les projets de marteaux à établir. Les ingénieurs des mines ont évalué cette quantité d'action à 12 chevaux 22 ; cette évaluation me paraît beaucoup trop faible ; il serait fort dangereux, suivant moi, de s'y fier. Il est vrai que ces messieurs ajoutent que les marteaux marchent *très lentement*, lorsqu'il s'agit de cingler les massés ( page 478 de leur mémoire); mais ils ont encore été très mal renseignés sur ce point.

Quantité d'action à transmettre à la circonférence de la roue de nos marteaux pour le cinglage.

698. Pendant l'étirage, la quantité de travail à dépenser est sensiblement moindre ; il faut calculer pour ce travail qu'un marteau doit battre environ 100 coups par minute, c'est-à-dire que la roue fait seulement 25 tours au lieu de 30.

$$\frac{n\,\mu}{60} \left\{ \frac{2\,\Omega'^2\,MM'\,R^2\,K}{2\,M + K\,M'} + P'R_{,}\theta' + P''\,\frac{R_{,}}{R} \left( \frac{2\,\pi\,R}{n} - R'\,\alpha' \right) \right\}$$

donne alors pour la quantité de travail maximum à consommer pendant l'étirage, savoir

$$\frac{n\,\mu}{60} = \frac{4 \times 25}{60} = 1.666.$$

$$\Omega' = \frac{2\,\pi \times 25}{60} = 2.^{m}616 = \text{vitesse angulaire moyenne de l'arbre.}$$

$$\Omega'^2 = 6.843 ; \quad 2\,\Omega'^2 = 13.686.$$

$K$ conserve la valeur que nous avons trouvée $= 1.04$.

$S'$ conserve aussi à très peu de chose près celle que nous avons donnée ci-dessus, car l'angle décrit par le marteau pendant l'étirage ne diffère que de $\frac{1}{2}$ degré en plus de l'angle de 9° décrit pendant le cinglage ; $h$ est aussi très peu différent.

$S'$ sera donc encore à fort peu près $= 1128.8$

$P'$ conservera donc aussi sa valeur, de sorte que l'on aura encore $P'R_{,}\theta' = 40.3$ pour la valeur du second terme de la parenthèse.

Il n'est pas moins évident que le troisième terme de la parenthèse restera aussi le même et $= 65.24$ : en un mot il n'y a de changé dans la valeur ci-dessus que $\Omega'^2$ et $\frac{n\,\mu}{60}$.

Il en résulte

$$1.666 \left\{ \frac{13.686 \times 187.2 \times 193}{1331 + 187.2} + 105.54 \right\} = 1.666 \left\{ 325.69 + 105.54 \right\} = 718.^{k.m}43$$

$$\text{soit } 720.^{k.m} \text{ ou } 9 \text{ à } 10 \text{ chevaux.}$$

Il faut bien remarquer qu'ici, comme plus haut, on fait abstraction de la première levée chaque fois que le marteau recommence à marcher.

L'énorme différence que produisent quelques coups de marteau en moins dans les quantités de travail à consommer pendant le cinglage et pendant l'étirage, s'explique en remarquant que la vitesse angulaire de l'arbre à cames $\Omega'$ entre au carré dans l'expression de cette quantité de travail. Les quantités d'action, ainsi que le remarque M. Poncelet, augmentent donc plus rapidement que le nombre de coups de marteau à donner dans un même temps ; il convient donc aussi de limiter la vitesse de ces outils à celle qui est rigoureusement nécessaire au travail qu'on a en vue, et il y aurait inconvénient à la dépasser.

699. Il serait intéressant de calculer maintenant la quantité d'action transmise à la roue dans les deux cas du cinglage et de l'étirage, en partant de la théorie des récepteurs hydrauliques, et de comparer entre eux les résultats obtenus par les deux méthodes ; mais les roues de nos forges sont si grossièrement établies que tout calcul de ce genre devient impossible. Comment évaluer en effet l'énorme masse d'eau qui rejaillit sur les palettes et sort en bouillonnant de l'espace qu'elles laissent entre elles et les joues du coursier ? comment déterminer la perte de force due à la projection de l'eau jusque sur l'arbre tournant, celle qui résulte aussi du volume d'eau très notable qui s'échappe du trou $o$, et qui tombe d'une grande hauteur sur les palettes, tendant ainsi à les faire tourner en sens contraire du mouvement qu'elles ont en effet ? Tout ce que je puis dire de ces roues, c'est qu'elles sont les plus absurdes entre toutes celles que j'aie jamais rencontrées ; un calcul assez simple mettra cette assertion hors de doute : prenons pour exemple la roue que nous avons décrite.

La roue<br>motrice.

L'eau sort du *ceutre* sous une pression d'environ $7^m$, et par un orifice de $0.^m20 \times 0.30 = 0.^{mm}06$ ; la quantité d'eau qui passe en une seconde par l'extrémité inférieure du *ceutre* est donc théoriquement $= 0.06 \sqrt{2g \times 7^m}$. On ne connaît point le coëfficient de réduction pour la dépense de ces orifices bizarres et sous de telles pressions ; mais en s'appuyant sur des expériences faites par l'ingénieur Lespinasse sur des *buses* pyramidales ayant jusqu'à 3 mètres de longueur (1) et d'assez fortes sections, on se trouve conduit au coëfficient 0.98 environ ; prenons seulement 0.95, afin de ne rien exagérer. La dépense d'eau, pour cette roue, au moins pendant le cinglage, sera

$$= 0.06 \times 0.95 \times 4.43 \sqrt{7} = 0.2525 \times 2.648 = 0.^{mmm}668.$$

cette roue dépense donc 668 litres d'eau par seconde pendant le cin-

(1) D'Aubuisson, Traité d'hydraulique p. 57 ; excellent ouvrage que les ingénieurs consulteront toujours avec fruit.

Les roues de l'Ariége n'utilisent pas le cinquième de la puissance du cours d'eau.

glage ; la chute totale étant ici de $9^m$, la quantité de travail dépensée en une seconde est donc réellement $668 \times {}^k 9^m = 6012^{km}$ ; et sur cette quantité d'action il n'y en a que 1162 transmis à la circonférence de la roue, c'est-à-dire que cette roue n'utilise guère que les $\frac{1162}{6012} = 0.19 = $ pas même le cinquième de la quantité d'action dépensée !!!

Ce que je viens de dire de cette roue en particulier s'applique à toutes les autres ; j'en ai trouvé une qui passe pour un prodige dans le pays, et qui a fait le plus grand honneur au charpentier qui l'a construite ; elle donne cependant au plus les $\frac{16}{100}$ de l'effet théorique. Je le répète, ces roues sont absurdes, et elles doivent être absolument rejetées de toutes les forges où l'on tient à ne point chômer, en présence d'un volume d'eau dont la moitié au plus suffirait pour faire marcher l'usine en toute saison.

700. Si l'on rapproche ces calculs de ceux que nous avons entrepris sur les machines soufflantes, on verra combien il est facile de faire marcher en tout temps deux feux et deux marteaux, là où une forge travaille à peine pendant dix mois, souvent pendant neuf mois seulement sur douze.

701. Je passe à la description du travail au marteau. Je décrirai le travail du maillé, transformant un massé en barres destinées à la cémentation.

Travail du Maillé. Travail du cinglage et de l'étirage.

702. Nous avons laissé n° 475 le massé renversé le cul en l'air sur le sol de la forge : c'est là que nous le reprendrons pour montrer comment on le cingle, et comment on l'étire.

Il est d'abord battu par les valets à l'aide de gros marteaux à main, puis retourné, puis traîné sur le sol à l'aide de picots, fig. 37; on le conduit ainsi sur l'enclume où l'on a préparé un lit de brasque et de fraisil ; il est placé sur l'enclume le cul en l'air ; on donne alors l'eau à la roue, et le marteau commence à l'aplatir, fig. 61 et 61 *bis*, $MM$. Pendant cette opération, on le fait tourner sur son axe vertical à l'aide des mêmes picots, fig. 37, jusqu'à ce qu'il ait acquis la forme d'un gros cylindre plat $M'M'$; parvenu à cette forme, on pose entre sa surface supérieure et la panne, et dans le plan de l'axe du marteau, le taillant en fer, de la fig. 38, que l'escola tient par la queue $q$. Cette espèce de coin, chassé par le marteau, a bientôt fait dans la masse une entaille considérable $N$, fig. 63, 63 *bis*. On tire alors toute la masse en avant, et on applique de nouveau à sa surface supérieure le taillant de la fig. 38, et l'échancrure $N$, fig. 63 *bis*, s'est bientôt prolongée jusqu'en $N'$; on place le taillant de nouveau un peu plus en arrière, et quelques coups suffisent pour séparer la masse en deux parts $AABB$, fig. 64, 64 *bis*.

703. Suivons d'abord le travail sur *A :* ce demi-massé est relevé sur sa face plane *y y*, puis placé par le maillé en travers de l'enclume, fig. 65 ; le maillé la maintient dans cette position à l'aide de longues pinces, fig. 66 ( Voy. aussi pl. 1, fig. 3, où cette position est clairement indiquée ). Ce demi-massé *A* est battu doucement d'abord sur sa partie convexe ; on rabat ses angles, il a bientôt pris la forme d'un parallélipipède rectangle plus ou moins bien terminé, représenté en perspective, fig. 67 ; cette masse placée en travers de l'enclume est recoupée, à l'aide du taillant placé dans le plan *x x x*, en deux parties à peu près égales *m, m'*, fig. 67 ; ces parties *m m* sont proprement ce qu'on appelle les *massouquettes.* Tout ce travail a exigé précisément 6 minutes.

704. Je remarque que c'est à ce même instant qu'on commence à donner le vent au creuset. Les massouquettes *m m'* sont portées au creuset pour y être réchauffées ; le maillé reprend alors la partie *B*, fig. 64 et 64 *bis*, qui était restée sur le sol de la forge, et entièrement recouverte de charbon ; il travaille cette partie exactement de la même manière que *A* , c'est-à-dire qu'il la transforme en un autre parallélipipède qu'il bat long-temps sur ses arêtes, mais qui revient toujours à la même forme, fig. 67. Après ces diverses transformations, ce grand parallélipipède rectangle, dont le volume est un peu plus considérable que la somme de *m m'*, fig. 67, n'est point immédiatement recoupé, c'est ce qu'on appelle la massoque ; cette massoque est enfin battue sur ses faces planes et dans le sens de la longueur de l'enclume, afin de rendre son axe rectiligne ; tout ce travail a exigé 9 minutes, de sorte qu'il s'est écoulé 15 minutes juste, depuis le commencement de cette opération qui se prolonge quelquefois jusqu'à 17 et même 20 minutes.

705. Bien qu'il y ait eu quelques légères interruptions dans le jeu du marteau, il conviendrait de n'en tenir aucun compte, si l'on voulait calculer les dimensions que devrait avoir un bassin qui retiendrait toute l'eau nécessaire au cinglage.

706. Ce cinglage terminé, on jette de l'eau en grande abondance sur le marteau, sur le manche et sur l'enclume, afin de les refroidir ; car ils se sont considérablement échauffés. Les ouvriers du feu rendent alors la première massoque *m*, fig. 67, aux ouvriers du marteau ; on la saisit avec les pinces, fig. 68, on la bat sur ses faces en la retournant tantôt sur l'une, tantôt sur l'autre, ce retournement ayant lieu à chaque coup de marteau. On l'amincit de cette manière par l'extrémité en dehors des pinces, l'ouvrier, poussant la massoque de coup en coup, de manière que l'amincissement commence du côté qui lui est opposé ; elle prend ainsi la forme perspective de la fig. 69, c'est-à-dire qu'on a fait une *queue* à la massoque ; on

bat la *queue* dans le sens de la longueur de l'enclume pour la redresser, puis on traîne la masse jusqu'à la flaque d'eau *p* de la fig. 1, et l'on y plonge la *queue* pour qu'elle refroidisse ; le travail du marteau, pour cette opération, a pris 2 minutes et demie.

Lorsque la pièce *Q*, ou plutôt lorsque sa queue est restée deux ou trois minutes dans l'eau, on rend cette pièce aux ouvriers du feu qui la plongent dans le charbon le gros bout le premier.

707. La deuxième *massouquette m'*, fig. 67, est alors rendue aux ouvriers du marteau qui la travaillent exactement de la même manière que *m*, et la transforment en une autre pièce *Q'*, toute semblable à *Q*, fig. 69 ; cette seconde *queue q* est à son tour refroidie par son petit bout dans la flaque d'eau *p* de la fig. 1, puis rendue quelques minutes après aux ouvriers du feu ; le travail de la deuxième massouquette *m'* a encore exigé 2 minutes et demie.

Vingt minutes environ après le moment où *Q*, fig. 69, a été mis au feu pour être réchauffé, cette pièce est rendue par les ouvriers du feu à ceux du marteau ; le gros bout seul a acquis la température blanche ; ce gros bout *Q* est battu sur ses faces, puis étiré par le bout opposé à sa *queue* en une barre *z* qu'on détache de *Q*, fig. 70, en appliquant un taillant peu différent de celui de la fig. 38 en un point *c;* le tronçon *z* est alors rendu aux ouvriers du feu; cette opération a pris quatre minutes et demie.

La partie *z* est une barre d'aciérie que l'on pare au marteau à main sur les enclumes *q q*, fig. 1, pendant qu'elle est encore rouge-cerise ; on lui applique ensuite avec un autre marteau dont la panne porte un relief, la marque de la fabrique ; cette barre a environ 1.$^m$25 de long, 0.$^m$o3 d'épaisseur, et 0.$^m$o5 de largeur. La seconde queue *Q'* est à son tour rendue par les ouvriers du feu à ceux du marteau, traitée par ceux-ci de la même manière que *Q*, c'est-à-dire qu'on en tire une barre d'aciérie *z'*, fig. 70 ; il reste alors un tronçon *Z* qui est rendu aux ouvriers du feu pour être réchauffé. Les tronçons *Z Z'* sont ainsi successivement rendus par les ouvriers du feu à ceux du marteau, lorsqu'ils ont acquis la température convenable ; ces derniers en tirent successivement des barres *z' z''' z''''*, jusqu'à ce que les tronçons *Z'' Z'''* soient totalement épuisés.

Environ une heure un quart après le commencement du travail sous le marteau, on plonge la grande massoque, fig. 57, dans le creuset pour qu'elle y soit réchauffée ; cette massoque a environ 0.$^m$85 de long, 0.$^m$16 de large, et 0.$^m$16 d'épaisseur ; elle séjourne dans le feu près d'une heure ; elle est alors retirée, coupée en deux parties *m m'*, fig. 67, ce qui exige 2 minutes ; l'une des moitiés *m'* est immédiatement rendue aux ouvriers du feu ; l'autre partie *m* est à l'instant transformée en *Q*, fig. 69, c'est-à-dire qu'on lui a fait une queue ; cette queue est traitée exactement comme l'a été $Q$ ; la deuxième partie $m'$ de la grande massoque revient à son tour aux ouvriers du marteau : c'est à ce même instant que l'escola donne la mine pour la première fois. Ces dérivées de la massoque sont traitées exactement de la même manière que les massoquettes primitives $m\ m'$, c'est-à-dire successivement et alternativement transformées en barres et en tronçons $Z$, fig. 70, jusqu'à ce que ces tronçons soient totalement épuisés; la figure 4 suffit pour montrer comment ce travail s'opère : le massé une fois transformé en barres, celles-ci sont réunies par des liens en fer.

708. Tout le travail du cinglage et de l'étirage, y compris les intervalles nécessaires au chauffage du fer, a duré 3 heures 47 minutes; mais le marteau n'a réellement battu que pendant une heure 27 minutes, savoir : 15 minutes pour le cinglage, à raison de 120 coups par minute; 1 heure 12 minutes pour l'étirage, à raison de 100 coups moyennement; cela fait environ 9000 coups par massé ou 36000 coups par jour. On s'étonne que ces marteaux, soumis à un pareil travail, puissent atteindre une durée de deux années. Dans les calculs qu'on pourra faire sur les quantités d'eau à dépenser pour faire marcher ces marteaux, il conviendra d'admettre qu'en dehors du cinglage, qui peut durer jusqu'à 20 minutes, la plus longue durée du jeu de l'outil pendant l'étirage sera de 5 à 6 minutes au plus, et le plus court intervalle de repos, d'à peu près la même durée.

709. Il faut compter sur un déchet d'environ 13 pour cent du poids des massoques, lorsqu'on transforme celles-ci en barres de grosseur moyenne. Le déchet diminue en général avec la grosseur des barres obtenues.

---

## BÉNÉFICE DES MAITRES DE FORGES.

710. Les dépenses des maîtres de forges se décomposent en frais fixes et en frais proportionnels ; leurs recettes sont le produit du poids du fer obtenu par le prix de l'unité de poids. Leur bénéfice est l'excès de ce dernier produit sur la somme des dépenses.

711. Les frais fixes sont l'intérêt de l'argent dépensé pour la construction de l'usine avec ses machines et outils, celui du fonds de roulement, les frais d'administration, tels que le salaire du commis et du garde-forge.

712. On s'accorde généralement à évaluer le prix de la construction

d'une forge à 3oooo fr., somme dont l'intérêt annuel, compté au taux de 5 pour cent, s'élève à 15oo fr.; il faut pouvoir disposer en outre d'un fonds de roulement, de la même somme de 3oooo fr. pour les approvisionnements, et l'on peut calculer que par la vente du fer on sera rentré dans ce déboursé à la fin de la demi-année, d'où intérêt pour six mois seulement 75o fr.; j'évaluerai à 15oo fr. la dépense annuelle du commis et du garde-forge, pour un feu : ce qui donne environ 375o fr. en frais fixes, qu'il vaut mieux porter à 4ooo fr. en nombre rond; nous aurons d'un autre côté les frais proportionnels en nous basant sur les résultats moyens du n° 477.

713. Le minerai rendu à l'usine pour les environs de Foix, revient moyennement à 2 fr. 65 c. les 1oo kil.; il en faut 487 kil. par feu, soit dépense totale 12 fr. 9o c., ou mieux 13 fr.

714. Le charbon revient pour la même situation, et lorsqu'on ne fait point charbonner soi-même, à 17 fr. 96 c. le mètre cube, mettons 18 fr. (voyez n° 71 ); il en faut, ou mieux on en emploie $2.^{mmm}3oo$, d'où dépense par feu en charbon 41 fr. 4o c.

715. On obtient avec ces matériaux 15o kil. de fer en barres; en prenant pour le prix du fer la moyenne de quinze années, 1818 à 1832 ( n° 97), on trouve que le fer s'est vendu sur le sol de l'usine 19 fr. 21 c. le quintal de pays; comptons seulement 19 fr. ce quintal, ce qui revient à 47 fr. 5o c. les 1oo kil ; la valeur du produit sera égale à 71 fr. 25 c.

716. Mais la main-d'œuvre absorbe (3o3 et suivants) 9 fr. 32 c., auxquels il convient d'ajouter pour dépenses de tuyères, de chiffons, de corbeilles, etc., 5o c., ce qui fait 9 fr. 82 c.

Les dépenses proportionnelles s'élèvent donc ainsi à 13 fr. + 41 f. 4o c. + 9 fr. 82 = 64 fr. 22 c.

717. Il en résulte qu'en ne tenant d'abord aucun compte des frais fixes, la différence de la recette à la dépense par *feu* s'élève à
71 fr. 25 c. — 64 fr. 22 c. = 7 fr. environ.

718. Or, il y a ici une distinction à établir: certaines forges, faute d'eau, ne peuvent marcher que huit mois, d'autres neuf, d'autres dix ( j'ai déjà dit combien il serait facile qu'elle marchassent toute l'année ). Les bénéfices du propriétaire croissent donc proportionnellement aux nombres de feux qu'il peut faire. En calculant sur un travail d'environ dix mois ou 1ooo feux, le bénéfice annuel s'élèvera à 7ooo fr., moins les frais fixes, les intérêts évalués en tout à 4ooo fr., c'est donc 3ooo fr. de bénéfice net par an et par forge, de sorte que sans aucun travail sérieux de sa part, celui qui a fait construire une forge et qui la laisse travailler, retire réellement 15 pour cent de son capital.

719. Quant au maître de forges expérimenté, possédant les connaissances indispensables à l'art qu'il exerce ; quant à celui qui , surveillant
régulièrement le travail de son usine , y introduira les améliorations que
des observations assidues et dirigées par la science ne peuvent manquer
de lui suggérer, je ne doute point qu'il ne parvienne à obtenir très fréquemment 4 quintaux par feu. En partant de cette nouvelle base , et calculant encore et seulement sur 1000 feux par an , bien que par des
constructions de machines mieux entendues , il soit *très* facile de ne
chômer que pour des réparations qui seraient nécessairement de courte
durée, le bénéfice annuel peut être ainsi établi :

Dépenses fixes annuelles 4000 fr.; dépenses proportionnelles par feu,
savoir : minerai 13 fr. + charbon 41 fr. 40 c. + main d'œuvre 9 fr. 90 c.
+ tuyères, chiffons, etc. 0 fr. 50 c. = 64 fr. 80 c. ou 65 fr.

Le produit sera 160 kil. à 0 fr. 475 le kil. ou 76 fr.

L'excès de la recette sur la dépense, serait donc pour chaque feu de
76 — 65 = 11 fr., et ce bénéfice annuel en comptant 1000 feux seulement par an serait 11000 — 4000 = 7000 fr.; c'est plus de 23 pour
cent de l'argent consacré à la construction de l'usine.

720. Je n'ai point tenu compte ici des déchets du charbon dans les
halles ; mais j'ai négligé d'autre part le bénéfice qui résulte de la production accidentelle, mais fréquente, du fer fort (484), de sorte que je ne
crains pas d'affirmer que, dans l'état actuel de cette industrie, un maître
de forges instruit et actif peut retirer 20 pour cent de l'argent placé dans
une forge des environs de Foix, à laquelle il consacrerait tous ses soins,
et qui ne serait située qu'à une faible distance de la grande route.

721. Les chiffres ci-dessus ne se rapportent toutefois qu'à cette dernière localité, et on peut admettre, en général , que le prix du charbon
augmente à mesure que l'on se rapproche de la montagne , et que l'on
s'éloigne des routes principales; il y a, il est vrai, pour le premier cas, une
diminution notable sur le prix du minerai ; mais il s'en faut de beaucoup
que cette diminution compense l'excès de dépense en charbon. Toutes
les forges que l'on construira à l'avenir devront donc, autant que possible,
être rapprochées de la plaine et des grandes voies de communication. Il est
vrai que la hauteur des chutes diminue à mesure que les cours d'eau
s'éloignent de leur source ; mais j'ai montré à plusieurs reprises, dans ces
études, combien il était facile d'établir sur des chutes d'environ 2$^m$ des
usines qui marcheraient en toute saison, pourvu que l'on remplaçât les
trompes par des machines soufflantes ordinaires (700).

Il y a en France des positions infiniment plus avantageuses que toutes
celles qui nous occupent ici , et pour lesquelles les bénéfices à réa-

liser, pourront être calculés avec assez d'approximation à l'aide des données du n° 477 ; toutefois, il faudrait bien se garder de faire aucune dépense de constructions, basée sur la *probabilité* qu'un minerai se laissera traiter par la méthode directe ; je le répète encore une fois ici, l'essai en grand, et l'essai en grand *seul*, peut décider la question du traitement par cette méthode.

FIN.

--------

# AVIS.

Cet ouvrage sera suivi :

1° D'*Études* analogues sur la méthode indirecte ou le travail des hauts-fourneaux. 1 vol. in-4 et atlas.

2° Des *Principes* de la construction des machines et appareils employés dans le travail du fer, comprenant la théorie des appareils de chaleur et celle de tous les moteurs et outils, tels que roues hydrauliques, machines soufflantes, marteaux, etc., etc., corrigée à l'aide des résultats fournis par l'expérience et l'observation.

Ce dernier volume paraîtra avant les Études relatives aux hauts-fourneaux.

# VOCABULAIRE

## DES FORGEURS DE L'ARIÉGE.

J'ai emprunté ce vocabulaire à l'ouvrage de Lapeirouse, en le modifiant quelque peu. Il m'a été d'une grande utilité pendant les cinq années que j'ai passées dans les forges de ce pays, et il m'a paru d'une nécessité indispensable pour tous ceux qui seraient appelés à les visiter autrement qu'en amateurs.

Je ferai observer qu'une assez grande quantité de mots se prononcent autrement qu'ils sont écrits ; aussi beaucoup d'*u* doivent être prononcés *ou*, beaucoup d'*e* doivent être prononcés comme *é*, enfin l'on doit faire sonner les *t*, les *s* qui terminent certains mots. Ainsi *ceutre* se dit *séoutré*, *trauc* se dit *traouq*; *alterat* fait *alteratte*, *anels* *anelze*, *alets* fait *aletze*. Fort souvent encore le *B* se prononce comme un *V*, le *V* comme un *B*, l'*x* comme *ch*, ainsi on ne devra pas s'étonner d'entendre dire la vogue (vog), pour la bogue (bog), le *cachadou* pour le *caxadou*, etc.

---

**ABRASA.** On dit *Abrasa le foc*, ce qui signifie allumer le charbon avant de charger le fourneau. Cette opération ne se fait guère que lorsqu'on remet le fourneau en feu.

**AGAFFAT.** Pris, agglutiné. *La mene es agaffade comme un cung de lard.* La mine est agglutinée comme une flèche de lard.

**AGROU.** Forte écaille de laitier, mêlé de fer, qui se forme quelquefois au fond du creuset, qui en recouvre la pierre et qui s'y attache.

**AIGUE.** Eau.

**ALES.** Ailes. Se dit du massé; un massé a des ailes lorsqu'il est mal fondu, lorsque ses bords supérieurs s'étendent d'une manière irrégulière au-delà du corps de la loupe.

**ALETS.** Ce sont les aubes de la roue.

**ALTERAT.** Se dit du feu. *Le foc va alterat.* Ce qui signifie qu'il paraît trop ardent, qu'il hâte trop le foudage. Voyez *Ana*.

**ALUCA.** Allumer. On a allumé à minuit. La forge a repris son travail à minuit.

**AMBRÉ.** L'amble ; *ana l'ambré*, aller l'amble. Voyez *Ana*.

**ANA.** Aller. *Ana l'ambré.* Se dit du feu lorsqu'il a trop de vivacité, et que la flamme s'élève plus qu'à l'ordinaire; c'est à peu près la même chose que *ana alterat*.

**ANA DE COMPTÉ.** Se dit du marteau lorsqu'il frappe à temps égaux; ce qui vient de la juste répartition des cames à distances égales.

**ANA SEGU.** Se dit du feu qui ne paraît pas assez ardent, et dont la flamme est concentrée.

**ANELS.** Anneaux, clés ou clames, pour serrer les différentes tenailles; il y en a de plusieurs formes et de plusieurs grandeurs.

**ANIS.** Toute espèce de mine pauvre, ou reputée de mauvaise qualité.

**ANISIÉ.** Menus charbons, et autres matières qu'on ôte du feu avant d'enlever le massé, et qu'on y remet avant de recharger le creuset.

**ARBRES.** Signifie les corps de trompes.

**ARRINCA.** Arracher, le massé, la pierre, les coins.

**ASSEGURA.** Assurer. S'entend du massé : assurer un massé, c'est le travailler avec plus de temps et de précautions.

**AVANÇAIROL.** C'est le nom qu'on donne au dernier massé que l'on fait, lorsque la forge va chômer. Quand on recommence le travail on chauffe *l'avancairol* durant le premier fondage.

**AZE.** Ane, baudet. Longue lame de fer, terminée par un bout en forme de coin. On la chauffe et on l'introduit dans les *trompils*, pour rompre et fondre la glace qui les obstrue quelquefois en hiver.

**BADOURES.** Sortes de tenailles moyennes.

**BAISADE.** Pièce de fer qui sert à réparer l'aire de la panne du marteau lorsqu'elle est endommagée.

**BALEJA.** Balayer. Ce mot exprime l'action d'abattre avec un ringard, les *crêtes*, aspérités de la surface du massé, et de ramasser vers la tuyère les parties du minerai éparses dans le creuset.

**BALEJADE.** C'est le temps qui s'écoule vers la fin du massé, depuis que l'on a fini d'étirer le fer, jusqu'à ce que l'on arrête le vent.

**BANQUADES.** Chevalets qui contiennent les coursiers de la roue à aubes.

**BANQUETTE.** Siége de bois à côté du gros marteau, sur lequel les forgeurs s'asseyent, lorsqu'ils ne travaillent pas le fer debout.

**BANQUETTES.** Bandes de fer qu'on place derrière la *plie*, pour soutenir une portion de la charge du fourneau du côté du chio, et pour faciliter le chauffage.

**BARLAQUEJA.** Se dit des pivots de la *bogue* ou hurasse, lorsqu'ils frappent tantôt haut tantôt bas, et rendent un son désagréable. C'est qu'ils ne sont pas bien ajustés dans leurs boîtes ou *oubliets*. On guérit ce défaut en faisant *poupa*, téter *la bogue* ou hurasse. Voy. *Poupa*.

**BASCOU.** Espèce de fourgon.

**BATTANT.** On entend par ce mot la distance de la sentinelle au creuset. Quelques-uns entendent par *battant* la distance de la sentinelle à l'ore.

On dit aussi *battant du mail*: il serait mieux de dire du manche; c'est la distance du *cadaibre* ou arbre de la roue, au milieu de l'enclume, ou milieu du *couillou*.

**BÉCASSE.** Est la même chose que *raspe*. ( Voy. ce mot. )

**BEDEL.** Terme plus usité parmi les mineurs; toute matière hétérogène qui sert de noyau aux grands blocs d'hématite.

**BEIRE.** Cercle de fer à genouillère, au moyen duquel on contient, à l'extrémité du manche du marteau, le *tacoul*, ou la braie, dans sa *caiche* ou caisse. Voy. *Tacoul*.

**BERGUE-OUTRIERE.** Nom que l'on donne dans le commerce à une sorte de bande de fer.

**BEZAL.** Canal qui conduit l'eau à la forge.

**BIRA.** Retourner ; *bira le massé su las palenques*. Retourner la massé sur les ringards.

**BOGUE.** C'est la hurasse ; gros anneau de fer ou de fonte qui ceint le manche du gros marteau, et porte avec lui ses deux pivots.

**BOUIDA.** Vider. Lorsque le laitier coule abondamment, on dit *le foc se bouida pla*, le feu se vide bien.

**BOUQUES.** Bouches. On nomme ainsi la panne du marteau.

**BOURDOUS.** Pièces de fer pour réparer le marteau.

**BOURREC.** Gros tuyau en peau qui porte le canon de bourrec par un bout et se fixe de l'autre au *burle*.

**BOURRES.** Ce sont des parties de fer poreuses qui, n'ayant pas éprouvé une fusion entière, adhèrent mal au massé, coulent avec le laitier, ou se détachent sous le marteau. On donne encore ce nom aux morceaux de fer qui se détachent des bouts des massouquettes, lorsqu'on les travaille sous le marteau ; ces bourres donnent quelquefois de bon acier.

**BOUSTIS.** Bouchon. Petit peloton de foin ou de paille mouillé, qu'on mettait autrefois au bout du *silladon* et qu'on enfonçait dans la tuyère pour intercepter le vent, lorsque l'on voulait arrêter l'eau des trompes.

**BOUTAS.** Réservoir pratiqué en tête du coursier de la roue.

**BOUTGET.** Canal de fuite de la trompe, de la roue, etc.

**BRAS** de la roue; les deux traverses croisées qui la soutiennent.

**BRASQUE.** Menu charbon, charbon en poussière.

**BRESSES.** Longues corbeilles dans lesquelles on emballe le fer fort cassé.

**BRIDES.** Bandes de fer pour assujettir les *lames* de la *boque* et du *mail*, lorsqu'on les fait à neuf. Voy. *Lame.*

**BUSE.** La partie du marteau qui est entre son œil et la *panne*, ou la panne elle-même.

**CABAILLÉ.** Cavalier. On dit qu'un manche de marteau est cavalier lorsque les cames le dominent trop. C'est l'opposé de *contre-pied.* Voy. ce mot.

**CABEIL.** Tête : *Cabeil del mail*, la tête du marteau.

**CABESSADE.** La première barre de chaque *massouquette.*

**CABILLE.** Cheville. Clé de fer qui traverse le tenon du manche et assujettit le marteau en passant devant lui.

**CADAIBRE.** L'arbre de la roue du marteau.

**CADENE.** Chaîne. Elle fait l'office de bielle, pour lever les bascules des trompes.

**CADENAT.** Crochet de fer qui rattache la *tire* ou bielle, à la *pourtanelle* ou empellement de la huche de la roue à aubes.

**CAGUA.** Chier. Les ouvriers disent : *le foc cague*, le feu chie, lorsque le laitier coule ; *le foc à caguat fer*, pour exprimer qu'il a coulé du fer fondu : de là le nom de *chio.*

**CAICHE.** Caisse. S'applique plus spécialement à l'entaille pratiquée à l'extrémité du manche du marteau, pour y loger le *tacoul* ou la braie.

**CAMPANE.** Cloche. Le pavillon, le grand orifice de la tuyère.

**CANALETTES.** Chanlattes, qui versent continuellement de l'eau pour rafraîchir les tourillons de l'arbre de la roue et les pivots de la hurasse. Il y en a une grande ; elle n'arrose que le tourillon porté sur le *caxadou*, celui de la roue est rafraîchi par l'eau qui tombe du *ceutre* ou huche. A peu près vers le milieu de cette chanlatte, on en rattache une plus petite qui se termine en fourche ou Y, et qui porte l'eau sur les deux pivots de la hurasse.

**CANALAT.** Canal qui conduit l'eau au bassin des trompes.

**CANAULE.** Lame de fer avec des oreilles, dans laquelle est pratiquée une entaille demi-circulaire. On plaçait cette pièce en guise d'empoisse sous les tourillons de l'arbre de la roue lorsqu'ils étaient neufs ; on entretenait du sable entre la *canaule* et les tourillons, afin d'user leurs angles et de les arrondir.

**CANDELLES.** Pieds droits des chevalets qui supportent les coursiers de la roue.

**CANOU DEL BOURREC.** C'est la buse.

**CARBOU.** Le charbon.

**CARRAILLADE.** La quantité de laitier qui coule à chaque percée.

**CARRAILS.** Scories. Laitier.

**CARRÉ.** Long, court, plat, carré-carré. Noms de différentes barres de fer, suivant l'échantillon dont on les fait.

**CAUDE.** Chaude : donner une chaude, une chaude suante.

**CAUFFA.** Chauffer.

**CAVE** (la). C'est le côté de rustine du creuset.

**CAXADOU** (le). Partie considérable de l'ordon du marteau, qui porte le tourillon de l'arbre, du côté opposé à la roue. Entre les *soucs*, appelés le *prince* et le *rey*, on place un fort chevalet (le *durment*), dans lequel on fait une entaille pour loger l'empoisse (*la rainette*). Sa contre-partie (le *rainetou*) est fichée dans une jumelle ; le tout est fortement assujetti par une traversine *la couverte*, contenue par des coins, etc. C'est cet ensemble qu'on nomme le *caxadou.*

**CEDAT.** Fer cedat ; nom de l'acier naturel.

**CEDES.** Fractures transversales qui se font aux bandes de fer étiré, pendant ou après la trempe ; elles sont un indice du fer cédat.

**CEUTRE.** Sorte de huche ou coffre de bois, qui sert d'allongement au coursier de la roue, et qui dirige la chute de l'eau sur les aubes : c'est la buse pyramidale.

**CHAPARELLE** (la). Large plaque de fer arrondie avec deux oreilles pour la contenir. On en recouvre la *chappe* durant l'étirage ; on l'ôte pour cingler le massé. Cette plaque diminue l'élévation du marteau et l'empêche de *ressauter.* Voy. ce mot.

**CHAPPE** (la). Pièce qu'on enfonce dans la terre sous l'extrémité du manche du marteau ; sa surface est plate et inclinée : le manche, rabaissé par les cames, va frapper contre cette pierre.

**CHAPON**. Lame de fer ou ardoise, qui sert de cale pour hausser la tuyère.

**CHAUMA**. Chômer.

**CIZEL**. Ciseau pour recouper la tuyère.

**CLAUS**. Clés, coins. On appelle ainsi les divers coins de bois dont on se sert pour fixer plusieurs pièces de l'équipage de la roue et du marteau. Lorsqu'on place la pierre du fond du creuset, on l'assujettit avec des éclats de pierre en forme de coins : on les nomme aussi *claus*. On nomme encore ainsi les clés ou clames dont on se sert pour serrer les tenailles.

**COIRE**. Cuire; *coit, coite,* cuit, cuite.

**COMPTÉ**. *Ana de compté.* Se dit du marteau qui frappe à temps égaux. Voy. *Ana.*

**CONTREPIED**. Se dit du manche du marteau. C'est l'opposé de *cabaillé.* V. ce mot. Un manche va à *contrepied* lorsque l'arbre de la roue est trop bas et que les cames semblent plutôt le pousser en avant que le relever. Le *cabaillé* et le *contrepied* sont deux défauts notables.

**CONTREVENTS**. On appelle ainsi deux planches placées entre les deux corps des trompes, au-dedans de la caisse à vent. Elles font, à leur jonction, un angle aigu et saillant. Leur usage est d'écarter les eaux qui tombent de chaque corps de trompe. Il n'y en a pas dans toutes les forges.

**CORPS**. On dit de la tuyère : l'abaisser *en corps,* la relever *en corps,* pour exprimer qu'on la hausse ou qu'on l'abaisse également dans toute sa longueur.

**CORS**. Cœurs. Ce sont les passes qui bouchent le *coin* ou l'étranguillon des corps de la trompe.

**COURBETTES**. Sorte de tenailles.

**COUILLOU**. Gros tenon de l'enclume qui l'assujettit dans la chambre pratiquée dans la *deme.*

**COUPE** (la) ou *l'écope.* Ecuelle à mouiller dont on se sert pour jeter l'eau sur le feu et sur le marteau.

**COURREGE**. Courroie. Large courroie de cuir dont le *maillé* se sangle pour cingler le massé.

**COUSTURE**. Couture. C'est cette partie de la tuyère où un de ses bords se replie sur l'autre. On dit, par exemple : la tuyère s'est brûlée, mais ce n'est que la *couture.*

**COUVERTE**. Forte traversine du *caxadou.* Voy. ce mot.

**CRABE**. Chèvre. Double crochet suspendu au tenon, sur lequel on pose le fer qu'on veut peser.

**CRABE**. Double patte qui accroche les *cors* ou pattes de la trompe.

**CRAMBOT**. Petite chambre, entresol dans la forge, où les ouvriers de repos vont dormir.

**CREBAT**. Crevé, gercé; fer, bande gercée.

**CREMA**. Brûler. Brûler le fer, la tuyère.

**CRESTES**. Crêtes. Inégalités qui se forment à la surface du massé.

**CROUSA**. Croiser. Se dit du vent; le vent croise lorsque la buse n'enfile pas bien la tuyère, et que son orifice fait un angle avec la paroi de la tuyère.

**CUEILLÉ**. Pièce de bois qu'on place au fond de la huche, et qui détermine le cercle que la roue doit décrire.

**CUNG**. Coin. Il y en a de fer et de bois; ils sont nécessaires pour contenir les différentes parties de l'ordon du marteau, principalement les *soucs-massés* où il y en a huit.

**CUNG** (le). Le coin, l'étranguillon des arbres ou corps de la trompe.

**CURROUX**. Tourillons de l'arbre de la roue.

**DEBANTAL**. Tablier. Ce sont les planches qui forment la huche et les corps des trompes.

**DEMARGUA**. Démancher, l'action d'enlever les coins, les clés, et tout ce qui assujettit le marteau pour l'emmancher de nouveau , et d'une manière plus analogue au fer qu'on veut fabriquer.

**DEME**. Grosse pièce de fonte dans le milieu de laquelle on a percé une chambre pour recevoir la queue de l'enclume ou *couillou.* La *deme* est logée dans la grosse pierre du mail.

**DESEMBOUGA**. Oter la burasse pour placer un nouveau manche.

**DESENCURROUNA**. Enlever les *curroux* ou tourillons du *cadaibre* ou arbre de la roue.

**DESENFOURNA**. Défourné; enlever la mine et le charbon du feu, lorsque, par quelque accident, on ne peut achever le fondage.

**DESENROULA**. Opération par laquelle on détache, avec un ringard, tout ce qui s'est attaché autour du creuset. On la fait dès qu'on a enlevé le massé, avant de donner une nouvelle charge au fourneau.

**DESQUADE**. Une rasse: plein une corbeille.

**DESQUES**. Corbeilles pour servir la mine et le charbon.

**DOUCE** ( mine ). Ce sont les mines spathiques, brunes et noires.

**DRESSADOU**. Pierre plate ou table de fer portée sur un stock, sur laquelle on dresse les barres. On se sert aussi de vieux marteaux mis sur le flanc

**DURMENT**. *Dormant*. Forte pièce d'équarrissage qui sert de fondement aux jumelles et empoisses qui portent les tourillons de l'arbre de la roue. Dans quelques forges, par exemple, à celle de *Guille*, le dormant, du côté de la roue, est en pierre.

**DURMENTOU**. Pièce de bois de trois pieds de long, d'un pied de large, et de sept pouces d'épaisseur, enchâssée dans le dormant du côté de la roue, et dans laquelle est logée l'empoisse ou *rainette*, qui porte le tourillon de l'arbre.

**ÉCOPE**. Voy. *Coupe*.

**EICHARRASIT**. Desséché. On dit un massé *eicharrasit*, trop desséché.

**EICHUGA**. Essuyer. Se dit du massé. Essuyer un massé, c'est tâcher de le rendre dur; si on l'essuie trop, il se dessèche et devient *eicharrasit*.

**EMBOUGA**. Placer la *bogue* ou hurasse, et l'assujettir avec des coins de bois et de fer.

**ENCARRAILLADE**. C'était la mine bien grillée.

**ENCLUMÉ**. L'enclume.

**ENCURROUNA**. Placer les *curroux* ou tourillons au cadaibre arbre ou de la roue.

**ENFANGUAT**. Boueux. On dit que le commencement du massé est *enfanguat* lorsqu'il a coulé de la mine ou qu'on a répandu trop de greillade : il est bien rare alors que le massé se durcisse.

**ENSAQUA**. Emplir un sac.

**ENSAQUADOURE**. Corbeille en forme de gondole, particulièrement destinée à empocher le charbon.

**ENTANAILLA**. Assujettir des pièces de fer dans des tenailles. *Entanailla la massoque.*

**ESCAILLES**. Ecailles : parties de fer mêlées de laitier, qui n'ont pas été débarrassées de leurs parties terreuses, et qui, ne faisant pas corps avec le massé, se déposent le plus souvent dans les angles du creuset. *Escailles del mail.* Battitures qu'on ramasse autour du marteau.

**ESCAMPADOU**. Ouverture pour la fuite des eaux du réservoir de la trompe.

**ESCAPOULA**. Forger des pièces de fer, comme pantures, socs, coutres, etc., que le taillandier et le forgeron doivent perfectionner sans les diviser.

**ESCAPOULAGE**. Tout ouvrage en fer forgé, dégrossi dans la forge, qui n'a besoin que d'être perfectionné sans être divisé.

**ESCOLA**. Nom des foudeurs.

**ESPICS**. Potilles emmortaisées dans les chevalets ou *banquades*, et contenues par les chapeaux ; elles retiennent les châssis ou les planches des flancs et du devant du coursier de la roue.

**ESPINE**. Epine. Barre de fer qu'on insinue dans la tuyère pour soutenir ses bords lorsqu'on la recoupe, ou pour donner à son œil sa première forme, lorsqu'il a été bossué par quelques coups de ringard, ou par le passage des massés.

**ESPIRAL**. Toute sorte de ventouse. Ainsi l'on dit: *espiral du ceutre* ou de la huche

**ESPIRAL** de l'aquéduc, canal expiratoire, par lequel les vapeurs méphitiques, qui se ramassent dans les aquéducs qui entourent le creuset, s'échappent.

**ESPIRALS DES ARBRES**. Soupiraux des corps des trompes, petites ouvertures pratiquées aux arbres de la trompe.

**ESTANQUES**. Fortes traversines qui assujettissent les coins qui soutiennent les *soucs-massés* dans l'ordon du marteau.

**ESTEILLE**. Gros coin de bois placé sur le manche et contenu par une cheville pour assujettir le marteau. Voy. *Soubresteille.*

**ESTIRA**. Étirer.

**ESTREIGNE**. Etrécir, étirer, cingler : *estreigne le massé*, cingler la loupe, *estreigne las massoques*, étirer les masselottes.

**FARGUAIRE**. Forgeron, forgeur. Tout ouvrier employé dans une forge pour la fabrication du fer.

**FARGUE**. Forge, usine dans laquelle on fabrique le fer.

**FEICHE**. Foie. Nom de la mine de fer hépatique.

**FERRIER**. Le propriétaire ou le fermier de la forge.

**FERRUDE** ( mine ). On appelle ainsi les riches espèces d'hématite.

**FLOU DE GINESTE**. Fleur de genêt. On ne connaît l'ochre martiale que sous cette dénomination.

**FOC**. Le feu. On appelle ainsi le creuset ou fourneau.

**FOURCHE**. Gros ouvrages qu'on fabrique exprès pour les moulins à vent.

**FOURRUGA**. Briser avec *l'aze* la glace qui, en hiver, obstrue les *trompils*.

**FOURRUPA**. Aspirer, pomper, expression très énergique de l'idiome languedocien : les forgeurs disent que la tuyère a *fourrupat fer*; cela arrivait lorsqu'on oubliait de mettre les *boustis* avant de fermer les bascules des trompes.

**FOUSINAL**. Le mur de la tuyère.

**FOUSSOU**. Sorte de bêche dont on se sert pour ramasser la mine.

**FOYÉ**. Le chef des ouvriers, celui à qui appartient la direction du creuset, de la tuyère, etc.

**GABELLE**. Javelle. Bandes ou barres de fer qui sont à lier.

**GABELS**. Jantes de la roue.

**GARLANDAS**. Longues pièces de bois qui forment les côtés du coursier de la roue.

**GAUTIERS**. Planches posées debout le long de la roue, à la chute de l'eau sur les aubes, pour l'empêcher de s'éparpiller.

**GRA DE GABAICH**. Grain de blé sarrasin. Les ouvriers se servent de cette expression pour désigner la bonté des mines spathiques.

**GRANAT, GRANADE**. Grenu, grenue, *greillade, granade*. Mine qu'on a fortement tamisée; ce qui se pratique lorsqu'on travaille avec des charbons forts.

**GRAS, GRASSE**. On dit qu'un massé est gras, lorsqu'il laisse couler beaucoup de laitier durant le cinglage.

On dit aussi une chaude grasse, pour exprimer qu'une *massoque* ou *massouquette*, sort du feu entourée d'une croûte de laitier pâteux.

**GREICH**. Graisse. La *mene foun coume greich* : la mine fond comme de la graisse.

**GREILLADE**. Nom de la mine qu'on a réduite en poussière et qu'on jette sur le feu à divers temps.

**GRENAILLES**. Grains de fer fondu de diverses grosseurs qui tombent dans le creuset, principalement lorsqu'on enlève le massé.

**INTRADE**. Entrée. Saillie de la tuyère dans le creuset.

**JAZ**. Gîte. Les ouvriers disent que la tuyère se fait son *jaz*, lorsque, après avoir placé trop haut la pierre du fond du creuset, la tuyère l'abaisse en la brûlant.

**LABA**. Laver.

**LAMES**. Les deux parties du marteau qui embrassent le manche par le côté, et qui forment son œil ou la mortaise pour recevoir le tenon du manche.

**LAPASSOU**. Barre de fer carrée, qu'on enchâsse derrière chacune des cames de l'arbre de la roue pour en soutenir l'effort, lorsqu'elle frappe sur le manche.

**LATAIROL**. Fortes taques de fer, de deux pieds de hauteur, sur six à sept pouces de largeur, et sur deux pouces d'épaisseur. Elles laissent entre elles un trou qu'on nomme *chio*, ou trou du *latairol*.

**LAUZE**. Ardoise.

**LAUZUDE** (mine). Toute espèce de mine schisteuse; ce sont plus communément les hématites qui affectent cette disposition.

**LEBADE**. Elévation. La *lebade del mail*, l'élévation du marteau.

**LIADOUS**. Ce sont deux pièces qu'on place à peu de distance l'une de l'autre pour lier les quintaux de fer.

On nomme aussi *liadous* les chapeaux du coursier de la roue, qui sont emmortaisés avec les potilles ou *espics*.

**LUZENTIÉ**. Mine de fer micacée.

**MA**. Main. On dit : *côté de la main*, c'est le même que celui du *chio* ou *laitairol*. On le nomme ainsi parce que c'est de ce seul côté que l'escola travaille les massés, qu'il donne les chaudes aux masselottes.

**MAGAGNE**. Fer aigre, rouverain, cassant.

**MAIL**. Le gros marteau.

**MAILLÉ**. Nom du maître forgeur.

**MARBRÉ**. Toute substance blanche qui adhère au minerai, mais surtout le spath calcaire.

**MARCASSINE**. Pyrites.

**MARGUA**. Emmancher. *Margua le mail, les martels, la pigace*; emmancher le gros marteau, les petits marteaux, la hache, etc.

**MARGASOU**. La douille, la mortaise, pratiquée dans les outils de toute espèce, pour y loger le manche.

**MARGUÉ**. Manche. *Margué del mail*, manche du gros marteau.

**MARTEL**. Marteau.

**MASSÉ**. C'est la loupe.

**MASSES**. Diverses sortes de marteaux.

**MASSOQUES.** Masselottes. Nom de chaque portion du massé, lorsqu'on le divise en deux. On dit la première, la seconde *massoque.*

**MASSOUQUETTES.** Chaque partie d'une massoque, lorsqu'elle a été partagée en deux parties égales.

**MASTEGOU.** Tronçon. C'est le fond d'une *lame* neuve du gros marteau. Voy. *Lame.*

**MENE.** Le minerai.

**MERLAT.** Espèce de fer trempé, ressemblant au carré-court.

**MERQUE.** Marque, poinçon pour marquer le fer dans chaque forge.

**METTRE LA MENE.** Charger le creuset : est presque synonyme d'*aluca.* Voy. ce mot.

**MIAILLOUX.** Nom des valets d'*escolas.*

**MINEIROU.** Mineur.

**MOILLES.** Grosses pinces à cingler.

**MOL.** Mou. Fer mou.

**MOULANE.** Peire. Pierre meulière. C'est le granit commun.

**MOUR.** Museau. Le mour de la tuyère ; le museau de la tuyère. Son petit bout est le même que *naz.* Voy. ce mot.

**MOUSSA.** Calfater la caisse à vent, les corps de trompes, la huche, le *bourrec.*

**MOUSSADOU.** Instrument de fer dont on se sert pour coigner dans les joints, le chanvre, la mousse, etc., etc.

**MOUSSADOU.** Le chanvre, la mousse et tout ce qu'on emploie pour calfater.

**NAZ.** Nez. Le nez de la tuyère, son petit bout, son museau : Voy. *Mour.* Lorsque la tuyère est recoupée, les ouvriers disent qu'elle doit faire *naz de porc,* grouin de cochon, c'est-à-dire que le bord supérieur de son œil doit dépasser d'environ six lignes le bord inférieur.

**NAVE.** Auge, baquets, dans lesquels on tient de l'eau dans la forge : c'est la bache.

**NAVE.** Est encore le nom d'une mesure de la mine pour chaque massé.

**ŒL.** OEil. Se dit du massé ; cette partie ronde, et plus ou moins concave de sa surface, dans laquelle, suivant Lapeirouse, il y a toujours du fer fondu, est ce qu'on nomme l'*œil* du massé.

**ŒIL** de la tuyère. Son petit orifice ; il s'appelle aussi le *trauc* (prononcez traouc).

**ORE** ( l' ). Le contrevent du creuset.

**OUBLIETS.** Sorte de grenouilles de fer qui reçoivent les pivots de la hurasse. Elles

sont fichées dans des jumelles, appelées *soucs massés.*

**OUBRIA** (l'). Cette partie de la halle où se font toutes les manipulations pour forger le fer.

**OULE.** Pot. Marmite des ouvriers.

**PAGELLE.** Mesure. Se dit pour le creuset, le marteau, le tuyère.

**PEICHÈRE.** Chaussée. C'est le coursier de la roue du marteau.

**PAICHEROU.** Bassin dans lequel se rassemblent les eaux du bief de la trompe.

**PAL DEL MASSÉS.** Gros ringard.

**PALENQUES.** Ringards.

**PALES.** Diverses pelles.

**PALMES.** Cames de l'arbre de la roue qui font mouvoir le gros marteau.

**PARA LE FER.** Parer le fer.

**PARSON.** Mesure dont on se sert dans les forges pour mesurer le charbon nécessaire à un fondage.

**PARSONIER.** Nom de ceux qui allaient chercher du charbon en Couzerans, et qui fournissaient celui qui était nécessaire pour un fondage ; ils partageaient le fer qui en provenait avec le maître de forge, qui fournissait la mine et la main d'œuvre.

**PASSELIS.** Saut du canal sous la roue.

**PECES DEL MAIL.** Pièces de fer qu'on place à côté de l'enclume, et qu'on enterre pour cingler et tailler les massés.

**PEILLES.** Grands chiffons de toile, à l'aide desquels l'ouvrier saisit une extrémité du fer qu'il veut chauffer ou travailler.

**PEIRE.** Pierre d'un grand volume, qui reçoit la *deme* sur laquelle l'enclume est assise.

**PENCHÉS.** Peignes. Dans la forge, on appelle de ce nom des bouts de bois minces, dont on garnit les trous des boîtes qui reçoivent les tourillons de l'arbre de la roue.

**PETA.** Péter, éclater. Se dit de la mine lorsque par l'action du feu elle se brise avec fracas. Il se dit encore du laitier, qui, lorsqu'il est gras à la percée, éclate quelquefois avec violence au moment où on l'éteint avec de l'eau.

**PÈS.** Poids : Le timon où l'on pèse le fer.

**PIECH DEL FOC.** Poitrail du feu contre mur, appliqué au devant du mur de la tuyère ou *fousinal,* qui le double dans toute l'étendue du creuset, et s'élève de plusieurs pieds au-desus de la tuyère.

**PIGACE.** Une hache.

**PIQUA.** Piquer. Faire piquer la tuyère, c'est lui donner une plus forte inclinaison. On dit aussi que le marteau pique, lorsqu'il fait des hoches sur le fer.

**PIQUADE.** On dit *bergue, plate, piquade :* bande, barre, entaillée, sur laquelle on a fait des coches pour la couper plus aisément dans la vente au détail.

**PIQUADOU.** Cette partie de la halle où l'on bocardait autrefois la mine grillée.

C'est aussi le nom de la pierre sur laquelle on la broyait.

**PIQUEMINE.** Ouvrier de la forge qui bocardait à la main les mines grillées, et remplissait plusieurs autres devoirs. C'est aujourd'hui le valet du foyé ou du maillé.

**PIQUOTS.** Grands crochets dont on se sert pour enlever le massé du feu et le faire rouler vers le marteau.

**PITCHOU.** Barre de fer dont on se sert pour arcbouter la tuyère, et empêcher son recul, lorsque l'on enlève les massés. On donne aussi ce nom à de petites pièces de bois qui soutiennent le *bourrec* lorsqu'il est en place.

**PLA.** Bien, beaucoup.

**PLATINES.** Bandes de fer dont on relie l'arbre de la roue, près des cames.

**PLATTE.** De six, de cinq, de quatre barres, en bosse, en ventre de truite, etc. On connaît sous ce nom, dans le commerce, des bandes de divers échantillons.

**PLIE** ( la ). Taque de fer, posée presque horizontalement au-dessus du chio.

**PORGES** (les). Taques de fer dont on garnit le côté du creuset sous la tuyère : c'est comme la Varme des affineries.

**POUPA.** Téter. On fait téter la bogue ou hurasse, pour qu'elle ne *barlaqueje* point ; c'est-à-dire qu'on fait entrer, avec précision, ses pivots dans leurs grenouilles. Il suffit, pour cela, de forcer un peu les coins droits, qui sont entre *soucs* et les *soucs-massés.*

**POUPES.** Tétons. On dit *les poupes de la bogue,* les tétons de la hurasse, ses pivots.

**POUPE DU MASSÉ.** C'est une protubérance qui se forme à la loupe, à l'endroit qui répond au trou du *chio.*

**POURTANELLE.** Porte, par le moyen de laque'le on ouvre et on ferme l'entrée de la buse, qui donne l'eau à la roue à aubes.

**PRINCE.** Forte pièce de bois équarrie qui est une des principales de l'ordon du marteau ; elle est opposée au *rey,* et renversée vers le mur.

**PUGNE.** Poindre : se dit de la mine qu'on pousse légèrement avec le ringard lorsqu'elle fond bien, et qu'elle est agglutinée devant le contre-vent. *La mene foun coume greich, nou qual pas que la pugne.* La mine fond comme de la graisse, il n'y a qu'à la faire poindre.

**PUJA.** Monter. Lorsque les aspirateurs sont bouchés par la glace, *l'aigue puje al foc,* l'eau monte dans le feu.

**PUNT.** Point, proportion. Lorsqu'un foyer succède à un autre dans une forge, il change les dimensions du creuset, parce qu'il ne veut pas travailler sur le *point* d'un autre, sur les proportions qu'un autre avait déterminées.

**PUNTES.** Pointes. Pièces de fer qu'on prépare pour les appliquer devant et derrière la panne du marteau lorsqu'on le répare.

**PURGA.** Purger. Le fer se purge bien lorsque le laitier coule avec facilité ; il se purge mal, lorsque le laitier s'empâte.

**QUARTERON.** Poids de vingt-cinq livres ou dix kilogrammes.

**QUOUE.** Queue *Traire quoue,* veut dire emmancher la massouquette.

**QUOUET.** On appelle ainsi la dernière chaude que l'on donne à la *massouquette.*

**RAINETTE.** Est un morceau de bois dur, creusé par-dessus, qui sert d'empoisse, pour recevoir la mèche des tourillons de l'arbre de la roue. Il y en a deux : l'une au *caxadou,* elle est logée dans une entaille faite au *durment,* et recouverte du *rainetou;* l'autre est du côté de la roue ; elle est aussi logée dans une entaille faite au *durmentou.*

**RAINETOU.** C'est la contre-partie de l'empoisse ou *rainette ;* il la recouvre ; on n'en met qu'un du côté du *caxadou* seulement.

**RANQUEJA.** Boiter. Le marteau *ranquejo* lorsqu'il frappe en temps inégaux : c'est l'opposé d'*ana de compté.* Voy. ce mot.

**RAS.** Uni, plein. Un massé est ras lorsque son œuil n'est pas trop creusé.

**RASA.** Raser. Faire raser la tuyère, c'est diminuer son inclinaison et la rendre plus horizontale.

**RASPA.** Se servir de la *raspe* ou *becasse* dans le creuset.

**RASPE.** Verge de fer aplatie, de huit lignes d'épaisseur, sur dix à douze de largeur, et d'environ trois pieds de long ; elle est recourbée d'un bout ; de l'autre, elle porte une douille, dans laquelle on met un manche de bois.

**REICH.** Sorte de fourgon pour ramasser le charbon.

**REILLADES.** Bandes de fer transversales, qu'on applique aux soucs-massés pour les raffermir.

**REQUEIT.** Fourneau qu'on employait autrefois pour le grillage de la mine. Ce terme est aussi usité pour le grillage lui-même : faire un *requeit*, faire un grillage.

**RESAUTA.** Un marteau *ressaute* lorsque la came de l'arbre frappe sur le manche avant que le marteau ne soit tombé sur le fer qui est sur l'enclume.

**RESPALME.** Empellement d'une petite écluse.

**RESPALMIER.** Petite écluse.

**RESTANQUE.** Taque de fer de deux pieds de hauteur sur six à sept pouces de largeur et deux pouces d'épaisseur, qu'on place quelquefois de champ à côté du *latairol*, et qui avec lui forme le côté du *chio*, ou de la *main* du creuset : cette pièce était autrefois percée d'un trou carré plus grand que celui du *chio*. On introduisait par cette ouverture le *pal des massés* dans le creuset, pour le soulever, lorsqu'on voulait l'enlever. On bouchait ordinairement cette ouverture durant le fondage : Quelques-uns s'en servaient en guise de chio.

**RESTEILLÉ.** Ratelier. C'est une rangée de petites barres assez serrées les unes contre les autres, qu'on place dans le petit coursier de la trompe, pour intercepter le passage des corps étrangers qui pourraient déranger le jeu de la trompe.

**RETAILLA.** Recouper. On recoupe la tuyère lorsque les bords de son œil sont brûlés ou gâtés, et qu'il faut les unir.

**REY.** Roi. Grosse pièce de l'ordon du marteau ; elle est posée debout, et opposée au *prince*, avec lequel elle soutient le *caxadou*.

**RIMA.** C'est lorsque le feu donne une flamme tantôt blanche tantôt jaune ; cela a lieu ordinairement sur la fin du fondage.

**RIMA.** Se dit du fer, lorsque l'*escola* l'a trop chauffé.

**RIMATEL** ( un ). Est un massé trop desséché et qui laisse une partie de sa croûte dans le feu. On prétend que ces sortes de massés sont ceux qui donnent ordinairement le moins de fer, mais le plus d'acier.

**RODE.** La roue du gros marteau.

**SACOUTIER.** Celui qui fait le charroi du charbon sur son dos.

**SADOUIL, SAOUL.** Plein. On dit qu'un massé est bien *sadouil*, plein de l'œil : c'est la même chose que *ras*.

**SAUT.** Signifie la hauteur de la chute, l'élévation de l'eau au-dessus de la forge : On dit forge de petit saut, forge de grand saut, pour dire forge à grand ou à petit vent, ou dont les trompes sont hautes ou basses.

**SAUT DE LA TUYÈRE.** C'est son élévation au-dessus du fond du creuset.

**SÉGU.** Sur. *Ana ségu.* Voy. *Ana.*

**SENISSE.** Poussière de charbon à demi consumé, qui vole sur le toit de la forge.

**SENTINELLE.** Portion antérieure et surhaussée de la caisse de la trompe.

**SEUDA.** Souder.

**SILLADE.** Crosse ou laitier très fort, qui s'attache à l'œil de la tuyère et qui le bouche.

**SILLADOU.** Baguette de fer un peu recourbée à l'un des bouts ; elle sert à débarrasser l'œil de la tuyère de la *sillade*, ou crasse, qui l'obstrue.

**SILLA.** Opération dans laquelle on introduit le *silladou* dans la tuyère par son pavillon pour détacher la *sillade*.

**SOFFRE.** Anneau de fer qu'on met sous la pièce qu'on veut percer.

**SOUBARBE.** Pièce de bois qu'on met sous le tenon du manche pour qu'il ne porte pas immédiatement sur la paroi de la mortaise du marteau.

**SOUBRESTEILLES.** Morceau de bois mince qu'on chasse sur le tenon du manche, entre le gros coin, nommé l'*esteille*, et la tête du marteau.

**SOUC.** Grosse pièce d'équarrissage, posée debout, et l'une des plus essentielles de l'ordon du marteau,

**SOUC DE DEVANT.** Il y en a deux posés en regard, l'un est le *souc de devant*, du côté de la *main* ; l'autre est le *souc de devant*, du côté de la cave ; on le nomme *souc del miey*, souc du milieu.

Enfin un quatrième est accolé au *souc de devant*, du côté de la cave ; on le nomme *souc de derrière*, du côté de la main.

**SOUCHERIE.** L'ensemble des pièces de charpenterie qui composent l'équipage du gros marteau.

**SOUCS-MASSÉS.** Jumelles qui supportent les pivots de la hurasse.

**SOUFFLART.** Ouverture de la sentinelle dans laquelle s'adaptait autrefois le *bourrec*.

**SOUQUETS.** Morceaux de bois qu'on met entre les tenailles et le fer qu'on veut assujettir.

**SUDA.** Suer.

**TACOUL.** Pièce de fer encastrée à l'extrémité du manche, contenue par un cercle de fer à genouillère, appelé la *beire*. Le *tacoul* recouvre l'extrémité du manche du gros martéau, afin qu'il ne s'use point par le frottement des cames de l'arbre de la roue : c'est la brée.

**TALLAIRE.** Taillants. Il y en a de plusieurs grandeurs pour les massés, les barres, etc.

**TAILLAIRET.** Petit taillant pour les bandes.

**TAMPAIL.** Fermeture en ois pour l'ouvertur par laquelle on s'introduit dans la caisse de la trompe.

**TANAILLES.** Tenailles. Il y en a de plusieurs sortes pour forger le fer, pour le parer, etc.

**TANAILLES DE LA LOUPE.** Grosses pinces à coquille, dont un des mors est en forme de cuillère.

**TAULE.** Table : se dit de l'enclume ; c'est son aire, sa surface.

**TAULIER.** Siége. Traversine qui supporte les deux taques de pierre dans la caisse de la trompe.

**TENDRE.** Tendre : le fer est tendre, lorsque, sans être rouverin, il se gerce un peu sous le marteau.

**TESTE DEL FOC.** Tête du feu. C'est la même chose que la *cave* ou la rustine ; on l'appelle ainsi parce que c'est dans cette partie que la charge est la plus élevée, et parce que l'*escola* qui manipule l'a toujours devant lui. Voy. *Cave*.

**TIERS.** Planche avec une coche dont on se sert pour placer, avec précision, la hurasse, lorsqu'on met un manche neuf.

**TIRANT.** Pièce de bois qui contient les potilles ou *espics*, qui sont en tête du coursier de la roue.

**TIRES.** On dit *tire del mail, tire de la trompe*. Ce sont les bielles qui font jouer les bascules de la trompe et la pourtanelle.

**TISES.** Fumerons.

**TRAIRE.** Tirer. *Traire quoue*. Emmancher la masselotte.

**TRAUC.** Trou, *Trauc de la tuele*, l'œil de la tuyère, son petit orifice.

**TRAUQUA.** Percer le chio pour faire circuler le laitier.

**TRAUQUADOU.** Poinçon de fer qui sert à forer toute sorte d'outils.

**TRIBE.** Tarière. Sorte de perçoir pour les montagnes ; on les fabrique dans les forges.

**TRINQUA.** Casser. Casser le fer fort avec la *trinque*.

**TRINQUE.** Marteau à deux pannes cunéiformes pour casser le fer fort ou acier.

**TROMPE.** Machine qui, par la chute de l'eau, fournit le vent nécessaire au fondage : on donne plus particulièrement ce nom à la caisse à vent.

**TROMPILS.** Tuyaux cunéiformes, par lesquels l'air entrait autrefois dans les corps de la trompe.

**TRONC.** Vieille tuyère presque hors d'usage ; on dit cette tuyère est *tronc*.

**TUELE.** C'est la tuyère.

**VERDET.** Parties cuivreuses dont les mines sont quelquefois entachées.

**VOLETS.** Voy. *Alets*.

**FIN DU VOCABULAIRE.**

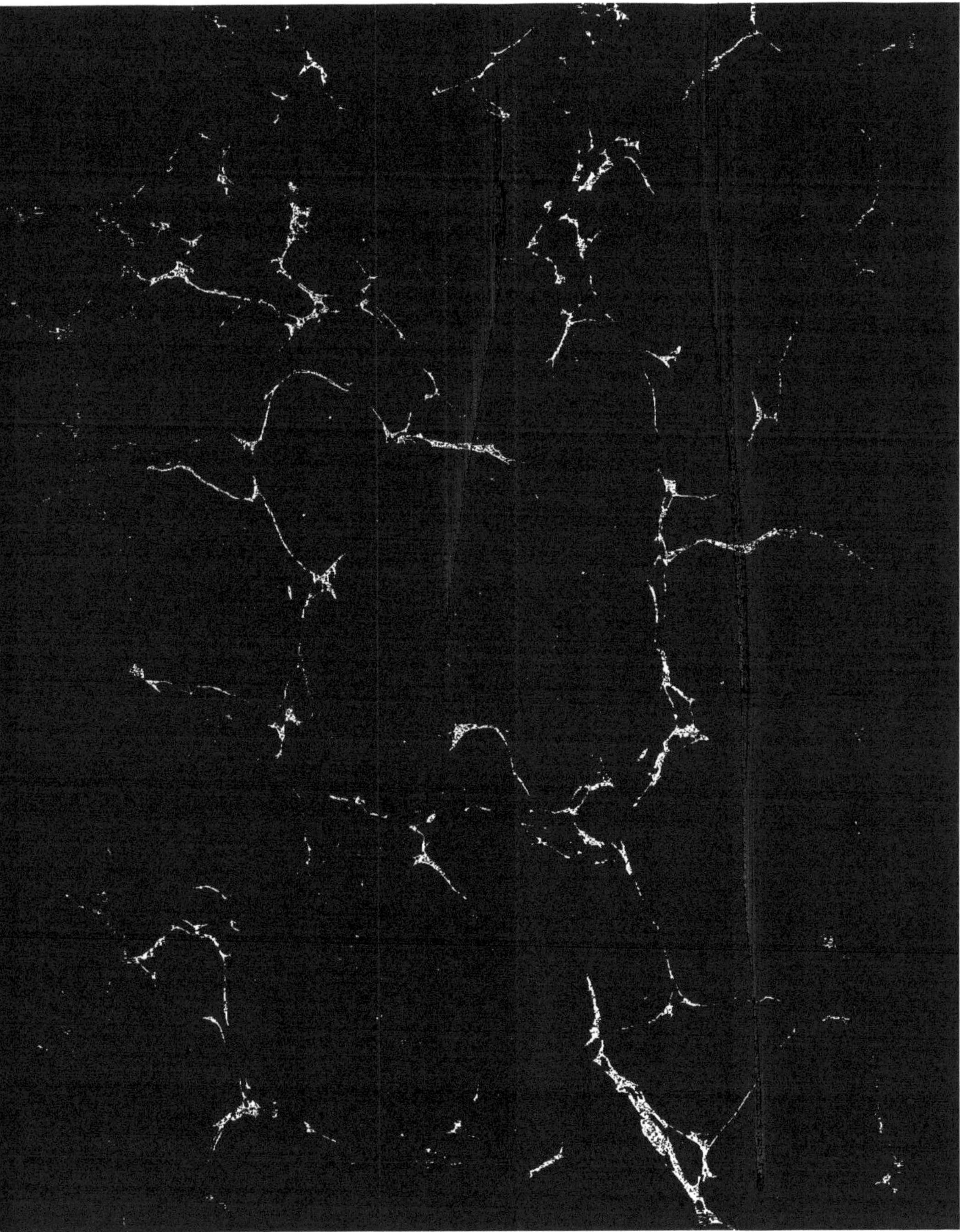

| | Creuset de Montgaillard. 1834. (1) | Creuset de Montgaillard. janvier 1833. (2) | Creuset de Labarre. (3) | [illegible] (4) |
|---|---|---|---|---|
| **Banquette.** Largeur extérieure | 1ᵐ15 | 1ᵐ15 | 1ᵐ25 | [illegible] |
| Largeur à la plie | 0.805 | 0.70 | 0.81 | [illegible] |
| Inclinaison | 10° | 10° | 9° | |
| Longueur de son plan incliné | 0.40 | 0.47 | 0.45 | [illegible] |
| **Laitairol.** Hauteur au-dessus du bord de la pierre de fond | 0.59 | 0.50 | 0.50 | [illegible] |
| Sa base intérieure, ou distance du pied des porges au pied de l'ore, mesurée le long du laitairol | 0.56 | 0.62 | 0.65 | [illegible] |
| **Pierre de fond.** Profondeur du creux au centre | 0.08 | 0.12 | 0.12 | [illegible] |
| Dimensions moyennes au milieu — du pied des porges au pied de l'ore | 0.565 | 0.635 | 0.67 | [illegible] |
| Dimensions moyennes au milieu — du pied du laitairol au pied de la cave | 0.60 | 0.65 | 0.68 | [illegible] |
| **Côté de la cave.** Sa hauteur au-dessus de son pied | 2. environ | Sans importance. | | |
| Son inclinaison | 80° | 84° | 85° | |
| Longueur de sa base | 0.565 | 0.64 | 0.69 | [illegible] |
| **L'ore.** Inclinaison des pièces en allant de bas en haut : En bas | 82° | 88° | 78° | |
| | 74° | | | |
| Au milieu | 65° | 75° | 71° | |
| | 58° | | | |
| En haut | 57° | 64° | 64° | |
| Dépasse la plie, suivant sa propre pente de | 0.19 | 0.50 | 0.45 | [illegible] |
| Longueur développée | 0.84 | 0.85 | 0.85 | [illegible] |
| Longueur de sa base | 0.60 | 0.65 | 0.70 | [illegible] |
| **Côté des porges.** Hauteur totale, paredou compris | 1.8 à 2.5 | Sans importance. | | |
| Longueur du pied | 0.60 | 0.64 | 0.66 | [illegible] |
| **Tuyère.** Inclinaison, angle en dessus (456) | 41° | 41° | 40° | |
| Distance au laitairol (460) | 0.535 | 0.52 | 0.54 | [illegible] |
| Hauteur (457) | 0.50 à 0.54 | 0.48 | 0.045 | [illegible] |
| Sortie (458) | 0.28 | 0.25 | 0.225 | [illegible] |
| Déclinaison ou déviation (459) | 6° | 6° | 0.59–0.54 | |
| Grand axe moyen | 0.050 | 0.050 | 0.047 | [illegible] |
| Petit axe moyen | 0.057 | 0.057 | 0.055 | [illegible] |
| **Canon de bourec.** Reculement | 0.59 | 0.43 | 0.52 | [illegible] |
| Diamètre à l'orifice | 0.056 | 0.036 | 0.056 | [illegible] |
| Tension maximum de la trompe, exprimée en degrés du pèse-vent et en mètres de mercure, réglée à | 18.ᵈ ou 0.ᵐ0842 | 18.ᵈ ou 0.ᵐ0842 | 0ᵐ058 | 18 |

| Creuset de Ruffié. [4] | Creuset de Niaux, feu d'en bas. [5] | Le 5 modifié pour l'essai du vent chaud. [6] | Creuset d'en bas à la Mouline. [7] | Le 7 modifié. [8] | Creuset d'en haut à la Mouline. [9] | Creuset d'en bas à la Mouline pour l'essai du vent chaud. [10] | Creuset normal de Lapeirouse. (année 1785). [11] | Un creuset à Cabrières d'après les ingénieurs des mines. [12] |
|---|---|---|---|---|---|---|---|---|
|  | 1$^m$12 | 1$^m$22 | 1$^m$24 | 1$^m$15 | 1$^m$15 | 0$^m$97 | Non indiqué. | Non indiqué. |
|  | 0.70 | 0.95 | 0.80 | 0.76 | 0.80 | 0.93 | 0.66 | 0.68. |
| 10° | 10° | 10° | 10° | 10° | 9° | 12° | Non indiqué. | Non indiqué. |
|  | 0.47 | 0.47 | 0.43 | 0.43 | 0.40 | 0.44 | Non indiqué. | Non indiqué. |
|  | 0.60 | 0.72 | 0.68 | 0.62 | 0.62 | 0.72 | 0.54 | 0.53. |
|  | 0.60 | 0.64 | 0.58 | 0.63 | 0.64 | 0.62 | 0.54 | 0.58. |
|  | 0. pierre neuve | 0. pierre neuve | 0.05 | 0.05 | 0.07 | 0. pierre neuve | Non indiqué. | 0.10. |
|  | 0.60 | 0.64 | 0.38 | 0.66 | 0.64 | 0.62 | 0.675 | 0.58. |
|  | 0.70 | 0.70 | 0.68 | 0.68 | 0.73 | 0.70 | 0.64 | 0.60. |
|  | 2.20 | 2.20 | 2. |  | 2.30 | 2.20 | 1.46 au plus. | Illimitée. |
| 85° | 84° | 84° | 85° | 85° | 82° | 90° | 85° | 80° |
|  | 0.60 | 0.64 | 0.39 | 0.63 | 0.64 | 0.62 | 0.56 | 0.58. |
| 80° | 87° | 88° | 90° | 85° | 85° | 90° |  | 90° |
| 75° |  |  |  |  |  |  |  | 90° |
| 67° | 76° | { 68° | 64° | 76° | 70° | { 68° | { 78° | 68° |
| 65° |  |  |  |  |  |  |  | 68° |
| 61° | 68° |  | 57° | 65° | 65° |  |  | 68° |
|  | 0.17 | 0.25 | 0.42 | 0.49 | 0.45 | 0.24 | 0.20 environ. | Non indiqué. |
|  | 0.85 | 1.02 | 0.82 | 0.82 | 0.84 | 1. | 0.78 environ. | Non indiqué. |
|  | 0.70 | 0.70 | 0.60 | 0.68 | 0.68 | 0.70 | 0.61 | 0.60. |
|  | Illimitée. | 1.15 |  |  | Illimitée. | 1.48 |  | Illimitée. |
|  | 0.70 | 0.70 | 0.68 | 0.65 | 0.74 | 0.70 | 0.61 | 0.60. |
| 41° | 41° | (axe) 40° | 42° | 59° | 45° | (axe) 56° | (voyez n° 456) 55° | (axe) 51° |
|  | 0.54 | 0.59 | 0.405 | 0.555 | 0.405 | 0.55 | 0.505 | 0.24. |
|  | 0.50 | 0.50 | 0.50 | 0.48 | 0.525 | 0.50 | 0.515 | 0.59. |
|  | 0.225 | 0.22 (axe) | 0.28 | 0.28 | 0.50 | 0.18 (axe) | 0.266 | 0.266. |
| 5° | 8° | 5° | 5° | 8° | 5° | 5° | 0.40 – 0.21 | 10° |
|  | 0.049 | 0.058 | 0.0425 | 0.0425 | 0.042 | 0.058 | 0.045 | 0.044. |
|  | 0.038 | 0.040 | 0.0525 | 0.0525 | 0.055 | 0.040 | 0.0428 | Non indiqué. |
|  | 0.55 | 0.46 | 0.27 | 0.27 | 0.54 | 0.50 | 0.46 à 0.55 | Non indiqué. |
|  | 0.056 | 0.035 | 0.058 | 0.058 | 0.056 | 0.056 | 0.029 à 0.054 | Non indiqué. |
| ... ou 0$^m$0812 | 14$^d$ ou 0$^m$0652 | 7$^d$ ½ ou 0$^m$054<br>Température de l'air 100 degrés environ. | 14$^d$ ou 0$^m$0652 | 14$^d$ ou 0$^m$0652 | 16$^d$ ou 0$^m$0722 | 9$^d$ ou 0$^m$0406<br>Température 100 à 120 degrés. | Non indiqué. | Non indiqué. |

(Dans les colonnes 6, 10 et 11 l'accolade « { » réunit les lignes 13 à 17 sous une seule valeur d'angle.)